《眺望時間的盡頭》的簡介與好評

甫出版就登上《紐約時報》暢銷書榜

世界知名物理學家暨暢銷書《優雅的宇宙》作者再次推出扣人心弦著述，探索悠遠的時光以及人類對目的的追尋。

「很少有人能像葛林這樣同時精擅最新宇宙科學以及英文散文。」

——《紐約時報》（二〇二〇年度精選好書）

《眺望時間的盡頭》是布萊恩·葛林新推出的宇宙壯麗探索紀實，論述我們面對這片無垠浩瀚如何投身追尋意義。葛林帶領我們踏上從大霹靂到時間盡頭的旅程，探索持久的結構如何形成，生命和心智如何出現，還有我們如何藉由敘事、神話、宗教、創造性表達、科學、對真理的追求以及對永恆的深切渴望，來掌握理解我們的人生。從粒子到行星，從意識到創造力，從物質到意義——布萊恩·葛林讓我們所有人都能掌握並品賞我們在宇宙中轉瞬即逝，卻也精緻之極的須臾時光。

書評

「論述暢快的精彩讀物……他以三百多頁篇幅，鋪陳我們的現有知識結構，巧妙地拆解從黑洞到量子再到DNA等萬象的科學，接著又把它們交織匯集在一起，書中還追溯物質如何促使心智醞釀出想像力，探究永恆和說故事以及崇高理念的魅力。」

——瑪麗亞．波波娃（Maria Popova），《含英咀華》（*Brain Pickings*）部落格創辦人暨版主。

「《眺望時間的盡頭》展現出百科全書的雄心和博學，還常常令人心碎……寫給萬象皆可能成真的宇宙須臾瞬間的一封情書。」

——丹尼斯．奧弗比（Dennis Overbye），《紐約時報書評》（*The New York Times Book Review*）

「抱負遠大，可讀性極高……（葛林）把個人經歷、科學理念、概念和事實交織編結成一席賞心悅目的掛毯……葛林先生這本書的高明之處在於，他是如何深入探究不只是沒有簡單答案，甚至還可能永無定論的深刻問題。」

——普里雅瓦達．納塔拉揚（Priyamvada Natarajan），《華爾街日報》（*The Wall Street Journal*）

「能見識一個才氣縱橫的好奇心智如何與這般深刻的問題拼搏，帶來了極高度喜悅。（葛林）帶領讀者踏上一段精彩旅程。」

——約翰・基奧（John Keogh），《書目雜誌》（*Booklist*）

「滿滿都是理念……葛林談起夜晚仰臥戶外，看到北極光的神魂迷醉經歷，與哲學家亨利・梭羅（Henry David Thoreau）互相應和。還有散文家拉爾夫・愛默生（Ralph Waldo Emerson）所說的，「崇高定律無差別地對原子和星系一體施行」，幾乎就成為了本書的標誌題詞。這樣的特質使這項成果凌駕了許多宇宙故事論述。」

——飛利浦・博爾（Philip Ball），《自然》（*Nature*）

「在探索時空的過程當中，（葛林）編織出了一幅含括種種理論和視角的華麗掛毯……當然了，《眺望時間的盡頭》沒辦法提出所有答案。不過你恐怕很難找到另一本能秉持同等清晰論述與深遠意義，來落實相同宗旨的書籍。」

——格葛・李（Gege Li），《新科學家》（*New Scientist*）

「清楚易解，論述明晰……好奇的讀者……從（葛林的）奇妙探索當能有豐碩的回報。」

——《出版者週刊》（*Publishers Weekly*）星級書評

「引人入勝……就萬物歷史提出真知灼見，盡可能簡化萬象複雜事物，但仍能適可而止。」

——《科克斯書評》（*Kirkus*）

布萊恩・葛林的其他著作

《隱遁的現實》（*The Hidden Reality*）

《宇宙的構造》（*The Fabric of the Cosmos*）

《優雅的宇宙》（*The Elegant Universe*）

Until the End of Time

Mind, Matter, and Our Search for Meaning in an Evolving Universe

眺望時間的盡頭

心靈、物質以及在
演變不絕的
宇宙中尋找意義

Brian Greene
布萊恩・葛林——著 蔡承志——譯

獻給崔西（Tracy）

目次

序
Preface

「我之所以做數學，是因為一旦你證明了一項定理，它就確立了。永遠不變。」[1]這句陳述簡單明瞭，也令人驚訝。當時我還是個大二生，修了一門心理學課程，向一位年歲較長的朋友提到，我正為那門課撰寫一篇人類動機報告。那位朋友好幾年來一直教導我數學知識，含括的領域極為寬廣，結果他的反應令人一新耳目，跟我之前對數學的印象完全相隔十萬八千里。在我看來，數學是特殊社群人士在玩的一種不可思議的抽象精密遊戲，那群人會很喜歡來一段平方根或除以零的運算。不過，聽了他的評論後，齒輪突然開始卡嗒運轉了。「是了，」我想，「那就是數學的浪漫所在了。」創造力受到邏輯以及一系列公理的約束，決定了如何對理念進行操控和組合，從而披露一些不可動搖的真理。從畢達哥拉斯時代以來，直到永恆未來所畫出的所有直角三角形，全都滿足以他的名字來命名的那項著名定理。沒有例外。當然了，你可以改變假定，並投入探索新的領域，好比畫在如籃球表面等曲面上的三角形，結果就會顛覆畢達哥拉斯的結論。不過確立你的假定，核對你的作品，你的結果就可以雕石青史留名。不必攀登山巔，不必走遍沙漠，不必戰勝黑社會。你可以舒舒服服伏案工作，動用紙筆，發揮敏銳心思來創造出永恆的成果。

這幅視野開啟了我的世界。我從來沒有真正問過自己，為什麼我那麼深深受到數學和物理學的吸引。解決問題、研究宇宙如何凝集成形——這些始終讓我沉迷不已。現在我深信，我之所以受到這些學科的吸引，是由於它們徘徊在日常生活的無常屬性之上。不論我年少的敏銳心性如何渲染鋪陳我的承諾，突然之間，我變得很肯定想要踏上這趟旅程，投入鑽研那麼基本且永遠不會改變的真知灼見。任憑政權興衰，任憑世界盃的榮耀得而復失，任憑傳奇故事在大銀幕、螢光幕和舞台上來回傳唱。我希望投入終身，捕捉某種超驗現象的吉光片羽。

在此同時，我仍有那篇心理學報告等著撰寫。那項作業的主旨是要發展出一項理論，來說明我們人類為什麼表現出我們這些舉動，結果每次我開始動筆，那個計畫都如霧裡看花，迷濛難辨。看來只要為看似合理的想法披上正確的語言外衣，你就大可一路自行編造出來。我在宿舍晚餐桌上提出這點，一位住宿輔導員建議我讀一讀奧斯瓦爾德．斯賓格勒（Oswald Spengler）的《西方的沒落》（*Decline of the West*）。斯賓格勒是德國歷史學家暨哲學家，對數學和科學都有持久的興趣，而這無疑正是輔導員推薦他的書的最大理由。

那本書褒貶評價不一，箇中各層面因素——政治向內垮台的預測，還有對法西斯主義的暗中擁戴——都深深令人不安，而且從那時起，也一直都被拿來支持陰險的意識形態，不過我的專注範圍過於狹隘，對這一切都沒留下印象。真正讓我感到好奇的是，斯賓格勒瞻望一組全方位原理的願景，那些無所不包的原理，能披露在迥異文化中所展現的種種隱藏模式，而且這些模式的重要意義，並不遜於令物理學與數學知識改頭換面、由微積分和歐氏幾何所勾勒出的那些模式。[2] 斯賓格勒的說法和我的理念不謀而合。一本歷史教科書稱許數學和物理學是進步的樣板，實在激勵人心。不過接下來一項見解突如其來地完全把我給震懾住了：「人類是唯一知道死亡的生物；所有其他種類都會變老、所具有的意識則完全局限於當下瞬間，而在他們看來，那必然就像永恆，」這項知識點滴激發了這種「基本上唯人類才有的面對死亡的恐懼。」斯賓格勒歸結論稱，「所有宗教、所有科學研究，所有哲學全都根源於此。」[3]

記得當時我對最後這行沉吟良久。在我看來，以這種視角來審視人類動機是很有道理的。數學證明的迷人之處，大概就在於它永遠成立。一項自然定律的吸引力，大概就在於它的永恆性質。不過是什麼驅使我們追求永恆，尋找有可能永久延續的性質呢？或許追根究底就在於，唯有我們才能體悟，我們完全稱不上永恆，我們的生命完全稱不上永生。這能夠與我新發現的數學、物理學思維以及永恆的誘惑力同聲相應，看來應該是正中目標了。這是一條探究人類動機的途徑，而且對一種普遍受到認可的理念來講，這也是一種看來合理的反應。不過這可不是一門能夠不假思索、信手捻來的途徑。

我就這個結論繼續深思，結果發現，它還可能帶有更宏偉的前景。斯賓格勒便曾指出，科學是對於我們所知命定終局的一個反應。宗教也是如此。哲學也是如此。不過說真的，為什麼就此停手？根據奧托．蘭克（Otto Rank）的觀點，我們肯定不該在這裡駐足。蘭克是佛洛伊德的早期學徒，對人類的創造歷程深深著迷。依據蘭克對藝術家所做評價，他們的「創造衝動……試圖將短暫的生命轉變成為個人的不朽。」[4]尚―保羅．沙特（Jean-Paul Sartre）還更進一步，指出「當你喪失了永生的錯覺，」生命本身的意義也就此流失。[5]於是這就產生出一項見識，串連起往後各方領域的思想家，主張人類大半文化——從藝術的探求到科學發現——都是由生命所驅動，而這也就映現出了生命的有限性。

深奧的領域。誰知道這樣全數學和全物理學的先入為主理念，竟能涉入一種人類文明的統一理論願景，而且還是由豐富的生死二象性所驅動的願景？

好吧，我就深呼吸一下，提醒在很久以前還是個大二生的自己，別得意忘形。不過，我當時感到的振奮之情，絕不是一時大開眼界的智識奇聞。從此往後將近四十年間，這些主題經常伴隨著我，在我的腦海中迴盪。儘管我的日常工作追求的是統一的理論和宇宙起源，不過當我反思科學進步的更重要意義之時，我也發現自己一再回頭審視時間問題，還有我們每個人分配得到的歲月等疑問。時至今日，由於訓練和性情使然，我對於一以貫之的樣板解釋是滿心質疑。物理學界到處都是沒有成功的自然力統一理論，倘若我們冒險進入複雜的人類行為領域，肯定還會找到更多。沒錯，我已經意識到，我對自己不可避免的終局之體認，確實帶來了相當重大的影響，卻也沒有就我所做的任何事項，提出什麼全方位的周延解釋。我想，這樣的評估或多或少是很常見的。不過，其中有個領域的必死性觸手特別顯而易見。

跨越種種文化，歷經世代歲月，我們都為永恆冠上了高度價值。我們採用繁多手法來辦到這點：有些尋求絕對的真理，有些人爭取持久的遺贈，還有些人建造巨大的紀念碑，另有些人尋求永遠不變的定律，還有的則是熱情地轉向各式各樣的永生不朽。就如這些先行者所展現的情況，對於自知肉體歲月有限的心智來講，永恆具有強大的吸引力。

到了我們這個時代，配備了實驗、觀測和數學分析工具的科學家，已經闢出一條通往未來的嶄新路徑，那個未來首度披露一些明顯的特徵，描畫出目前依然遙不可及的一幅終極景象。儘管雲山霧罩四處遮蔽，這整幅景象仍是越來越見明晰，足夠讓我們這種能思考的生物比以往還更全面地點滴蒐羅資訊，也更清楚體悟，我們如何匹配納入悠遠綿延的時光。

在底下篇幅，我們就是要秉持這種精神，順著宇宙時間軸一路前行，探索是什麼樣的自然原理，在這處注定衰敗的宇宙中，催生出了從恆星和星系，再到生命和意識等種種有序結構。我們會考量一些論據，並確立不只人類有生命壽限，連宇宙間的所有生命現象，以及所有的心智也都如此。沒錯，就某個意義來講，這就彷彿任意形式的有組織事物，全都是不可能成真的。我們會審視探究，能自省的生物，如何應付這些領悟所帶來的張力。那些促使生成我們的定律，就我們所知，是不受時間影響的，然而我們卻只存續剎那瞬間。支配我們的定律運作時，並不考慮終點目的，然而我們卻不斷自問，自己究竟是往哪裡去。操控我們的定律似乎並不需要什麼底層的根本原因，然而我們卻持續尋求意義和目的。

簡而言之，我們會從時間的起點開始鑽研宇宙，一直追查到某種類似終點的地方，沿途我們探索世事萬象如何從根本上以令人屏息的方式瞬息不停地變動，而這些正是不眠不休發揮發明創意的心智所闡明並做出回應的現象。

我們探索時會依循科學種種學門所提洞見為指導方針。我心中假定讀者只具備最粗淺的背景，論述時運用類比和隱喻，以非技術用語來解釋所有必要的觀點。至於特別艱澀的概念，我就提出簡短摘述，讓各位可以繼續讀下去而不致迷途。注釋部分我會用來解釋比較細微的要點，勾勒出特定數學細節，並提供參照和建議來指點讀者進一步閱讀。

由於這個題材範圍廣泛，篇幅又很有限，我選擇走一條窄小的道路，來到我覺得重要的路口時，便停步確認我們來到了更壯闊宇宙故事當中的哪處地方。這是一趟以科學為動力的旅程，路途上由人性賦予重要意義，也成為一次充滿生機的豐富冒險的源頭。

第01章

永恆的誘惑

The Lure of Eternity

開端、結局和超越

Beginnings, Endings, and Beyond

所有活著的東西到時候都會死。三十多億年來，簡單的和複雜的物種，各自在地球的等級系統中尋找自己的地位，期間死神的鐮刀始終在川流生命上頭投下陰影。當生命從海洋攀爬上岸，在陸地邁步前行，接著振翅飛上天空，多樣性也隨之開枝散葉。不過只要等待充分長久歲月，生死計帳累積的項次，就會凌駕星系所含的恆星總數，最後結存也就達到無情的精確程度。任何生命的未來開展，都不可斷言。任何生命的最終命運，則已成定局。

然而這種陰森的終點，像落日般不可避免的下場，卻似乎只有我們人類注意到。早在我們出現之前，轟鳴風暴烏雲，澎湃噴發火山，讓大地顫慄的晃動力道，肯定讓有能力逃竄的生命竭力狂奔。不過這種奔逃是針對眼前危險的一種本能反應。多數生命都活在當下，恐懼來自當前的感知。只有你和我以及我們的其他同類，才能省思悠遠的過去，想像未來並察覺等待現身的黑暗。

這實在恐怖。卻不是讓我們畏怯或逃避躲藏的那種恐怖。這是一種不祥的預感，悄悄棲身於我們裡面，我們學著壓抑、接受，學習淡然處之的感受。然而在隱晦層裡底下，卻始終存有一種令人不安的事實，也就是威廉．詹姆斯（William James）所描述的「我們日常喜悅泉源之核心的蠕蟲」的相關認識。[1]工作和遊戲、嚮往和奮鬥、渴望和愛，所有這一切把我們縫合越加細密，交織納入我們共同擁有的生命掛毯，接著這一切全都消失——按照史蒂芬．賴特（Steven Wright）的說法，這就夠把你嚇掉半條命。還連嚇兩次。

當然了，為了保持理智，我們多數人並不會只專注終點。我們在世上活動，專注凡塵俗事。我們接受避不了的，並把精力投注在其他事務上頭。然而，我們時日有限的體認，始終伴隨我們，也影響了我們所做的抉擇、我們接受的挑戰，以及我們依循的道路。誠如文化人類學家歐內斯特・貝克爾（Ernest Becker）所提主張，我們不時都身處一種存在的張力之下，一邊被我們的意識拉向天際，高飛到達莎士比亞、貝多芬和愛因斯坦的高度，另一邊卻又被終將腐朽化為塵土的肉體型式拴繫於塵世。「人確實是一分為二的：他能體認自己的那種絢爛獨特性，在自然界昂然凸顯，鶴立雞群，然而他卻又會回到地底幾英尺處，就這樣眼不能視，口不能言，腐朽消失永不復返。」[2]依貝克爾所見，我們就是受到這種體悟的驅使，否認死亡有辦法把我們抹除。有些人藉由獻身家庭、團隊、運動、宗教或國族——延續超過人類個體在地球存活時段的建構——來緩解這種存在的渴望。另有些人則留下傳達創意的人為製品，象徵性地延長他們在世上的留存時日。「我們飛向美好，」愛默生曾說，「把它當成逃離對有限自然之恐懼的庇護所。」[3]其他人依然藉由勝利或征服來謀求克服死亡，彷彿掌握聲譽、權力和財富，便握有普通人所無法獲得的一種豁免權。

歷經多少歲月，這樣帶來的一個後果就是，人們普遍迷戀於一切涉及永恆的事物，不論那是真的或是虛構的。我們知道自己不能永生，於是因應發展出一些策略，從來世的預言，到輪迴的教義，再到隨風飄動的曼陀羅乞求文，通常滿心期盼，有時屈服順從，以此來向永恆致意。我們這個時代的新近進展是威力強大的科學，藉由它來清楚講述一段故事，而且不只關乎過去，回溯到大霹靂，還闡釋未來。永恆本身或許永遠不是我們的方程式所能企及，不過我們的分析已經披露，我們所認識的宇宙是短暫的。從行星到恆星、太陽系到星系、黑洞到渦旋星雲，沒有東西是永遠存續的。實際上，就我們所知，不單是每個生命體的壽命都是有限的，就連生命本身也是如此。卡爾・

薩根（Carl Sagan）描述地球是顆「懸掛在陽光上的塵埃」，這顆星球的繁華會逐漸褪卻，它身處的精緻宇宙也終將荒蕪。粒粒塵埃，遠方的或近處的，隨陽光舞動只瞬間即逝。

不過在地球這裡，我們依然成就了驚人壯舉，在各個不同片刻展現洞見、創造力和縱橫才氣，世世代代各以前輩的成就為基礎再往上發展，設法闡明萬象如何化為現狀，追求一以貫之的方向，並渴求解答為什麼這一切全都具有重要意義。

這就是本書要講述的故事。

含括將近一切事物的故事

我們是個喜歡故事的物種。我們眺望現實，我們掌握模式，而且我們把它們結合成令人著迷、增進知識、震撼人心、逗人高興還有激昂振奮的一則則敘事。「敘事」（採用複數形式）至關重要，不可或缺。在貯存人類反思的館藏當中，沒有任何單一的統一卷冊，能夠傳達出最終極的認識。事實上，我們編寫出層層嵌套的故事，分別探究人類的不同求知與經驗領域：故事，也就是說，使用不同文法和詞彙，從語法來解析現實的模式。質子、中子，電子和大自然的其他粒子，都是講述化約論故事、分析從行星到畢卡索等現實事物之微觀物理組成所不可或缺的要素。代謝、複製、突變和適應，都是講述生命之興起和發展的故事要素，也是分析非凡分子以及它們所支配細胞之生化運作上不可或缺的要項。神經元、資訊、思維和覺知，都是心智故事缺一不可的要件，由此增生出了大量的敘事：從神話到宗教、從文學到哲學、從藝術到音樂，它們講述人類如何掙扎求生存，描繪他們的求知意志、表達的渴望，以及對意義的搜尋。

這些都是持續發展的故事，由出身眾多迴異學門的思想家發展成形。這樣講確實可以理解。從夸克到意識的傳奇，是一部厚重的編年史。儘管如此，這些不同故事都彼此交織在一起。《唐吉訶德》（*Don Quixote*）講的是人類對英勇事蹟的渴求，藉由阿隆索·吉哈諾（Alonso Quijano，小說人物唐吉訶德的本名）這個軟弱人物來鋪陳情節。吉哈諾是米格爾·德·塞凡提斯（Miguel de Cervantes）虛構創造的小說角色，他是由骨頭、組織和細胞凝聚而成的活生生、能呼吸、思考、察覺、感知的集合，而且在他有生之年，他都支持能量轉移暨廢棄物排泄等有機歷程，就這些歷程本身，則都得仰賴歷經幾十億年演化砥礪而成的原子和分子運動，演化成形的地點則是在一顆星球之上，至於淬煉出這顆星球的原料，則是超新星的爆炸殘屑，原本四處散布在從大霹靂生成的一處空間區域。然而，閱讀唐吉訶德的苦難，同時也增進了我們對人類本性的瞭解，倘若把故事嵌入遊俠騎士的分子和原子運動描述裡面，或者藉由綿密鋪陳塞凡提斯寫作時腦中劈啪放電的神經元歷程，我們對人性也依然不能看得透徹。儘管不同故事肯定是彼此連帶有關，即便各以不同語言講述，分別專注於不同層級的現實，它們仍是提出了迥然不同的洞見。

或許有一天我們會有辦法在這些故事之間無縫接軌，把人類心智的所有產物聯繫起來，無論那是真實的或虛構的，科學的或想像的。或許有一天我們會召喚出一種微粒成分的統一理論來解釋雕塑家羅丹（Rodin）的恢宏眼界以及《加萊義民》（*The Burghers of Calais*）雕塑作品，從經歷過那起事件的人士那裡引出種種不同反應。說不定我們會完全掌握，看似平庸、從旋轉餐盤反射閃現的一道光芒，如何能夠在理查．費曼（Richard Feynman）強大心智翻攪之下，激使他改寫物理學基本定律。還有更富雄心的是，或許有一天我們能透徹瞭解心智和物質的運作方式，於是一切都能真相大白，從黑洞到貝多芬，從量子異象到沃爾特．惠特曼（Walt Whitman）。不過，就算能力與那種水平如有天壤之別，沉浸在這些——科學的、創造性的、想像的——故事當中，依然可以得到許多收穫，賞識它們是何時、如何從較早期情節浮現在宇宙時間軸上，並追蹤它們的發展，不論是有爭議的或是已有定論的，每種版本都攀升到它們的解釋力高峰。[4]

顯然在這些故事藏品當中，我們會找到共享領導人物角色的兩種力量。在第二章裡面，我們會見到第一種：熵。儘管許多人熟知這種概念，因為它和無序連帶有關，也經常被引用來宣稱無序始終不斷增長，然而熵是種微妙性質，讓物理系統能以多采多姿的種種方式發展，有時甚至還在熵流當中逆向游泳。到了第三章，我們就會看到一些重要事例，見識大霹靂餘波中的粒子，似乎蔑視無序驅力，演化形成恆星、星系和行星等有組織的結構——最終還演變成為湧現生命之流的物質組態。且讓我們詢問，那股生命流，是如何啟動並引領我們來到我們那第二項無孔不入的影響力：演化。

儘管身為生命體系所體驗的漸變作用背後之原初動機，自然選擇演化卻是在最早的生命形式開始競爭之前許久早已啟動。我們在第四章會接觸到分子與分子的征戰，見識一場場生存鬥爭如何在無生命物質戰場上開展。一回合又一回合的分子達爾文式征戰（這種化學戰的稱法），大有可能產生出了越來越強健的連串組態，最終便生成了我們後來確認為生命的最早分子組合。箇中細節是尖端研究的題材，不過經歷了過去數十年間的驚人進展，大家一致認為，我們正朝著正軌前進。當然了，說不定熵和演化這雙重力量是一路並駕齊驅，促使生命萌芽的優秀搭檔。儘管兩邊耦合看來很古怪——熵的公共印象趨向貼近混沌，也似乎專門和演化或者和生命唱反調——晚近有關熵的數學分析，卻顯示生命，或者起碼類似生命的性質，很有可能就是某種長遠延續能源預期會有的產物。太陽就是這樣的能源，它堅持不懈地將熱與光灑落在地球這樣的星球表面，也灑落在競逐有限資源的分子成分上頭。

儘管其中部分構想目前仍屬暫時性的理念，有一點倒是很肯定，那就是地球形成之後大概十億年時，地表就擠滿了在演化壓力下發展的生命。於是下個演化階段就是標準的達爾文式進程。機運事件，好比被宇宙線照射，或者在DNA複製時慘遭分子不測侵害，結果就會釀成隨機突變，有些對生物體的健康或福祉衝擊微乎其微，有些卻會強化或削弱其生存競爭能力。能強化適存度（fitness）的突變，比較可能傳遞給後裔，因為「比較適存」一詞的意思，原本就指稱，凡是具有這項特質性狀的個體，都比較可能活到能生育的成熟年齡，產出適存的後代。能強化適存度的品質代代相傳，廣泛散布。

數十億年過後，隨著這段漫長的歷程持續開展，一組突變也為某些生命形式提供了增強的認知能力。有些生命不只是變得能覺察，而且還能覺察自己能覺察。也就是說，有些生命能有意識地自我覺察。這種能自省的生物，天生就會納悶尋思意識是什麼，還有它是怎麼出現的：一團沒有腦子的物質渦漩，怎麼能思考、感覺？形形色色的研究人員（我們在第五章會談到他們），都料想能找到某種機械式解釋。他們論稱，我們對腦的瞭解——它的構成要素、作用機能、連接關係——必須遠超過現有認識的精確程度，不過一旦我們掌握了那項知識，對意識的解釋也就應運而生。另有些人則料想，我們眼前面對的是個遠遠更為艱鉅的挑戰，並論稱意識是我們曾遭遇的最大難題，必須秉持基進的嶄新視角才能解決，而且不只涉及心智，還得兼顧現實的根本性質。當我們評估認知成熟度對我們的行為項目總覽帶來什麼衝擊之時，大家就比較能夠取得共識。就更新世期間那數萬個世代，我們的遠祖集結成群，共營狩獵採集生活。一段時間之後，敏捷的心思浮現，帶來了更為高強的本領，現在他們能夠做計畫、組織、溝通、教學、評估、判斷並解決問題。利用這些增強的個別能力，團體發揮了越來越強大的社群影響力量。而這就把我們帶往下一批解釋性場景，著眼探究讓我們成為我們的發展事項。我們在第六章還會檢視我們如何習得語言，還有隨後如何迷上了講故事的情節；第七章探究一種特殊的故事體裁，預示並變遷為宗教傳統的那些類別；接著到了第八章，我們著手探索延續久遠並廣泛追求的創造性表現。

當我們搜尋這些發展的起源，日常的和神聖的都包含在內，研究人員援引了多種不同解釋。對我們來講，達爾文演化論始終會是一種必要的指路明燈，而且現在也應用於人類行為。畢竟，大腦只不過是種生物學結構，同樣在演化壓力下演化而成，而且是腦告訴我們，我們在做什麼，還有該怎麼反應。過去幾十年來，認知科學家和演化心理學家都投入開發這種觀點，並逐漸證實，就像我們的生物結構乃是藉由達爾文式自然選擇力量塑造成形，我們的行為也同樣如此。於是當我們涉足審視人類文化，心中往往感到納悶，不知道這項或那項行為，是否影響了在久遠之前做出這種表現的人，強化了他們的生存和繁殖指望，從而促使那種行為在代代後裔之間廣泛流傳。然而，有別於對生拇指或直立站姿——這都是遺傳取得並與特定適應行為緊密關聯的生理特徵——腦的許多遺傳特性所塑造的是偏好，而非明確的行動。我們都受到這類傾向的影響，不過人類的活動產生自一種混合作用，裡面摻雜了行為傾向和我們深思熟慮的複雜內省心智。

於是便有第二種指路明燈，儘管很不一樣，重要性卻毫不遜色，它會接受內在生活方面的訓練，並得以與我們改良的認知能力並駕齊驅。我們依循許多思想家踏出的求知小徑前行，眼前我們看到一種啟迪思維的遠景：我們發展出人類認知，肯定便駕馭了一股強大的力量，那種力量在一段時間之後，就能讓我們提升成為支配全世界的優勢物種。然而讓我們得以塑造、雕琢、創新的心理官能，也正是驅散我們的短視、以免我們只狹隘地專注於當下的官能。能周到地操控環境的能力，讓我們有辦法轉移制高點，也讓我們得以從時間軸上空俯瞰尋思過往並設想未來。不論我們多麼希望有另一種選擇，然而實現「我思，故我在」，也就等於是一頭撞進了第二項答案，「我在，故我會死」。

說得委婉一點，這個領悟令人不安。然而我們多數人都能接受。而且我們這個物種能存活下來，便證明了我們的同道教友也都能夠接受它。不過我們該怎麼辦到這點？[5] 根據一種想法，我們講述並重述一則則故事，在那裡面，我們在浩瀚宇宙中的位置轉移到了中心舞台，而且我們被永遠抹除的可能性，也受到質疑或者遭人漠視——或者，簡單來講就是想都別想。我們創作繪畫、雕塑、動作和音樂等作品，奮力掌控創造，並全心投入，動用能取勝一切有限事物的力量。我們想像英雄人物，從大力士海克力斯到圓桌武士高文爵士（Sir Gawain），再到斯巴達公主埃妙妮（Hermione），遙想他們如何以鋼鐵般決心和堅毅舉止蔑視死亡，即便只是幻想，仍期盼我們能夠成功。我們發展科學，提供洞見來瞭解現實的運作方式，接著這些以往世代認定為專屬於神的力量，都經由我們轉換成種種力量。簡而言之，我們可以擁有我們的認知蛋糕——敏捷的思維帶來許多好處，其中一點是能披露我們的存在困境——而且可以開心享用。藉由我們的創造才能，我們發展出強悍的防衛力量，來對付原本會令人喪志的憂思。

儘管如此，由於動機並不會化為化石，要想追蹤人類行為的靈感，恐怕是一項艱難的使命。或許我們的創造行動，從拉斯科（Lascaux）洞窟的雄鹿壁畫到廣義相對論方程式，都產生自我們經過天擇而演化的極為活躍的腦的能力，於是我們才有辦法感知模式，並能前後一貫地予以條理組織。或許這些嗜好和相關事項，都是在腦變得夠大，適應能力有餘，不再必須全時間專注保障棲身處所和溫飽之後，所產生的精妙副產品。稍後我們就會討論到，理論比比皆是，要找出無懈可擊的結論卻很難。有一點倒是毫無疑問，那就是我們想像、創造並體驗各項工作，從金字塔到第九號交響曲再到量子力學，這些都是人類巧藝的紀念碑，而且這些創作的耐久性，甚或它們的滿足感受，全都指朝恆久不變。

於是在考量了宇宙的起源，探索了原子、恆星和行星的形成，也瀏覽了生命、意識和文化的興起之後，接下來，我們要把目光投注在一個重點領域，而且歷經成千上萬年，這是事實真相，也是種象徵性的講法，這個領域激發了，接著也平息了我們的宇宙焦慮。我們要檢視的是，從現在到永恆。

資訊、意識和永恆

永恆是很久以後才會來。這一路上還會發生許多事情。未來學家和好萊塢科幻鉅片屏息瞻望悠久歲月之後的生活和文明會是什麼模樣，依循人類標準來看，那種未來離我們固然久遠，然而和宇宙時間尺度相比，便顯得黯然失色。根據短暫時期的指數技術創新，來推估未來的發展，固然是有趣的消遣，然而這種預測，和往後的實際情況開展相比，很可能大相逕庭。而且這還是我們相當熟悉的時間落差，好比跨越幾十年、幾百年和幾千年時光。就宇宙時間尺度範圍，預測這種細節情況，根本就是胡鬧。謝天謝地，這裡要討論的內容，多半都是建立在比較堅實的基礎之上。我的用意是希望能以豐富色彩來描繪宇宙的未來，不過都只最粗曠地大筆揮灑。以那樣的細節層級，我們就能以合理的信心水準來描繪出未來種種可能性。

這裡有個基本認識，在未來留下痕跡，那裡卻沒有任何人能夠注意到，恐怕也不會令人感到心平氣和。我們展望的未來，即便只是種含蓄暗示，往往充滿了我們所關切事物的那種未來。演化肯定會驅使生命和心智，展現出種種豐沛的樣式，並以形形色色的平台來支撐——生物的、電腦的、混合的，以及，誰知道還有其他哪些種類。不過，無論不可預測的肉體組成或環境背景的細節為何，我們多數人都想像，在悠久遙遠的未來，肯定存有某種生命類型，特別是智慧型生命，而且它必然會思考。

於是這就帶來了一個問題，而且會伴隨我們走過整趟旅程：意識思維會不會永無止境地存續下來？不過說不定能思考的心智，也就像是俗稱「塔斯馬尼亞虎」的袋狼（Tasmanian tiger）或者象牙喙啄木鳥（ivory-billed woodpecker），儘管壯觀出眾，卻只浮現一段時期，接著就滅絕消失？我並不著眼於任何個別意識，所以問題完全無關乎能保藏特定心智的（如低溫技術或數位技術等）種種願望科技。實際上，我這裡所提的問題是，思考現象能不能存續進入任意悠久時光之後的未來，不論那種思維是由人腦所撐持，或者由某種智慧型電腦或懸浮空無之中的纏結粒子來維繫。

為什麼不能？好吧，想想思想的人類化身。它連同一群偶發環境條件一起出現，並解釋了，比方說，為什麼我們的思考舉止發生在這裡，卻沒有出現在水星或者哈雷彗星上頭。我們在這裡思考，是由於這裡的條件適合生命和思想棲身，而這就是為什麼地球氣候出現有害變化時，會釀成何等慘禍。此外還有個完全不是那麼明顯的理由是，這種後果還有個宇宙版本，然而卻只在局域範圍引來關注。只要把思維視為一種物理歷程（稍後我們就會檢視這個假設），我們也不會覺得奇怪，怎麼思維只能出現在環境狀況與某些嚴苛條件相符的時候，不論那是發生在地球上的此時此地，或者是其他時候發生在別處。也因此當我們考量宇宙的粗略演變之時，我們也會判定，跨越空間和時間的演變環境條件，能不能無止境地支持智慧生命。

做評估時，我們會依循得自粒子物理學、天體物理學和宇宙學研究的洞見來進行，有了這些見識，我們就得以預測，在一段段比回溯大霹靂時間軸還更悠久的歲月當中，宇宙會如何演變開展。當然了，這當中有很大的不確定性，而且就像多數科學家，我也為此獻身，期望大自然貶斥我們的傲慢，並披露我們還無法領會的驚人現象。不過著眼我們業已測量的，我們觀測得知的，還有我們所計算得出的，結果就會發現，如同第九章和第十章所述，眼前所見並不令人振奮。行星和恆星和太陽系與星系，甚至連黑洞都只短暫存續。它們各自的最終命運，分別由它本身的獨特物理歷程組合來驅動，包括從量子力學乃至於廣義相對論，最終便化為一團粒子雲霧，飄盪在冰冷寧靜的宇宙當中。

在經歷這般變動的宇宙間，意識思維會如何發展呢？用來提出並解答這道問題的語言，再一次由熵來提供。藉由依循熵蹤跡，我們會遇到十分真實的可能性，思考舉動本身，不論那是任何地方的任何種類的實體進行的，全都有可能在不可避免的環境廢棄物累積下受挫：在遙遠的未來，任何會思考的事物，都有可能被它本身思維所生成的熱量給燒毀，思維本身有可能成為在物理上不可能實現的舉動。

儘管反駁思維能永恆延續的論證基礎，會是一組很保守的假設，我們同時也會考量一些替代方案，斟酌比較有利於生命和思考的種種可能未來。不過最直截了當的讀數則暗示，生命（特別是智慧生命）倏忽即逝。在宇宙時間軸上，條件容許自省生物存續的時段，很可能極端短暫。若只簡略瀏覽整起事態，你就大有可能完全沒有看到生命。納博科夫（Nabokov）有關人類生命的「兩段永恆黑暗之間的短暫光明裂縫」[6]描述，或許也適用於生命現象本身。

我們哀悼我們的無常遭遇，也從一種象徵性超然存在取得慰藉，那就是參與生命旅程留下的遺贈。到將來你和我就不會在這裡，不過其他人會，而且你和我做的事情，你和我創造的，你和我留下的足跡，對於往後種種和未來的生活方式都會做出貢獻。然而，在這處最終不會留下生命和意識的宇宙當中，就連象徵性的遺產——打算留給我們悠遠後裔的一陣低語——也終將消失在空無當中。

那麼，我們會陷入什麼樣的處境呢？

尋思未來

我們傾向從理智層面來吸收宇宙相關發現。我們學到一些有關時間或統一理論或黑洞的新事實。它短暫逗弄心智，接著若是足夠令人印象深刻，它還會長久留駐。科學的抽象本質往往讓我們始終從認知角度來關注它的內容，也唯有在那之後，而且在很罕見的情況下，那項認識才有機會進入內心深處來感動我們。不過偶爾當科學同時喚醒理性和感性，就有可能造就出威力強大的結果。

相關事例：好幾年前，當我才剛開始構思有關宇宙遙遠未來的科學預測，那時我的體驗大半都是理智方面的。我吸收相關材料，把它們當成耐人尋味的抽象洞見、必須以自然定律的數學來傳達的見識。不過我依然發現，若是我強迫自己**認真地**想像，所有的生命、所有的思維、所有的奮鬥，還有所有的成就，全都是在原本毫無生氣的宇宙時間軸上的一種轉瞬即逝的畸變，那麼我就會以不同的心態來吸收它。我可以察覺到它，我可以感受到它。而且我並不介意透露，頭幾次到那裡探訪時，旅途十分黑暗。歷經幾十年的學習和科學研究，我頻繁經歷興高采烈和疑惑納悶的時刻，然而在此之前，我卻從不曾見識過這般讓我徹頭徹尾感到空虛、懼怕的數學和物理學結果。

一段時間之後，我對這些觀點的情感互動，已經有所改善。現在，沉思遙遠未來往往為我帶來平靜和依存的感受，彷彿我自己的身分完全不重要，因為它已被歸併到另一種感受，就此我只能描述為對體驗之禮贈的感恩之情。各位大概並不認識我這個人，因此就讓我把來龍去脈交待個清楚。我是個心胸開闊，行事要求嚴謹的人。我出身的世界要求以方程式和可複製的資料來舉證申論，那個世界是以毫不含糊的計算，得出與實驗嚴絲合縫的預測，循此來判定正當性，有時還得精密到小數點後十二個位數。所以當我第一次經歷這種平靜依存的片刻時刻——恰好我是在紐約市一家星巴克咖啡店——心中深深感到疑惑。或許我的伯爵茶沾染上了一些不好的豆漿。也或許我是喪失了心神。

回想起來，那兩種情況我都沒有遇上。我們是一個漫長世系的產物，我們世世代代都設想我們會留下痕跡，以此來緩解存在的不安感受。而且痕跡越能存續，它的烙印就越不容易磨滅，於是那種生命看來也就越像是種重要的生命。按照哲學家羅伯特．諾齊克（Robert Nozick）的說法——不過要說這是喬治．貝利（George Bailey）的說法也並無不可——「死亡把你抹除……要被完全抹除，整個不留絲毫痕跡，得花很大的功夫，才能毀掉一個人的生命的意義。」[7]特別是像我這般沒有傳統宗教傾向的人，有可能在所有方面都強調不要被「抹除」，兢兢業業地專注於長久延續。我的成長過程，我的教育，我的事業，我的經驗，全都充滿這樣的告誡建言。在那所有階段，我在求上進的過程當中，始終兼顧長遠考量，尋求達成能夠長久延續的目標。因此各位也不該感到奇怪，為什麼我的專業焦點，主要都投注在對空間、時間和自然定律進行數學分析；我們很難想出，還有哪個學門更能讓一個人的日常思維，專注在超越當前片刻的問題上頭。不過科學發現本身，便以不同的角度詮釋了這種觀點。生命和思維很可能只棲居於宇宙時間軸上的一片纖小綠洲上。儘管支配宇宙的優雅數學定律，容許種種不同的奇妙物理歷程，它仍只能短暫供生命和心智棲息。倘若你能完全採信這點，設想未來完全沒有了恆星和行星和所有能思考的事物，那麼你就會抱持較高敬意來看待我們這個時代。

而那也就是我在那家星巴克所體驗的感受。平靜和依存關係，標誌了一種轉移，從設法掌握後退遠離的未來，轉變成感覺棲身令人屏息甚或瞬間即逝的現在。對我來講，驅使促成這種轉移的，是一種宇宙形式的導師，就相當於多少時代以來教導我們的詩人和哲學家、作家和藝術家、心靈哲人和正念教師，還有其他無數導師，他們告訴我們簡單卻又出奇微妙的真理，那就是生命就在這裡與當下。這是種很難維繫的心態，卻也注入了許多人的思想。我們在艾蜜莉．狄更生（Emily Dickinson）的「永恆，是當下構成的」[8]和梭羅（Thoreau）的「每個片刻中的永恆」[9]文句中都看到它。那樣的觀點，我發現，當我們埋首沉浸時間（從開端到盡頭）的完整範圍，它就會變得更加可以企及，構成一幅宇宙的背景幕，展現出無與倫比的清晰景象，闡明此時此地其實是多麼獨特又多麼短暫。

本書目的就是要提供那種清晰度。我們會遊覽穿越時間，從我們對開端的最精妙認識，由科學引領前往盡可能最貼近盡頭的地方。我們會探索生命和心智是如何從初始混亂狀態中浮現，而且我們會斟酌細究一批充滿好奇、熱情和焦慮，能自省、具發明創意又心懷質疑的心靈會怎麼做，特別是當他們注意到自己是會死的。我們會檢視宗教的興起，對創造表現的渴求，科學的攀登高峰，對真理的追求，還有對永恆的嚮往。於是這種對永恆事物根深蒂固的喜好偏向，法蘭茲・卡夫卡（Franz Kafka）所說的我們對「某種不可摧毀的東西」的需求，[10]往後就會推動我們繼續朝向遙遠未來邁進，讓我們得以評估我們身邊的一切事物的前景展望，包括我們所珍視的，還有構成我們所知現實的一切事物，從行星和恆星、星系和黑洞以及生命和心智等。

這一切都將綻放閃耀出人類的發現精神。我們是充滿抱負的探索者，試圖掌握浩瀚的現實。多少世紀以來的努力，照亮了物質、心智和宇宙的黑暗地勢。往後幾千年間，照亮的領域會越見寬廣、越見燦爛。走到現在，這趟旅程已清楚證明，支配現實的是數學定律，它們對於行為的準則、美的標準、同伴的需求、知識的期盼以及對目的的追求，全都無動於衷。然而，藉由語言和故事、藝術和神話、宗教和科學，我們駕馭了宇宙中屬於我們的那一小部分的冷靜、不懈和機械式開展，來表達我們對一致性和價值與意義的普遍需求。這是種精緻但短暫的貢獻。我們在時光中跋涉時就能清楚得知，生命很可能是短暫的，而且隨著生命浮現所產生的認識，也幾乎肯定要在生命終結時隨之消融。沒有什麼是永恆的。沒有什麼是絕對的。因此，在搜尋價值和目的之時，唯一中肯的洞見，唯一重要的答案，也就是我們自己得出的那些了。到了最後，我們在陽光下的短暫片刻期間，我們便肩負著尋找自己意義的重責大任。
讓我們出發吧。

第02章

時間的語言

The Language of Time

過去、未來和改變

Past, Future, and Change

一九四八年一月二十八日晚上，BBC電台播出舒伯特A小調四重奏演出，還放送了一段英格蘭民謠節目，中間則夾了一段雙邊辯論，其中一方是二十世紀知識界最具影響力的泰斗伯特蘭．羅素（Bertrand Russell），另一方則是耶穌會教士弗雷德里克．科普斯頓（Frederick Copleston）。[1]辯論的主題呢？神存在與否。羅素就哲學和人道主義原理方面的創新著述，會讓他獲頒一九五〇年諾貝爾文學獎，然而他就政治和社會方面的反傳統觀點，卻導致他遭劍橋大學開除，還喪失了紐約市立學院（City College of New York）的教席。他在辯論時提出了多項論據，質疑甚或駁斥創世者的存在。

從一條思路可以得知羅素的立場，而且這條思路和我們在這裡的探索連帶有關。「從科學證據看來，」羅素指出，「宇宙緩慢爬過一個個階段，在地球這裡產生出一種有點可憐的結果，而且它還要經歷更多可憐的階段，爬向一種全體死亡的狀況。」面對這般慘淡的前景，羅素歸結認定，「倘若這可以拿來當成目的的證據，那麼我只能說，那個目的是不能吸引我的那種。因此，我看不出有什麼理由該相信有什麼神。」[2]相關神學思緒會縫綴交織納入後續章節。這裡我想專注討論羅素提到的「全體死亡」科學證據的文獻。那是引自一項十九世紀的發現，而且儘管結論相當深邃，它的根源卻十分卑微。

一八〇〇年代中期，工業革命已經如火如荼地推展，而在滿滿矗立磨坊和工廠的各處地貌，蒸汽機成為了驅動生產的動力來源。然而，就算從人力到機械力成就重大的飛躍，蒸汽機的效能——執行時有效的功與燃料消耗量相比——仍嫌低落。燃燒木材或煤炭所產生的熱，約有百分之九十五變成廢氣流失到環境中。這激發了少數幾位科學家深入思索支配蒸汽機的物理學原理，尋找能燃燒較少同時得出較多的做法。歷經幾十年，他們的研究逐漸產生出一種指標性結果，至今已經成為實至名歸的著名定律：**熱力學第二定律**。

依循（高度）口語化的說法，這項定律聲明，產生廢棄物是免不了的。而且第二定律之所以至關緊要，理由就在於儘管蒸汽機是催化劑，該定律卻是普遍適用的。第二定律描述所有物質和能量的一種固有基本特性，不論其結構或形式為何，也不論那是有生命的或者無生命的。該定律揭示（同樣是鬆散地表示）宇宙萬物都有種不可抗力的趨勢，它們會耗損，會降解，會凋萎。

看他以這類日常用語來陳述，你就能知道羅素的主張是從哪裡來的。未來似乎會承受一種延續劣化，一種堅持不懈將生產能量轉變為無用熱量的作用，或也可以這樣講，一種推動現實的電池組之穩定排放。不過對科學有了更精確的認識之後就能披露，這項總結陳述現實走向的摘要，遮蔽了一種豐富又細緻的進程，而且那是自大霹靂起就開始進行，同時會持續進行到遙遠的未來。這種進展當能協助解釋我們在宇宙時間軸上的地位，闡明美與秩序如何映襯一幅降解和衰變的背景幕自行生成，而且還提供了種種潛在的方式（儘管手法有可能很奇特），設法避開羅素設想的慘淡終局。由於接下來正是這門（牽涉到熵、資訊和能量等概念的）科學在後續大半旅程引領我們前進，因此值得我們花一點時間來更全面地理解它。

蒸汽機

我絕不會聲稱生命的意義就潛藏在喧鬧蒸汽機的蒸騰熱汗深處。不過事實證明，瞭解蒸汽機的性能，看它如何從燃燒的燃料吸收熱量，運用來驅動火車頭車輪或煤礦加壓泵的遞迴運動，確實是理解（任意類型的）能量（在任意背景狀況下）如何隨時間演變的要項。而且能量的演變方式，對於物質、心智以及宇宙中所有結構的未來，都有很深遠的影響。所以，就讓我們從生死和目的與意義的崇高領域，屈尊就教於軋軋哐噹不止的十八世紀蒸汽機。

蒸汽機的科學基礎很簡單，卻也很有創意：水蒸氣受熱膨脹並向外推。蒸汽機藉由為一個圓筒加熱來駕馭這個作用，圓筒裝滿蒸氣，接著蓋上一個密合活塞，活塞能緊貼著圓筒內壁自由上下滑動。蒸氣受熱膨脹時便強力推動活塞，接著這股向外的推力就能驅動車輪開始轉動，或者讓磨坊開始碾磨，或者令織布機開始織造。隨後當這股向外施力的能量耗盡，蒸氣隨之冷卻，活塞也滑回原本的位置，準備好等到蒸氣再次受熱，就可以再次被推動——這個週期會一再循環，直到不再有燃料燃燒來重新為蒸氣加熱為止。[3]

歷史記載了蒸汽機在工業革命所扮演的核心角色，不過它帶出來的基礎科學相關問題，也同等重要。我們能夠像數學那般精確地透徹瞭解蒸汽機？它把熱轉換成有用活動的效能有沒有上限？蒸汽機的基本運作過程，是否有某些層面是獨立於機械設計或所使用原料的細部枝節之外，也因此對於普適的物理學法則具有特殊意義？

法國物理學家暨軍事工程師薩迪・卡諾（Sadi Carnot）就是在苦思這些問題時創建了熱力學領域——研究熱、能量和功的科學。不過你從他的一八二四年《論火的動力》（*Reflections on the Motive Power of Fire*）專論的銷售情況是看不出這點的。[4]不過，儘管很慢才迎頭趕上，在往後那個世紀期間，他的觀點就會激使科學家發展出一種不同於以往的嶄新物理學觀點。

從統計觀點來看

傳統科學觀點是牛頓以數學形式傳承下來，依此物理學定律提出了嚴謹的預測，來描述事物是如何移動。告訴我在某特定時刻一件事物的位置和速度，告訴我對它起作用的力，接著其他事項就由牛頓方程式來完成，預測該物體的後續軌跡。不論那是受地球重力拉扯的月球，或者你才剛揮棒擊出、正飛向球場中央的棒球，觀察證實，這些預測都是分毫不差，完全準確的。

不過重點來了。若是你上過高中物理學，或許你就會回想起，當我們分析宏觀物體的軌跡時，通常我們都會（或許不動聲色地）動用許多的簡化做法。就月球和棒球而言，我們一般都忽略它們的內部構造，並設想它們各自都只是單獨一個大質量粒子。這是個粗略的近似做法。就連一粒鹽都約含有一百億億個分子，況且那還只是一粒鹽。然而，當月球繞軌運行，我們通常都不擔心塵埃密布的寧靜海裡一粒粒分子的推撞運動。當棒球騰飛竄高，我們並不關心軟木球心裡一粒粒分子的振動。我們要知道的是整顆月球或棒球的整體運動。就此而言，把牛頓定律用在這些簡化的模型上頭，也就可以達到目的了。[5]

這些成功事例彰顯出十九世紀研發蒸汽機的物理學家所面對的挑戰。推向蒸汽機活塞的高熱蒸氣，包含了為數龐大的水分子，說不定達到十兆億顆。我們不能像分析月球或棒球那樣，也忽略這種內在結構。正是這些粒子的運動——衝激活塞、從表面彈開、撞擊容器壁面、再次湧向活塞——構成了蒸汽機運作的核心要素。問題在於，那樣一批為數龐大的水分子各自依循的所有個別軌跡，根本是沒辦法計算的，不論是任何人、在任何地方、不論他們多麼聰明，也不論他們使用的電腦有多麼厲害，結果都不例外。

我們被困住了嗎？

你大概會這樣認為。不過事實證明，只要改個觀點，我們就可以獲救。大型群組有時能自行產生出強大的簡化作用。當然了，要想預測你接下來什麼瞬間會打個噴嚏，那肯定十分困難，實際上也辦不到。然而，假使我們敞開視野，放眼地表所有人類的較大集群，我們就能預測，在往後那一秒鐘，全世界大概會出現八千次噴嚏。[6]重點在於，轉移到一種統計觀點，地球的龐大人口就成為預測力的關鍵，而不是障礙。大型群體往往會展現出個體層級欠缺的統計規律性。

有種類比途徑也適用於大群原子和分子的情況，開創這個門路的先鋒包括詹姆斯．馬克士威（James Clerk Maxwell）、魯道夫．克勞修斯（Rudolf Clausius）、路德維希．波茲曼（Ludwig Boltzmann）和他們的其他許多同事。他們主張揚棄個別軌跡細部考量，只專事描述大批粒子平均行為的統計陳述。他們表明，這個途徑不只讓計算在數學上容易處理，而且它能量化的物理特性，也正是最具重要意義的一類。舉例來說，施加於蒸汽機活塞上的壓力，幾乎都不會受到一粒粒個別水分子所依循路徑的絲毫影響。實際上，壓力加大是肇因於每秒億兆又億兆顆分子衝激它表面的平均運動。這才是重要的關鍵。而這也就是統計途徑容許科學家計算的事項。

就我們當前這個講求政治民意調查、人口遺傳學和（就整體而言的）大數據時代來講，朝統計框架的轉移，看來或許不算基進。我們都習慣了從研究大群體淬煉出的統計洞見之力量。不過在十九世紀和二十世紀早期，統計推理仍是種偏離正軌的做法，因為它沒辦法達到物理學要求的嚴苛精確水平。另外也請謹記在心，直到整個二十世紀初期，依然有一些受人尊崇的科學家挑戰存有原子和分子的理念——而這正是統計學途徑的根基之所在。

儘管有人表示反對，沒隔多久，統計推理就證明其價值所在。到了一九〇五年，愛因斯坦本人以量化方式，解釋了在玻璃杯中懸浮水中的花粉粒之顫動現象，理由是花粉會引來H_2O分子的持續轟擊。有了那次成功，除非專愛唱反調，否則你是不會再懷疑有分子了。此外，越來越多的理論性與實驗性論文一再表明，以大批粒子之統計分析為基礎得出的結論——描述它們如何在容器內四處撞來撞去，從而對容器表面施加壓力，或者取得那種密度，或者因應溫度緩和下來——都與資料嚴絲合縫，也因此對那個途徑的解釋力，完全沒有質疑的空間。於是熱處理歷程的統計基礎誕生了。

這完全是一次巨大的勝利，而且不只讓物理學家得以瞭解蒸汽機，還認識了範圍廣泛的熱力系統——從地球的大氣到太陽的日冕，再到蜂擁中子星中為數無窮的粒子。不過，這又是如何牽扯上羅素對未來的願景，還有他預見的宇宙緩慢朝死亡移動的徵候？好問題。坐穩了。我們就要談到這一點了。不過我們還有幾個步驟得先完成。接下來是使用這些進展來闡明未來的精髓本質：它和過去有很大的不同。

從這樣變成那樣

過去與未來的差別既是基本的，也是人類經驗的樞紐主軸。我們誕生在過去。我們會在未來死亡。在這當中，我們目睹了無數起事件，而且是以一種系列狀況接續開展，倘若把這個順序逆轉，就會顯得荒誕不經。梵谷畫下了《星夜》（*Starry Night*），接著就沒辦法逆轉運筆動作，把迴旋色彩移除，重現一張空白畫布。鐵達尼號擦刮冰山，扯裂船身，接著就沒辦法逆轉引擎，回溯它的航行路徑，並撤銷撞擊帶來的損壞。我們每個人都會長大變老，但接下來我們卻無法逆轉我們的內在時鐘並恢復青春。

由於不可逆性對於事物的演變至關重要，你應該會認為，我們很容易就能依循物理定律來確認它的數學根源。當然了，我們應該有辦法指出，方程式中有某個部分能確保事情可以從「這樣」變成「**那樣**」；儘管如此，數學卻禁止它們從「**那樣**」變成「**這樣**」。然而好幾百年來，我們發展出的方程式，卻始終沒辦法為我們帶來類似那樣的結果。實際上，隨著物理定律不斷由許多人經手改良，包括牛頓（古典力學）、馬克士威（電磁學）、愛因斯坦（相對論物理學），以及促成量子物理學的好幾十位科學家，有一項特徵卻依舊保持不變：那些定律對於我們人類所說的未來和我們所稱的過去，始終堅守完全不敏感的特性——基於世界現狀，數學方程式對於朝向未來或者過去開展的處理方式，是完全相同的。儘管這種區別對我們很重要，而且具有深遠的影響，然而定律對這種差別卻嗤之以鼻，還評定它所帶來的後果不會比體育場用來計算用掉多少時間和剩餘多少時間的比賽計時來得更重要。這就表示，倘若定律容許事件依循特定序列展現，那麼定律也必然准許逆轉序列。[7]

我在就學階段頭一次得知這點時，頓然覺得這簡直荒謬可笑。在真實世界當中，我們不會看到奧運跳水選手腳先出水從泳池冒出來，然後沉靜地翻落跳板。我們不會看到碎裂的彩色玻璃從地板跳起來，重新組合成一盞第凡尼彩玻鑲嵌燈（Tiffany lamp）。電影鏡頭倒帶播放之所以有趣，正是由於我們所見的播放影像和日常體驗的一切完全不同。然而根據數學原理，倒帶鏡頭逆向呈現的事件，卻與物理定律完全相符。

那麼，為什麼我們的經驗卻是這般偏頗？為什麼我們只能見到事件依循一種時間定向開展，卻永遠看不到逆向的情況？這個答案的一個關鍵部分是以「**熵**」的觀點來表明，而且熵這個概念會成為我們認識宇宙開展方式不可或缺的要項。

熵：初次相識

熵是基礎物理學中比較令人困惑的概念，這項事實並沒有減損自由引述它的文化胃口，大家依然喜歡藉它來描述從秩序到混亂，或者更簡單地說，從好到壞等日常狀況。按照口語用法這樣講也還好；我有時候也會那樣帶出熵話題。不過由於底下的行程得靠熵的科學概念來引領我們——也取決於羅素對未來的陰暗願景的中心思想——所以就讓我們梳理出它的比較精確的含義。

先從一個比喻開始。想像你猛晃一個袋子，裡面裝了一百枚硬幣，接著把硬幣倒在你家餐桌上。假使你發現所有一百枚硬幣全都正面朝上，想必你會大吃一驚。不過為什麼呢？道理似乎很明顯，不過也值得深思。連一枚反面的都沒有，意味著這一百枚硬幣各個都是隨機翻轉、碰撞並翻攪，最後還得撞上桌面並正面朝上就定位。所有硬幣都這樣，這很難辦到。要獲得那麼特別的結果是一項艱鉅任務。相形之下，倘若我們單只考量稍微不同的結果，好比結果只出現一個反面（另外九十九枚硬幣依然全都正面朝上），這種情況有一百種不同的發生方式：唯一那枚反面的可以是第一枚硬幣，也可以是第二枚硬幣，或者第三枚，並依此類推到第一百枚硬幣。因此，要得出九十九枚正面，比結果全都是正面容易一百倍——可能性達到一百倍。

讓我們繼續進行。稍做計算就能得知，我們有四千九百五十種不同方式可以得出兩枚反面（第一和第二枚硬幣是反面的；第一和第三枚是反面的；第二枚和第三枚是反面的；依此類推）。再稍多做點計算，我們就會發現，總共有十六萬一千七百種不同方式可以讓三枚硬幣擲出反面，得出四枚反面的方式幾乎達到四百萬種；接著五枚就約為七千五百萬種。這些數字細節沒什麼重要；這裡我著眼的是整體趨勢。每多一枚反面硬幣，都讓符合條件的結果種類多出許多。現象的規模變大。數值最高峰是在五十枚反面（和五十枚正面）的情況，可能的組合約達到十萬兆兆種（喔，組合種數為100,891,344,545,564,193,334,812,497,256）。[8]因此，得出五十枚正面和五十枚反面，可能性是結果全部是正面硬幣的十萬兆兆倍。

這就是為什麼得出全部正面會令人大吃一驚。

我的解釋是基於一項事實，那就是我們多數人都會直覺分析那批硬幣，就像馬克士威和波茲曼主張分析裝了蒸氣的容器一樣。就如同科學家對於逐個分析蒸氣分子漠然置之，我們通常並不會一枚枚地評估隨便一批硬幣。我們根本不關心也不會注意到，第二十九枚硬幣是不是正面朝上，或者第七十一枚是不是反面朝上。真正來講，我們是把那批硬幣當成一個整體來看。而且吸引我們注意的特徵是正面數量和反面數量的比較結果：是正面的比反面的多呢，或者是反面的多過正面的？數量達到兩倍嗎？達到三倍嗎？數量大致相等嗎？我們可以檢測出正面對反面比例的明顯改變，不過保留相對比例的隨機重排——好比把第二十三、第四十六和第九十二枚硬幣從反面翻到正面，同時也把第十七、第五十二和第八十一枚硬幣從正面翻到反面——基本上是沒有差別的。於是我把可能結果區分幾組，各含看來差不多相同的種種硬幣組態，接著我列舉各組的組合：我點算沒有反面的結果次數，有一枚反面的結果次數，有兩枚反面的結果次數，並依此類推到有五十枚反面的結果次數。

關鍵是這些群組並沒有相同組合，連接近都稱不上。也因此情況相當明朗，當你隨機散落硬幣，結果沒出現反面，你自然會大吃一驚（這個群組只有一種組合），若是隨機散落得出一枚反面，你的驚訝會稍微小一點（這個群組有一百種組合），接下來發現兩枚反面硬幣時，驚訝程度還會再減弱一些（這個群組有四千九百五十種組合），不過當散落硬幣得出半數正面和半數反面的組態，這時你就會開始打呵欠（這個群組大約有十萬兆兆種組合）。任意群組的組合種類越多，它的組態屬於隨機結果的可能性也就更高。群組數量很有關係。

假使這些素材對你來講都很陌生，那麼你或許還沒有意識到，現在我們已經闡明了熵的根本概念。硬幣特定組態的熵，就是它所屬群組的大小——看來和給定之組態很像的雷同組態數量。[9] 倘若這種模樣相似的組合為數很多，則該組態就有很高的熵值。倘若這種模樣相似的組合為數很少，則該組態就有很低的熵值。其他所有條件相同，隨機散落得出的結果比較有可能屬於具有較高熵值的群組，因為這樣的群組有比較多的組合種類。

這套公式表述和（我在本段開頭就提到的）熵的口語用法有連帶關係。直覺而言，混亂的組態（想想亂糟糟的桌面，上面堆滿零散文件、筆和迴紋針）具有很高的熵值，因為有許多方法都可以把組成元件重新排列成看來差不多的結果；把混亂的組態隨機重排之後，看來依然混亂。整齊的組態（想想一張簡樸的桌面，所有文件、筆和迴紋針都整潔擺放就定位）具有很低的熵值，因為把組成元件依照不同方式重新排列，結果沒有幾種看來雷同。就如同硬幣，高熵值閃閃發光，因為混亂的排列方式，遠多於整齊的排列型態數量。

熵：真正的交易

硬幣特別好用，因為它們說明了科學家為了處理構成物理系統的大數量粒子集群所開發的門路，不論涉及的是在高熱蒸汽機裡往返飛掠的水分子，或者是眼前飄盪在你房間裡面供你呼吸的空氣分子。如同硬幣的情況，我們也忽略個別粒子的細部枝節——不論任一水分子或空氣分子恰好待在這裡或他處，都幾無絲毫影響——實際上，我們是把看來差不多相同的粒子組態集結成群組。就硬幣來講，模樣相似的判別準則取決於正反面比率，因為就一般來講，我們對於任意特定硬幣的狀態並不感興趣，而且通常也只關注組態的整體相貌。不過，對大型氣體分子集群來講，「看來差不多相同」代表什麼意思？

想想現在填滿你房間的空氣。倘若你就像我和我們其他人，那麼你就根本不會在乎這顆氧分子正好飛掠竄過窗邊或者那顆氮分子恰好從地上彈起。你只會關切每次你吸氣時，都有充分數量的空氣來滿足你的需求。好吧，你可能還會關切其他幾項特徵。假使空氣的溫度太高，結果把你的肺給烤焦了，那你就會感到不開心。或者，倘若氣壓太高了（而且你還沒有讓你耳咽管裡面的空氣平衡妥當），導致你的鼓膜爆裂，你也會感到不開心。那麼，你在乎的事情，就會是空氣量、氣溫和氣壓。實在來講，這些都是非常宏觀的性質，而且是自從馬克士威和波茲曼開始一直到今天的物理學家也都關切的事項。

於是，就容器裡面的大集群分子而言，倘若不同的組態占據相同容積、具有相等溫度，並施加相等壓力，我們就說它們「看來差不多相同」。就如同硬幣的情況，我們也把模樣相似的這所有分子組態集結成群，並說這些群組的每種組合，都構成了相同的「**宏觀態**」（*macrostate*）。宏觀態的熵就是這種模樣相似之組態的數量。假定你現在不只是打開了一台小暖爐（影響溫度），或架起一道不透氣的房間隔板（影響容積），或者泵入更多氧氣（影響壓力），那麼對於在你現在那個房間裡面往返飛掠的空氣分子而言，它們不斷演變的組態便全都隸屬同類的群組——它們全都看來差不多相同——它們所產生的而且眼前你所體驗的宏觀特徵，全都非常相似。

把粒子組織起來，區分成模樣相似的群組，提供了一種十分強大的基模。正如隨機拋擲硬幣所產生的結果，比較可能屬於具有較多種組合（具有較高熵值）的群組，隨機彈碰的粒子也是如此。這項認識很直接了當，卻也蘊含十分深遠的意義：不論彈碰的粒子是位於蒸汽機、你的房間或其他任何地方，只要認識最常見組態（屬於具有最大組合類別之群組）的典型特徵，我們就能針對系統的宏觀性質——我們在意的性質——做出預測。這些明白講都是統計預測，不過準確的機率仍是高得出奇。重點在於，我們之所以能辦到這點，原因是我們避開了一項複雜無解的難題，不去分析數量多得荒唐的粒子的個別軌跡。

於是為了執行這項計畫，我們便有必要砥礪我們辨識尋常的（高熵型）亦或罕見的（低熵型）粒子組態的鑑別能力。也就是說，就一個物理系統狀態而言，我們需要判定，重新安排構成要素會讓系統看來差不多相同的方式是有很多種呢，或者為數稀少。來做個案例研究，讓我們前往你才剛用熱水沖澡完畢，現在蒸氣升騰的浴室。要想判定蒸氣的熵，我們必須計算所有能構成相同宏觀特性（也就是具有相等體積、相等溫度和相等壓力）的分子組態數，求出它們的可能位置以及它們的可能速度。[10]為一批H_2O集群執行數學點算工作，難度高過為一批硬幣集群進行類似的點算工作，不過主修物理學的學生多半在二年級時就學習了這項作業。還有種做法比較直截了當也比較具有啟發性，那就是求出體積、溫度和壓力特性如何影響熵。

先談體積。想像飛掠的H_2O分子都緊密群集在浴室的一個窄小角落。生成一個緻密的蒸氣結節。為了成為這種組態，當重新排列那批分子時，它們的可能位置就會大幅受限；你移動那批H_2O分子時，必須讓它們都待在結節裡面，否則改動過的組態看來肯定很不一樣。相較而言，當蒸氣均勻擴散到浴室各處，分子大風吹遊戲的限制就輕微得多了。你可以讓位於盥洗台附近和飄在燈具旁邊的分子，還有位於浴簾附近以及懸浮在窗邊的分子互換位置，結果就整體看來，蒸氣依然是一樣的。也請注意，你的浴室越大，你必須遍灑分子的位置數量也就越大，而這也就會增多可行的重排種類。於是結論便是，分布範圍越小，集結越緻密的分子組態，熵值也越小；而範圍較大而且分布均勻的組態，熵值就較大。

接下來是溫度。我們說的溫度，在分子層級代表什麼意義？答案大家都知道。溫度是分子集群的平均速度。[11]當某件事物所含分子的平均速度較低時，它的溫度也較低，均速較高時，溫度也較高。所以判定溫度如何影響熵，也就相當於判定分子均速如何影響熵。正如我們計算分子位置得出的發現，定性評估同樣唾手可得。倘若一個系統的溫度很低，則可容許的分子速度重排方式的數量就會相對較少：為了讓溫度保持固定——這樣才能確保所有組態看來都差不多相同——每當部分分子的速度加快了，你就必須適度降低其他一些分子的速度來予以抵銷。然而具有較低溫度（分子的均速較低）會帶來一個負擔，因為這時的減速空間並沒有很充裕，很快你就會觸及底部，零。於是分子速度的可能容許範圍就變得很狹窄，也因此你重新安排速度的自由也就受了限制。相較而言，倘若溫度很高，你的大風吹遊戲又會開始熱血起來：這時分子速度的分布範圍——有些高於均速，有些則較低——就會寬廣得多，而這就帶來了更大的轉圜餘地，可以把不同速度混合在一起，同時保持原有均速。當溫度較高，就會有較多的分子速度重排方式做出看來差不多相同的結果，因此高溫一般就代表熵值肯定較高。

最後是壓力。蒸氣對你皮膚或者對浴室牆壁施加的壓力，是肇因於H_2O分子蜂擁衝撞這些表面所致：個別分子衝撞帶來微小的推力，因此分子數量越多，壓力也越高。當溫度和體積固定時，壓力便取決於浴室裡面的蒸氣分子總數，這個量值對熵會造成哪些後果，十分容易就可以計算得知。當你浴室裡面的H_2O分子數越少（你的淋浴時間較短），就表示可行的重排方式較少，也因此熵值會較低；當H_2O分子較多（你的淋浴時間較長），代表可行的重排方式較多，也因此熵值會較高。

總結一下：當分子數較少，或者溫度較低，或者充溢的容積較小之時，就會導致較低的熵。當分子數較多，或者溫度較高，或者充溢的容積較大之時，就會導致較高的熵。

從這段簡短考察，讓我來強調有關熵的一種思考方式，雖然精確度較為欠缺，卻能帶來一種有用的經驗法則。你應該預期會遇到高熵的狀態。由於要落實這種狀態，藉由組成粒子的眾多不同重排方式都能辦到，因此它們是典型的、滿街走的、很容易配置的，而且是到處都看得到的。相較而言，假使你遇上了一種低熵狀態，這就應該抓住你的注意力。低熵的意思是，就那種宏觀態而言，能以它所含微觀成分來落實的方式遠遠較少，也因此那種組態很難遇到，它們是很稀罕的，它們是經過精心安排的，它們是很少見的。用熱水長時間沖澡之後走出浴室，結果發現蒸氣均勻擴散到整間浴室：高熵，完全不會令人吃驚。用熱水長時間沖澡之後走出浴室，結果發現蒸氣全都凝集成一個完美的細小立方體，懸浮在鏡子前面：低熵，極不尋常。事實上，以那種反常程度，假使你遇上了這種組態，接著有人認為，你只是遇上了難得出現但偶爾也會發生的事例，對於這種解釋你就應該抱持高度質疑。那種解釋**有可能**成立。不過我賭上我一條命，那不是真的。就如同你會懷疑，一百枚硬幣散落在你的餐桌上，結果全都正面朝上，恐怕還有單純機率之外的其他理由（好比有個人小心翼翼地把每一枚反面朝上的硬幣翻個面），每當遇上低熵組態，你都應該尋覓凌駕單純機率之外的其他解釋。

這種推理甚至也適用於看似平凡的事務，好比恰好碰到的一枚蛋或者一座蟻丘或者一個馬克杯。當組態整齊有序並是精心製作而成，還具有低熵本質，碰到這種情況就必須提出解釋。一批恰到好處的粒子以隨機運動正好就凝聚構成一枚蛋或一座蟻丘或者一個馬克杯，這是可以理解，卻也太過牽強。真正來講，我們會很想找到比較令人信服的解釋，而且當然了，我們不必遠道去搜尋：蛋和蟻丘和馬克杯，各個都是產生自特定生命形式的刻意安排，才把在環境中原本隨機的粒子組態改變成有序的結構。生命如何能夠產生出這種精美的秩序，這就是後續章節我們所要探討的課題。就目前來講，我們學到的課業僅只是應該把低熵組態看成一種診斷結論，提供一條線索來提示我們，威力強大的組織作用影響力，有可能就是我們所遇上的秩序的起因。

一八〇〇年代期間，奧地利物理學家波茲曼掌握了這些認識，其中許多是他自己的構想，於是他相信自己能夠處理激發我們這段討論篇幅的這道問題：是什麼將未來與過去區分開來？他的答案取決於熵的一種性質，並以熱力學第二定律來闡明。

熱力學定律

儘管熵和第二定律在文化上廣受引述參照，但公眾並不是那麼普遍認同熱力學第一定律。然而要全面理解第二定律，首先最好是能夠理解第一定律。事實證明，第一定律也是廣為人知，不過它卻另有個稱法，那就是能量守恆定律。一個歷程開始時，不論你有多少能量，到了歷程結束時，你也同樣有那麼多能量。你的能量計算必須錙銖必較，把一切有可能轉變自初始快取能量儲備的所有可能形式全都納入考量，好比動能（運動時得到的能量）或位能（儲存起來的能量，例如伸長的彈簧）或者輻射（由場來傳送的能量，好比電磁場或重力場所含能量）或者熱（分子和原子的隨機顫動運動）。不過，若是你不斷仔細追蹤，熱力學第一定律就能確保能量損益平衡表可以保持平衡。[12]

熱力學第二定律專注於熵。不像第一定律，第二定律並不是種守恆定律。這是個成長定律。第二定律聲明，隨著時間流逝，熵有一種勢不可擋的增加趨勢。依循口語說法，特殊組態往往會朝向普通配置演變（你細心熨燙的襯衫會起皺並產生摺痕），或者秩序往往會淪為無序（你整理好的車庫會在不經意間亂成一團，到處放了工具、置物箱和運動設備）。儘管這種寫照能提出很好的直覺圖像，波茲曼的熵統計公式則讓我們可以精確地描述第二定律，而且同樣重要的是，還可以清楚地理解第二定律為什麼成立。

歸結下來它就成為一種數字遊戲。再次設想硬幣的情況。若是你小心安排那些硬幣，讓它們全都正面朝上，構成低熵組態，接著把它們晃動翻攪一下，你料想得到，這下至少會出現幾枚反面，構成較高的熵組態。倘若你再多晃動它們一下，可以理解你有可能恢復全部正面的情況，不過你必須晃得恰到好處，才能讓剛好就是反面朝上的那幾枚硬幣翻回正面，得出完美合拍的結果。這是極不可能成真的。遠遠更有可能的情況是，翻攪動作反而會讓隨機一批硬幣翻面。反面的那幾枚硬幣有些或許就會翻回正面，不過原本是正面的硬幣，許多就會變成反面朝上。所以，不必花俏的數學，也不必過度抽象的理念，只需要簡單明瞭的邏輯就能披露，當你從全部正面朝上開始，隨機晃動就會讓反面的情況越來越多。而這也就是熵的增加。

這種反面數量越來越多的情況會持續下去，直到我們達到正反各約五成的情況才會終止。到那時候，翻攪把正面翻成反面，還有把反面翻成正面的次數就會約略相等，於是硬幣大半時間都會在組合種類最稠密的種種最高熵群組之間往返變遷。

硬幣能成立的情況，更普遍來講也能成立。烘焙麵包時，你可以肯定，香氣很快就會傳遍距離廚房很遠的房間。起初，麵包烘焙時釋出的分子群集在烤爐附近。接著那些分子就會逐漸分散。箇中道理和我們解釋硬幣的理由相同，也就是芳香分子有多種方式可以向外散播，比它們群集在一起的方法多出很多。也因此當分子經過隨機碰撞、翻攪，它們向外飄散的趨勢便可說勢不可擋，機率遠高於向內凝聚的狀況。於是，在低熵組態下群集在烤爐附近的分子，自然而然便朝高熵狀態演變，擴散分布到你的整棟房子。[13]

更籠統來說，若是有個物理系統還沒有處於可行的最高熵狀態，那麼它就極有可能會朝那方向演變。要解釋箇中道理，用麵包的香氣就能很好地闡明這點，原因在於最根本的推理：由於具有較多熵的組態數遠多於低熵情況（從熵的定義就能得知），隨機翻攪的機率要大得多——原子和分子的不懈碰撞和振動——於是系統就會被推往較高熵（而非較低熵）的情況。這種進展會持續直到我們達到可行的最高熵組態為止。從那時開始，翻攪就很可能會驅動組成元件在（一般來講）為數龐大的最高熵態不同組態之間往返變遷。[14]

這就是熱力學第二定律。而且這也就是它之所以成立的原因。

能量和熵

這段討論有可能讓你認為，第一和第二定律迥然不同。畢竟，其中一項著眼於能量和它的守恆，另一項討論的則是熵和它的增加。不過它們有種很深厚的連帶關係，彰顯出第二定律所隱含的一項事實，而且我們會一再回頭談到它：能量並非生來平等。

就拿一管炸藥為例。由於儲存在炸藥裡的能量，全都含納在一個牢固、緊緻、整齊有序的化學藥包裡面，因此這股能量就很容易駕馭。按照你所希望的爆炸能量佈署方式，把炸藥就定位並點燃引信，這樣就成了。爆炸過後，炸藥的所有能量依然存在。這就是第一定律的運作情況。不過由於炸藥的能量已經轉換為廣泛分散的粒子之高速混亂運動，這時要想駕馭那股能量也就極端困難了。所以，儘管能量總額並不改變，能量的特性卻已不同。

爆炸之前，我們說炸藥所含能量的品質很高：能量集中而且很容易取用。爆炸之後，我們說能量的品質很低：四散八方而且很難運用。還有，既然爆炸的炸藥完全由第二定律支配，從秩序發展成為無序——從低熵演變成高熵——我們把低熵與高品質能量連結在一起，並把高熵與低品質能量聯想在一起。是的，我知道。這裡有許多高低情況必須記住。不過結論就很簡練：熱力學第一定律聲稱，能量數額守恆，不隨時間改變，第二定律則聲稱，能量的品質隨時間消逝而劣化。

那麼，為什麼未來和過去並不一樣？從目前我們的推展情況，答案顯而易見，推動未來的能量品質較低，不如推動過去的能量品質。未來的熵高於過去。

或者起碼這就是波茲曼所提的主張。

波茲曼和大霹靂

波茲曼肯定有所圖謀。不過第二定律還有個微妙理念必須予以闡明，而且老實講，箇中意涵連波茲曼都要花點時間才能完全領會。

從傳統意義來考量，第二定律並不是個定律。第二定律並沒有絕對排除熵有可能降低。它只聲明這種降低現象不大可能出現。就硬幣案例，我們已經把這點量化。拿全部正面朝上的唯一組態來做個比較，隨機晃動產生出一種五成正面、五成反面組態的機率達到十萬兆兆倍。再次晃動高熵組態，結果就會得到較低熵組態，而且並不規定不得出現全部正面的情況，只是由於機率高度偏斜，就實際而言，這不會發生。

就遠超過百項元件所組成的日常物理系統來講，讓熵不至於降低的機率會令人望之卻步。麵包烘烤時會釋出無數億萬顆分子。這些分子擴散遍布你家的組態樣式，遠遠多於它們群集蜂擁回到烤爐的組態種類。經由隨機翻攪和碰撞動作，分子有可能回溯過往腳步，找到返回麵包的路途，接著就完全復原烹飪過程，最後你就重新得回一團生冷麵糰。不過和在帆布上潑灑顏料，結果重現《蒙娜麗莎》畫作的機率相比，發生這種情況的可能性還更接近於零。即便如此，重點在於，果真發生這種逆轉熵的歷程，它也不違反物理定律。即便根本不大可能，不過物理定律確實容許熵下降。

別誤會我的意思。我提這段話並不是想暗示，說不定有一天我會逆轉烤麵包過程，或者目睹車禍逆轉消弭，或者眼看燒焦的文件變回原狀。真正來講，這裡要強調的是一項重要原則。前面我曾解釋，物理定律把未來和過去擺在相同的立足點上。因此定律擔保，朝向一個時間序列開展的物理歷程，也能逆轉開展。而當然這相同定律也支配一切事務，包括主掌熵如何隨時間變化的物理歷程，結果竟然發現，它們只容許熵增加，於是事情就顯得奇特，其實是很有問題了。事實並不是這樣。你終身日復一日所經歷的熵的增加歷程——從碎裂的玻璃等瑣事到身體老化等深刻變化——全都能夠逆向發生。熵可以減少，只不過發生機率渺不可期。

這樣一來，我們尋求解釋未來和過去為什麼不同的處境又是如何呢？嗯嗯，假定今天有種小於最大值的組態，第二定律表明，由於熵極有可能增加，未來便極有可能有所不同。熵小於最大可能數值的物質組態，都迫不及待希望進展到較高熵值。有了這項見識，部分投入探索過去和未來差異的人士便放心了，心中認為他們的工作已經完成。

不過工作還沒有完成。還有同樣重要的是，我們必須解釋，今天我們棲身的世界，怎麼會處於這種低於最高熵值的特殊、稀罕又令人驚訝的狀態——構成一個充滿從行星和恆星到孔雀和人類等有序結構的宇宙。倘若情況不是這樣，倘若今天的組態就是料想應有的那種尋常的、不令人驚訝的最高熵值狀態，那麼宇宙也就很有可能繼續處於這種狀態，而它生成的未來，也就不會與過去有什麼差別。就像一袋硬幣經歷數不清的正反各五成的眾多不同組態，宇宙也會堅毅不拔地走過它的無數最高熵組態之不同地貌——廣泛分散蜂擁朝各方穿梭的粒子，你那蒸氣均勻分布的浴室之宇宙版本。[15] 今天這種（對我們來講是很幸運的）低於最高值的熵狀態，就要有趣得多了。它為粒子帶來結合形成結構，產生宏觀改變的機會。也因此我們要詢問：今天這種低於最高值的熵狀態是怎麼形成的？

我們謹守第二定律，歸結認為今天的狀態，是從昨天還要更低的熵狀態演變而來。而那種狀態，依我們所見，則是演變自更早之前的更低值熵狀態，並依此類推，構成了一條越往前越低的熵足跡，一路帶領我們回溯越見悠久的歲月，直到我們終於抵達大霹靂為止。大霹靂那種高度有序的極低度熵起點，正是今天的宇宙並不是處於最高度熵狀態的起因，於是宇宙也才得以產生出有別於過去的精彩未來。

我們能不能更進一步解釋，宇宙的開端為什麼是那麼有序？下一章我們探索宇宙理論構思的時候，還會回頭討論這道問題。就目前我們只指出，我們必須秩序才能存活，從我們支持繁多維生功能的體內分子組織，到提供高品質能量的食物來源，再到維繫我們長期存續不可或缺的人工打造的工具與棲所。若是沒有充斥環境的低熵有序結構，我們就不會在這裡注意到它。

熱與熵

本章一開始我就提到羅素悲嘆這個宇宙持續下滑的悲慘際遇。如今第二定律宣布，熵值會持續提高，於是我們便瞥見了激發他幽暗預言的理由。設想逐漸增加的熵，也就是無序逐漸提增，這樣你對它的要點就有所認識。不過要想全面領會生命、心智和物質往後要面對的未來挑戰——這個主題到後續章節我們就會詳盡地探討——我們必須在熱力學第二定律的現代描述（也就是我前面鋪陳的相貌）以及一八〇〇年代中期發展成形的原始公式之間，建立起一種連帶關係。就早期版本，第二定律把蒸汽機所有相關人士眼中顯而易見的事項編纂為法則：燃燒燃料來推動機器的過程，總是會產生熱和廢棄物——降解作用（degradation）。然而，由於早期版本並沒提到點算粒子組態，也沒有用上機率推理，於是它和我們前面發展的熵增長統計陳述，也就表現出明顯的差異。不過兩套公式表述之間，仍有種深沉並直接的關聯性，而這就表明了，為什麼蒸汽機把高品質能量轉化為低品質熱量的變換作用，便闡明了發生在宇宙各處無所不在的降解作用。

這裡就以兩個步驟來解釋這個連帶關係。首先，讓我們看看熵和熱的關係。接著，到下一段篇幅，我們就會把熱和第二定律的統計陳述連貫在一起。

手握平底鍋的高溫把手，感覺起來那股熱就像是向你手中流進去。不過是不是真有東西在流動？很久以前，科學家一度認為答案是肯定的。他們設想有種類似流體，號稱「熱質」（caloric）的物質。這種物質會從較高溫範圍流向較低溫區域，就像河川從上游向下游流動一般。一段時間過後，由於對物質成分認識越深，也就產生出了另一種描述：當你手握鍋柄，它的高速運動分子便與你手中的較緩慢運動分子碰撞，於是平均而言，導致了你手中分子的速度提高，並使鍋柄所含分子減速。你察覺手中分子速度提高，並產生溫熱感受；你的手的溫度提高了。相對而言，鍋柄分子運動速度減慢，也就代表溫度降低了。那麼流動的並不是物質。鍋柄的分子留在鍋柄裡面，你手中的分子留在你手中。真正來講，這就很像打電話時資訊從一個人流向另一個人，當你手握鍋柄，鍋柄分子的攪動便向你手中的分子流過去。所以，儘管物質本身並不從鍋柄向手流去，物質的一種性質——平均分子速度——確實流動了。這就是我們所說的熱流。

相同描述也適用於熵。當你手的溫度提高，它所含分子就加速四處碰撞，可能的速度範圍也加大——看來差不多相同的可得組態數量增多了——於是你的手的熵也增加了。相對而言，當鍋柄的溫度降低，它的分子便移動得較慢，它們的可能速度範圍也跟著收窄——看來差不多相同的可得組態數量減少了——於是鍋柄的熵減少了。

哇。**熵會減少**？

是的。不過這和罕見的統計僥倖事例無關，好比前一段談到的，把一袋子硬幣往下拋擲，結果得到全部正面朝上。每次你抓握高溫鍋柄，它的熵都會減少。平底鍋闡明了一個簡單卻至關緊要的重點，那就是，第二定律熵增加的說法，指稱的是完整物理系統的**總熵量**，這必然也含括與系統交互作用的一切事物。由於你的手與平底鍋鍋柄互動，因此你不能單就鍋柄本身來運用第二定律。你必須把鍋柄和你的手（更明確來講，還有整個鍋子、火爐、周遭的空氣等）一起納入。接著小心核算就能看出，你的手的熵值增加量，超過了鍋柄熵值的減少量，這就能擔保總熵值確實增加了。

所以，從可以流動的觀點來看，熵和熱確實很像。就平底鍋例子來講，熵從鍋柄流向你的手。鍋柄的有序程度變得稍高，你的手則變得稍微不那麼有序。同樣地，流動並不是指起初在鍋柄裡面、現在移動到你手中的某種實體物質形式。實際來講，熵流動代表鍋柄分子和你手中分子的一種交互作用，而這種互動就會影響各自具有的特性。就本例來講，這會改變它們的平均速度——它們的相對溫度——接著，那就就會影響到雙方各自具有的熵。

當前面所做描述清楚展現，熱流和熵流便緊密地連結起來。吸收熱也就是吸收隨機分子運動所傳遞的能量。接著，那股能量便驅動接收的分子，讓它們移動得更快或散布得更廣，促使熵增加。

於是結論便是，要讓熵從這裡向那裡轉移，熱就必須從這裡向那裡流動。而且當熱從這裡向那裡流動時，熵也就從這裡向那裡轉移。簡而言之，熵是乘著流動的熱浪移動。

瞭解了熱和熵的這層相互關係，現在讓我們重新探訪第二定律。

熱和熱力學第二定律

為解釋我們經歷的事情為什麼都順著一個方向開展，卻從不逆轉方向，這就讓我們想起波茲曼和他的統計版本的第二定律：熵極有可能越朝未來增加越多，於是逆向運行序列（熵會減少的情況）也就幾乎稱得上不可能。這與當初由蒸汽機啟發並以物理系統無休無止產出廢熱來表達的第二定律公式制定有何關係？箇中關聯性乃在於兩個起始點——可逆性和蒸汽機——是緊密相連的。原因是蒸汽機是靠一種循環歷程來運轉：一個活塞由膨脹的蒸氣推動向前，接著重設回到原始位置，等待下一股推力。蒸氣也會恢復它原有的體積、溫度和壓力，還有蒸汽機的所有重要部分也全都必須還原，讓機器準備好重新回熱並再次推動活塞。儘管這所有事項，全都不必要求發生萬不可行的荒謬開展程序，讓所有分子順著原路回到先前相同定點，或者恢復與先前週期起點時一模一樣的速度，不過整體佈局——蒸汽機的宏觀狀態——仍必須恢復相同形式，才能分別啟動後續每次循環。

這對熵有哪些意涵？嗯，既然熵表現出相同宏觀態的宏觀組態數量，倘若蒸汽機的宏觀態在每次新的循環起點都重設，那麼它的熵就必定也會重設。這就表示，蒸汽機在每個特定循環期間取得的熵（因為它會從燃料的燃燒作用吸收熱，還有活動零件摩擦也會產生更多的熱等），全都必須在週期結束時排放到環境。蒸汽機是怎麼做到這點的？嗯，我們已經見到，要轉移熵，你就必須轉移熱。所以，蒸氣機要想為下個循環自行重設，**它就必須把熱釋入環境**。那就是熱力學第二定律的歷史性表述，也就是不可避免得把廢熱排入環境——讓羅素焦躁不安的那種降解作用——到現在則是得自第二定律的統計版本。[16]

這是我向來所追求的目標，所以各位倘若想要跳到下一個段落，就儘管跳吧。不過若是各位有那個耐心，那麼有個細節我就不能不提，否則就是我的失職。你或許感到納悶，既然蒸汽機從燃燒的燃料吸熱（也因此吸收熵），接著全都釋放到環境（也因此釋出熵），那麼它怎能留下任何能量來完成有用的事項，好比為火車頭提供動力？答案在於，蒸汽機釋出的熱，比它所吸收的數量少，而且依然能夠完全清除它所累積的熵。它的方法如下：

蒸汽機從燃燒的燃料吸收熱和熵，並把熱和熵釋放到較低溫的環境。燃料和環境的溫差就是重點所在。要瞭解原因，想像你打開兩台一模一樣的小暖爐，其中一台擺在冰冷的房間，另一台則擺在高熱的房間。在冰冷房間裡，寒冷的空氣分子受了小暖爐攪動，導致它們移動得較快，分散得較廣，於是它們的熵也大幅增加。在高熱房間裡，空氣分子已經移動得很快，也早就飛掠到廣大範圍，因此小暖爐只略微增加它們的熵（這有點像是在紐約的狂熱派對上調高節奏，卻幾乎沒有注意到尋歡人士的舞步有絲毫加快，不過若是在印度提克西僧寺院〔Thiksay Monastery〕調高節奏，結果就會誘使僧侶中斷冥想，開始雀躍舞動，於是你很容易就能看出變化）。所以，即便兩台小暖爐完全相同，它們轉移到周遭環境的熵，仍是不同的：兩台小暖爐所產生出的熱是相等的，擺在較寒冷環境裡的那台，轉移了較多的熵。因此比較寒冷的環境，把所接收的給定數量的熱放大了，也構成了較大的熵增加現象。瞭解了這一點，我們就知道，蒸汽機只需把所吸收的熱排放一部分到比較寒冷的環境，也就能把它得自較熱燃料的熵，全部予以排除。接著殘餘的熱就可以運用來驅動蒸氣膨脹，推動活塞並完成有用的功。

這是解釋說法，不過別讓細節遮蔽了更大的結論：隨著時間流逝，物理系統會以高得出奇的可能性，從較低熵組態朝向較高熵組態演變。倘若像蒸汽機這樣的系統試圖維繫它的結構完整性，那麼它就必須把它所累積的熵轉移到周遭環境，藉此來克服熵增加的自然趨力。要辦到這點，蒸汽機就必須把廢熱釋放到環境中。

熵的兩步法則

只要仔細思考我們所依循的步驟，各位就能看出，儘管蒸汽機已被解析透徹，我們的結論仍是超越了這個十八世紀的起始點。我們的分析要旨是對熵進行嚴格的核算，而且那種核算可以在任何背景下進行。這是一個關鍵的認識，因為藉由熱的釋放來讓熵從蒸汽機向它的周遭環境轉移，只是十分普遍現象的一個版本，而且當我們依循宇宙開展顯現時，到處都會遇上這樣的歷程。我稱之為「**熵的兩步法則**」（*entropic two-step*），這是指當一個系統把大量熵轉移到環境，超出了為抵銷熵增加所須轉移的數量，結果就導致熵減少的任何歷程。兩步驟能確保即便熵有可能在此處減少，在別處它就會增加，擔保熵的淨值是增加的，一如我們根據第二定律所料想的結果。

熵的兩步法則是宇宙的核心特徵，循此它便能朝向漸增無序狀態發展，同時卻又能生成並支持像恆星、行星和人類這樣的有序結構。有一項我們會一再遇見的課題是，當能量流經一個系統——好比燃燒煤炭產生的能量流經蒸氣、驅動作功，接著排出到周遭環境等過程——它帶走熵，從而還得以維繫或甚至於生成秩序。

到後來，也正是這種熵之舞序編排催生出了生命和心智，還有心智所看重的幾乎一切事物。

你是一台蒸汽機

蒸汽機每走過一次循環都必須重設熵態，或許你會感到納悶，萬一沒有完成這件要項，倘若熵重設失敗，結果會是如何？這就相當於蒸汽機並沒有排放出適度廢熱，於是蒸汽機每走過一次循環都會變得越熱，直到最後它就會過熱並損壞。若是蒸汽機遇上這種命運，結果或許就會造成不便，不過假定沒有釀成人員傷害，也就不大可能讓任何人陷入生存危機。然而這同一門物理學，卻也是生命和心智是否無止境延續到遙遠未來的核心關鍵。箇中道理是，在蒸汽機能成立的，在你身上也同樣成立。

你很可能並不覺得自己是一台蒸汽機，或許連什麼奇巧實體裝置都不是。我也很少使用這些詞彙來形容自己。不過請想想看：你的生活牽涉到的歷程，和蒸汽機的歷程同樣是種週期循環。日復一日，你的身體燃燒你吃下的食物和你呼吸的空氣，來提供能量供你執行內部運作和外顯活動。就連思考這項活動——發生在你腦中的分子運動——也是由這些能量轉換歷程來提供動力。因此就像蒸汽機，除非你能清除過量廢熱並排入環境來重設你的熵，否則你就活不下去。確實，這正是你所做的事情。這就是我們所有人時時刻刻都在做的事情。這就是為什麼，舉例來說，軍用紅外線夜視鏡這麼好用，能幫助士兵在夜間發現敵方戰鬥人員，因為它就是設計來「看見」我們所有人都不斷排出的熱。

現在我們就可以更徹底瞭解羅素設想遙遠未來時的心態。我們所有人都在進行一場不懈的戰鬥，對抗廢棄物的持續累積，勢不可擋的熵增加現象。我們要想存活，環境就必須吸收、帶走我們製造出來的所有廢棄物和所有的熵。而這就帶來了一個問題，環境——這裡我們是指可觀測宇宙——能不能提供無底洞來吸收這種廢棄物？生命的熵之兩步舞，能不能無止境地跳下去？或者是否到了某個時候，宇宙其實就會塞滿，於是也不再能吸收我們命定必得進行的活動所產生的廢熱，從而讓生命和心智走上末路？羅素的催淚措辭說得對嗎？是否「世世代代的一切辛勞，所有的奉獻，所有的靈感，人類才氣的所有燦爛光輝，注定都要在太陽系的浩大死亡中消滅，人類的整個成就殿堂，也免不了要被埋葬在宇宙殘骸底下，化為一片廢墟」？[17]

這些都是我們在接下來各個篇章要著眼探討的核心問題。不過我們已經比自己稍微超前了一些。討論生命和心智之前，讓我們認識熵和第二定律在形成必要環境，以促使生命和心智扎穩根基的過程當中如何發揮作用。

就這一點，我們得回到大霹靂。

第03章

起源和熵

Origins and Entropy

從創世到結構

From Creation to Structure

數學讓科學家得以回溯時光，瞥見宇宙開展後不到一秒鐘的剎那瞬間，而這已經逼近了傳統宗教的勢力範圍，也促使部分人士想到，這當中或許存有某種尚待發現的事項，也許是某種深厚的聯盟關係，或是某種深度的連結性，或者是某種衝突隱患。這就是為什麼向我提問諮詢的事項，有關於我對創世主有什麼看法的疑問，幾乎就與科學相關問題一樣多。事實上，許多問題都橫跨了這兩個領域。後續篇章我們會有充裕的時間來考量這些議題，不過這裡我們就只著眼探討前一章末尾提出的一個接觸點，而那也是我們比較浩大情節的關鍵要項：倘若熱力學第二定律讓宇宙肩起永不停歇的無序提增重擔，那麼自然界又是如何能那麼輕易地產生出從原子和分子到恆星和星系，再到生命和心智等具有精妙組態的高度有序構造？倘若宇宙是從一次大霹靂爆炸開始，那麼熾烈的開端又如何能開創出那所有組織——從銀河系的旋臂，到地球令人迷醉的地貌，到人腦錯綜複雜的細密連結和起伏皺摺，再到這樣的頭腦所創造出的藝術、音樂、詩詞、文學和科學？

其中一種反應取決於各個世代如何因應處理這種顧慮之雛型的做法，那就是秩序萌生自混亂，並由一種至高智慧提取出來。人類的經驗與這種擬人化啟發的表現兩相吻合。畢竟，我們在現代文明日常經歷的秩序，就是智慧的巧手結晶。不過對第二定律的妥善解釋，讓智慧設計師成為非必要條件。結果出乎尋常而且令人驚訝，包含密集能量和秩序的區域（恆星就是原型範例），竟然是宇宙竭力依循第二定律規範，變得越來越加無序所得出的自然結果。沒錯，這種秩序範圍正是種催化劑，促使宇宙在長久時間之後，落實它的熵潛力。接著在這段路程上，以及這個熵進程的一個環節當中，還促成了生命的誕生。

現在就來探索秩序與無序之舞，如何縱貫宇宙歷史逐步開展。讓我們從開端開始。

勾勒出大霹靂的梗概

一九二〇年代中期，耶穌會牧師喬治．勒梅特（Georges Lemaître）運用愛因斯坦新近打造的重力描述——廣義相對論——來發展一項基進的宇宙觀點，並說明那是從一響霹靂開始，從此一路膨脹直到現在。勒梅特並不是不學無術的業餘物理學家。他從麻省理工學院拿到博士學位，而且是率先嘗試以廣義相對論方程式將宇宙視為一個整體來理解的科學家之一。愛因斯坦的直覺，成功引導他經歷十年精彩探索，開創出種種有關空間、時間和物質之本質的相關發現，而且他直覺認定，宇宙「裡面」的物體，有開端、中間期，還有盡頭；至於宇宙本真，則是從過去到未來始終如一。當勒梅特對愛因斯坦方程式的分析，得出了不同的隱含理念時，愛因斯坦卻對他不屑一顧，告訴那位年輕的研究人員說：「你的計算是正確的，你的物理學卻很令人嫌惡。」[1]愛因斯坦要強調的是，你的方程式操作手法可以非常純熟，卻欠缺良好的科學品味，來決定其中哪種數學操作能反映現實。

幾年過後，愛因斯坦表現了一次極著名的科學髮夾彎。天文學家愛德溫．哈伯（Edwin Hubble）在威爾遜山天文台（Mount Wilson Observatory）進行的詳細觀測顯示，遙遠星系都在移動。它們全都以高速遠離。而且它們的向外遠離模式——星系越遠，速度越高——和廣義相對論方程式的數學結果相符。如今有了支持勒梅特那種討厭的物理學的數據，愛因斯坦也就全心全意地接受宇宙有個開端的概念。[2]

自從勒梅特提出創新性計算結果之後一個世紀期間，他開創性地將宇宙學理論化，加上俄羅斯物理學家亞歷山大・弗里德曼（Alexander Friedmann）的獨立工作成果，已經有了長足進展，而且大批觀測證據也紛紛從地面和太空望遠鏡累積取得。底下就是目前所得出的現代宇宙論說法：約一百四十億年前，整個可觀測宇宙——使用我們所能設想的最強大望遠鏡能夠看到的一切——被壓縮進一個極端熾熱又驚人緻密的團塊，接著它迅速膨脹。當它逐漸鼓脹，溫度隨之降低，粒子狂亂運動逐漸減緩，凝結成團，隨後便形成恆星、行星，零星散落太空中的種種氣態與岩質殘骸——還有我們。

三言兩語就把故事講完。且讓我們修飾一下。讓我們檢視一下，宇宙是如何在沒有意圖或設計，沒有前瞻思考或判斷，沒有規畫或深思熟慮的情況下，便產生出從原子到恆星到生命等種種條理分明的有序粒子組態。讓我們瞭解一下，這種有序結構的出現，是如何與第二定律堅持不懈提高無序狀態的作用兩相吻合。讓我們見證一下，如今在宇宙舞台上演出的熵的兩步舞序。

為此我們就必須更全面地認識宇宙學的種種不同細節。首先，當初是什麼因素驅使原始團塊開始膨脹？或者，使用更寬鬆的說法，是什麼因素引爆大霹靂？

排斥性重力

反面說法比比皆是，因為日常經驗充滿對立情況。物理學也有此雷同現象：秩序和無序、物質和反物質、正面和反面。不過自從牛頓時代以來，重力作用力顯然是偏離了這種共通的模式。不像兼具拉、推作用的電磁力，重力似乎只是種引力。根據牛頓的說法，重力施加拉力並作用於物體之間，不論那是粒子或行星，並把雙方聚攏到一起，卻從不施加反向作用。由於並沒有哪項原理規範自然運作都必須是對稱的，對重力有深入理解的人士，多半都認為這種單向性是一種必須接受的固有特質。愛因斯坦改變了這點。根據廣義相對論，重力可以是排斥的。牛頓沒有料想到有排斥性的重力，你我也從來沒有體驗過這種現象。不過排斥性重力的作用正如其名。它並不向內拉，卻是向外推。根據愛因斯坦的方程式，像恆星和行星這樣的大團事物會施加常見的引力型重力，不過有時也會出現異常情況，這時重力就可能驅使事物分開。

儘管重力的排斥能力已經為愛因斯坦所知，後來好幾位從事廣義相對論研究的科學家，對此也都有所認識，然而它的最深遠的應用，卻花了半個多世紀才被人發現。阿蘭・古斯（Alan Guth）在擔任博士後研究員並細密思忖大霹靂的年輕時代就意識到，排斥性重力有可能解答一項令人不解的宇宙謎團。觀察顯示，空間正不斷膨脹。愛因斯坦的方程式驗證此說。不過他的方程式對於一道問題仍保持沉默，那就是，在數十億年前觸動膨脹開始運轉的起因為何。古斯的細密數學分析，最後在一九七九年十二月一個深夜，達到狂熱計算高潮，終於哄騙方程式吐露實情。

古斯意識到，倘若空間的一處區域充滿了一種特定物質，我想這裡就稱之為「宇宙燃料」（cosmic fuel），同時倘若宇宙燃料所含能量均勻散布在那整片範圍——並不像恆星或行星那樣凝結成團——那麼所產生的重力確實就會是排斥性的。更準確地說，古斯的計算顯示，倘若有一處纖小範圍，或許寬度就只有一公尺的十億分之一的十億分之一的十億分之一那麼小，裡面充滿了某種類型的能量場，稱為**暴脹子場**（*inflaton field*，暴脹子的英文 inflaton 拼法有點怪，和暴脹 inflation 只差一個字母 i，這是故意這樣命名的，並不是拼錯），而且倘若能量呈均勻分布，就像三溫暖浴室室內各處的蒸氣密度全都相等，這時排斥性重力的推力強度就會讓那小片空間發生爆炸性膨脹，幾乎瞬間就延伸擴展到可觀測宇宙那般大小，甚至還遠遠更大。因此排斥性重力可以為一次爆炸提供動力。於是這就成為一次大霹靂。[3]

到了一九八〇年代早期，蘇聯物理學家安德烈・林德（Andrei Linde）和美國一支雙人團隊保羅・斯泰恩哈特（Paul Steinhardt）與安德烈亞斯・阿爾布雷克特（Andreas Albrecht）合作把古斯的理念接手過來，據以發展出第一批完全可行的**暴脹宇宙論**（*inflationary cosmology*）版本。在那之後幾十年間，這些早期成果激發出了好幾千頁篇幅的繁複數學計算和大量詳細的電腦模擬，蜂擁投向世界各地期刊，報導根據過往暴脹假設，提出的種種解釋和預測。這許多預測如今都經過精心細密的天文學測量驗證確認。我不打算帶領各位全方位綜覽暴脹宇宙論的觀測經過，這些在許多文章和書籍裡都有大量論述，不過這裡就描述一起成功案例，許多物理學家認為這是最令人信服的一則。這也是我們介紹下階段宇宙開展必須具備的要項：恆星和星系的形成。

創世餘暉

隨著早期宇宙迅速延伸擴展，它的熾烈高熱也擴散到越來越開闊的範圍，同時強度也跟著減弱並穩定降溫。[4]早自一九四〇年代開始，遠在暴脹理論發展成形之前，物理學家就已瞭解，初始熱度由於空間擴張而減弱，化為柔和的輝光，不過至今應該依然瀰漫全宇宙。這種現象號稱「創世餘暉」（afterglow of creation），學術用語稱之為「宇宙微波背景輻射」（cosmic microwave background radiation），這種引人注目的宇宙遺跡最早是在一九六〇年代由貝爾實驗室研究人員阿諾・彭齊亞斯（Arno Penzias）和羅伯特・威爾遜（Robert Wilson）首次偵測發現，他們的先進電信天線無心插柳接收了一種瀰漫太空的擴散輻射，溫度只比絕對零度高了二・七度。倘若你身處一九六〇年代，那麼說不定你也曾經接收過那種輻射。每晚當電視台播完當天節目並呈現收播畫面時，在老式電視機上出現的部分靜電雜訊，就是這種大霹靂殘跡所造成的。

暴脹宇宙論把量子力學納入考量，修正了一種餘暉預測。量子力學是在二十世紀頭幾十年間發展出來的一組定律，用來描述在微觀世界上演的種種物理歷程。由於我們專注的焦點是整個宇宙，那是很大的東西，你或許會認為，既然量子物理學只關切一切細小事物，拿來談這個就顯得文不對題。要不是有暴脹宇宙論，你的直覺就完全正確。不過正如拉扯一片氨綸（spandex，一種彈力纖維，俗稱萊卡）布料可以顯露出它的繁複織造圖案，藉由暴脹膨脹來拉扯空間，也能披露它平常隔絕在微觀世界的量子特徵。基本上，暴脹作用及於微觀世界，並將量子特徵清楚延伸跨越天空。

其中關係最深遠的量子效應，正是無可辯駁明確背離古典傳統的那項作用：**量子力學不確定性原理**（*quantum mechanical uncertainty principle*）。不確定性原理又稱為「測不準原理」，一九二七年由德國物理學家維爾納・海森堡（Werner Heisenberg）發現，這項原理顯示，世界上有些特徵——好比一顆粒子的位置和速度——若是以牛頓為楷模的古典物理學家而論，他就會堅決主張那肯定是可以完全確立的，不過若是以量子物理學家而言，他就會意識到，由於量子模糊性使然，兩種特徵是不能確定的。這就彷彿古典傳統是透過純樸的拋光眼鏡來看世界，那副眼鏡能把所有物理特徵都完美聚焦。至於披掛了量子觀的眼鏡，則先天就是霧濛濛的。就日常大尺度世界常態經驗而言，量子霧氣十分稀薄，不會影響我們的視野，因此古典觀和量子觀，也就幾乎無從區辨。然而你探測的尺度越小，量子透鏡就會變得更為朦朧，視野也會變得越加模糊。

這個隱喻或許會令人想起，我們只需要清潔量子透鏡就成了。不過，不確定性原理明確規定，無論我們多麼精打細算，也不論我們使用的是哪種先進的儀器，始終都會留存無法清除的極少量霧氣。事實上，我的措辭洩漏了人類的經驗偏誤。唯有在相較於明顯錯誤的古典觀點之時——這是我們人類首先發現的觀點，因為在人類感官可及的尺度上，這顯得比較簡單，而且極端精確——量子現實才會顯得朦朧。實際上是古典觀點就真正的量子現實提供了一種近似因此是不準確的觀點。

我不知道為什麼現實受量子定律支配。沒有人知道。歷經一個世紀的實驗，已經驗證確認了不計其數的量子力學預測，也因此科學家才會衷心採信那項理論。即便如此，對我們多數人來講，量子力學依然是十分陌生的學問，因為它的標誌特徵都出自相隔極為靠近、非我們日常生活所能體驗的距離。若是能體驗的話，我們的常識直覺也就會直接由量子歷程來塑造，而且量子物理學也會成為我們的第二天性。如同你根深蒂固瞭解牛頓物理學的意涵——玻璃杯往下掉時，你憑直覺立刻就能知道它的牛頓軌跡，並很快伸手抓住它——你也能根深蒂固懂得量子物理學。然而缺了這種量子直覺，我們只能仰賴實驗和數學來描繪我們沒辦法直接體驗的現實諸般層面，從而模擬出我們的認識。

最廣泛討論的實例在前面就提到了，那是牽涉到粒子的行為，我們由此得知，如何把量子不確定性的不停顫動疊加上去，循此來改動古典物理學的固有陡峭軌跡。當粒子在不同位置間轉移，古典物理學家或許可以拿一根尖銳鵝毛筆來描畫出它的軌跡，而量子物理學家就要伸出她的手指沾上濕墨水，塗抹出那條路徑。[5]不過量子力學的關聯性還遠超過個別粒子的運動，而且就宇宙論來講，量子不確定性原理對推動空間快速膨脹的暴脹子場還具有決定性影響。儘管我形容暴脹子的數值是均一的，就膨脹空間範圍內的所有位置，全都呈現相等數值，量子不確定性卻讓它變得模糊不清。不確定性把量子顫動疊加在古典均一性上，導致該場數值在不同定點呈現些微高低起伏，也因此它的能量也呈現這雷同狀況。

當暴脹很快地把這些微小的量子能量變異延伸擴展開來，它們就遍布整片空間，也讓各個不同定點的溫度出現些微高低起伏。但程度不高。最早在一九八〇年代由物理學家完成的數學分析顯示，冷熱點的溫度只相差了十萬分之一的比例。不過數學分析也顯示，這種微小溫度變異或許是可以看得到的，只要你知道該怎樣尋找就能辦到。計算結果顯示，延伸擴展開來的量子顫動會導致整個空間的溫度變異展現出一種特有模式，可供天文法醫鑑識科學應用的宇宙指紋。沒錯，自從一九九〇年代早期以來，接連佈署在地球大氣扭曲影響之上的一台又一台望遠鏡，便已驗證確認溫度變異的預測模式，達到越來越高的精確程度。

等待片刻讓它滲入。物理學家以我們從海森堡得知的量子不確定性為本，使用愛因斯坦的方程式來描述宇宙的最早片刻，並更新納入了古斯所提充滿空間的假設性能量場。接著對暴脹爆發進行數學分析便顯示，它應該留下了一種不可磨滅的烙印，一種創世化石，呈現如夜空中一種特有的微小溫度變異模式。時至今日，將近一百四十億年之後，銀河系這裡一種才剛進入科學時代的物種製造了先進的太空溫度計，精確地探測出了那種模式。

這是一項了不起的成就，再次證明了數學扼要表達大自然模式的超凡能力。不過倘若我們歸結認定，觀測結果證實確有那麼一次暴脹爆發，那麼這個結論又太強了。當焦點擺在發生於數十億年前的宇宙事件之時，當那種能量等級很可能千萬億倍於如今我們在實驗室中所能探測的尺度，我們充其量也只能將觀測和計算結果拼湊兜攏，來提高對於我們所提解釋的信心。倘若暴脹爆發是解讀宇宙資料的唯一方式，那麼我們的信心就要越來越靠近確定性，不過多年下來，富有想像力的科學家已開發出其他可行途徑（到第十章我們就會談到其中一種）。總而言之，我的觀點，也是許多研究人員的共通觀點就是，儘管我們對挑戰主流觀點的新穎見解，必須不偏不倚開放以對，然而過去四十年來發展成形的暴脹宇宙論成果卻十分強大。[6]因此隨著旅程開展，在大多數情況下，我們都會跟隨暴脹的腳步前進。

這樣評價下來，現在就讓我們投入斟酌，暴脹起點是如何與第二定律朝向更高無序的趨勢對接的。

大霹靂和第二定律

儘管經歷了好幾個世紀的科學進展，然而談到哥特佛萊德・萊布尼茲（Gottfried Leibniz）所提出的問題——「為什麼有東西存在，而不是什麼都沒有？」——比起當初那位德國哲學家第一次表達出有關存在之謎的這種精妙見識，如今我們也沒有更能夠解答那道問題。這並不是由於還沒有人提出富有創意的理念和具有啟發性的理論。不過當詢問一個最終起源的問題之時，我們也是在尋求一個不要求先決條件的解答，一個不會使問題再後退一步的答案，這個答案不必再為後續的問題操心，「為什麼事物是**這樣**，而不是**那樣**？」或者「為什麼有**這些**定律而不是**那些**？」目前所提出的解釋，還沒有任何一種達成了這項目的，或甚至也沒有更接近目的。

暴脹框架肯定是還沒有。暴脹必須有一些成分要項，包括空間、時間、驅動膨脹的宇宙燃料（暴脹子場），以及量子力學和廣義相對論等整套技術性裝置，而它們本身便仰賴從多變量微積分以及線性代數到微分幾何等數學原理。目前還沒有已知原理能把這些特定物理定律區隔出來，而這些定律也正是使用這些數學建構來予以闡明，並以此作為解釋宇宙的必然起點。真正來講，我們物理學家使用觀測和實驗，加上很難形容的直覺數學敏感度，來引領我們發現特定物理學定律。接著我們用數學方法來分析定律，來判定宇宙早期時刻的哪些環境條件（如果有的話）會激發空間迅速膨脹。一旦我們有幸發現，果真有這樣的條件之時，我們便**假定**它們緊接著大霹靂出現，接著我們就使用方程式來判定，隨後會發生什麼狀況。

我們目前所能做的，充其量也只有這樣。而且也完全不能小看這點。我們能用數學來描述我們相信發生在將近一百四十億年前的狀況，接著還能由此預測，如今使用功能強大的望遠鏡所能看到的現象，這件事情本身就，嗯，相當驚人。當然了，深奧的問題到處都有，好比是什麼或是誰創造了空間和時間，還有是什麼或是誰施加數學的掌控力量，還有是什麼或是誰促使存有萬物，不過就算那所有問題都懸而未決，我們也已經對宇宙的開展取得了強大的洞見。

我這裡的目的，是要運用這種洞見來理解，這處熵值不斷增加，無序狀態也注定不斷提增的宇宙，是如何在這樣的過程創造出高度秩序。抱持這樣的目標，現在就讓我們從上一章提到的最基本觀測入手。倘若熵從大霹靂起就穩定增加，那麼回溯至大霹靂時的熵，肯定遠低於今天的數值。[7]

就這種處境，我們該怎麼看？

嗯，到現在你應該已經養成見到高熵組態就聳肩的習慣——不論那是正反面隨機混雜的硬幣、均勻瀰漫浴室的蒸氣，或者是遍布你屋內的香氣。高熵組態是料想得到的，是種平淡無奇的常態。不過一旦遇上了低熵組態，你就知道，自己應該有不同的反應。低熵組態是很特別的，是反常的。它大聲呼籲對這種有序事態的根源提出解釋。

當應用於早期宇宙，這種推理便在科學界和哲學界釀出了漫長拉鋸爭執。不過是哪種力量或歷程讓早期宇宙具有很低的熵？一百枚全都正面朝上的硬幣具有很低的熵，不過仍然可以馬上提出解釋——硬幣不是就這樣拋擲在桌上，而是有人仔細排列。不過是什麼或是誰安排出早期宇宙的這種特殊的低熵組態？沒有完備的宇宙起源論，科學就提不出答案。事實上，儘管這個問題讓我好幾晚都睡不著覺（這是實情），科學依然沒辦法評斷，到底值不值得為這道課題操煩。對於「為什麼有東西存在，而不是什麼都沒有？」這道問題欠缺認識，就相當於對於那件事物實際上是多麼奇特或多麼平凡欠缺判斷力。要評估早期宇宙的細部條件，究竟會讓我們聳聳肩，或者讓我們瞪眼恍然大悟，首先就必須描述讓那些條件制定確立的過程。

宇宙學家納入考量的一種情節便設想，早期宇宙是一處瘋狂混亂的環境，也因此遍布空間的暴脹子場值會有錯亂起伏現象，就有點像是沸水表面的模樣。為生成排斥性重力並啟動大霹靂，我們必須有一處小片空間裡面的暴脹子場值是均一的（或者接近均勻，因為量子顫動也得考量在內）。不過要在起伏亂象當中找到這種均勻的區域，就像煮沸一鍋水，然後想在翻騰水面找到一片突然平息的區域。你從來沒見過這種事情。倒不是由於這是不可能的，而是因為這實在太難得發生。要讓鍋內一個範圍內的隨機沸騰水面，在同一瞬間通過相等高度，產生出一片平坦、有序、均勻的低熵組態，這需要驚人的巧合。相同道理，要讓在一小片空間區域裡面狂暴起伏的暴脹子場獲得均一數值，從而引燃暴脹，同樣需要驚人的巧合。眼前還沒有辦法解釋這種有序、低熵、均一的特殊組態是如何生成的，物理學家對此都深感不安。[8]

為求減輕不適，有些研究人員仰賴一種簡單的觀測結果：只要等得夠久，就連最不可能發生的事情，也都會發生。晃動一百枚硬幣夠久時間，最後它們就會全部正面朝上。你最好是不要屏住呼吸等結果，不過它是會出現的。相同道理，我們可以論稱，在暴脹子場值狂亂起伏的渾沌環境當中，在一片纖小區域範圍內，平常不斷驅使場值四處高低起伏的隨機變異，遲早——單憑機運——

總會排列整齊，導致場內全部具有相等數值。這必須有種統計上的偶然性，產生出更高度秩序，也因此帶來更低的熵，所以這是偶爾會發生的。不很常見。不過看來不必緊張。既然這所有密謀全都發生在史前時期，比我們稱為大霹靂的空間快速膨脹出現得還更早，當時也就沒有人在場，雙臂交叉鞋尖踏拍子等著暴脹引燃。所以就讓暴脹片前宣傳短片依所需時段長度盡情上映。最後是當統計偶然性恰好發生，生成了均勻的暴脹子區塊，這時事物才終於出現變化：大霹靂引燃，空間膨脹，宇宙戲劇開始上場演出。

儘管這完全不能解答關於起源（空間或時間或場或數學等的起源）的最根本問題，卻能表明混亂環境如何能產生出暴脹所需的那種特殊、有序的低熵條件。當一片纖小空間終於完成渺不可期的統計偶然性，一舉躍向低熵狀態，這時排斥性重力也奮起行動，激發它形成快速膨脹的宇宙——大霹靂。

這不是解釋暴脹如何起步的唯一提案。暴脹宇宙論先驅人物林德便曾戲稱，每三位研究人員起碼都能產生出九種相關意見。[9]所以我們必須留待往後的研究，包括理論上的以及觀測上的，才能得出一個比較明確的解答，並據此說明小片空間區域是如何均勻充塞一片暴脹子場，從而引爆一起空間膨脹。就目前而言，我們就只假設，早期宇宙不知如何就過渡到這種低熵、高度有序的組態，點燃了大霹靂，並讓我們得以宣稱，接下來的事，大家全都知道了。

以這條線索做為起點，現在我們就起身開始探索，這處朝向無序未來疾馳猛衝的宇宙裡面，是如何形成恆星和星系等有序結構。

物質的起源和恆星的誕生

大霹靂之後一千億億億分之一秒瞬間，排斥性重力讓一片纖小空間範圍大幅伸展，或許還比最先進望遠鏡所能觀測的最大距離尺度更大上許多。[10] 空間依然充斥暴脹子場，不過在另一個霎那瞬間，那種情況也改變了。就像膨脹肥皂泡表面所含能量，充滿暴脹子的膨脹空間區域所含能量同樣起伏不定。它很不安穩。多數肥皂泡終究都要爆裂，把它的能量轉換成一團肥皂微滴水霧，暴脹子場最終也「爆裂」了——它解體了，把所含能量轉換成一團粒子霧氣。

我們不知道這些粒子屬於哪些類型，不過我們可以自信地說，它們不是你在國中時代學到的尋常物質組成成分。然而，再經過短短幾分鐘，整個空間就會滿布一連串快速粒子反應——重粒子瓦解形成陣陣較輕的粒子；具有強烈親和力的粒子結合形成緻密的團塊——把原始熱浴轉變成大批質子、中子和電子，熟見的物質原料（此外還可能有一批其他比較奇特的粒子，好比經過漫長天文學觀測歷史驗證的暗物質[11]）。大霹靂後短暫期間，宇宙滿滿都是將近均勻的高熱粒子雲霧，其中有些我們很熟悉，另有些沒那麼常見，在不斷膨脹的空間裡面飄盪。

我給「均勻」的屬性冠上了「將近」的條件，因為暴脹子場的量子顫動不只為大霹靂餘暉帶來溫度變異，也擔保當暴脹子瓦解時，所生成的粒子密度在空間各處有略微變動——在這裡稍高一些，在那裡略低一點，並依此類推。這些變異極深切地影響到了接下來發生的事項：形成諸如恆星和星系等團塊狀事物的極端重要趨勢。一個密度比相鄰範圍稍高的區域施加稍強的重力引力，因此會把周圍稍大的粒子吸納進來。接著那個區域還會變得更為緻密，從而施加還更強大的重力引力，把還要更多的物質吸納進來。這是種重力驅動的滾雪球效應，結果就產生出越來越大的物質團塊。只要等待夠久，達到數億年的數量級，重力滾雪球就會產生出質量極大，而且極端緊緻又極端熾熱的粒子凝塊，最後它們就會點燃核子歷程，催生出恆星。量子不確定性經過暴脹伸展，再加上重力滾雪球效應的凝集，最後就產生出了滿布夜空的點點光芒。

那麼問題就是這樣：恆星形成過程——這種以重力勸誘一批將近均勻的無序粒子浴，凝集形成有序天體結構的歷程——是如何與飭令增加無序狀態的第二定律兩相匹配？要解答這道問題，我們就必須更加仔細地檢視通往更高熵的路徑。

通往無序路途上的障礙

當麵包在你的爐中烘烤時，釋出的粒子便向外散播，占據越來越大的容積，也因此它們的熵會增加。不過倘若你是在遠處臥室裡，那麼你就不會馬上嗅聞到新出爐的麵包香。香氣要花點時間才能傳遍你的房子。你必須等待香氣分子向外散播並占有可行的高熵佈局。物理系統一般都不能直接躍向最高熵組態。實際上當系統的粒子隨機飄盪，熵就會逐漸增加並朝向最高可能數值提高。

在通往較高熵的路徑上，仍會出現妨礙進展的關卡。封上烤爐或關上廚房門，可以讓香氣較難散播，從而延緩了熵的增加。這種障礙是人類干預造成的，不過另有部分情況的障礙則是出自支配物理交互作用之定律本身。有個例子出自我的童年親身經歷，那起事件也牽涉到一台烤爐。

四年級時，有一天放學回家，在冰箱找到吃剩的冷凍披薩，於是我決定烤一些來吃。我把烤爐溫度調整到四百度，把披薩擺上中層烤架，接著就等著。約十分鐘過後，我檢查它烤得如何了，結果讓我十分驚訝，披薩就像我剛才打開包裝時一樣冰冷。接著我才領悟，剛才我是打開了瓦斯開關，卻忘了點燃爐火（我們的陽春烤爐就像當年的常見款式，並沒有內建的母火裝置，每次使用都必須點火）。我已經有好幾百次看著爸媽依循一套程序點火，於是俯身探進火爐，點燃火柴，打算把火柴伸進火爐小小的火苗開孔。然而烤爐內那處位置已經累積了大量瓦斯，因此當我點燃火柴，它就爆炸了。一團火焰撲面而來。火焰席捲而過，我緊閉雙眼，眉毛、眼瞼稍微被火燒焦，臉頰和耳朵留下了二級到三級燒傷。當下帶來的生命教訓，雙親的諄諄告誡，再加上好幾個月的痛苦癒合經歷，全都專注告訴我，如何正確使用廚房用具（後來我終於重整旗鼓，如今烹飪工作也大半是我來承擔——不過當孩子們處理自己的餐飲，點燃爐火之時，我仍會短暫感到不安）。不過更廣大的科學要點在於，朝更高熵發展的過程有可能出現路障，而且唯有藉由某種催化劑之助才能予以克服。底下就說明我的意思。

天然氣（大半是甲烷，一種以碳氫組成的產物）可以和空氣中的氧和平共存；兩種氣體的分子可以不均勻地混合。然而當分子傳布散置，這時就會出現一種遠勝從前的特有高熵組態樣式。不過那樣的組態，不能只靠容許分子繼續向外疏散來達成。這種較高熵組態必須仰賴一種化學反應。別為細節操心，且讓我簡要說明一下。一顆天然氣分子可以和兩顆氧分子結合，產生出一顆二氧化碳分子、兩顆水分子和——最重要的是，一陣能量爆發。就分子層級來看，就意味著天然氣燃燒。化學反應把被壓抑在（把瓦斯分子完整束縛在一起的）牢固鍵結中的能量釋出，就有點像把一批緊繃的橡皮圈扯斷的情形。就以我的烤爐事故的情況，那股燒灼能量爆發——高度激盪且高速運動的分子——烤焦了我的臉頰。這所有一切都告訴我們，把儲存在有序化學鍵結裡的能量釋放出來，把它轉換成為高速移動分子的渾沌運動，這樣的化學反應就能促使熵大幅增加。

儘管細節是針對一個孩子令人遺憾的不幸事故，這段情節卻闡明了一項應用範圍很廣的物理原理。熵的道路上可能出現駝峰路面：放著它們不管，天然氣和氧氣並不會結合，它們不會燃燒，而且它們也不會達到可行的更高熵組態。這些化學成分唯有藉由一種能觸發那種反應的催化劑之助，才能清除熵的路障。就我而言，那個催化劑就是一根燃燒的火柴。由四年級的我擦出來的那個小火焰，觸發了一陣骨牌效應。火焰的能量打斷了把部分天然氣分子完整束縛在一起的鍵結，讓新近才脫離的碳和氫原子得以與周遭的氧原子結合，從而釋出更多能量，並截斷了更多天然氣鍵結，進一步推動這個歷程。接著又繼續進展。爆炸是化學鍵快速重排接連產生的能量級聯。

請注意化學鍵依靠的是電磁力。帶正電的質子吸引帶負電的電子（「異性電荷相吸」），把原子的組成成分合併成分子聯盟。這就表示，熵得以從氣體分子的平靜混合態，一躍為破壞與鍛造化學鍵所產生的爆炸性燃燒態，就是由電磁力驅動的。這就是我們在日常生活中所經歷的多種熵增加歷程的情況。

儘管在地球這裡不那麼常見，不過在頻繁出現於宇宙中的一些情節當中，朝向較高熵的演化，則經常是由自然界其他作用力來推動：重力和核力（強核力把原子核束縛在一起，而弱核力促成放射性衰變）。而且，正如我們現在所看到的電磁力事例，由重力和核力鋪設而成的高熵發展之路，也不見得全都是康莊大道。路上可能有障礙，而且還經常見到。宇宙克服這些障礙的方式——拿我點燃火柴來比喻這種宇宙現象——是種微妙的行當。不過這個行當我們所有人都應該深切關注。當重力和核力引導宇宙朝向高熵狀態發展之時，一些瞬變構造也隨之生成，其中也包括恆星和行星，還有在地球這裡的生命。這般壯盛的有序列置方式，是大自然的動力源頭，駕馭重力和核力來推動宇宙落實這種熵的勢能。

首先讓我們集中討論重力。

重力、秩序和第二定律

重力是最弱的自然作用力，用最簡單的演示就能驗證這項事實。拿起一枚硬幣。你手臂上的肌肉擊敗整個地球的引力。不論你認為自己有多軟弱或者受了束縛，能夠勝過一個行星的引力，就彰顯出重力固有的微弱特性。我們竟然感受得到重力的唯一理由是，它是種會加總的力：地球的每一小部分，各自對一枚硬幣的每一小部分施加引力，而且對於本書的每一小部分，以及你的每一小部分，也都是如此。還有，既然地球有這麼多細小部分，這些引力也就加總起來，成為我們能感受得到的向下作用力。不過兩個較小物體（好比電子）之間的引力，強度只為它們的電磁斥力的百億億億億億億分之一。

由於重力先天上就是這麼微弱，因此我們前面探索熵時，連提都沒有提到它。倘若我們把日常狀況（好比浴室中蒸氣擴散或香味飄散遍布屋內等）的重力效應納入考量，我們的熵討論內容也幾乎不會有所不同。當然了，重力會輕柔地把分子向下拉扯，導致靠近浴室地面範圍的蒸氣密度稍高，不過由於這種效應很弱小，從定性認識角度來看，它一點都不重要。然而，倘若我們把注意力從日常事務轉移到涉及更多事項的天文歷程，這時我們就會遇到熵與重力之間的一種極端重要的交互影響。

不可否認，我現在要解釋的概念有點艱澀，所以一旦你覺得討論超出你能接受的範圍，就請逕自跳到下一段，閱讀最後總結篇幅。不過陪我堅持到底是會有收穫的：各位能瞭解重力如何從越來越顯得無序的宇宙，自發雕琢出秩序。

想像一下宇宙版本的烤麵包情節。這次不是在你家裡，想像有個遠比太陽更大的龐大盒子，飄盪在原本什麼都沒有的太空中。還有香氣不是從你的烤爐滲出，想像剛開始時在盒子中央有一團氣體（為求明確，且讓我們設想那就是氫氣，週期表上的最簡單元素），接著氣體分子向外湧出。根據我們有關麵包的經驗，香氣會飄散遍布你的房子，我們料想氣體也會朝向較高熵演變，因為它的分子會疏散直到均勻填滿盒子。不過這時讓我們稍微做點變化。不同於烤麵包的事例，讓我們在那團氣體當中添加很多分子，多得讓重力變得很重要：任意分子所感受到的引力，產生自為數龐大的另一批氣體分子分別施加的引力之合力，都大幅影響該分子的運動。這會如何影響我們的結論？

嗯，我們設身處地想想，某顆朝外移行的氣體分子會有什麼體驗。當你從中央氣團向外湧出，你感受到其他所有分子發出一股引力要把你拉回來。這股力量讓你減慢下來。較低速也就代表較低溫。於是當氣體雲霧向外膨脹，導致整體體積增大，偏向前緣部分的溫度也隨之降低。把這點記在心中，現在就隨我一起跳向一顆分子的視角，它的位置更靠近氣體雲霧主體。由於距離比較接近，你感受到的引力更強，遠超過先前在遙遠前緣位置感受的經驗。事實上，只要分子數夠多，結合的引力就會強得讓你根本沒辦法向外遷移。事實上你還會被向內拉扯。因此你會一路向內加速，朝氣團中心墜落。較高的速度就代表較高的溫度，於是當重力導致氣雲核心內縮，體積減小，它的溫度也跟著上升。

根據我們的烤麵包經驗，我們料想，氣體會在一段時間之後均勻遍布整個盒子，並產生均一的溫度，然而拿兩邊來比較，我們就知道，當重力影響變得重要時，事情開展就完全不同了。重力導致部分分子被拉向更高熱、緻密的核心，其他一些則向外飄移到環繞核心的較低溫較稀疏殼層。

儘管這些觀察看來很平凡，然而現在我們就發現了宇宙中最富影響力的秩序支配力量。讓我詳加說明。

早上捧著咖啡杯時，你從來不曾發現咖啡比剛倒出來時還熱。這是由於熱只會從較高溫處流向較低溫區，也因此你的熱咖啡會把部分熱傳到較低溫環境，導致咖啡的溫度降低。[12]就我們的大團氣體雲霧而言，熱也從高溫中央核心向較低溫周遭殼層流動。我不能怪各位誤以為這股熱流會讓核心冷卻，讓殼層加溫，導致兩邊溫度變得相近，就好像你的咖啡把熱向空氣散播，也讓你的熱馬克杯較為接近室溫。然而——這是個很值得注意的非常重要的現象——當重力指導演出時，結論就反過來了。**當熱從核心流出，核心就會變熱，而殼層則會變冷。**

這當然違反直覺，不過要瞭解它，也就只像是把我們已經認識的地標串連起來。當周遭殼層吸收核心的熱，額外能量便驅使雲霧更進一步膨脹。向外移動的分子，再次與重力的向內拉力抗衡，從而更進一步減緩速度。[13]其淨效應就是膨脹殼層的溫度不升反降。反過來講，當核心放熱，能量減少便導致它進一步收縮。向內移動的分子順著重力的內拉方向流動，隨著墜落提高速度，於是收縮核心的溫度不降反升。

倘若你的咖啡也表現出這種行為，那麼你最好是趕緊喝。你等得越久，它向周遭空氣放熱也越多，於是它也就變得越熱。就咖啡而言這很荒謬。不過就尺寸夠讓重力扮演支配角色的氣體雲霧而言，情況正是這樣。

請就這項結論斟酌片刻，接著你就會領悟到，我們遇上的是一種自我放大的過程，就很像信用卡欠債的狀況——你欠債越多，估算出的利息也越多，你的負債額度就越高，驅動循環螺旋向上。就氣體雲霧而言，當核心收縮，溫度上升，它就會釋出更多熱，散放到周遭較低溫環境，導致核心更進一步收縮，於是溫度又提升更高。在此同時，殼層吸收的熱，導致它進一步擴展，溫度也隨之降得更低。核心和殼層的溫度落差變得更大，導致熱流越益劇烈，驅動循環螺旋繼續推展。

除非外力介入或者情況改變，否則這種自我放大循環會延續不減。就信用卡高築債台而言，你的介入措施就是支付一筆款項或者宣告破產。就溫度越來越高的壓縮核心而言，大自然以一種新的物理歷程介入：**核融合**。當一群原子達到充分高熱與緻密程度，它們就猛力兜合，那種力道之強，足以讓兩邊徹底融合，程度比起諸如天然氣之燃燒等化學歷程還更高深。化學燃燒是牽涉到環繞原子運行之電子的反應，而核融合是原子中央核心的結合反應。經由這種深層結合作用，核融合得以產生出巨大能量，並以快速移動粒子展現出來。也就是這樣的快速溫度運動，產生出一種能與向內重力作用平衡的向外壓力。於是核心的核融合就能終止收縮。結果就是種集中的、穩定的，並能長期延續的熱源暨光源。

一顆恆星的誕生。

為了領會形成過程在熵記分牌上的得分，就讓我們把貢獻數值累加起來。氣體雲霧核心（到後來就變成恆星）以及周圍氣體殼層，都承受了兩股相抗衡的熵效應之影響。核心部分的溫度上升，導致熵增加；體積則縮小，導致熵減少。唯有詳細計算才能判定輸贏，[14] 結果發現減少勝過增加，所以核心的淨熵減少了。像恆星這類大型重力團塊的形成，確實是朝向更高秩序發展。就周圍的殼層而言，體積增加，導致熵增加；而溫度下降，導致熵減少。這次也同樣必須進行細部計算才能判定輸贏，結果發現增加凌駕減少，所以殼層的淨熵增加了。同樣重要的是，計算還確立了殼層的熵增加，凌駕了核心的熵減少，從而擔保整個歷程會導致熵整體增加，也實至名歸贏得第二定律大大予以認可。

這連串事件明白講都經過了高度概念化與簡化處理，可以闡明，就算在沒有工程師來指導行動，甚至就算在熱力學第二定律規範整體熵增加且全力施為的情況下，一顆恆星——也就是處於低熵、有序狀況的一小片範圍——如何依然能夠自發生成。和蒸汽機相比，宇宙配置就比較奇特了，不過我們發現的是熵的兩步法則的另一起事例。就像蒸汽機和它的周圍環境聯手跳起一隻熱力學之舞——蒸汽機釋出廢熱，導致它的熵減少；而環境吸收那股熱，導致它的熵增加——尺寸大得讓重力得以發揮重要影響的氣體雲霧，也參與上演一段類似雙人舞的動作。當這種氣體雲霧的核心在助力拉扯之下收縮，它的熵便隨之減少，不過期間它也釋出熱，致使周遭範圍的熵增加。於是在經歷大幅無序激增的環境當中，便產生出一片有秩序的局域地區。

熵的兩步法則之重力版本有個新特徵，那就是它具有自維持作用。當氣體雲霧收縮並放熱，它的溫度就會提升，導致更多熱向外流出，並驅動兩步法則繼續跳下去。相較而言，當蒸汽機做功並放熱，它的溫度就會下降。若不再燃燒燃料，重新把蒸氣加熱，蒸汽機就會耗盡動力。這就是為什麼蒸汽機必須有高度智慧來設計、建造並為它提供動力，至於由收縮氣體雲霧生成的有秩序區域——恆星——則是由不具有心智的重力來雕琢並推動的。

融合、秩序和第二定律

讓我們盤點一下。

當重力影響微乎其微，第二定律便驅動系統朝向同質性發展。事物向外疏開，能量擴散，熵增加。倘若事情全貌就是這樣，那麼宇宙的故事從頭到尾就會很乏味。不過當物質數量多得讓重力可以發揮重要影響，第二定律就會來一次快速掉頭，接著驅使系統偏離同質性。物質在這裡凝結成團，並在其他地方擴散。熵在這裡減少，並在其他地方增加。於是，第二定律指令的執行方式，便敏感地取決於重力。當重力夠強，強得足夠把東西集中在一起時，有序結構也就得以形成。這點具備了之後，開展宇宙的故事內容就變得豐富得多了。

就如前述，這個歷程的主角由重力擔綱演出。相較而言，促成融合的核力，似乎完全就是次要的。它的職掌看來就只是一次干預：融合促成了向外壓力，從而制止重力所驅動的向內塌縮。沒錯，科學家往往化繁為簡，並不多加思考，只引述表示，重力是宇宙中所有結構的最終極根源，對於核力的角色卻連提都沒有稍微提一下。不過若是做個比較周全的評估，那麼就協同推動第二定律敘事方面，重力和核力有種並駕齊驅的夥伴關係。

重點在於核力同樣與熵的兩步法則共舞。當原子核融合——好比太陽每秒鐘都有數不清的氫核融合形成氦核——就會產生出更複雜、組織更綿密的低熵原子群集。在這過程當中，原始原子核的部分質量也就被轉換成能量（如$E=mc^2$所規範），大半用來爆出一陣光子，為太陽的內部加熱，並推動恆星表面放射出光芒。正是藉由這種熾烈星光，而且它本身就是一股向外泉湧的光子洪流，恆星才得以把大量熵轉移到環境當中。沒錯，正如我們在蒸汽機和壓縮氣體雲霧事例中所見，環境的熵增加能充裕地補償因核融合所致的熵減少，確保淨熵得以增加，也再次保障了第二定律的完整性。

正如天然氣和氧氣需要催化劑（好比我點燃一根火柴）來觸發化學燃燒，原子核也需要催化劑來點燃核融合。就恆星而言，那種催化劑不外乎就是重力，對核心物質施力擠壓直到它變得夠熱、夠緻密，足以引燃融合。一旦融合開始，它就能為恆星提供動力數十億年，堅持不懈地合成複雜的原子核，同時萃出原本無從取用的寶貴的熵，並藉由熱和光來把它向外噴灑。接著是下一章我們會討論的另一個議題，這些產物——複雜原子和一股穩定光束——都是不可或缺的要素，由此才能產生出更豐富、更繁複的結構，包括你和我。所以，儘管重力是恆星形成和維持穩定恆星環境的重要力量，然而在幾十億年期間，卻始終都是核力位於最前線，為熵衝鋒擔任先遣部隊。從這個角度來看，重力的角色已經從領銜主演轉變為必不可少的長年夥伴。

談到結局，這樣擬人化的結果就是，宇宙很巧妙地運用重力和核力來達到槓桿平衡，來奪取一筆鎖在它的物質成分裡面，還沒被拿來利用的熵庫存。倘若沒有重力，則均勻分散的粒子（好比充滿你房中的香氣）便已達到了可以獲得的最高的熵。然而在重力作用下，粒子被擠壓構成一個個大質量緻密球體，再加上核融合支撐，於是便把熵積點推升得更高。

在重力催化以及核力的作用下，這個版本的熵的兩步法則是由取材自全宇宙的物質來舞動。這個歷程自大霹靂之後不久，就開始主導宇宙舞步迄今，造就出了大量恆星——有序的天文結構，而且它的熱和光，起碼就一起事例而言，還造就出了生命。那項發展我們到下一章就會著墨探討，而且其中還牽涉到熵的一種對立現象——演化——由此便塑造出宇宙中最複雜精妙的結構。

第04章

資訊和生命力
Information and Vitality

從結構到生命
From Structure to Life

「親愛的薛丁格教授，」生物學家弗朗西斯・克里克（Francis Crick）寫了一封內容謙遜的信函，在一九五三年寄給量子力學奠基人暨一九三三年諾貝爾物理學獎得主埃爾溫・薛丁格（Erwin Schrödinger），開宗明義這樣寫道。「有一次華生和我談起我們是怎麼進入分子生物學領域的，結果我們發現，我們都受了您一本小書《生命是什麼？》（*What is Life?*）的影響。」克里克在提到薛丁格那本書之後，接著就昂揚不能自已地表示：「我們想您或許會有興趣讀讀信裡附上的幾篇抽印本——您會發現，看來彷彿您的『非週期性晶體』（aperiodic crystal）一詞，就要成為非常貼切的術語。」[1]

克里克所稱的華生，當然就是克里克的協同作者詹姆斯・華生（James Watson），兩人一起寫出了才剛熱騰騰出爐的「信裡附上的幾篇抽印本」，而且其中還有一篇注定要成為二十世紀極端出名的科學論文。這篇手稿的發表排版樣式，篇幅還占不到期刊的一頁，不過事實證明，這已經相當合宜，足夠鋪陳出ＤＮＡ的雙螺旋幾何構造，並促使克里克和華生，再加上國王學院（King's College）的莫里斯・威爾金斯（Maurice Wilkins）共獲一九六二年諾貝爾獎殊榮。[2]驚人的是，威爾金斯同樣宣稱是薛丁格的書點燃了他的熱情，於是他也才確立了遺傳的分子基礎；依威爾金斯的說法，「它讓我動了起來。」[3]

薛丁格在一九四四年寫下《生命是什麼？》，論述內容則是以前一年他在都柏林高等研究所（Dublin Institute for Advanced Studies）發表的系列公共講座為本。薛丁格宣布講座安排時便曾指出，他的主題很富有挑戰性，而且「這個講座不能以通俗相稱，」這是個很值得讚揚的承諾，他不計代價都要徹底探索那門課題，就算聽眾人數減少亦在所不惜。[4] 儘管如此，在一九四三年二月連續三個週五，即便二次世界大戰荼毒歐陸，仍有超過四百名聽眾——包括愛爾蘭總理、各階層顯貴和富豪名流——來到三一學院（Trinity College）校園灰石建築費茲傑羅大樓（Fitzgerald Building），濟濟一堂共聚座落於樓頂的演講廳，聆聽這位維也納出生的物理學家如何闡述生命科學。[5]

薛丁格自己說明，他努力奮發是希望解答一項首要問題：「發生在生命體空間疆界內部的**空間和時間**事件，如何能以物理學和化學來解釋？」或者就粗略解釋一下：岩石和兔子是不同的。不過，是怎麼不同的？還有為什麼？雙方都是為數龐大的質子、中子和電子聚集而成，而且這所有粒子——不論是局限於岩石或是兔子裡面——全都受到完全相同的物理定律支配。所以兔子體內是發生了什麼事情，才讓牠的那批粒子與構成岩石的粒子群，產生了這麼巨大的差異？

這就是物理學家會提出來的問題。物理學家多半也是化約論者，他們往往會檢視複雜現象的背後因素來尋求解答，並仰賴比較簡單的組成成分的特性和交互作用來予以解釋。至於生物學家，則通常是以核心活動來界定生命——生命汲取原料來推動自持續功能，排除作用過程所產生的廢棄物，而且在最成功的情況下還著手繁殖——薛丁格針對「生命是什麼？」的問題，找到一個以生命的基本自然科學為本的解答。

化約論具有強大的誘惑力量。倘若我們能夠確認，是什麼為一批粒子集群帶來生命，哪種分子魔術點燃了生命之火，我們也就可以朝著瞭解生命的起源和宇宙生命的普遍性（或稀罕性）邁出重要的一步。超過半世紀之後，儘管物理學，還有，特別是分子生物學，都取得了長足進展，如今我們依然設法想解答薛丁格問題的種種變異形式。儘管就解構生命（更廣義來講則是物質）拆解其組成元件方面已成就令人歎服的進展，研究人員依然面對一項艱鉅使命，設法鋪陳當這一批批成分以特定組態列置之時，生命是如何從這裡萌現。這種綜合程序就是化約論者計畫中不可或缺的要件。畢竟，你越細密審視有生命的東西，也就越難以看出它有生命。專注觀察單一水分子或一顆氫原子或者單獨一顆電子，你就會發現，其中沒有一個帶有任何標誌來描繪出它們是活的或者是死的，隸屬於有生命的或是無生命的事物之組成成分。生命是從集體行為，從大尺度組織，從為數龐大的微粒組成要素的總體協調作用來辨識——就連單一細胞，都包含超過一兆顆原子。要想藉由深入基本粒子來洞察生命，就彷彿藉由個別樂器、個別音符，來體驗貝多芬交響樂。

薛丁格本人在他的第一次講座上就強調了這種觀點的一個說法。倘若一顆原子或數顆原子的脫軌運動就會對身體或腦造成損壞，那麼那個身體或腦的生存展望就會相當黯淡。為了避免這種敏感度，薛丁格指出，身體和腦都是大批原子構成，縱然有些個別原子隨機胡亂顫動，那批原子依然能夠維繫高度協調的整體功能運作。

因此薛丁格的目標並不是要發現飄盪在單一原子裡面的生命，而是要以我們對原子的認識為基礎，來建構出物理學家就大型集合如何可能組裝成有生命事物的解釋。在他看來，這是種寬廣的探索，很可能必須靠科學來拓展它的概念建構基礎。沒錯，在《生命是什麼？》談到意識的一段尾聲篇幅當中，薛丁格援引了印度教奧義書（Upanishads）內容，引來詫異目光（還失去了他的第一位出版商），因為他以此暗指，我們全都是某個「無所不在、無所不知的永恆自我」的一部分，而且我們每個人所展現的意志決斷的自由，全都反映出了我們的神聖能力。[6]

儘管我對自由意志的觀點和薛丁格的看法不同（到第五章我們就會談到這點），我對他採用寬廣地貌來解釋的偏好倒是所見略同。深奧的謎團必須以層層嵌套的故事來清楚傳達。不論是化約論者或浮現論者（emergent），不論是數學的或是具象的，不論是科學的或是詩歌的，我們都從種種不同視角來探討問題，拼湊出最豐富的認識。

嵌套的故事

過去幾個世紀以來，物理學已經改善了它本身的嵌套故事叢集，並以每則故事的相關距離來予以條理組織。這是我們物理學家兢兢業業向我們的學生腦中灌注的一門途徑之核心要項。要想瞭解一顆棒球如何在麥克．楚勞特（Mike Trout）猛烈揮擊之下，短暫變形之後，迅即恢復其球體原狀，你就有必要分析棒球的分子結構。就在這裡，為數無窮的微物理作用施力，把變形回推，並讓棒球彈射出去。不過這種分子視角並不能讓我們得知棒球的軌跡。當棒球自轉高竄飛越外野圍牆之時，要想追蹤它無數分子的運動，必須蒐集大量數據，這樣的規模根本是不可思議的。牽涉到軌跡時，你就有必要從分子雜草向外拉開，把棒球當成一個整體來檢視它的運動。你有必要講一個相關的，卻也截然不同的較高層級的故事。

這個例子闡明了一個很單純卻也有深遠關聯的認識：我們提出的問題，決定了哪些故事能帶來最有用的解答。這是一段運用了自然最偶然特質的敘事結構。宇宙在各個尺度上都是調和的。牛頓對夸克和電子一無所知，然而倘若你告訴他，一顆棒球脫離楚勞特的球棒那瞬間的速度和方向，他輕而易舉就能算出它的軌跡。自牛頓時代以來，隨著物理學的發展，我們也已能探測更細密的結構層理，而且這也大大地豐富了我們的認識。不過對各個步驟的描述，就其本身看來都很合理。若非如此——好比，倘若要想瞭解一顆棒球的運動，就必須瞭解它所含粒子的量子行為——我們就很難看出究竟該如何取得進展。長久以來，物理學界向來都以「分而攻之」（divide and conquer）策略來號令同儕，如今這套策略已取得令人振奮的勝利。

還有個同等重要的手法，那就是把一段段故事結合成一則天衣無縫的敘事。就粒子和場物理學而論，這種綜合手法已經由肯．威爾遜（Ken Wilson）發展出它的最完善形式，也為他贏得了一九八二年諾貝爾獎。[7]威爾遜發展出一套數學程序，用來分析相隔不同距離範圍的物理系統——從遠比大型強子對撞機（Large Hadron Collider）所探測之規模還更纖小的尺度，到遠比過去一個多世紀以來所能探測到的原子距離還更廣大的尺度——接著，便有系統地把那些故事連結起來，清楚闡釋當尺度轉移超越各尺度專屬領域之時，如何把敘事職掌轉交給下一棒。這個方法處身現代物理學核心，稱為「重整化群」（*renormalization group*）。它表明了，當我們改變尺度焦點之時，原本用來在一個距離尺度上分析物理學的語言、概念框架和方程式，也就必須隨之轉移到另一個尺度。藉由運用它來開發出特有描述的嵌套集群，並描繪出各個項目如何告知鄰接項目，物理學家已經淬煉出了詳細的預測，並以大量實驗和觀測來予以驗證確認。

儘管威爾遜的技術是專為現代高能粒子物理學家的數學工具而量身訂製（量子力學和它的廣義推論，量子場論），不過全方面的認識則可以應用在廣泛的範圍。認識世界有許多種方法。在傳統的科學組織體系當中，物理學負責處理基本粒子和它們的不同結合，化學處理的是原子和分子，生物學則是處理生命。那種分類方法到現在仍在我們身邊，不過當我仍是個學生時，它比現在還更顯赫得多，提供了一種合理的、甚至可說是強制的科學尺度劃分。然而到了較晚近時代，當研究人員探索越深，他們也越來越能領悟，對科際整合的掌握更是不可或缺。科學不是分開的。而且當焦點從生命轉移到智慧生命，這時又會有其他的重疊學科——語言、文學、哲學、歷史、藝術、神話、宗教、心理學等——成為這段編年史的核心焦點。就連堅定的化約論者也知道，雖然以分子運動來解釋棒球的軌跡實在並不聰明，不過就在投手做出他的大掄臂投球動作，觀眾高聲吼叫，棒球高速逼近之時，倘若這時採用了微觀視角來解釋打擊手有什麼感受，那就更顯得愚蠢了。實際上，以人類反思的語言來講述較高層級的故事，能帶來遠更深遠的洞見。不過——這就是關鍵——這類更合宜的人類層級故事，仍須與化約論者的觀點相容。我們是有物質實體並受自然法則約束的生物。因此，當物理學家高呼他們的學理才是最基本的解釋框架，或者當人本主義者嘲弄任性的化約論者所表現的傲慢，其實那都是沒什麼用的。唯有把各個學科的故事整合成一個質感細膩的敘事，才能薈萃出精妙的認識。[8]

本章我們敬謹依循一種化約論者的立場，而且我們知道，後續好幾章都會秉持一種互補的人本主義者敏感性來探討生命和心智。這裡我們就討論生命所需的原子和分子成分的起源，還有一處特定環境的起源，那就是地球和太陽，還有這些成分如何在這處環境中以適合生命形成並能繁茂生長的正確方式混雜在一起，而且我們還會檢視所有生物共有的一些驚人的微物理結構與歷程，探討地球上深厚的生命統一體現象。[9]儘管這裡並不著手解答生命起源的問題（這仍然是個謎），我們仍會看到，地球上所有生命都可以追溯至一種共通的單細胞祖先物種，從而清晰地描繪出，探究生命起源的科學最終必須解釋的課題。這就會帶領我們依循一種（在前面各章中發展鋪陳並具有廣泛用途的）熱力學角度來檢視生命，清楚闡述生物之間不只是彼此具有深厚的血緣關係，而且和恆星以及和蒸汽機也同樣如此：生命是宇宙運用來把固鎖在物質中的熵潛勢釋放出來的又一手段。

我的目標並不是要當萬事通，而是要提供恰好足夠的細節，這樣各位就能感知自然律動，從大霹靂到地表生物所表現出的共鳴模式。

元素的起源

把先前活著的任何東西碾碎，撬開它的複雜分子機制，各位就會發現大量相同的六種原子：碳，氫，氧，氮，磷和硫，這一群元素有時學生會利用首字母縮略詞SPONCH來記憶（可別與同樣號稱Sponch的墨西哥棉花糖餅乾搞混了）。這些支持生命的原子成分是哪裡來的？如今已經出現的答案，道出了現代宇宙論的偉大成功故事。

要製造任何原子，不論它是多麼複雜，採用的處方都很直截了當。把正確數量的質子與正確數量的中子結合起來，把它們一起塞進一個緊緻的球體（原子核），在周圍擺一些電子，而且與質子的數量相等，並讓電子沿著由量子物理學規範的特定軌道運行。這樣就成了。難就難在，不像樂高積木塊，原子組成並不會乾淨俐落地兜合。它們會彼此強力推拉，於是原子核的組裝工作就變得很困難。其中尤其質子都具有正電荷，也因此必須有龐大壓力和極高溫度，它們才能突破彼此之間的電磁互斥力量而貼得夠近，好讓強核力發揮主導作用，把它們固鎖在強大的亞原子環抱當中。

緊接大霹靂之後那段期間的惡劣條件，比往後任何時候在任何地方所遇上的任何情況都更為極端，因此那看來就是克服電磁斥力並組裝原子核的成熟環境。在滿滿都是高能量碰撞質子和中子的極端稠密環境中，或許你認定結塊作用會自然形成，綜合出週期表上的一個又一個原子物種。的確，這就是喬治．伽莫夫（George Gamow）和他的研究生拉爾夫．阿爾菲（Ralph Alpher）在一九四〇年代晚期提出的主張。伽莫夫是位蘇聯物理學家，一九三二年第一次企圖叛逃，行動時搭乘了一艘皮艇，操槳跨越黑海，艇上搭載的大半都是咖啡和巧克力。

這對師生所述部分正確。其中有個陷阱是（其實他們也意識到這點），在最早那些片刻，宇宙的溫度過高。空間充斥極高能光子，真有任何質子和中子的初期結合產物，也都會被它們擊碎。然而，就如他們也意識到的情況，約略就在一分半鐘之後（考量到早期宇宙旋風般高速發展，這是一段很長的時間）情況改變了。到那時候，溫度已經降得夠低，典型光子能量不再能壓倒強核力，最後便容許質子和中子的結合得以延續。

第二個陷阱是（這是到了後來才變得明朗），製造複雜的原子是種繁瑣的過程，是需要時間的。它需要一連串十分特別的步驟，把特定數量的質子和中子融合成團塊，接著這些團塊還必須巧遇特定互補團塊，同樣與它們融合，並依此類推。就像美食家的食譜，種種成分的結合順序至關重要。還有個因素讓這個程序特別棘手，那就是有些中間團塊很不安定，意思是它們形成之後，往往很快就跟著崩解，從而破壞整個烹調程序，並減緩原子的合成。這種阻礙影響很大，因為當早期宇宙迅速膨脹，溫度和密度也隨之穩定下降，這就意味著融合的機會之窗會很快封閉。創世約十分鐘過後，溫度和密度就降到核處理程序所需的門檻之下。[10]

把這些考量因素量化（起初是阿爾菲在他的博士論文開始這樣做，後來又經過許多研究人員著手改良），我們就會發現，緊接著大霹靂之後的那段期間，只會有最早幾種原子合成出現。數學讓我們得以算出它們的相對豐度：約百分之七十五的氫（一顆質子）、百分之二十五的氦（兩顆質子、兩顆中子），還有微量的氘（這是種重型的氫，稱為重氫，具有一顆質子和一顆中子）、氦3（輕型的氦，具有兩顆質子和一顆中子），以及鋰（三顆質子和四顆中子）。[11] 有關原子豐度的詳細天文觀測已經證實，這些比例都準確無誤，代表在闡明大霹靂發生過後幾分鐘內所發生的細部歷程上，數學和物理學已經取得了一次勝利。

那麼更複雜的原子，好比對生命不可或缺的種類呢？有關於它們起源的主張，可以回溯至一九二〇年代。英國天文學家亞瑟・愛丁頓（Arthur Eddington）爵士想出了正確的理念：恆星熾熱內部有可能化為能緩慢烹煮出比較複雜原子物種的宇宙燉鍋（愛丁頓曾被人問起，身為瞭解愛因斯坦廣義相對論僅有的三人之一是什麼滋味，當時他提出了很有名的回應：「我還在努力想，那第三個人是誰」）。這個提案再經過許多傑出物理學家插手處理，包括諾貝爾獎得主漢斯．貝特（Hans Bethe）（我的第一間教員辦公室就在他的辦公室隔壁，而且每天下午四點鐘，我都可以根據他那絕對可靠的驚天動地大噴嚏來為我的手錶對時）以及，或許影響還更深遠的是，佛萊德．霍伊爾（Fred Hoyle）插手造成的影響（一九四九年，霍伊爾在一個BBC廣播節目上，輕蔑地提出宇宙創世是「一場大霹靂」的說法，卻無意間創制出科學最嗆辣的科學別名[12]），從而將那項主張轉變成為一項可以預測的成熟的自然機制。

相較於緊接大霹靂之後的那種飆速改變節奏，恆星帶來的是能延續數百萬年，甚至數十億年的安穩環境。特定中間型團塊的不安穩特性，也延緩了恆星裡的融合管道，不過當你有閒暇可以消磨時間，你依然可以把事情做好。所以，不像大霹靂的情況，氫融合成氦之後，恆星裡的核合成距離結束還早得很。恆星的質量夠大，足以持續把原子核碾壓在一起，強迫它們融合成更複雜的週期表原子，而且在這個過程當中，還生成了大量的熱與光。舉例來說，若是質量為太陽二十倍的恆星，最初八百萬年期間會花在把氫融合成氦，接著往後百萬年間，則會專門用來把氦融合成碳和氧。由於恆星核心溫度變得還要更高，這時加工輸送帶也就以此繼續加速運轉：約花一千年時間，恆星就能把倉儲裡的碳燒掉，把它融合成鈉和氖；接下來六個月間，進一步融合又產生出鎂；又一個月間，生成硫和矽；然後再過短短十天，融合燃燒剩餘的原子，產出了鐵。[13]

我們到了鐵就停頓，這有個好理由。就所有原子物種而論，鐵的質子和中子束縛得最為緊密。這點很重要。倘若你再塞進更多質子和中子，試行製造出還要更重的原子物種，那麼你就會發現，鐵核已經沒什麼興趣繼續參與。那般把鐵的二十六顆質子以及三十顆中子擁進懷中的原子核熊抱，已經把自然法則所能容許的能量全都壓榨、釋放了出來。要增添質子和中子，就必須有能量的淨輸入，而不是淨輸出。這樣一來，當我們來到了鐵，恆星融合循序製造出越來越大、越來越複雜的原子，伴隨釋出熱與光的進程，也就嘎然中止。就像落在你的壁爐爐床上的灰，鐵是不能進一步燃燒的。

那麼具有更大核心的其他所有原子，包括實用元素如銅、汞和鎳；情感上偏愛的金、銀和白金；還有重量級的特異種類，好比鐳、鈾和鈽等種類呢？

科學家已經確認這類元素的兩種來源。當恆星核大半是鐵時，融合反應就不再能產生出抵銷重力向內拉力所需之外推能量和壓力。於是恆星開始塌縮。倘若恆星質量夠大，這樣塌縮就會加速引發內爆，而且強度足以讓恆星核的溫度飆升；內爆物質從核心反彈開來，觸發一股巨大的衝擊波並向外湧出。接著當衝擊波從核心向外朝恆星表面席捲而去，它便以極大力道將沿途遭遇的原子核壓縮，從而形成了大量更大型的原子核結塊。在混亂的粒子運動漩渦當中，所有週期表較重的元素都可以合成出現，而且當衝擊波終於抵達恆星的表面時，它就會把配料豐富的原子滿漢全席轟上太空。

重原子的第二個來源是中子星的猛烈互撞。中子星是約十到三十倍太陽質量大小的恆星在瀕死掙扎時生成的天體。中子星是大半由中子構成的星體。中子是種反覆無常的粒子，能轉變成質子，這是個好兆頭，顯示原子核是可以製造出來的，因為我們有大量的正確原料。不過這裡有個障礙，要形成原子核，中子就必須自行脫離恆星強大的重力鐵掌。於是中子星互撞就可以在這裡派上用場。這種撞擊會甩出一股股中子塵霧，由於不具有電荷，也因此不會感受到電磁斥力，於是就比較容易凝結成團。接著其中部分中子按下了變化按鈕，轉變成質子（進行時也釋出電子和反微中子）之後，我們便取得了複雜的原子核。二〇一七年，科學家偵測到這種互撞所產生的重力波，於是中子星互撞也從理論玩物轉變成為觀測事實。這項觀測成果是緊接著第一次重力波偵測成果之後發現的，那股重力波是兩顆黑洞互撞生成的現象。經過一陣忙亂分析之後判定，中子星互撞生成較重元素的效能和豐度，都超過超新星爆炸，也因此宇宙的重元素說不定絕大多數都是藉由這種天體碰撞生成的。

融合納入恆星並在超新星爆炸時噴發出來，或者在恆星互撞時拋射而出，接著又併合納入粒子塵霧當中，各式各樣的原子物種在太空中飄盪，它們一起迴旋，凝聚成大團氣體雲霧，隨著時間流逝，又重新集結成恆星和行星，最後還構成了我們。這就是構成萬物的成分，以及你所遇到一切事物之成分的起源。

太陽系的起源

年紀輕輕才四十五億歲，太陽是宇宙新來乍到的星體。它並不屬於宇宙的第一代恆星。我們在第三章已經見到，那些恆星開拓者源自物質密度和能量隨暴脹延伸跨越空間的量子變異現象。就這些過程進行的電腦模擬顯示，第一批恆星約在大霹靂之後一億年時點燃，踏上宇宙舞台的登場氣勢壯盛之極。第一批恆星很可能都是龐然大物，數百倍甚至數千倍於太陽質量，燃燒強度極高，因此很快就完全死亡。其中最重的以一場重力內爆終結生命，由於內爆十分強勁，它們一路塌縮至化為黑洞，這是物質的極端組態，往後會成為我們旅程上的核心焦點。質量沒那麼大的早期恆星，則是以一場猛烈的超新星爆炸來終結生命，除了在太空播種撒落複雜原子之外，還觸發了下一輪的恆星形成作用。就像超新星衝擊波強力席捲恆星，讓它的原子成分融合在一起，轟鳴穿越太空的衝擊波，也會壓縮它沿途遇上的分子成分雲霧。還有，由於受壓縮的區域密度較高，它們就對周遭施加較強的引力，拉近更多微粒成分，掀起新一輪的重力滾雪球效應，並朝下一代恆星發展。

根據太陽的成分——它現在所含各種重元素的數量，並以光譜測量來判定——太陽物理學家認為，太陽是宇宙第一批恆星的（第三代到來的）孫字輩。不過有關太陽原本在哪裡形成，至今依然不肯定。目前經過研究的一個可能選項是約位於三千光年之外，號稱梅西耶67（Messier 67）的一片空域，那裡有一群恆星，化學組成看來和太陽成分雷同，顯示可能存有一種密切的家族類似性。問題仍懸而未決，難就難在如何解釋太陽和太陽系所屬行星（或者後來形成系內行星群的原行星盤），是如何從那處遙遠的恆星搖籃彈射出來，並遷移到這裡。有些研究評估種種潛在軌跡並歸結認定，梅西耶67根本不可能是太陽的出生地，另有些則借助種種改動假定，做出了比較令人鼓舞的結果。[14]

我們可以比較有把握地說，大約在四十七億年前，很可能有一股超新星衝擊波橫掃一處含氫、氦和少量較複雜原子的雲霧，那片雲霧的一部分受了壓縮，變得比周遭附近都更緻密，於是就施出較強大的引力，從而開始把物質向內拉扯。往後數十萬年間，這片氣體雲霧區繼續收縮，起初旋轉得還很慢，後來加速進行，就像優雅滑冰選手旋轉時把雙臂縮回。同樣就像旋轉的滑冰選手會體驗到一股向外拉力（這會把滑冰選手服裝上的所有鬆垂緣飾向外攤展），自旋雲霧也是如此，轉動把它的外緣部分向外拓展、攤平，形成一個旋轉的圓盤，環繞核心較小球形區域運轉。接著在往後五千萬到一億年間，氣體雲霧緩慢、穩定地重新詮釋了（第三章討論過的）重力的熵的兩步法則：重力擠壓球體核心，讓它越來越熱，也越來越稠密，同時周圍物質冷卻下來，也變得稀薄。核心的熵減少；周遭的熵則以能充裕補償的增加程度來予以抵銷。最後，核心的溫度和密度，終於跨越了點燃核融合的門檻。

太陽誕生了。

往後幾百萬年間，太陽形成過程殘留下來的碎屑，藉由多次重力滾雪球事例，凝結成為太陽系各行星，最後累加的總量，只占原始渦漩盤的幾十分之一。較輕以及較高揮發性的物質——例如氫、氦以及甲烷、氨和水——都會被太陽的強烈輻射破壞，於是它們在太陽系較低溫外側區域積聚得較多，形成了木星、土星、天王星和海王星等氣態巨行星。比較重以及比較堅固的成分，好比鐵、鎳和鋁等，比較能耐受接近太陽的較高熱環境，固結成水星、金星、地球和火星這樣的較小型岩質內行星。由於質量遠比太陽小，行星能藉由本身所含的原子抵禦壓縮的固有抗力，來支撐它們自己的重量。接著，行星的核心溫度和內部壓力提高，卻遠遠低於點燃核融合所需水平，造就出相對溫和的環境，為此生命都應該滿懷感激——我們這樣的生命肯定應該，還有宇宙中所有生命或許也都該如此。

年輕的地球

地球初生頭五億年期間稱為冥古宙（Hadean period），名稱出自希臘神話主管陰間的神祇冥王，代表一段煉獄般的時期，當時有劇烈的火山和洶湧的熔岩，空中還滿布濃密的硫氣和氰化物毒煙。不過如今也有些科學家猜想，年輕地球的掌旗手海神波塞頓（Poseidon），也或許可以成為首選之神。目前仍爭議不休的汪洋般巨變課題，所秉持的證據基礎，並不比點點塵埃還更確鑿。儘管我們欠缺那個早期年代的岩石樣本，研究人員仍確認了古代的半透明斑點——稱為**鋯石晶體**（*zircon crystals*）——在地球熔岩冷卻、凝固之時形成的礦物。事實證明，鋯石晶體是認識地球早年發展的樞紐關鍵，不只是由於它們基本上是不滅的，歷經數十億年地質摧殘存續下來，同時它們還能扮演一種微型的時間膠囊。鋯石晶體形成時也把環境樣本陷捕納入，於是我們可以運用標準放射性定年法來進行時間戳記。只要細心分析鋯石晶體所含雜質，我們就等於是對古代地球環境進行了採樣。

在澳洲西部成就的一項發現顯示，那批鋯石晶體形成於四十四億年前，也就是地球和太陽系形成短短幾億年之後。研究人員分析了它們的細部組成，結果顯示，古代環境或許遠比我們先前所想還更宜人。早期地球說不定是一處相當平靜的水世界，一片片小型陸塊零星分布於大半為海洋覆蓋的地表上。[15]

這可不是說地球的歷史就沒有上演過熾烈戲碼的時刻。誕生之後約五千萬到一億年間，地球很可能曾與一顆火星般大小、名叫特亞（Theia）的行星相撞，那次互撞把地球的外殼蒸發，還把特亞整個消滅無蹤，並爆出一股塵埃和氣體雲霧，噴發到數千公里高空。隨著時間流逝，那股雲霧就會再由重力凝聚形成月球。月球在太陽系中屬於較大的衛星，而且夜夜都提醒我們那次猛烈的遭遇。另一種提醒是季節更迭。我們之所以會經歷暑夏和寒冬，是由於地球的傾角轉軸影響的陽光入射角度，夏季是陽光直射的時期，冬季則是段斜射的時期。特亞那次衝撞，很可能就是地球傾側的起因。此外，地球和月球還都經歷了一段段較小型流星綿密轟擊的時期，儘管情節並不像行星互撞那麼激情，卻仍留下重大影響。由於月球上沒有具侵蝕作用的風，外殼也大體保持靜止，因此傷疤都保存了下來，不過地球承受的轟擊，儘管如今比較看不出來，仍是同樣劇烈。有些早期衝撞說不定曾把地表的水局部或甚至於全部蒸發。儘管如此，鋯石檔案仍提供了證據，顯示地球在形成之後數億年間，說不定已充分冷卻，可以使大氣蒸氣化為降雨，裝滿各個大洋，並產生出與我們如今所知的地球風貌沒有太大不同的地形樣式。起碼那就是判讀晶體所歸出的一項結論。

地球需要多久才能逐漸冷卻下來，並醞釀出充沛水量？——不論那是數億年或者遠更為長久——依然存有激烈爭議，因為這個課題直接牽扯上了在我們的地質史上，生命最早在何時出現的問題。儘管「有液態水就有生命」的說法太過強烈，我們倒是可以保險地說，沒有液態水就沒有生命，起碼就我們熟悉的那類生命而言。

讓我們來看看為什麼。

生命、量子物理學和水

水名列自然界最熟見，又具有深遠影響的物質之林。它的分子組成H_2O，已經成為化學學門最著名的公式，其地位與愛因斯坦的$E=mc^2$在物理學界的地位相提並論。為那項公式增肌添肉，我們就能對水的獨有特色產生更深刻洞見，並就薛丁格從物理學和化學層級來認識生命的計畫，開發出一些關鍵構想。

到了一九二〇年代中期，世界上許多領導物理學家都能察覺，廣受接受的秩序正瀕臨劇烈動盪。牛頓的理念在幾百年來就繞軌運行的行星以及飛石運動之預測方面，設立了準確度的金本位制，儘管如此，一旦把它運用在電子一類的纖小粒子上，就要落得慘敗下場。隨著不規則數據從微觀世界紛紛湧現，牛頓所理解的平靜海域開始變得動盪不安。物理學家很快就發現，自己必須努力掙扎才能勉強浮在水面。海森堡心中悲痛，他才在哥本哈根與尼爾斯．波耳（Niels Bohr）辛勞一整晚艱苦計算，隨後來到一處空蕩蕩公園漫無目的信步徘徊，低聲嘆息，把情況清楚做了個總結：「大自然是否真如我們在原子實驗中看到的那麼荒謬？」[16]答案是個響亮的「是！」，一九二六年出自一位謙遜的德國物理學家——馬克斯．玻恩（Max Born）。玻恩導入一種極端新穎的量子範式，打破了概念僵局。他論稱，一顆電子（或任意粒子都）只能以可以在任意給定位置發現它的機率來描述。於是這就一舉破除了大家熟悉的牛頓世界，物體始終有明確位置的那個世界，改以一種量子現實取而代之，於是粒子有可能出現在這裡或是在那裡，或者出現在其他完全不同的地方。這絕對不算失敗，機率基模所固有的不確定性，披露量子現實的一種固有特徵，然而長期以來，具有深刻見地但強制性昭然若揭的牛頓框架，對這項特徵卻始終視若無睹。牛頓的方程式是以他所能看到的世界為本。數百年之後，我們得知，在人類弱小的感知能力所及範圍之外，還有個意想不到的現實。

玻恩的提案具有數學精確特性。[17]他解釋，薛丁格在幾個月前發表了一則方程式，可以拿來預測量子機率。薛丁格還沒聽過這種說法，其他所有人也都沒有。不過當科學家遵循玻恩的指示去做，他們便發現，那套數學果真有用。結果還很引人注目。先前只被歸入特定經驗法則的資料，或者根本就無法解釋的數據，終於可以藉由系統性數學分析來予以理解。

一旦應用來解釋原子，量子視角就會把舊有的「太陽系模型」拋棄，不再依循行星繞日的形象，將電子描繪為在軌繞核運行。取而代之的量子力學，把電子看成一團模糊不清的雲霧，環繞原子核周圍，而其任意特定位置的密度，便代表在該處能找到該電子的機率。機率雲霧很稀薄的地方，不大可能找到電子，機率雲霧很濃密的位置，就很可能找到電子。

薛丁格的方程式讓這則描述具有數學的明確特性，並判定一顆電子的機率雲霧之形狀和密度剖面，同時也規範——還有就我們眼前的討論內容，關鍵就在這裡——明確來講，這每一團雲霧各自能容納原子的多少顆電子。[18]箇中細節很快就變成技術性內容，不過若想掌握其基本特徵，請設想原子核是處中央舞台，電子則是在環場階梯式座位上欣賞演出的觀眾，席次安排呈圓形，觀眾都環繞劇院就座。在這處「量子劇場」裡，薛丁格對原子的數學運算支配了電子觀眾分別坐在哪個座位。

就像你在真正戲院裡的爬樓梯經驗，座位排數越高，電子到達那裡所需能量也越多。所以當原子處於最平靜的狀況，呈現最低的能量組態之時，它的電子便構成了最有序的觀眾群，而且只有當較低階層席位全滿的時候，才會棲居較高階層。當原子擁有最少能量，除非絕對必要，否則它不會有任何電子向更高處攀登。某一特定殼層能容納多少電子？薛丁格的數學提供了答案，適用於所有量子劇院的通用消防法規：根據公式規範，第一層最多可容兩顆電子，第二層可容八顆，第三層可容十八顆，並依此類推。當電子的能量受攪動增長，好比被一束強大的雷射擊中，它的部分電子有可能充分受激，跳升到更高層級，不過這種盛況只能短暫延續。這批受激電子很快就會落回它們的原始層級，同時發出能量（被光子帶走），於是原子便回歸它的最平靜組態。[19]

數學也披露了另一項奇異特性，那是種原子強迫症，也是全宇宙所有化學反應的首要驅動力量。原子很不喜歡任何層級的席位只坐半滿。全部是空位的層級？那還好。全滿的層級？那還好。至於局部占用的層級呢？這就會讓原子氣得跳腳。有些原子很幸運，天生具有正確數量的電子，能自行占滿席位。氦有兩顆電子，能平衡它的兩顆質子的電荷，而且它們很開心能坐進第一層級。氖有十顆電子，能平衡它的十顆質子的電荷，而且它們同樣開心坐進它的第一層級，那裡可以容納兩顆，以及它的第二層級，那裡能容納其餘八顆。不過就多數原子而言，為平衡質子數所需的電子數，並不能填滿全套層級。[20]

那麼它們怎麼辦？

它們和其他原子物種交換。倘若你是顆原子，而且上方層級需要多兩顆電子，而我這顆原子有兩顆電子占用了上方層級，那麼倘若我捐出兩顆電子給你，我們就都能解決各自在席位占用方面的困擾：這樣捐贈一來，我們每個人的層級也就都完備了。同時也請注意，接受了我的電子之後，你的淨電荷就為負值，而就我這邊，捐出電子之後，我的淨電荷就為正值——而且既然相反的電荷相吸，你和我就會相擁形成一種電中性分子。還有其他可能結果，好比，倘若你和我都需要多一顆電子來填滿我們的上方層級，這時我們就可以達成另一種交易類型：我們可以各自捐出一顆電子，納入一個雙方共享的公有庫藏，而這同樣也能解決各自在席位占用方面的困擾，還有——藉由我們共享的電子帶來的連結——又一次結合成一種電中性分子。這些歷程能把原子結合在一起，從而得以填滿電子層級，而這也就是我們所謂的化學反應。它們為地球這裡、生命系統以及宇宙各地的這類反應，帶來了一種作用模板。

就這方面，水是個重要的例子。氧含八顆電子，兩顆位於第一層，六顆位於第二層。因此氧亟需另兩顆電子，這樣才能填滿它的第二層級，達到八顆電子的最大占有席次。一個很容易取得的來源是氫，每個氫原子都有單獨一顆電子，單獨懸掛在第一層級，一邊扳弄它的大拇指。倘若氫原子有機會找到另一顆電子來填滿這個層級，那麼它就會很高興這樣做。所以氫和氧同意共享一對公共電子，這能完全滿足氫，也給了氧一顆電子，讓軌道更接近滿載。把第二顆氫原子納入，這要變能與氧共享一對公共電子，這樣就皆大歡喜了。這些電子的共享作用，把一顆氧原子和兩顆氫原子結合在一起，產生出了水分子H_2O。

這種結合的幾何結構具有深遠的意涵。原子之間的推力和拉力，把所有水分子塑造成寬廣的V

字形，其中氧氣位於頂點，而且兩顆氫分別棲身字母兩個朝上尖端上。儘管H_2O並沒有淨電荷，這是由於氧汲汲營營務求填滿它的軌道層級，但它把共享電子私藏起來，導致分子的電荷分布偏向一側。分子頂點，氧的住處的靜電荷呈負值，至於兩個朝上尖端，也就是氫的棲居處所，靜電荷則呈正值。

一顆水分子的電荷分布，這似乎是種深不可測的瑣碎細節。其實不然。事實證明這對生命的出現至關緊要。由於水的電荷分布呈偏斜狀態，它才能把幾乎一切事物全都溶解。帶負電荷的氧頂點，遇上了任何帶了些微正電荷的東西，都會把它抓住；帶正電荷的氫尖端，遇上了任何帶了些微負電的東西都會把它抓住。水分子的兩個先端，聯手發揮指爪功能，任何浸泡水中的事物，只要時間夠長，幾乎全都會被它們支解。

食鹽是最熟見的例子。食鹽分子是由一顆鈉原子和一顆氯原子結合而成，在鈉的附近稍微帶了正電荷（鈉向氯捐出一顆電子），在氯附近則稍微帶了負電荷（氯從鈉取得一顆電子）。把食鹽投入水中，H_2O偏向氧的（帶負電荷的）那側便抓住（帶正電荷的）鈉，同時H_2O偏向氫的（帶正電荷的）那側，則抓住（帶負電荷的）氯，因此把鹽分子撕裂，並把它們溶成鹽水。發生在食鹽身上的事情，也發生在其他許許多多物質身上。細節會有不同，不過水的對稱電荷配置，讓它變成一種很厲害的溶劑。當你洗手，就算沒有使用肥皂，水的電極性就會開始努力工作，溶解異物並把它帶走。

水的用途遠超過個人衛生方面，它能抓住並吸收物質的能力，對生命來講是不可或缺的。細胞的內部是種微型化學實驗室，它的運作必須借助為數龐大的成分來進行快速運動：養分進來，廢棄物出去，混合種種化學物質來合成細胞機能所需物質等等。水促成了這些作用。水是生命的輸運液體，構成了約七成的細胞質量。諾貝爾獎得主阿爾伯特．聖捷爾吉（Albert Szent-Györgyi）的總結說得好：「水是生命的物質和母體、源頭和媒介。沒有哪種生命是沒有水的。當生命懂得如何長出皮膚，形成能裝水帶著走的皮囊，它也就能離開海洋。我們依然住在水中，不過現在水是在體內。」[21]以詩歌來講，這是對水與生命的優美頌讚。就科學來講，目前尚無論據來確立這段陳述普遍適用於宇宙各處，不過我們還不知道有哪種生命形式對水的需求提出挑戰。

生命的統一性

研究了簡單的和複雜的原子、太陽和地球的起源、化學反應的本質，以及水的必要性，現在我們已經準備妥當，可以調頭探索生命本身了。儘管從生命的發生入手似乎很自然，不過那個（迄今依然沒有定論的）議題，最好是在探討了生命本身的典型分子特質之後再來鑽研。對於像我這樣投入過去三十年時間，致力探求自然基本作用力之統一理論的人而言，這樣的探索披露了一項驚人的生物統一性。我們並不知道，地球上從微生物到海牛共有多少不同物種，不過研究估計的範圍從少自數百萬到數兆種之多。不論確切數字為何，總歸都很龐大。然而，不同物種的這般豐富樣式，底下卻隱藏了生命內在運作的單一本質。

當你檢視生命組織，只要看得夠貼近，你就會遇上生命的「量子」——細胞，這生物組織中經我們確定具有生命的最小單元。不論它們源出何方，細胞具有這許許多多共通特徵，於是檢視單個細胞標本時，倘若你沒受過訓練，也就很難區辨誰是老鼠誰是獒、誰是陸龜誰是狼蛛、還有誰是家蠅誰是人。這實在令人吃驚。我們的細胞肯定呈現了明顯、重大的區辨印痕。然而它們卻沒有。箇中原因在過去幾十年間確立了，道理在於所有複雜的多細胞生命，全都是同一種單細胞祖先物種的後裔。細胞全都相似，因為它們的世系是從相同的起點向外輻射開來。[22]

這是一項很有力的體認。生命有繁多化身，說不定有許多不同起源。追溯海生軟體動物到最起點，說不定能披露一個起點，而採相同方式來為袋熊或蘭花追本溯源，說不定還會披露其他起點。不過證據強烈指出，當我們追尋生命的起源，各個世系都向同一個祖先匯聚。還有兩種隨處可見的生命特質，讓這種情況更令人信服。兩種分別闡明了所有生命同享的深刻共同屬性。第一種是比較常見的，牽涉到**資訊**：細胞如何編碼並利用指導生命維持功能的資訊。第二種也同等重要，不過並不是那麼廣泛為人所知，牽涉到**能量**：細胞如何駕馭、存儲並佈署執行生命維持功能所需的能量。我們在這兩種裡面都能見到，地球上那寬廣壯麗的生命，箇中細部作用歷程都是完全相同的。

生命資訊的統一性

我們有一個法子可以確認一隻兔子還活著，那就是看牠移動。當然了，一塊岩石也能移動。河川強勁水流能夠推動它朝下游移動，或者火山噴發就能把它射上天際。箇中差異在於，岩石的運動可以根據作用在它身上的外力來予以充分理解，甚至據以提出預測。告訴我有關那股水流或噴發的充分知識，我就能合理做出良好判斷，預知接下來會發生什麼事情。預測兔子的運動就比較難了。發生在兔子（薛丁格所謂的）「空間疆界」內部的活動——牠體內的活動——就是牠的肢體運動的決定性因素。兔子會抽動鼻子、轉頭、蹬腿，所有這一切都讓牠看來彷彿有自己的意志。兔子或任何生命形式（包括我們在內），是不是真有這種自主意志，這問題歷經許多世紀的爭辯，而且下一章我們也會著眼討論這個課題，所以這裡就不被這個問題耽擱了。就現在來講，我們全都可以同意，就岩石而論，它內部的活動，對我們所觀測到的現象，基本上是毫無影響的；然而兔子的協調、複雜和自我指導的運動，則帶來線索，告訴我們牠是活的。

這可不是什麼萬無一失的診斷。自動化系統可以執行種類繁多的相仿運動，而且隨著技術繼續進展，模擬生命的能力也肯定會變得更為鮮明。不過那種說法，也只是彰顯出一個更寬廣的要點：我們這裡所考量的那種運動，產生自資訊與執行之間（或可稱之為軟體與硬體之間）的交互影響。就自動化系統而言，這種描述是名實相符的。無人機、自駕車、掃地機器人等，全都受軟體支配，而且軟體把環境資料當成輸入，至於輸出則決定了機載硬體所執行的反應，這些硬體可以是從機翼到旋轉翼乃至於輪子等。就兔子而言，這段描述是種隱喻。不過，軟體—硬體範式也是思考生命的一種特別有用的方式。兔子會從環境蒐集感官資料，並經由一種「神經電腦」（牠的腦）來做處理，接著由它把載有資訊的信號沿著神經通路向外發送——吃掉一叢苜蓿草、跳過倒地的樹枝等等——並產生身體動作。兔子的運動是產生自體內處理歷程，以及流經身體結構的一組複雜指令的轉換作用：

生物軟體驅動生物硬體。這種歷程在岩石完全找不到。

假使我們深入研究兔子的一顆細胞，結果就會遇上一套相仿的理念，在較小的尺度上運轉。細胞的絕大多數功能都由蛋白質來執行。蛋白質是種大型分子，負責催化、調節化學反應、運輸必要物質，並控制諸如細胞外型和運動等細部屬性。蛋白質是以二十種稱為**胺基酸**（*amino acid*）的較小型次單元共組而成的構造，就像英文單詞是以二十六個字母的種種不同拼法共組而成。而且就像有意義的單詞必須依循特定順序來排列字母，可用的蛋白質也須以特定序列來串連胺基酸。倘若這種組合是盲目靠機會來完成，那麼種種必要的胺基酸，恰好以正確方式相逢並製造出特定蛋白質的可能性就逼近於零。二十個不同胺基酸結成長鏈的可能相連方式實在太多，結果顯然就是如此：由一百五十個胺基酸連結而成的長鏈（這是種小型蛋白質），約有10^{195}種不同的列置方式，遠比可觀測宇宙中的粒子總數更大。就像眾所周知一隊隨機打字的猴子，就算讓牠們努力個數十年，仍然打不出莎士比亞的劇作名句，相同道理，隨機手法也產生不出生命所需的特定蛋白質。

真正來講，複雜蛋白質的合成必須靠一組指令，逐步列出處理作法——把這個胺基酸和那個串在一起，然後接上這個，隨後就是那個，並依此類推。也就是說，蛋白質的合成必須有細胞軟體。而且這種指令在每個細胞裡面都有。它們是以DNA來編碼，這種支持生命的化學物質的幾何結構是由華生和克里克發現的。

每顆DNA分子都配置成著名的雙螺旋造型，就像一具扭轉的長梯，而且梯級含有一對對橫杆，這些橫杆是較短的分子，稱為鹼基（base），通常標示為A、T、G和C（這些技術名稱對我們並不重要，不過這幾個字母分別代表Adenine〔腺嘌呤〕、Thymine〔胸腺嘧啶〕、Guanine〔鳥嘌呤〕和Cytosine〔胞嘧啶〕）。特定物種所屬成員，多半共有相同的字母序列。對於人類而言，DNA序列長約為三百萬個字母，你的序列和愛因斯坦或瑪麗・居禮（Marie Curie）或莎士比亞，或者其他任何人的序列，相差不到約百分之一的四分之一，大概就是每串五百個字母才有一個不同。[23]不過，儘管你擁有的基因組和史上任何最受人景仰的才俊（或者最遭人唾棄的惡棍）十分相似，即便沾了他們的光，仍請記得，你的DNA序列也有百分之九十九是與任何黑猩猩的序列重疊。[24]微小的基因差異，有可能產生重大的影響。

建構DNA梯子的梯級時，鹼基都依循一套嚴苛的規則來配對：梯子一條扶手上的A柱與另一條扶手上的T柱相連，一條扶手上的G柱和另一扶手上的C柱相連。於是梯子一側上的鹼基序列，便決定了另一側會呈現出哪種唯一特定序列。而正是在這種字母序列當中，還有其他重要的細胞資訊當中，我們發現了一些指令，循此規定哪種胺基酸將與哪種連接，並指導合成出對所屬生命形式不可或缺的物種特異性蛋白質群集。

所有生命都以相同方式來編碼寫出製造蛋白質的指令。[25]

這裡要提出一段或許過於詳細的論述，以此來介紹它的運作原理手冊：固接線納入所有生命的分子摩斯電碼。DNA特定梯軌上的一群群連續三個字母，代表總共二十種胺基酸之集群當中的某一種。[26]舉例來說，序列CTA代表白胺酸（leucine）；序列GCT代表的是丙胺酸（alanine），也是一種胺基酸；序列GTT代表纈胺酸（valine）等等。若你檢視附在一段DNA序列的一條梯軌上的梯級，並讀得一段九字母序列CTAGCTGTT，這就告訴你把白胺酸（頭三個字母CTA）接上丙胺酸（第二組三個字母GCT），接著你再把成果接上纈胺酸（最後三個字母GTT）。若有一種蛋白質是以，好比，一千個胺基酸連結而成，則那種蛋白質就是以包含三千個字母的特定序列碼編寫（任意這種序列的起始位置和終點位置，也都以特定三字母序列碼編寫，就很像這句話是以大寫字母代表句首，並以句點代表句尾）。這種序列構成**一段基因**，組裝蛋白質的指令藍圖。[27]

我這樣細密陳述有兩個原因。首先，看到編碼使細胞軟體的概念變得很明確。提出一段DNA，我們就能讀取指導細胞內部運作的使用說明，這種繁複的協調表現，在無生命物質裡面是完全欠缺的。其次，看到編碼就可以闡明生物學家說它具有普適性是什麼意思。每個DNA分子，不論是取自海藻或者古希臘悲劇作家索福克勒斯（Sophocles），全都以相同方式編寫出製造蛋白質所需資訊。

這就是生命資訊的統一性。

生命能量的統一性

正如同蒸汽機需要穩定的能量供應，才能反覆推動活塞，生命也需要穩定的能量供應，來執行從成長和修復到運動和繁殖等基本功能。就蒸汽機而言，我們是從環境中提取能量。我們燃燒煤、木柴或其他某種燃料，產生的熱便由蒸汽機的內在機制來消耗，驅動蒸氣膨脹。生物也從環境提取能量。動物從食物提取能量，植物從陽光。不過和蒸汽機不同之處在於，生命通常不是當場使用這種能量。生命的歷程比蒸氣膨脹收縮更複雜，需要更細密的系統來傳遞並分配能量。生命需要本身燃燒燃料所產生的能量，依循一種規律、以可靠的方式來貯藏，並因應細胞成分的能量需求來發放。

所有生命都採行相同方式來應付能量提取與分配的挑戰。[28]

生命設想出的萬應解法是一系列複雜的處理程序，眼前就在你和我和（就我們所知）其他所有生物的體內進行，而且名列自然界最令人咋舌的成就之林。就像借助一類緩慢的化學燃燒來從環境提取能量，接著拿它來為所有細胞都具備的內建生物電池充電，於是那份能量就這樣貯藏起來。接著，這些細胞電池組便提供穩定的電源，供細胞使用來合成出專門製造來向所有細胞組件輸運、傳遞能量的分子。

看來責任重大。是很重大沒錯。而且也不可或缺。所以就讓我們簡短地把它拆解一下。若是你沒辦法掌握全部細節，那也沒關係。即使只是粗略瀏覽，也能披露生命如何驅動內部運作的奇觀。

生命的能量處理過程之核心是種化學燃燒作用，稱為**氧化還原反應**（*redox reaction*）。不怎麼吸引人的名稱，不過它的原型實例——燃燒的圓木——能澄清這個名字是怎麼來的。圓木燃燒時，木頭內含的碳和氫會釋出電子，給空氣裡面的氧（別忘了，氧渴求電子），把它們束縛在一起，並形成水分子和二氧化碳，在這過程當中並釋出能量（正因如此火才是熱的）。當氧氣捕獲電子，我們就說它被**還原了**（你可以設想這是氧對電子之渴求的一種還原作用）。當碳或氫釋出電子給氧，我們就說它被**氧**

化了。兩邊合起來，我們就得到了氧化還原反應。

如今科學家還更廣義地使用「氧化還原」一詞，指稱這是一個反應群集，其中電子在化學組成成分之間傳遞，而且不論是否牽涉到氧都一樣。不過，燃燒的圓木仍帶來了一種具有深遠關係的模板，可用來描述化學燃燒。當原子受制於局部填滿的層級就變得極為貪婪，見到原子捐獻者釋出的電子，就竭力捕捉，並在這過程當中釋出大量被關押的能量。

活生生的細胞——為求明確，讓我們把注意力集中在動物方面——裡面也發生這雷同的氧化還原反應，不過有一點很重要，那就是從你吞下的早餐奪來的電子，並不是直接轉移給氧。果真這樣的話，釋出的能量就會產生出一種類似細胞火災的現象。生命已經學會，這種事情還是避開比較好。實際情況是，食物捐出的電子會經過連串中介的氧化還原反應，這些都是休息站，設立在一段最後以氧為終點的路程上。就像看台席位上的球會順著台階接連滾落，電子也會從一個分子受體躍向另一個，每個受體都比前一個更狂熱渴求電子，也擔保每次跳躍都會促使釋出能量。氧是所有受體當中對電子渴求度最高的一個，氧在階梯底部等待電子，接著當電子終於降臨，氧就會緊緊擁住電子，擠壓出它所能提供的邊際能量，就這樣完成了能量提取程序的最後步驟。

植物的處理過程大致相同。主要差別在電子的來源。就動物而言，電子是得自於食物。對植物來講，電子則是從水取得。陽光照射植物綠葉所含葉綠素，剝奪水分子的電子，抽出其能量，並促使它們啟動類似的氧化還原能量提取級聯反應。於是支持所有生物所有行動的能量，追根究底全都是同一種歷程，執行系列細胞氧化還原反應的躍遷電子。也因此，聖捷爾吉才繼續以詩句表達他的反思，並表示：「生命不過是電子探求棲身處所的追尋。」

從物理學視角來看，這裡有必要強調這一切是多麼令人訝異。能量是種代幣，供全宇宙婆娑眾生支付使用，這種代幣鑄造成種種不同貨幣，而且賺取代幣的工作類別還更為繁多。其中有一種貨幣是核能，由繁多原子物種之間的融合與分裂滋生；另一種是電磁能，由繁多荷電粒子之間的推拉現象滋生；再一種則是重力能量，由繁多大質量物體之間的交互作用滋生。然而在這為數無窮的所有歷程當中，地球上的生命卻只運用了唯一一種能量機制：一種特定的電磁化學反應序列，其中電子投入從事一種向下跳躍序列的動作，起點從食物或水開始，最後則以氧的鉗抱終止。

這種能量提取歷程，是如何、為何成為生命的首選機制？沒有人知道。不過就像遺傳密碼，它也同樣普世通用，而這也再次強烈說明了生命的統一性。為什麼所有生物全以相同方式為自己提供動力？最直接的答案就是，所有生命肯定都出身自某一共同祖先，某種單細胞生物，研究人員相信那個物種很可能生活在約四十億年前。

生物學和電池

當我們依循電子從一種氧化還原反應向另一種跳躍，追蹤它所釋出能量走過的後續行程，這時生命統一性的證據，還會變得益發令人信服。那股能量是用來為所有細胞內建的生物電池充電。接著這些生物電池就派上用場，推動合成出特別擅長輸運並傳遞能量的分子，於是它們就能因應整顆細胞的需求，適時把能量運到該送去的部位。這是種繁複的歷程。不過就整個生命，這是相同的歷程。

這裡概略勾勒出它是如何進行的。當一顆電子朝向某種氧化還原受體的分子奔去，跳進它伸出的雙臂時，接收的分子就會抽搐，導致它與周遭近鄰分子的相對取向出現變化，這就很像齒輪棘輪向前轉動一步。當善變的電子接著又朝向下一個氧化還原反應受體跳躍，第一個分子便喀嚓一聲跳回它的原始取向，而新的分子接受方也就會經歷那種抽搐。當電子接著執行下一步跳躍，相同模式也跟著持續。接受一顆電子的分子發生抽搐，棘輪取向朝前轉動一步；喪失一顆電子的分子也會抽搐，於是棘輪步進並恢復原有取向。

電子跳躍序列和伴隨帶來的分子抽搐，完成了一項微妙但很重要的事項。當分子像棘輪般往返步進，它們便向一群質子施加推力，迫使它們穿透周遭一片薄膜，於是它們就齊集在一處細薄的隔間裡，最後那裡就變成一處過度擁擠的居留室。或者用比較通俗的說法，一顆質子電池。

以普通電池來講，化學反應會迫使電子累積在電池的一側（陽極），這些同電荷粒子會相互排斥，意思是它們都打定主意一有機會就逃逸。當你摁下「開」按鈕或撥開開關來接通電路，你也就把被關押的電子釋放出來了，於是它們也就得以從陽極流出，通過某種裝置——燈泡、筆電、手機——最後就回到電池的另一側（陰極）。儘管司空見慣，電池卻是如此巧妙。它們將能量存儲在擁擠的電池群集當中，備便待命，適時放出這些能量，來推動我們選定的裝置。

在活細胞中，我們也會見到類似狀況，被關押的質子取代了被關押的電子。不過這樣的差別，幾乎不會帶來絲毫影響。質子就像電子，攜帶的電荷也全都相同，因此它們也彼此互斥。當細胞氧化還原反應把質子密集堆積在一起，它們也備便靜等機會、逃離它們被迫相隨的同伴。因此，細胞氧化還原反應能為質子基生物電池充電。事實上，由於質子全都齊集於一片極細薄的（厚度只有幾十顆原子的寬）生物膜之一側，電場（膜電壓除以膜厚度）就會變得極強，高達每公尺數千萬伏特。細胞生物電池的本領高強。

那麼，細胞拿這些迷你發電廠做什麼用途呢？情況在這裡還變得更令人震驚。那片薄膜上還附著了大批奈米尺度大小的渦輪機。當大批聚集的質子得以穿越薄膜的特定部位回流，它們就會讓纖小的渦輪機開始轉動，就如同氣流吹動風車旋轉。過去幾個世紀以來，這種風力渦輪運動一直被用來碾壓麥子或其他穀類製作成粉。細胞風車則施行一種雷同的研磨工法，然而這種處理程序並不把結構碾磨成粉，卻是製造出結構。當它們運轉時，分子渦輪機就會反覆執行一種擠壓動作，把兩顆特定的輸入分子，也就是二磷酸腺苷（adenosine diphosphate，縮略ADP），再加上一個磷酸根，聚攏合成一顆特定的輸出分子，即三磷酸腺苷（adenosine triphosphate，縮略ATP）。被渦輪機逼到一起所形成的每個ATP分子的組成成分，都處於一種緊張態勢：互斥的荷電成分以化學鍵強力結合在一起，於是就像受力壓縮的彈簧，它們也迫切希望被釋放。這就十分有用了。ATP分子可以周遊細胞各處，必要時就扯斷化學鍵，釋出存儲的能量，於是組成的粒子成分，就得以鬆弛進入一種較低能量，也較舒適的狀態。正是ATP分子解體釋出的這股能量，為細胞機能提供動力。

斟酌一下幾個數字，你就會清楚看出，這些細胞發電廠是如何孜孜不倦地活動。讓一顆典型細胞存活短短一秒鐘所執行的功能，就必須動用約一千萬顆ATP分子所存儲的能量。你的身體擁有幾十兆顆細胞，而這就意味著，你每秒都消耗上億兆（10^{20}）等級數量的ATP分子。每次一顆ATP派上用場，它就裂解成原料（ADP和一個磷酸鹽），這些就由質子電池推動的渦輪機再次擠壓在一起形成新出爐的、完全恢復活力的ATP分子。接著，這些ATP分子又會重新上路，把能量輸運到細胞各處。因此，為了滿足你身體的能量需求，你的細胞渦輪機就必須發揮高得出奇的生產力。就算你的閱讀速度極高，就在瀏覽這句話之時，你的身體已經合成了五億兆顆左右的ATP分子。然後剛才又增加了三億兆顆。

摘要

把細節擺在一旁，結論是，當食物所含高能量電子（或者說，植物受了陽光充能的電子）順著一道化學階梯逐級下降，在各梯級所釋出的能量，就為棲身所有細胞裡的生物電池充電。接著存儲在電池裡面的能量，就可以用來合成特定分子，這些分子秉持優比速（UPS）卡車遞送包裹的精神來遞送動力，不論細胞內部哪裡出現需求，它們都兢兢業業把能量包如時送抵所需位置。這是為所有生命提供動力的通用機制。這是我們表現的每個動作和興起的每項思維背後的唯一能量路徑。

就如同我們對DNA的短暫探尋，要點也徘徊在細節之上：用來推動細胞的那批繁複多端，看似過於矯飾的處理歷程，正普遍見於所有生命。那種統一性，加上DNA的細胞指令編碼的統一性，帶來了壓倒性確鑿證據，證實了所有生命全都根源自一個共同的祖先。

就像愛因斯坦投入追尋自然力的統一理論，還有物理學家如今也夢想還更浩大的綜合學理，來包容所有物質，甚至連空間與時間都一體納入。在繁複多端看似互異的現象裡面，要確認出一個共同的核心，確實十分誘人心動。所有生命的深奧內在運作——從我那兩隻趴在地毯上靜靜休息的狗，到我窗邊燈火誘惑下瘋狂旋飛的成群昆蟲，再到附近池塘發出的唱和蛙鳴，乃至於現在我耳中聽聞的遠方郊狼嚎叫——全都仰賴相同的分子歷程。這個，嗯，很令人稱奇。所以細節暫且擺到一旁，休息一下，接著就要為本章做個收尾，也讓那項奇妙的認識充分深入腦海。

演化之前的演化

重要的認識不只帶來了前所未見的明晰領悟，它們還激勵我們更深入探究。所有複雜生命的共同祖先是怎麼形成的？更深入的問題是：生命是怎麼開始的？科學家還沒無法判定生命的起源，不過我們的討論已清楚表明，那個問題包含三個部分。生命的遺傳成分——存儲、利用並複製資訊的能力——是如何形成的？生命的代謝成分——提取、存儲並利用化學能的能力——是如何形成的？把遺傳和代謝分子機具化為自持式囊袋——細胞——的封包作業是怎麼形成的？生命的起源故事，必須就這些問題提出明確的答案，不過就算沒有完整的認識，我們依然可以轉頭求助於一種解釋框架——達爾文演化論，而且這幾乎肯定會構成那種未來敘事不可或缺的整體環節。

當我第一次學習達爾文演化論時，我的生物學老師把那套理論說得彷彿那是一則腦筋急轉彎問題的巧妙解答，而且一旦瞭解了，就應該可以讓你輕拍額頭嘆道「我怎麼沒想到」這個謎題是要解釋，棲居地球的這批豐沛、多變化又富足的系列物種的起源。達爾文的解答追根究底有兩個相關連的理念：第一，當生物體繁殖時，後裔大致上都與他們的雙親雷同，卻不是一模一樣。或者，就如達爾文的說法，繁殖會產出帶了修飾改變的後嗣。第二，在資源有限的世界裡會出現生存競爭。這些能提增競爭成功率的生物性修飾改變，可提高個體的生存能力，於是具有這項特徵的個體，就更能存活到能夠繁殖的年歲，並將他們強化生存能力之性狀留傳給未來世代。過了一段時間，成功修飾改變的不同組合慢慢累積，驅使最早那個族群開枝散葉，各自發展出不同的物種。[29]

簡單又符合直覺，達爾文的演化論看來幾乎稱得上不證自明。然而，不論它的解釋框架多麼令人信服，若是不獲資料支持，達爾文的演化論也就不能贏得科學界的共識。邏輯還不夠。對達爾文演化論的信心，出自它獲得了科學家的壓倒性支持，他們追蹤有機體結構的逐漸變化，並描繪了這許多改變所帶來的適應性優勢。若是沒有這樣的轉變，或者倘若它們的發生並沒有呈現任何明顯的模式，或者倘若它們與具備該性狀的個體之存活或繁殖能力不帶有絲毫關聯，那麼學童也就不會學習達爾文演化論了。

達爾文並沒有指明具修飾改變性狀之後嗣的生物學基礎。生物如何把性狀留傳給後代？還有這當中的部分性狀，是如何以修飾改變的形式傳承下去？在達爾文的時代，這些問題懸而未決。當然了，所有人都知道，小瑪麗看來就像媽咪和爹地，不過要想瞭解有關性狀傳承的分子機制，還得等待許多發明才能實現。達爾文能在沒有這些細部知識的情況下發展出演化論，說明了理念觀點的普遍性及影響力量。它們超越了基層細節。直到將近一個世紀之後，到了一九五三年，DNA結構才終於明朗，使得通往遺傳分子基礎的路途得以展現眼前。基於紳士禮儀約束，華生和克里克在論文尾聲低調提出結論，這段表述也列入舉世最著名的案例之林：「我們提出的特定配對假設，讓人立刻聯想到，這或許就是遺傳物質的一種複製機制；這一點沒瞞過我們的注意眼光。」

華生和克里克披露，生命是如何複製負責存儲細胞之內部指令的分子，依循這個歷程，生命就能把指令副本留傳給後裔子孫。我們已經見到，指導細胞機能的資訊經編碼寫進了鹼基序列，而這些鹼基都順沿DNA扭轉梯梯的梯軌串接在一起。當一個細胞準備繁殖並一分為二，DNA梯就會從各橫杆中央一路向下分裂，產生出兩條梯軌，各由一系列鹼基構成。由於這些序列都是互補的（在一條軌上見到A，擔保在第二條軌上的對應位置會見到一個T；在一條軌上見到C，擔保在第二條軌上的對應位置會見到一個G），每條軌道都構成一個模板，可以依循製造出另一條軌道的副本。只須把搭檔鹼基連接到分開的個別梯軌上，細胞便能產生出原始DNA股的兩套完整副本。隨後當細胞分裂時，各子細胞都會收下其中一套副本，循此把遺傳資訊從一代傳承給下一代——這就是沒有瞞過華生和克里克的注意眼光的複製機制。

前面說過，這種複製歷程會產生出完全相同的DNA股。那麼，新的或者修飾改變的性狀，又是如何在子細胞中產生呢？誤差。沒有任何歷程是萬無一失的。儘管情況很罕見，錯誤是一定會出現的，有時是偶然的，也有時是環境影響釀成的，好比紫外線或X射線等高能量光子照射，這些都有可能破壞複製歷程。因此，子細胞繼承的ＤＮＡ序列，有可能不同於其親代貢獻的序列。通常這種修飾改變不會造成什麼影響，好比《戰爭與和平》（*War and Peace*）第四百一十三頁上的一個排印錯誤無傷大雅。不過有些修飾改變卻可能對細胞的機能運作產生或好或壞的影響。就好的部分，藉由強化適存度，被傳承給後續世代的機會也隨之提高，從而得以傳遍整個族群。

有性生殖更增複雜度，因為這時遺傳物質不只是接受複製，實際上還藉由合併父母的貢獻來形成。不過，儘管這種生殖方式代表地球生命史上很重要的一步——至於它的來源則依然存有爭議，達爾文的原理依然一體適用。遺傳物質的混合和複製，讓繼承的性狀產生變異，而且其中最可能延續跨越世代的性狀，也就是能夠強化具有該變異型之個體的存活與繁殖展望的類別。

演化有個根本要項，那就是從親代傳承子代的過程，對ＤＮＡ的修飾改變通常數量都極稀少。這種安定性能保護先前世代建立起來的遺傳改良成果，確保它們不會很快就降解或遭抹除。這裡讓各位感覺一下，這種改變是多麼罕見，複製錯誤偷偷溜進來的速率，約為每一億組ＤＮＡ鹼基對發生一次。這就彷彿中世紀抄寫員每繕寫三十本《聖經》，就抄錯一個字母。而且就連那渺小的錯誤率都是高估了，因為百分之九十九的繕寫錯誤，都由在各個細胞裡運作的化學校閱機制修復，於是淨錯誤率就縮減到約每百億組鹼基對出現一次。

就算這種極小幅的遺傳修飾改變，經過眾多世代的累積之後，也可能造就出身體上和生理上的重大發展。這並非顯而易見。有些人見到了眼睛的奇蹟、腦的本領或者細胞能量機制的複雜性，就得出結論，認定這些系統不可能沒有智慧指導就自行演化出現。而且倘若演化發展是發生在我們熟悉的時間尺度，那麼那項結論也說得通。然而事實並非如此。生命是演化了**數十億年**。**這麼悠遠的歲月**，倘若每一年都以一張紙來表示，十億年就相當於將近一百公里高的一疊紙。設想這些紙構成一本手翻動畫書，厚度為聖母峰的十倍高度。就算每頁上的素描都和前一頁圖形只有些微差異，那一疊紙張開頭和末尾的素描，很容易就會出現猶如黑猩猩和變形蟲這般不同的落差。

這可不是說，演化改變就是依循一種嚴謹設計的規劃，從簡單到複雜的生物體，一頁又一頁、有效率地逐步進展。實際上，描述天擇演化的較好說法是藉由嘗試錯誤的創新。創新產生自遺傳物質的隨機組合和突變。嘗試是把一種創新擺進生存角力場來與另一種創新競技。至於錯誤，則根據定義是指失敗的創新。這是種會讓多數企業破產的創新途徑。嘗試採行一種隨機可能性，接著是另一個，心中指望當中遲早會有一種在市場綻放光芒——好吧，試試向你的董事會推薦這種策略。不過大自然擁有企業罕見的過剩資源：時間。大自然不慌不忙，也不需要達成什麼底線要求。採小幅隨機改變創新的代價，大自然付得起。[30]

此外，還另有個基本要素，那就是並沒有單一的、孤立的演化手翻動畫書。占據地球每個角落的每個生物體的每次細胞分裂，都對達爾文的敘事做出貢獻。這當中有些故事情節失敗了（不利的遺傳修飾改變）。多數對於情節發展並沒有增加任何新的內容（遺傳物質毫無改變地傳承下來）。不過有些就帶來了料想不到的轉折（具有適應用途的遺傳修飾改變），而且會發展成本身自有的手翻動畫書。事實上，這當中許多都會支持相互依賴的情節和次要情節，於是一本手翻書中的演化敘事，就會受到其他手翻書所含敘事的影響。因此，地球生命的富足程度，就反映出了演化編年史的浩瀚歲月，這點毫無疑問，不過也反映出大自然寫下的編年史數量是多麼龐大。

就像任何健全的研究領域，達爾文演化論也在過去幾十年間歷經爭辯並不斷改進。物種是以什麼速率演化？演化速度會隨時間大幅變動嗎？是否經歷長時期的停滯之後，接著才出現短時期的較快速改變？或者改變是否始終是漸進的？面對有可能減少有機體的生存展望，同時或能提高它成功生殖機會的性狀，我們該如何考量？基因能夠一代代改變的完整機制為何？面對演化紀錄的空白斷層，我們該如何因應？這當中有些議題引發了激烈的科學爭執，不過——重點就在這裡——沒有一項令人對演化本身產生懷疑。任何解釋框架的細節，都能夠、應該而且必定隨時間流逝而予以更動，不過達爾文理論的基礎是堅若磐石的。

這就引出了一個問題：達爾文框架是不是也牽連上一種比生命還更寬廣的場景？畢竟，其基本成分——複製、變異和競爭——並不局限於有生命的事物。印表機複製文件時，光學扭曲會導致副本出現變化。印表機的無線接收器會爭奪有限頻寬。那麼，就讓我們想像一種比辦公室印表機更貼近生命，卻完全沒有生命的背景脈絡：養成複製能力的分子。DNA是個最好的例子，就請謹記在心。不過DNA的複製——它的扭轉梯分裂，以及隨後將兩條梯軌元件分別重新製造成兩套完整DNA子分子的作用——得仰賴一大批細胞蛋白質，因此先決條件是生命歷程必須已經到位。

那麼就請想像，早在任何地方有任何生命出現之前很久，就有一種能夠自行複製的分子。我們不必謹守某種明確的複製機制，不過為使你產生一幅具體心像，或許當它在化學濃湯裡面漂浮時，這類分子就能發揮類似分子磁體的作用，能強烈吸引構成它的正確成分，並提供一個模板，來把那些成分組裝成一個分子分身。再想像，複製歷程就像真實世界的所有歷程，也同樣不完美。在大多數情況下，新合成的分子與原始分子是完全相同的，不過有時卻非如此。於是在歷經眾多分子世代的一段期間，我們建立了一個生態系統，裡面有繁多不同分子棲身，而且它們都是某一原始分子的變異類型。

在任何環境中，原料始終有限，資源也總是有限。因此，隨著我們這個分子生態系持續複製，能夠最有效、最準確複製——又快又便宜，不過絕不會失控——的那群就能勝出。這類分子贏得了最「適存」的頭銜，而且一段時間之後還會成為分子一族的支配類群。由於複製不完善所導致的每次後續突變，都為分子的適存度帶來進一步的修飾改變。同時就像所有的有生命事物，還有所有無生命事物：能強化分子適存度的修飾改變，肯定會勝過不能強化的那些改變。當適存度較高的分子也具有較高的生殖力，族群統計資料就會朝向那類分子偏斜。

我描述的是演化的一種分子版本——**分子達爾文主義**（molecular Darwinism）。它顯示一群群只依循物理定律的翻攪粒子，如何變得越來越擅長生殖——我們通常都與生命聯繫在一起的現象。當我們追尋生命的起源，這就暗指，在導向最早生命萌生之前的那段期間，分子達爾文主義有可能就是當時的一種根本機制。那項主張的一種版本，儘管距離共識相去甚遠，但已獲得相當程度的支持力量，它仰賴一種多才多藝又很特殊的分子：RNA。

朝生命的起源邁進

回顧一九六〇年代，好幾位出色的研究人員提醒大家注意DNA的一個近親，稱為核糖核酸（ribonucleic acid），縮寫成RNA。那群研究人員包括克里克，化學家萊斯利．奧爾格（Leslie Orgel）以及生物學家卡爾．烏斯（Carl Woese），而RNA則有可能在四十億年前啟動了一個分子達爾文主義階段，也是生命的前驅期。

RNA是種功能彈性極高的分子，也是所有生命系統的根本組成要件。你可以把它想成一種單側式短版DNA，RNA只含一條梯軌，還有一系列鹼基循序附著軌上。RNA扮演種種不同的細胞角色，其中一種發揮化學中介功能，為「像拉鍊般拉開的」小段DNA股翻印出壓痕，好比牙醫要你張開上下頜，幫你進行牙齒取模，接著再把資訊轉移到細胞的其他部位，並在那裡指導特定蛋白質的合成作業。就像DNA，RNA分子也收錄了細胞資訊，從而成為細胞軟體的一個成分。不過RNA和DNA有個重大差別：DNA只想當細胞的先知，扮演指導細胞活動的智慧泉源，這樣它就滿足了；而RNA則願意親身操勞，動手進行化學處理工作。的確，細胞的核糖體——負責接合胺基酸來生產蛋白質的微型工廠——的核心，就有種特定類型的RNA，稱為核糖體（ribosomal RNA）。

因此RNA既是軟體也是硬體。它既能催化也能引導化學反應。這些反應當中，有一些能促進RNA本身的複製。就DNA方面，製作副本的分子機具必須動用繁複多端的化學齒輪和螺釘，至於ＲＮＡ則自己就能促成其本身複製所需鹼基對的合成作業。想想其箇中意涵。ＲＮＡ的分子融合了軟體和硬體，有可能避開雞與蛋孰先孰後的難題：你總得先有分子軟體，也就是執行組合作業的指令，不然你該怎樣組合分子硬體？你總得先有分子硬體，也就是執行合成的基礎設施，不然你該如何合成分子軟體？ＲＮＡ落實兩種功能，把雞和蛋融合為一，從而得以推動分子達爾文主義時代向前發展。

這就是ＲＮＡ世界提案（RNA World proposal）。該學說想像，生命出現之前的那個世界充滿ＲＮＡ分子，它們經由分子達爾文主義，歷經不可想像的無窮世代，演化出構成第一批細胞的化學結構。儘管細節都屬於暫定構想，科學家已勾勒出這個分子演化階段的可能面貌。在一九五〇年代，諾貝爾獎得主哈羅德．尤里（Harold Urey）和他的研究生史丹利．米勒（Stanley Miller）把好幾種氣體混合，裡面有氫、氨、甲烷和水蒸氣，因為他們相信，這就是構成地球早期大氣的成分，接著通電轟擊這個氣體什錦配方來模擬閃電雷擊，隨後提出著名聲明，宣布得出的褐色泥濘沉澱物內含胺基酸，就是製造蛋白質的基礎元件。儘管後續研究表明，米勒和尤里研究使用的初始氣體混合原料，並不能準確反映地球早期大氣的化學組成，不過使用其他（能反映當時大氣組成的）氣體什錦配方來執行的相仿實驗，也同樣成功生成了胺基酸。這其中有一種混合氣體是米勒和尤里親自調製，來模擬活火山噴發的有毒煙霧，奇怪的是，所得結果卻塵封了半個多世紀不曾進行分析。[31] 此外，如今在星際雲霧裡，在彗星和隕石中也都檢測出胺基酸。所以，或許年輕地球上的化學燉品，很可能已把不斷複製的ＲＮＡ分子和品類繁多的種種胺基酸混合在一起。

那麼就想像一下，隨著RNA分子不斷複製，偶發突變能促成某種新穎產物：突變的RNA誘使環境濃湯裡的某些胺基酸串連成鏈，產生出第一批基本蛋白質（如今發生在核糖體裡的那類歷程的原始版本）。倘若基於偶然，這些基本蛋白質有部分恰好提增了RNA的複製效能——畢竟，就某種程度上，催化反應本是蛋白質的作用——它們會得到豐厚回報：那些蛋白質會把突變形式的RNA推上優勢地位，而新近出現的突變種RNA充裕供應，也會幫助合成更多那類蛋白質。在此同時，它們也會構成一種自我增強的化學循環，從而驅使偶發分子脫軌事例更有機會化為常態。隨著時光流逝，持續進行的分子巧計或有可能觸發另一種化學新穎產物，一種雙欄軌的梯子——早期形式的DNA。事實證明，就分子複製來講，這是種比較安定也比較有效的結構，於是它就逐漸篡奪了複製歷程，並貶謫RNA讓它扮演一種輔佐角色。偶發形成的分子囊袋——細胞壁——會進一步強化適存度，因為它能把化學物質集中在一些隔離的區域裡，並保護它們免受環境侵害。擴散及於整個化學族群之後，第一種原始細胞需要的這些結構，也就可以組裝成形了。[32]

生命就要誕生。

RNA世界只是眾多提案之一。這是慎重看待生命遺傳成分的一個實例：能把資訊具象化、並藉由複製把那筆資訊留傳給後續世代的分子。若是這項提案驗證確實，我們仍需處理RNA本身的起源問題；或許在分子演化還更早期的一個階段，說不定還有某種更單純的化學成分生成了RNA。另有些提案則比較看重生命的新陳代謝成分：催化反應的分子。這些情節的開端並不是能夠發揮蛋白質功能並能複製的分子，而是從能夠複製的蛋白質分子入手。不過還另有些提案設想兩種完全相左的發展經歷，一種促成能複製的分子，另一種造就出了能催化化學反應的分子，接著一直到了後來，這些歷程才融合納入細胞，於是它們也才能執行生殖與代謝之基本功能。

有關生命之化學前因出現在哪裡的提案更是汗牛充棟。有些研究人員歸結認定，達爾文不假思索提出的「小暖池」主張，並不特別有指望，因為多少億萬年來，岩塊殘屑不斷墜落地球，讓地表變得不那麼適宜棲居。[33]即便如此，生物學家大衛・戴默（David Deamer）仍提出了主張，認為生命起源的要件是必須有乾溼循環週期環境，就像座落池塘或湖泊邊緣的土地。他的團隊的研究闡明，這種乾溼循環能促使脂質形成薄膜——細胞壁——而且膜內的分子片段可以受誘連結成類似RNA和DNA的長鏈。[34]化學家格雷厄姆・凱恩斯—史密斯（Graham Cairns-Smith）提議認為，構成黏土床（clay bed）——藉由將原子持續鎖定構成有序循環模式並逐漸增長的結構——的晶體，或有可能形成了早期的複製系統，而那就是往後發展出生命的更複雜有機分子之同類行為的一種先驅。[35]此外，另有一種很令人信服的競爭學說，那是地球化學家麥克・羅素（Mike Russell）和生物學家比爾・馬丁（Bill Martin）共同提出並發展的理念，該學說認為，海床存有裂縫並會噴發富含礦物質之溫暖煙流，那是海水與構成地幔的岩石交互作用生成的熱流。[36]這些所謂的含鹼熱液噴泉造就出從海床高高矗立的石灰岩煙囪——有些增長到超過五十公尺高，比自由女神像還高——上面到處都是孔縫裂隙，而且高能化學熱流就透過這些構造不斷湧現。他們提出這樣的理念，並且設想就在那些高塔裡形成的眾多渦流當中，分子達爾文主義施展它的化學魔法，產出複製品，而且隨著時光流逝，它們的複雜度逐步提增，而且變得越發精密，最終催生出地球上的生命。

細節占據了前沿研究。迄今為止，嘗試重新創造出這些歷程的實驗室努力雖然耐人尋味，不過至今尚無定論。我們還沒從頭開始創造出生命。總有一天我們會辦到，說不定就在不久之後，就此我沒有什麼懷疑。在此同時，一則有關生命起源的總體科學敘事出現了。一旦分子獲得複製能力，偶發錯誤和突變就會為分子達爾文主義提供滋養，驅使化學混合成品依循重要至極的提增適存度向量發展。這個歷程運作超過了好幾億年，如今已有能力建造出生命的化學建築結構。

資訊的物理學

到這時候，或許你已經得出結論，認為生命的分子肯定在它們的有機化學課程上得了高分。否則，它們到底是怎麼知道該如何做？DNA怎麼知道該從中間分裂，並在暴露出來的鹼基上接上互補的鹼基、產生出一個複製的分子？RNA怎麼知道該如何製造出DNA各個段落的副本，並將那種資訊轉移到合宜的細胞結構上頭，而且那裡還有另一種完全不同，但又相關的分子知道該如何讀取那段遺傳密碼，並依循妥當的序列，將胺基酸串連成能發揮功能的蛋白質？

當然了，分子並不知道任何事情。支配它們行為的是盲目、漫不經心、沒上過學的物理學定律。不過問題依然存在：它們怎麼能這般始終如一、穩妥可靠地執行這一連串繁瑣至極的複雜化學歷程？談到這問題，就得重提前面我就薛丁格在《生命是什麼？》書中所探究的主要問題的詮釋說法：岩石所含分子的翻攪和晃盪是由物理定律來支配。兔子所含分子的翻攪和晃盪，也是由物理定律來支配。它們有什麼差別？現在我們已經知道，兔子的粒子還另外受到一個影響因素的引導——兔子內部的資訊檔案庫，牠的細胞軟體。這裡的重點是，至關重要且不可或缺的一點是：這筆資訊並不能取代物理定律。沒有任何東西能。實際上，就像滑水道並不取代物理定律，而是藉由它的形狀來引導遊客沿著一條他們原本不會遵循的特定軌跡下滑，兔子的細胞軟體則是藉由化學配置來執行，而且這些也都藉由它們的形狀、結構和組成，來引導種種不同分子沿著它們原本不會遵循的軌跡運行。

這類分子指南是怎麼起作用的？由於組成原子的細部配置影響，某給定分子有可能吸引某種胺基酸，排斥另一種，而對其他種類則完全漠然置之。或者，就像匹配好的樂高積木塊，某給定分子有可能只能和其他單獨一種分子兜合在一起。所有這一切都是物理學。當原子和分子推、拉或兜合，這時就是電磁力在起作用。那麼關鍵就在於，細胞內的資訊並不是抽象的。它不是分子需要用來研讀、記誦並執行的一組自由浮動指令集。實際上，資訊就編碼納入分子列置本身當中，而這些列置方式能誘引其他分子以執行（諸如成長、修復或生殖等）細胞歷程的方式來進行碰撞、結合或交互作用。即便分子棲居的細胞欠缺意圖或目的，也儘管它們是完全健忘的，它們的身體結構依然讓它們得以完成高度特化的使命。

從這層意義來看，生命的歷程就是完全由物理定律描述的分子曲折經歷，同時還講述了一段以資訊為本的較高層次情節。就岩石來講，這裡面並沒有較高層次的情節。當你動用了物理定律來描述岩石分子的碰撞和翻攪，事情這樣就完結了。不過，當你動用那完全相同的物理定律來描述兔子分子的碰撞和翻攪，事情卻還沒完結。而且差得遠了。化約論情節之上還疊加了整整一段故事，講述了兔子的獨特內部分子配置，還有循此編排出什麼樣的五花八門的有組織分子運動。正是這些分子運動，執行了兔子細胞裡面的較高層次歷程。

沒錯，就兔子方面，還有在我們來講，這種生物學資訊也是在較大尺度上組織成形，而且不只指導個別細胞內部的處理歷程，還兼及細胞群集，產生出協調複雜性的指標性特質。當你伸手拿咖啡杯，構成你的手、手臂、身體和腦的每顆分子的每顆原子，都完全受到物理定律的支配。重述一遍，這次帶點趣味性：生命不會也不能違反物理定律。不過既然你有為數龐大的分子能一致行動，協調它們的整體運動來促使你伸出手臂越過桌面，也讓你的手抓握馬克杯，這點就反映出生物資訊的豐富程度，具體落實在原子和分子的配置上，並指導繁複多端的分子歷程。

生命是條理編排的物理學。

熱力學和生命

依循達爾文的觀點，演化指導結構的發展，從分子到單細胞到複雜的多細胞生物體都是如此。依波茲曼所見，熵描畫出物理系統的開展方式，從飄散的香氣到哐噹作響的熱引擎、再到燃燒的恆星都是如此。生命受制於這兩種引導影響：生命出現並藉由進化來予以改良。就像所有物理系統，生命也遵循熵的支配。在《生命是什麼？》書中最後幾章篇幅，薛丁格探討了雙方外表展現的張力。當物質凝聚成生命，接著就能維繫有序狀況非常長久時期。當生命繁殖，同時也會產生出更多結構呈有序列置的分子群集。在這所有現象當中，熵、無序和熱力學第二定律在哪裡？

薛丁格在他的回答中解釋道，有機體能夠抗拒向較高熵增加的原因是它「取食負熵」。[37] 這種說法在幾十年間，引發了些微混亂和嚴苛批評。不過情況很明朗，即便薛丁格是以有點不同的措辭來表達，他的答案其實也正是我們前面發展出來的解答：熵的兩步法則。生物並不是孤立的，也因此任何第二定律的核算，都必須把它們的環境納入。拿我來講。超過半個世紀以來，我已成功抑制我的熵，不讓它飆升太高。我的做法是攝食有序結構（多半是蔬菜、堅果和穀類）、慢速燃燒食物（經由氧化還原反應，得自食物的電子順沿梯級接連下行，最終與我吸入的氧氣結合），並運用釋出的能量來推動種種不同的代謝活動，同時排除廢棄物和熱，將熵發散到環境中。整體而言，兩步法則讓我的熵得以將第二定律視若無物，而環境則努力當我的靠山，幫我收拾熵的殘局。燃燒、存儲和釋放能量來推動細胞機能的歷程，比起相對應的推動蒸汽機的歷程還更精妙，不過就熵的基本物理原理方面則是相同的。

除了薛丁格的措辭選擇之外，另一種比較不那麼挑剔的考量是高品質、低熵滋養品的來源。從動物沿著食物鏈向下，我們就會遇上植物。植物直接靠陽光維生，它們的能量週期為熵的兩步法則提供了另一實例。入射的太陽光子由植物細胞吸收並觸動電子進入較高能態，接著就由細胞機具駕馭（經由連串的氧化還原反應，引導電子沿著梯級下行）來推動種種不同的細胞機能。因此，來自太陽的光子是低熵的高質量滋養品，經植物吸收後，便運用來推動生命歷程，隨後就化為較高熵的降解廢棄物形式釋出（地球每從太陽接收一顆光子，都會發送一批有序程度較低的好幾十顆能量耗盡且廣布四散的紅外光子回到太空）。[38]

循徑再向低熵源頭更進一步，我們投入尋覓太陽的源頭，箇中情節能與第三章的重力故事內容相符：重力壓擠氣體雲霧形成恆星，減少內部的熵，並藉由熱的釋出，增加周遭環境的熵。最後當核反應點燃，恆星便綻放光芒，光子也被發送川流而出。當那顆恆星就是太陽時，射抵地球的光子，就是為植物代謝作用提供動力的低熵能量源頭，而這也就清楚表明了，為什麼研究人員經常說重力維繫生命。儘管這是實情，不過現在你也已經知道，我喜歡更平等地共享榮耀，我要讚美重力讓物質凝結成團並確保穩定的星際環境，也要頌揚核融合在千百萬年乃至數十億年間，兢兢業業、源源不絕地產出高品質光子。

核力協同重力聯手扮演賦予生命之低熵燃料的源頭角色。

生命通論？

薛丁格在他於一九四三年發表的講座中強調，科學的發展洪流洶湧澎湃，「如今一個人能全面瞭解的知識，不過就是一小部分專業範圍，再多就幾乎是不可能的了。」[39] 於是他鼓勵思想家踏出他們學識領域的傳統活動範圍來探索新知，拓展他們的專業知識範圍。他在《生命是什麼？》書中毫不保留地把物理學家的訓練、直覺和敏銳度，應用來解答生物學的謎團。

隨後那幾十年間，隨著知識日益專業化，越來越多研究人員不斷提出薛丁格當年的跨學科呼籲。許多人做出回應。受過跨領域培訓的研究人員發展出見地高明的新方法，來探究生命的本質。相關學科很多，包括高能物理學、統計力學、計算機科學、資訊理論、量子化學、分子生物學和天體生物學等。本章尾聲我就集中討論這當中的一項發展，這擴充了我們的熱力學主題，而且倘若計畫成功，說不定有一天還能幫忙解答科學上一些最深刻的問題：儘管可能性十分低微，不過可不可能在這個宇宙中，儘管它包含了億兆座星系，各自擁有億兆顆恆星，而且其中還有眾多擁有繞軌運行的行星，然而在這裡面，生命卻只出現一次？或者說，是否在某些比較常見的基本環境條件下，生命其實是自然而生的結果，甚至是不可避免的？

為想解答牽連這麼廣泛的問題，我們需要動用牽涉範圍能夠相提並論的原則。到目前為止，我們已看到充分證據來證明熱力學具有廣泛的適用性。這項物理學理論愛因斯坦曾經形容表示，那是他有信心宣稱「永遠不會被推翻」的理論。[40] 或許當我們分析生命的本質——它的起源和演化——還可以更進一步動用熱力學觀點來深入探究。

過去幾十年間，科學家正是這樣投入進行。這樣興起的研究學門稱為**非平衡熱力學**（nonequilibrium thermodynamics），而且正可以用來分析我們如今一再遇上的那種情況：高品質能量通過一個系統，為熵的兩步法則提供動力，從而讓系統得以抗拒向內在無序狀態推進，否則這就是必然的趨勢。比利時物理化學家伊利亞・普里高津（Ilya Prigogine）在一九七七年獲頒諾貝爾獎，褒揚他在該領域的先驅研究，開發出了用來分析當受到連續能源影響時就能自發化為有序狀態的物質組態的數學——這種現象普里高津稱為「從混沌生成有序」（order out of chaos）。若你有好好上過高中物理學，或許你就遇見過一個很簡單卻也令人印象深刻的實例——貝納德原胞（Bénard cells）。將盛裝了黏油的淺碟加熱。起初不會發生什麼特殊狀況。不過當你逐漸提增流經那碟液體的能量，隨機分子運動就協同生成一種肉眼可見的秩序。俯視那碟油，你會看到它變幻區隔成一群六角形小腔室。從側面觀察，你會看到液體以穩定規律的模式流動，分從每個六角形腔室底部向上升起，抵達頂部之後便反轉繞圈回到腔室底部。

從熱力學第二定律的觀點來看，這種自發秩序是完全令人料想不到的。它之所以出現，是由於液體的分子受到一種特殊的環境影響：它們持續受火焰燃燒加熱。而這種不斷注入的能量，造成了重大衝擊。在任何系統當中，偶爾都會出現自發波動，短暫形成一種細小的局域化有序模式。而這種纖小波動通常很快就會耗散並恢復無序形式。然而，普里高津的分析卻顯示，當分子處於某種特殊的模式當中，它們就會變得特別擅長吸收能量，而這也就決定了不同的命運。假使物理體系從環境收受穩定集中的能量流，那種特殊的分子模式就能使用這股能量來維繫，或甚至於強化它們的有序形式，同時將降解形式的（較難以取用，分散較廣的）能量，傾倒回環境之中。我們說有序模式能耗散能量，因此也稱之為**耗散結構**（dissipative structure）。總熵（包括環境的熵）是增加的，不過只要穩定為系統泵入能量，我們就能藉由持續不斷的熵的兩步法則來驅動並維繫秩序。

就有機體如何迴避熵的降解，普里高津的描述與（回溯至薛丁格的）物理學解釋雷同。這並不是說貝納德原胞是活的，而是說生物同樣是種耗散結構，會從環境吸收能量，使用來維繫或強化它們的有序形式，並釋出降解形式的能量返還環境。普里高津的成果帶來一種具有嚴謹數學敘述的口號——「從混沌生成有序」；隨後許多研究人員都推測，數學有可能更進一步發展，或許還會產生出深刻理念，洞見生命所需有序分子，如何從發生在地球早期的隨機分子運動的混沌局勢萌現。

有關這項計畫的許多貢獻當中，傑里米．英格蘭（Jeremy England）的晚近研究成果特別令人感到振奮（英格蘭擴展了包括克里斯托弗．賈欽斯基〔Christopher Jarzynski〕和賈溫．克魯克斯〔Gavin Crooks〕在內的研究人員發展出的早期成果）。[41]藉由巧妙的數學運算，英格蘭得出了當熱力學第二定律應用在由外部能源推動的系統之時，它所蘊含的意義。為感受一下他的結果，想像你在一處操場盪鞦韆。就如所有孩童都直覺地知道，你必須以正確速率蹬腿（並調整身體角度）才能讓鞦韆擺盪，並維持韻律節奏的平順運動。而那個速率，根據基本物理學原理，取決於鞦韆座和鞦韆軸的距離。倘若你的蹬腿速率不對，韻律就不協調，導致鞦韆無法有效吸收你所提供的能量，於是你就沒辦法盪得很高。然而，想像這架鞦韆有個反常特徵：當你蹬腿時，鞦韆的長度也隨著改變，並調節運動週期來匹配你的蹬腿週期。這種「適應」讓鞦韆能很快進入狀況，使用你提供的能量，並在每次週期都很快達到令人滿意的高度。於是你蹬腿動作帶來的能量便由鞦韆吸收，卻完全不會驅動鞦韆再盪得更高。實際上，你輸入的能量能保持鞦韆安穩運動，因為它會發揮作用來對抗具有反效果的摩擦力，從而在這當中產生廢棄物（熱、聲音等等），接著就耗散返還環境（假定你並不是我女兒那樣的敢死隊員，她會等鞦韆盪到最高點時從座位起飛、竄高，然後落地翻滾來耗散能量）。

英格蘭的數學分析披露，在分子領域，被外部能源「推動」的粒子，也會產生類似你在操場作怪的相仿體驗。起初無序的一批粒子，有可能讓它們的組態適應來「進入狀況」——形成一種能更有效吸收環境能量的配置，並使用它來維繫或強化有序的內部運動或結構，接著再把降解形式的能量耗散返還環境。

英格蘭稱這種過程為**耗散適應**（*dissipative adaptation*）。這有可能提供一種普適機制，來哄騙某些分子系統起身跳起熵的兩步法則舞序。同時既然那是生物賴以維生的活動——牠們吸收高品質能量，使用之後再把化為熱和其他廢棄物的低品質能量返還——說不定耗散適應也正是生命起源的要素。[42]英格蘭指出，複製本身就是耗散適應的一種有效工具：倘若一小批粒子變得很擅長吸收、使用並配發能量，那麼這樣的兩批粒子還會更好，而且四批或八批等更是如此。這樣一來，能夠複製的分子說不定也就是耗散適應的一種**預期**結果。一旦複製分子出現在場景裡，分子達爾文主義就可以開始發揮作用，於是產生生命的驅力便啟動了。

這些理念還在它們的早期階段，不過我忍不住要認為，它們會讓薛丁格感到開心。我們使用基本物理學原理，發展出了對大霹靂的認識，也瞭解了恆星和行星的形成，複雜原子的合成，現在我們還著手判定，這些原子有可能如何列置成為能複製的分子，而且它們都經過良好適應，能從環境提取能量，來建造並維繫有序的形式。有了分子達爾文主義的力量來選擇適存度越來越高的分子群集，我們就能設想，這其中有些或許就能夠取得存儲、傳輸資訊的能力。一部指令手冊在分子世代之間輾轉流傳，裡面保存了歷經實戰考驗的適存度策略，這就成為促使分子取得優勢地位的強大力量。歷經多少億年的實際運作，這些程序或許就逐漸塑造出了最早的生命。

不論這些理念細節是否熬過未來發現並存留下來，依循物理學講述的生命故事輪廓，終究是逐漸成形了。而且倘若那段情節確實就如最新研究所示那麼普遍在各地上演，生命也就大有可能是宇宙的共通特徵。是很令人振奮，不過生命是一回事，智慧生命又是另一回事。在火星或木星的衛星歐羅巴（Europa，即木衛二）上頭找到微生物會是一項不朽的發現。不過作為能思考、交談，有創造力的生物，我們依然是孤單的。

那麼，從生命到意識的道路該怎麼走？

第05章

粒子和意識

Particles and Consciousness

從生命到心智

From Life to Mind

四十億年前，最早的原核生物細胞出現，從那時開始，漫長歲月流逝，最後人腦的九百億神經元，纏結織出一席擁有百兆突觸連結的網絡，就在這段期間的某個時點，萌現了思考、感覺、愛與恨、恐懼和嚮往、犧牲和敬畏、想像和創造的能力——這些新發現的能力，後來就會觸動輝煌的成就，同時醞釀出了無法形容的毀滅。文學家阿爾貝·卡繆（Albert Camus）這樣說：「一切都來自於意識，而且除非從意識而來，否則一切都一文不值。」[1] 然而，意識在硬科學領域一直是個不受歡迎的詞彙，這種情況直到最近幾年才改觀。當然了，對於職業生涯邁入暮年、心智變得疲弱的研究人員，轉而鑽研心智邊緣課題，或許是可以諒解的，不過主流科學研究的目標是要瞭解客觀現實。長期以來，許多人都認為，意識並不夠格。在你腦中喋喋不休的聲音，嗯，那只在你腦中才聽得到。

這是個帶諷刺意味的姿態。笛卡兒的「**我思故我在**」總結道出我們和現實的接觸。其他一切可能全都是假象，不過思考是連死硬派懷疑論者肯定都能信服的現象。還有，儘管安布羅斯·比爾斯（Ambrose Bierce）認為，「我思我想，故我思我在」（I think that I think, therefore I think that I am），[2] 倘若你有思考，存在的狀況就很明確。要讓科學不在意意識，就等於對我們每個人所能仰賴的唯一事項置之不理。沒錯，幾千年來，許多人都拒絕接受死亡終局，寄存在之希望於意識。肉體會死。這顯而易見，清楚明白，無從否認。不過我們看似持續不斷的內在聲音，還有充斥我們每個主觀世界的豐沛思想、感覺及情感，都面對一種空靈的存在發言。而這種存在，有些人認為是立於物理存在基本事實之外。它有很多不同的名稱，印度教稱之為阿特曼（atman），基督教則稱之為阿尼瑪

（anima）或稱為不朽的靈魂，不過全都蘊含一種信念，認為意識自我能觸及某種存續壽命超過實體形式的事物，某種超越傳統機械科學的事物。心智不只是我們與現實相繫的紐帶，也或許能把我們與永恆串連起來。

這當中有個比較明顯的跡象，點出了為什麼長久以來硬科學始終抗拒一切有意識的事項。當討論領域超出了物理定律的含括範圍，科學的反應便是擺出臉色，調轉腳跟，快速回到實驗室。這種蔑視舉止展現出了支配科學界的一種態度，不過也突顯了科學敘事當中的一個關鍵裂口。我們還不能闡明對意識體驗的確鑿科學解釋。我們還沒有辦法確切地說明，意識是如何展現出視覺、聽覺和感覺方面的私隱世界。有關於意識立於傳統科學之外的堅定主張，如今我們還沒辦法提出回應，起碼還不能全力因應。這個裂口不大可能在短期內弭平。對思考有想法的人士大多明白，要破解意識之祕，秉持純科學說法來解釋我們的內在世界，是我們最令人卻步的挑戰。

牛頓點燃了現代科學之火，他在人類感官能觸及的各個現實部分當中發現模式，並將它們編碼納入運動定律。往後好幾個世紀期間，我們體認到，要從牛頓的根基繼續前進，就必須闖越三條不同的道路：我們必須秉持遠比牛頓所考量級別更小的尺度來認識現實，這條道路已帶領我們來到量子物理學，而這就解釋了基本粒子的行為以及其他眾多事項，也解釋了生命底層的種種生化歷程。我們必須秉持遠比牛頓所考量級別更大的尺度來認識現實，這條道路已帶領我們來到了廣義相對性，而這就解釋了重力以及其他眾多事項，也解釋了對生命的出現不可或缺的恆星和行星之形成。接著是第三個前沿領域，這是最令人迷惑難解的，我們必須秉持遠比牛頓所考量級別更複雜的尺度來認識現實，這條道路我們期望能帶領我們想出理由來解釋，大批粒子群集如何能凝結孕育出生命並滋生出心智。

牛頓訓練自己解答高度簡化之問題的智識能力，但他演練時忽略了，好比，太陽和行星的攪動的內部結構，而是把它們當成實心球體來處理，他這種做法是正確的。科學的技藝（牛頓是這方面的大師）取決於能審慎明智地簡化問題，讓它變得容易處理，同時保留足夠的本質來確保歸出的結論能夠切合實情。難就難在對一類問題有用的簡化手法，對其他類別可能不那麼有用。把行星模擬成一個個實心球體，你就可以輕鬆算出它們的精確軌跡。把你的腦袋模擬成一個實心球體，你對心智本質的洞徹頓悟，也就不會那麼啟迪人心。不過若想拋棄無用的近似結果，來披露一個如腦一般包含那麼多粒子的系統的內部運作——很令人歎服的目標——就必須能純熟駕馭高度複雜性，然而那種等級，已遠遠凌駕當今最先進數學與運算方法之力所能及的範圍。

近年來出現了一種改變，那就是新發現了一種方法來觸及大腦活動的可觀察與可測量的特徵，而且那最起碼是能夠可靠伴隨有意識經驗的觸及程序。當研究人員能使用功能性磁振造影（functional Magnetic Resonance Imaging，簡稱fMRI）來細密追蹤支持神經活動的血流，或者插入深腦探針來偵測沿著一條條神經元放射的電脈衝，或者使用腦電圖儀（electroencephalogram）來監看在腦中蕩漾起伏的電磁波，還有當資料清楚顯示能同時映現出可觀測行為以及內部經驗主觀報告的模式之時，把意識當成一種物理現象來予以處理的條件也就大幅強化了。沒錯，在這些令人歎服的進展鼓舞之下，勇敢的研究人員認為時機已然成熟，可以為意識經驗發展科學基礎了。

意識和講故事

幾年前，在一個深夜電視節目上，我和主持人就數學在描述宇宙上所扮演的角色方面，進行了一段友好又熱烈的言詞交鋒，我很肯定地告訴他，他只不過是受物理定律支配的一囊袋粒子。這不是玩笑話，然而他毫不遲疑地把它變成笑話（「嘿，那句台詞拿來把妹太好用了」）。而且這也不算是嘲弄，因為就這個題材，可以用在他身上的，也全都可以用在我身上。真正來講，這番評述來自我根深蒂固的化約論承諾，這門學派堅守一種觀點，認為只要完全掌握宇宙基本成分的行為，我們就能道出一段嚴謹而自成體系的現實故事。我們手頭並沒有這段故事的最終定稿，因為研究最前沿還有許許多多問題懸而未決，其中有些我們很快就會遇上。儘管如此，我仍可以設想，到了未來，科學家肯定能提供具有完備數學論述的詳盡說明，來闡釋不論在何時、何地發生的任何事項底層的基本微物理歷程。

這種展望有個特點很令人安心，而且能與兩千五百年前德謨克利特（Democritus）抒發的心緒產生共鳴，他說「甜就是甜，苦就是苦，冷就是冷，顏色就是顏色，實際上卻只有原子和虛空。」[3]重點在於，一切事物全都產生自受同一組物理原理支配的同一批成分群集。而這些原理，歷經好幾百年的觀察、實驗檢定和理論推敲，往後就很可能只由少數幾種符號，而且列置成小批數學方程組來予以表達。**那就是**個優雅的宇宙。[4]

儘管這樣的描述可能具有如此強大的威力，它依然只是我們講述的眾多故事當中的一則。我們有能力轉移焦點，重新選定解答角度，採用五花八門的種種方式來與世界互動。儘管完備的化約論描述能奠定一種科學礎石，不過由於另有些現實描述以及其他的故事還更能與經驗相符，因此可以帶來許多人都認為更切合實情的洞見。我們已經見到，要講述這當中部分故事，必須動用新概念和新語言。熵幫助我們講述大批粒子群集的隨機與組織的故事，不論它們是從你的烤爐飄散出來，或者是凝結成恆星。演化幫助我們講述機率與自然選擇的故事，看分子群集（不論那是有生命的或無生命的群集）如何複製、突變並逐漸適應它們所處環境。

有一則故事雖然專注於意識，卻仍有許多人都認為它相當切題。接納思想、情感和記憶，也就是接納人類經驗。這則故事還得採用一種就性質上與我們目前所用相左的觀點。熵、演化和生命全都可以在「外面那裡」供我們研究。我們能以第三人稱視角來完整講述它們的故事。我們是這些故事的目擊者，而且倘若我們足夠勤奮，我們的記述還可以詳盡周延。這些故事都題寫在公開的書中。

情節環繞意識的故事就不同了。深入種種內在感受，包括視覺或聽覺、得意或哀傷、舒適或痛苦、輕鬆或焦慮等的故事，就得靠第一人稱視角來講述。這樣的故事是由某個醒覺的內在聲音透露出來，那個聲音出自一種私人腳本，而且每部腳本的作者似乎正是我們每一個人。我不只會經驗到一種主觀世界，還會有種明顯知覺，感到我在那個世界裡控制我的行動。毫無疑問，當事情關乎你的行動時，你也會有類似感受。管他什麼物理定律：我思故我控制。從意識層級來認識宇宙所需要的故事，必須能夠處理一種十足個人化，而且看似自主決斷的主觀現實。

於是為了闡明自覺意識，我們就會遇上兩個連帶有關卻又截然不同的挑戰。物質本身能不能產生注入自覺意識的感受？我們的意識能不能察覺，自主不過就是自行作用於腦與身體之物質組成成分的物理定律？就這些問題，笛卡兒都斬釘截鐵提出否定的答案。依他所見，物質和心智之間明顯的差異，反映出了一種深刻的分歧。宇宙有實體事物。宇宙有心智事物。實體事物會影響心智事物，心智事物也會影響實體事物。然而兩類事物是不同的。依現代語言，原子和分子並不是思想的事物。

笛卡兒的立場很迷人。我可以舉證說明桌椅、貓狗、草樹都與我腦中的思想有別，而且我猜想你也能證實這相同的觀點。為什麼構成外部現實之有形元素的粒子以及支配它們的物理定律，能與我的內在意識經驗世界的解釋扯上任何關係？這樣一來，或許我們也該料想，對意識的認識，不會只是種高等層級的故事，不會只是種把目光從對外轉向對內的故事，而是種基本上不同類型的故事，同時那種故事還必須仰賴概念革命，一種能與量子物理學和相對論革命相提並論的革命。

我全力支持知識革命。再也沒有比顛覆既定世界觀的發現更令人振奮的了。在接下來的篇幅裡，我們會著眼討論部分意識研究人員所預想，即將出現在我們眼前的劇變。不過基於某些因素，我猜想意識並沒有感覺上那麼神祕，箇中理由稍後就會闡明。更重要的是，呼應我那次在深夜電視節目上的感嘆發言，再加上一批投入專業生涯致力鑽研這類問題的研究人員，我預期，有一天我們肯定能夠單獨憑借以有關物質組成粒子的傳統知識，以及支配這些粒子的物理定律來解釋意識。這就會生出它自己的一套多樣化變革，確立物理定律全無上限的霸權地位，隨心所欲地拓展遠及客觀現實的外在世界，也隨心所欲地深深探入主觀經驗的內部世界。

在陰影中

並不是所有腦部機能全都涉入指揮令人景仰的意識。許多神經活動都是在自覺意識表層底下協調編排。你凝望日落時，每秒都有好幾兆顆光子撞擊你視網膜上的光受體，而你的腦也很快速地處理這批光子帶來的資料，接著還勤奮不輟地因應你的盲點來改動影響。你的兩眼各有一個盲點，你的視神經就是在這裡和視網膜相連，並且帶著資料通往你腦中的外側膝狀核（lateral geniculate nucleus）並繼續向視皮質傳輸。而且你的腦還會不斷針對雙眼移動以及頭部運動進行補償，針對光子受阻或因視覺不規則所致的散射狀況進行校正。此外，腦還會把各幅影像翻正，並將雙眼都看到的影像之各處部位疊合在一起等等，接著當你面對落日餘暉靜靜沉思，你也完全不會察覺，發生在你雙眼背後的一切事項。當你閱讀這段文字時，另一種相仿的描述也能成立。知覺意識的體系構造，讓你可以專注於文字所象徵的概念觀點，至於大量視覺和語言相關資料，則委由腦部機能來處理。此外還有更根深蒂固的，你日復一日的活動，好比行走、講話、心跳、血液流動、胃部消化、肌肉收縮等等，而且這些也都無須你多費心神就會自行發生。

腦子裡面充斥種種深具影響力卻非內省所能察覺的歷程，這是種歷史悠久的假定，而且也已以形形色色的方式表達出來。三千年前寫成的《吠陀經》（Veda）裡就引述了一種無意識理念，隨後好幾個世紀期間，不斷出現種種參考文獻，同時敏銳的思想家紛紛推斷出心理特質的不同風味，而這些特質卻是自覺意識所不具備的味道：聖奧古斯丁（Saint Augustine）（「心不夠大，容納不下它自己：

不過心所沒有容納的那部分的它，有可能在什麼地方呢？[5]」、湯瑪斯・阿奎那（Thomas Aquinas）（「心不透過它自己的精髓來看自己」[6]）、威廉・莎士比亞（William Shakespeare）（「進入你的內心，／敲開心房，問你的心，它知道什麼」[7]，還有，哥特佛萊德・萊布尼茲（Gottfried Leibniz）（「音樂是心智的隱密算術演練，是心智不知不覺間進行的計算」[8]）。另有些歷程也很耐人尋味，而且似乎都藏身雷達探測範圍底下，卻仍發出意識處理歷程所能觸及的回音。舉例來說，許許多多的故事都談到，心智在無意識狀況下解決了問題，而且在沒受到吩咐的情況下，自行提出解決方法。其中一種精彩之極的情節出自德國藥理學家奧托・勒維（Otto Loewi），就在一九二一年復活節前夕，他睡到一半甦醒片刻，潦草寫下在他夢中出現的理念。到了早上，勒維湧現一種無法抗拒的感受，覺得夜間那則筆記包含一項至關重要的洞見，然而不管他怎麼努力嘗試，卻始終想不出箇中意涵。隔天晚上，他又作了相同的夢，這次他立刻前往實驗室，依循夢中指示做了一項實驗，來檢定他長久以來心中抱持的一項假設：細胞溝通的核心關鍵是化學歷程而非電氣。到了週一，夢境所啟發的實驗完成了，這次成功最終還會促使勒維榮獲諾貝爾獎。[9]

通俗文化往往把心智的隱密運作和西格蒙・佛洛伊德（Sigmund Freud）的貢獻牽扯在一起（然而在那之前多年，其實已有一批核心科學家投入鑽研相關理念[10]），還有他所構思的有關被壓抑的記憶、欲望、衝突、恐懼症和情結等種種洶湧暗流，是如何往返沖激人類的行為。進入現代時期，一項重大的差異就是，有關心智之生命的推測、預感和直覺，到如今就得面對往昔得不到的資料。研究人員開發出巧妙的方法來窺探心智的隱私，並追蹤潛藏自覺意識下層的腦部活動。

那當中有好幾項十分醒目的研究，都牽涉到喪失某個程度之神經功能的患者。有個廣為人知的案例涉及一位遭受右腦損傷的受試者，我們稱之為P. S.，那起事例在一九八〇年代晚期由彼得．哈利根（Peter Halligan）和約翰．馬歇爾（John Marshall）記載下來。[11]正如這類損傷的預期結果，P. S.沒辦法說明呈現在她左方遠處任何影像的細節內容。好比她會聲稱，以深綠線條來描畫同一棟房子，畫出的兩幅圖像是一模一樣的，但其實那其中一幅畫的房子正被火紅烈焰吞噬。然而，當被問起偏好以哪棟房子為住家時，她始終選擇沒有起火的那棟。研究人員論稱，儘管P. S.沒辦法取得有關火災的自覺意識，這筆資訊卻依然偷偷溜了進去，也影響了她在幕後下達的決定。

健全的腦也披露了它們本身對潛藏影響力的依賴。心理學家已經確立，就算你很專心注意，一幅影像若在螢幕上閃現不到四十毫秒（並挾藏在時段稍長的其他閃現影像，也就是「遮罩」〔mask〕之間），它就沒辦法進入你的自覺意識。然而，這種下意識的影像仍能影響意識決策。著名的說法是，在電影院閃現「喝可口可樂」下意識鏡頭，會導致軟性飲料消耗量上揚，這已經成為一則都市神話，由一位掙扎求表現的市場研究人員在一九五〇年代晚期四處傳揚。[12]不過，巧妙的實驗室研究已產生出令人信服的證據，支持特定類型的隱密心理歷程。[13]舉例來說，想像你面對一台螢幕，上面會分別打出一到九之間的數字，你的使命是快速把每個數字分類，看它是大於或小於五。當某給定數字閃現之前，始終先閃現另一個與它位於五同側的數字（好比倘若那是四，則閃現前會先下意識閃現三），則你的反應時間就會縮短。反過來講，當某給定數字閃現前，都下意識閃現另一個與之位於五對側的數字（好比倘若那是四，則閃現前會先下意識閃現七），則你的反應時間就會拉長。[14]即便你並非有意識察覺這種稍縱即逝的數字龍套角色，它們仍會輕輕拂過你的腦海，並影響你的反應。

結果就是，你的腦暗中協調開創出了一種規範上、一種機能上，以及一種資料採礦上的奇妙產物。儘管這類腦部活動很不可思議，它們並不構成一種神祕難解的概念。你的腦能沿著神經纖維很快地發送、接收信號，於是它也得以藉此控制生物歷程，並滋生出行為反應。為勾勒出這類機能和行為底層的精確神經通路和生理細節，科學家面對令人卻步的使命，必須更細密測繪出一片片密布複雜生物迴路的浩大腦區，而且精準水平還得遠遠凌駕過往所曾企及之等級。儘管如此，我們所學得的一切全都表明，不論挑戰多麼艱鉅，不論必須儲備多大的創造力和勤奮能量，仍有充分理由可以相信，熟悉的科學對策當能勝出。

要不是心智具有一種令人嫌惡的性質，結果也就是這樣了。不過當我們把眼光放到心智的使命之外，改考量心智的感知——我們認定為人類之本質的內部體驗——有些研究人員就傳統科學提供洞見的能力，卻得出了截然不同而且遠遠不那麼樂觀的前景。這就引領我們來到了某些人口中所稱的意識的「困難問題」（hard problem）。

困難問題

牛頓有一次寫信給亨利．奧爾登堡（Henry Oldenburg），後來這封信還成為現代科學形成時期貢獻最為卓著的通信之一，信中他指出：「要想更明確地判定，光是什麼……以及它是以哪種模式或哪種作用，來在我們心中產生出色彩幻像，可沒有那麼容易。而且我也不會把推斷和必然兩相混淆。」[15]牛頓很努力想解釋我們最常見到的經驗：對種種色彩的內在感受。以香蕉來講。當然了，看到一根香蕉並判定它是黃色沒什麼大不了。只要擁有合適的應用程式，你的手機就能辦到。不過就我們所知，當你的手機回報香蕉是黃色的，手機並沒有黃色的內在感覺。它並沒有黃色的內在感知。它並沒有在它的腦海中看到黃色。你有，我也有。牛頓也有。他的困境是要瞭解，我們究竟是如何辦到這一點的。

這種困境牽涉的事項遠遠超過了黃、藍或綠色的心理「幻像」。就在我邊吃爆玉米花邊打出這段文字之時，輕柔的背景音樂也在旁播放，我感受種種不同的內在體驗：指尖上的壓力、殘留的鹹味，還有無伴奏人聲樂團「五聲音階」（Pentatonix）的動人歌聲，再加上斟酌這句文字下個片語的心理獨白。你的內在世界正在吸收這些文字，或許是聽你的內心聲音道出這些字詞，說不定也分心想起冰箱裡還有最後一塊巧克力派。重點在於，我們的心智主掌一系列內在感受——思想、情感、記憶、影像、欲望、聲音、嗅覺等——全都隸屬我們所說的意識的部分意涵。[16]如同牛頓和香蕉，這裡的挑戰是要判定我們的腦如何創造出並維繫這些光鮮亮麗的主觀經驗世界。

若想全面深入研究這個謎題，想像你擁有超人的視力，能凝望我的腦，分別看清楚它億兆萬顆粒子當中的每一顆——電子、質子和中子——如何碰撞翻攪、相吸互斥與流動散落。[17]

不同於烘烤麵包發出的大批飄散粒子群集，或者凝結成恆星的粒子，構成腦的粒子都列置成高度有組織的模式。即便如此，只要專注觀察這當中任一顆粒子，你就會發現，當它與其他粒子互動時，它所取決的作用力都是完全相同的，而且那些作用力也都以相同的數學原理來描述，不論那顆粒子是飄盪在你的廚房裡，在北極星的日冕當中，或者位於我的前額葉皮質部。還有，在這個數學描述當中，這個歷經數十年來一台台粒子對撞機和強力望遠鏡所累積的資料驗證確認的這組數學原理，完全沒有絲毫跡象顯示，這些粒子因故孕育出了某種內部經驗。一批沒有心智、沒有思想、沒有情感的粒子群集，是如何聚攏並產生出對色彩或聲音，對洋洋自得或納悶不解，以及對困惑或驚奇的內在感受？粒子可以有質量、電荷以及其他好幾種類似的特徵（核電荷〔nuclear charge〕，這是形式比較奇特的電荷），然而這所有性質似乎全都牽扯不上稍微稱得上主觀經驗的任何現象。那麼腦袋裡的一批迴旋粒子——腦子也完全就是這樣了——又是如何產生出印象、感知和感覺呢？

哲學家湯瑪斯．內格爾（Thomas Nagel）提出一則特別啟迪思維的標誌性論述，來解釋這當中的落差。[18]他問道，當隻蝙蝠是什麼滋味？想像一下：高飛越過一片幽暗地貌，飄盪在一席空氣層上方。你張口呼嘯，接續發出陣陣喀噠聲響，觸及樹林、岩石和昆蟲並產生回響，從而得以測繪出一幅環境代表圖像。從反射的聲音，你得知前方有一隻蚊子向右方飛竄，於是你飛撲上前，享用了小小一口美食。由於我們與世界的接觸模式有如天壤之別，我們的想像力也只能引領我們深入蝙蝠的內在世界到這個程度。即便我們有完整的會計帳，能核算出讓蝙蝠之所以為蝙蝠的物理學、化學和生物學底層基礎，我們的描述似乎依然沒辦法觸及蝙蝠的「第一人稱」主觀體驗。不論我們的有形實體認識是多麼細密，蝙蝠的內在世界似乎仍是不可企及。

對蝙蝠成立的事項，對我們每個人也都能成立。你是一群互動的粒子。我也是。而儘管我能夠瞭解，你的粒子是如何產生出你看到黃色的說法——你的聲道、口腔和雙唇裡的粒子，只需要協同調和各自的運動，就能產生出那種外在行為——然而我卻比較難以理解，那些粒子如何為你帶來黃色的主觀內在經驗。沒錯，儘管我和我本身的內在世界有直接接觸，面對世界是如何從我本身所含粒子的運動和交互作用萌現的問題，我也同樣茫然無法理解。

當我嘗試堅守化約論說法來解釋其他許多事項，好比從太平洋颱風到發怒的火山，這時我當然也會陷入困境。不過產生自這些事件，還有從充斥相仿實例的世界所帶來的挑戰，也不過就是種複雜的動力學，而其目的是在設法描述為數龐大到無從想像地步的粒子。假使我們能跨越那道技術門檻，我們就能辦到。[19]而那是由於這當中並沒有「當個颱風或一座火山是什麼滋味」的內在感受。就我們所知，颱風和火山並沒有內在經驗主觀世界。我們不會錯過第一人稱論述。不過就任何有意識的事物來講，這也正是我們的客觀第三方描述所欠缺的。

一九九四年，澳洲的年輕哲學家戴維．查爾莫斯（David Chalmers），頂著一頭過肩飄逸長髮，踏上在土桑（Tucson）舉辦的意識年度研討會講台，把這項缺失描述為意識的「困難問題」。不過這倒不是說，關於理解腦部處理歷程的動力學，認識它們在銘印記憶、對刺激做出反應以及在模塑行為上所扮演的角色等「容易」問題就真的很容易。關鍵完全就在於，我們能預想這類問題的解會是什麼模樣；我們可以在粒子或更複雜的（好比細胞和神經的）結構層級上，就基本原則方面來闡明一種途徑，因為這些看來都能一以貫之。為意識設想這種解法的挑戰，激發了查爾莫斯的評估。他論稱，我們不只欠缺渠道來橋接沒有心智的粒子和有心智的經驗，而且倘若我們嘗試使用化約論藍圖來搭建橋梁——動用粒子和（就我們所知）構成科學根基的定律——我們就會失敗。

評估撥動一響心弦——就一些人是和諧音韻，就另一些人是刺耳噪音——所激發的回響，自此在意識研究界繚繞不絕。

有關瑪麗的二三事

面對困難問題很容易讓人感到浮躁。過去我自己的反應或許也是這樣。被人問起時，我通常就會說，意識經驗不過是，當某種資訊處理在腦中進行時，那時會產生什麼樣的感受而已。不過由於核心議題是要解釋，究竟怎麼會有「會有什麼感受」的問題，因此那種太快的反應，就把困難問題降格為並不困難甚至根本就不是個問題。比較寬厚的講法是，這種反應支持民眾普遍持有的一種觀點，認為想太多是思想造成的。儘管有些沉迷困難問題的人士論稱，要瞭解意識，我們就必須引進傳統科學之外的概念，另有些人——所謂的**物理主義派**（*physicalists*）——則料想，只要經過巧妙解讀並發揮創意來運用，傳統科學方法本身就能稱職地誘出物質的物理特性。物理主義派觀點也確實能概括道出我自己長久抱持的觀點。

然而在過去這些年來，當我更審慎地思索意識問題之時，心中總是湧現強烈的質疑。最令人意外的一次，是在我接觸了一則很有影響力的論點之時浮現。那段論述出自哲學家法蘭克．傑克遜（Frank Jackson），而且是在困難問題被貼上「困難」標籤之前十年就已提出。[20]傑克遜講了一段很簡單的故事，只略微添油加醋，情節如下。想像在久遠的未來，有個聰明的女孩，她名叫瑪麗，患有嚴重色盲。從生下來開始，她的世界萬物看來完全就是黑白的。她的狀況讓最著名的醫師都百思不解，於是瑪麗決定親自探究釐清真相。她期盼治癒自己，並在這個夢想驅使下，投入多年時光，密集研讀、觀察並做實驗。經歷這一切之後，瑪麗成為有史以來最出色的神經科學家，達成了一項長久以來始終不曾為人類所企及的目標：她徹底揭發了有關腦部結構、機能、生理學、化學、生理學和物理學原理的所有最後細節。她成為腦部運作一切相關知識的權威泰斗，專業範圍兼及整體組織暨其微物理歷程。她瞭解當我們讚歎華麗藍天，享受飽滿梅李、或迷醉於布拉姆斯的《第三號交響曲》時發生的所有神經發射和粒子級聯現象。

達成了這項成就，瑪麗也就能確認該怎樣治癒她自己的視覺障礙，於是她接受了手術療程來矯治病症。數月過後，醫師準備好要拆除繃帶，瑪麗也準備重新接納世界。她站在一束紅玫瑰前面，緩緩張開雙眼。接著就是我們要提出的問題：從這第一次紅色經驗，瑪麗會不會學到任何新知？當她終於有了色彩的內部體驗，瑪麗能獲得新的認識嗎？

在你腦海中播映這段情節，情況似乎明顯至極，瑪麗生平第一次體驗紅色的內部感受時，她會完全不知所措。驚訝嗎？是的。激動嗎？當然了。感動嗎？很深刻。看來不言而喻，這第一次的色彩直接體驗，當能拓展她的知識，讓她更深入瞭解人類的知覺以及它所能醞釀出的內在反應。於是傑克遜鼓勵我們執守這項民眾普遍抱持的直覺，考量這其中所代表的意涵。瑪麗已經通曉有關腦部物理運作的一切知識。然而經由這單獨一次接觸，她顯然安然拓展了那門知識。她得知了當腦部對紅色做出反應時，會伴隨出現什麼樣的意識經驗。結論呢？**對腦部實體運作的全面知識，依然存有某種缺失**。它沒辦法披露或解釋主觀的感受。倘若這種物理的知識果真無所不包，那麼瑪麗在繃帶拆除時，也就會覺得那也沒什麼大不了的。

當我最早讀到這段記載時，我突然對瑪麗感同身受，彷彿我也曾接受了某種矯治手術，並由此開啟了先前隱晦不明的意識本質窗口。我的自信開始動搖了，原本我直覺認定，腦中實體歷程**正是**意識，而且意識正是對這類歷程的感知，突然之間，我不再那麼篤定。瑪麗擁有腦部所有實體歷程的一切可能知識，然而根據這段情節，情況卻似乎相當明朗，這種認識仍是不完備的。這就顯示，當涉及意識經驗之時，實體歷程只是故事的一環，而不是全貌。最早當傑克遜的論文刊出發表，早在我接觸到它之前，許多專家也都被喚醒，而且在那之後數十年間，瑪麗也引來了眾多回應。

哲學家丹尼爾．丹尼特（Daniel Dennett）要我們實實在在地考量，瑪麗對物理事實無所不知代表什麼意涵。他的要點在於，對物理學具有完備認識的概念，實在太過陌生，我們嚴重低估了它所能帶來的解釋力量。丹尼特論據表示，既然具備了這種無所不知的領會，從光的物理學到雙眼的生化學，乃至於腦部神經科學，於是早在實際體驗紅色之前，瑪麗**理當**就能辨識出對紅色的內在感知。[21] 拆除繃帶之後，瑪麗或許能對紅玫瑰之美做出反應，然而看到它們的紅色，實際上也只是證實了她的預期。戴維．劉易斯（David Lewis）[22] 和勞倫斯．內米羅（Laurence Nemirow）[23] 兩位哲學家採行不同的方針，論稱瑪麗取得了一種新的能力，從而得以辨識、記憶並想像紅色的內在經驗，然而這並不構成超乎她先前精擅範圍之外的新事實。繃帶拆除之時，瑪麗或許不會聳肩表示不置可否，不過就算她發出「哇」的驚歎聲，或許也只是傳達出她對於能以新方式來體認舊知識的歡欣之情。就連傑克遜本人，歷經多年尋思瑪麗的處境，如今都已改變心意，發表了與他的原始結論相左的論述。我們都十分習慣經由直接經驗來學習世界相關事物，好比藉由觀看紅色來掌握體驗紅色是什麼感覺，而且我們都心照不宣地假定，這些經驗也就是獲取這種知識的唯一方式。根據傑克遜所述，那是不能自圓其說的。儘管瑪麗的學習歷程並非常見的方式，所援引的是演繹推理，然而多數普通民眾則是仰賴直接經驗，她對物理知識的完全掌握，讓她有辦法斷定，看到紅色會是什麼感受。[24]

誰對了？是原來那個傑克遜，以及篤信他第一次嘗試的擁護者嗎？或是後來那個傑克遜，以及深信當瑪麗看到玫瑰花時，並不會得到任何新知的那所有人？

這當中利害關係至關重大。倘若意識能以這個世界作用於其物質組成的物理力量之相關事實來解釋，那麼我們的努力目標也就是要判定，該怎樣才能辦到。否則的話，我們的使命就會更廣泛、更偏全方位。我們會需要判定，認識意識必須有哪些新的概念和新的歷程，而這段旅程幾乎肯定會引領我們超越科學的現有疆界。

從歷史上看，我們已能辨識出相左觀點的可驗證結果，也很有自信地航行穿越人類直覺波濤洶湧的水域。然而到目前為止，還沒有人針對瑪麗故事所引發的問題，提出能得出最終解答的任何實驗或觀測或計算，甚或秉持更高度抱負，披露出內在經驗的源頭。就多數情況，當我們斟酌權衡這些（通過基本檢閱考核的）觀點時，心中拿捏的考量因素就是可不可行，以及符不符合直覺。底下我們就會看到，這些有彈性的檢測方式，確實允許出現五花八門的各式觀點。

一段故事，兩種情節

解釋意識的策略形式繁多，跨越浩瀚遼闊的思想領域。就極端的立場來講，有些觀點主張意識是種幻覺，稱為「**取消論**」（*eliminativism*），另有些宣稱意識是世界上唯一真實的特質，稱為「**唯心論**」（*idealism*）。在兩極端之間，我們還可以見到形形色色的提案。有些在傳統科學思想的範圍內運作，有些則溜進當今科學的理解範疇裂隙，此外還有些能為我們長久秉持來從最基本層面定義現實的種種特質增補缺失。兩則簡短故事為這些議案提供了歷史背景。

倘若你在十八、十九世紀旁聽了當時生物學圈子進行的討論，那麼你就會很熟悉「**生機論**」（*vitalism*）。這項概念處理的議題，我們或許可以稱之為生命的「困難問題」：既然世界的基礎成分是無生命的，這種組成成分的群集，又是怎麼可能具有生命？生機論的答案鮮明又直截了當：這樣的群集不可能是活的，起碼就它們本身是不可能的。生機論主張，遺失的成分是種非實體的火花，或者說是賦予無生命物質生命魔法的生命力。

倘若你在十九世紀進入了特定物理學圈子，那麼你就會聽到令人興奮的電學和磁學相關論述，見識麥可．法拉第（Michael Faraday）和其他人就這個引人入勝的領域，發表越益深刻的見解。其中有個你會遇上的觀點主張，這些新穎的現象，可以運用牛頓傳承下來的標準科學機械論途徑來解釋。要找出促成這些新現象的流動流體與微型齒輪暨機輪的巧妙組合或許是個挑戰，然而瞭解的基礎則已掌握在手中。由於料想傳統科學推理應該是很適切的，因此我們或許可以稱之為電學和磁學的「容易問題」。

歷史表明，這兩則故事當中描述的預期事項都是錯誤的。兩世紀以來的事後省思，生命所一度召喚的近乎神奇的謎團已經消失。儘管我們對生命的起源依然欠缺完整的認識，科學界已經達成一種幾近普遍的共識，同意神奇的火花是沒有必要的。只需有配置成階層結構——原子、分子、胞器、細胞、組織等——的粒子就夠了。證據強烈支持，以現有物理學、化學和生物學框架，就完全足夠用來解釋生命。生命的困難問題儘管肯定很不簡單，卻已被重新歸入容易的類別。

就電學和磁學方面，從嚴謹實驗蒐集的數據研判，科學家必須超越刊載在一八〇〇年代之前的書本上的物理現實特徵。原有認識退讓，並由物質的一種全新物理性質（電荷）取而代之，起因是為了因應一種全新類型的影響而發生的狀況。那種影響就是充滿空間的電場與磁場，由馬克士威發展出來的全新方程組（最初公式構想包含二十則這種方程式）來予以描述。儘管已經得解，事實證明，電學和磁學的「容易」問題卻是困難的。[25]

許多研究人員設想，生機論的故事會在意識課題重新出現：隨著我們對大腦的瞭解越益深入，意識的困難問題逐漸會煙消雲散。儘管在目前是很神祕，內在經驗終究會逐漸被視為腦部生理活動的直接結果。我們欠缺的是對腦部內在運作的全面掌控，而不是什麼嶄新類型的心智素材。根據這種物理主義派觀點，有一天當民眾回顧我們如何賦予意識充滿激情卻又毫無根據的神祕感時，肯定會露出微笑。

另有些人則設想，電磁的故事能為意識提供合宜的模型。當你對世界的認識遇上了令人不解的事實，你自然會嘗試把它們納入現有的科學框架。不過有些事實有可能並不與現存的樣式相符。有些事實會披露嶄新的現實性質。依循這個陣營所見，意識正是充斥了這類事實。倘若這個觀點驗證屬實，那麼要想瞭解主觀經驗，就必須先針對知識遊樂場完成大幅重新組構，而這樣產生的潛在深遠影響和所造成的衝擊，很可能會超出心智問題的範圍。

這當中最基進的提案，出自號稱「困難問題先生」的查爾莫斯本人。

萬有理論

查爾莫斯深信，自覺意識不可能產生自沒有心智的迴旋粒子，並慫恿我們衷心篤信電磁學故事。就像十九世紀物理學家勇敢面對絕望挑戰，試行運用當時的傳統科學，將說明電磁現象的粗略解釋拼湊在一起，我們也需要這樣的勇氣才能體認，要破除意識的神祕面紗，我們就必須檢視超乎物理性質的局限。

不過，該怎麼做呢？有種簡單大膽的可能做法，那就是讓個別粒子本身都具有一種意識先天屬性——這裡把它稱為「原意識」（*proto-consciousness*），來避開興高采烈的電子或性情古怪的夸克一類形象——而那就是以任何比較基本的事項所不能解釋的特質。也就是說，我們對現實的描述，必須擴增納入一種固有的、不可化約的而且注入自然基本組成原料當中的主觀特質。

就是這樣的物質特質被我們長期忽略，也因此當我們試行解釋意識經驗的物理基礎時，才顯得那麼無能為力。一團沒有心智的迴旋粒子，怎麼能創造出心智？它們辦不到。要創造出有意識的心智，你必須動用一團有心智的迴旋粒子。把它們的原意識特質匯集在一起，大批粒子群集就能產生出熟悉的意識經驗。於是這項提議就是主張，賦予粒子一套經過充分研究的物理特質群集（質量、電荷、核電荷和量子力學自旋）以及先前忽略的原意識特質。查爾莫斯讓（歷史根源可以遠溯至古希臘的）泛心論（panpsychist）信念重現生機，於是他也接納了意識和一切以粒子所組成的任何事物全都連帶有關的可能性，不論那是蝙蝠的腦或是棒球棒。

如果你感到納悶，想知道原意識究竟是什麼，或者它是如何灌注進入粒子裡面，那麼你的好奇心很值得稱許，不過你的問題超出了查爾莫斯或其他任何人的回答能力範圍。儘管如此，依循背景脈絡來審視這些問題，仍是很有幫助的。倘若你問我有關質量和電荷的這相同問題，你很可能得不到滿意的答案。我不知道質量是什麼。我不知道電荷是什麼。我知道的是，質量會產生重力，並對重力做出反應，而電荷會產生電磁力，並對電磁力做出反應。所以儘管我沒辦法告訴你，這些粒子的特徵「是」什麼，我倒是能告訴你，這些特徵會「做」什麼。相同道理，或許研究人員也沒辦法勾勒出原意識的相貌，卻仍可以成功發展出一套理論來說明它做什麼——它如何產生意識並對意識做出反應。就重力和電磁力影響方面，有些人會擔心，以作用和反應來取代內在定義，其實就是在要弄智識花招，不過由於我們從這兩種作用力的相關數學理論，已得出了準確度高得令人咋舌的預測成果，因此就多數研究人員來講，這層顧慮已比較緩和了。或許有一天我們會擬出一套原意識的數學理論，並以此做出同樣成功的預測。眼前我們還沒有。

不論這一切看來是多麼奇異，查爾莫斯仍論稱他的門路端坐在科學界線範圍之內，而且經過妥當解讀。幾個世紀以來，科學家集中專注探究現實的客觀展現，而且以此為目標，發展出種種能美妙解釋實驗和觀測資料的方程式。不過這種資料也完全可供第三人審閱使用。查爾莫斯提議主張，還另有其他資料，內在經驗的資料，而且想必也有其他方程式，能夠掌握住內在領域的模式和規律性。因此傳統科學能解釋外部資料，而科學的下一個時代或許就能解釋內部資料。

稍微改個說法，有一項運動在過去多年以來不斷持續進展，這一般都歸功於物理學家約翰．惠勒（John Wheeler）（而且他還因為普及「黑洞」一詞廣為民眾所知）。那項運動設想，資訊是所有物理指標當中最根本的一種。為描述世界現況，我要提出規範所有舞動粒子和瀰漫空間的波動場的組態資訊。物理定律把那項資訊當成輸入，接著就得出能勾勒稍後世界狀況的輸出資訊。根據這個框架，物理學從事的是資訊處理業務。

查爾莫斯使用這種語言提出的主張是，資訊有兩個層面：一是客觀的，第三方可取用的資訊特質——數百年來，這一直是傳統物理學的領地。此外還有個主觀的，第一人稱可以取用的資訊特質，就這方面迄今物理學尚未納入考量。完備的物理學理論，不只必須含納外部訊息，還得擁抱內部資訊，而且需要能分別描述兩個類型之動態演化的定律。內在資訊的處理加工當能提供意識經驗的物理基礎。

愛因斯坦夢想能發明物理學的統一理論，期盼能以單一數學體系來描述所有自然粒子和作用力，因此大家稱之為搜尋萬有理論之夢。這種糟糕的誇張描述，也經常應用於我自己的弦論領域，也因此我才那麼經常被問到，我對意識抱持什麼看法。畢竟，意識看來是可以寬裕地納入能夠解釋「萬物」的理論裡面。不過我也經常對提問的人說明，掌握基本粒子的物理性質是一回事，要拿它套入對人類心智的認識，那就完全是另一回事。建構科學儀器來把迴異尺度（包括大小和複雜度）連結在一起，名列最艱困的科學挑戰之林。然而，倘若查爾莫斯是對的，意識就會腳踏實地在基本方程式和原始組成層級納入科學記載。這就表示，或許有一天我們能夠產生一種認識，而且從一開始就納入了資訊處理的外在和內在層面——客觀的物理歷程和主觀的意識經驗。那就會是種統一理論。我還會繼續抗拒「萬有理論」這個說法，我料想科學家依然會很難預測出我明天早餐吃什麼——不過這樣的認識會是種重大變革。

這是正確的方向嗎？真這樣的話，我會很開心。我們會站在一片等待探索的全新現實領域的最前沿。不過各位或許也已經猜到，許多人都抱持高度質疑，當科學努力投入來尋覓意識源頭之時，它是不是必須前往這麼奇異的地域。卡爾．薩根（Carl Sagan）的名言，非凡的主張必須有非凡的證據，就是個妥當的方針。證據排山倒海支持這當中有某種非凡的事物——我們的內在經驗——不過，能驗證這些經驗超乎傳統科學解釋能力的證據就遠遠較少。若是我們能指認出孕育主觀經驗的必要物理條件，就能加深這方面的認識，這項使命是如今我們所考量的意識理論的核心要務。

心智整合資訊

腦是由一批細胞群集形成、具城垛造型的資訊處理潮濕結構，這點並沒有爭議。腦部掃描和侵入式刺探已經確立，腦中不同部位分別專事處理特定類型的資訊，例如：視覺、聽覺、嗅覺和語言等。[26]然而，資訊處理本身並不能掌握腦部的獨有特質。許多物理系統都處理資訊，從算盤到恆溫器乃至於電腦，接著認真考量惠勒的觀點，就某層意義來看，這每種物理系統，都可以想成一種資訊處理器。那麼自覺意識所產生的資訊處理作業有什麼不同呢？就是這個問題引導精神病學家暨神經科學家朱利奧．托諾尼（Giulio Tononi）加入神經科學家克里斯托夫．科赫（Christof Koch）從事的意識研究。如今這就促成了一種稱為「**整合資訊理論**」（*integrated information theory*）的門路。[27]

為了對那項理論有所瞭解，想像我讓各位鑑賞一輛簇新的法拉利跑車。不論你是不是個高檔跑車迷，這次相逢都產生大量感官資訊來刺激你的腦子。傳達那輛汽車視覺、觸覺和嗅覺特質的資訊，還有從車輛的道路駕駛威力到奢豪財富聯想等種種比較抽象的表徵，立刻糾結交織成一種統一的認知經驗。這種經驗的資訊內容，托諾尼會把它歸入「**高度整合**」的類別。就算縮窄焦點，只專注汽車的顏色，仍請注意，你的經驗絕不是關乎一台原本沒有顏色，後來再由你的心智把它塗成紅色的法拉利。而且它也不是某種抽象的紅色環境，後來才由你的心智把它塑造成法拉利外形。儘管形狀資訊和色彩資訊觸發視覺皮質區的不同部位，你對那台法拉利的形狀和色彩的意識經驗，卻是不可分割的。你對它們的經驗是一體的。這點，根據托諾尼的看法，是意識的一種固有特質：穿越意識經驗的資訊都緊密交織在一起。

意識的第二種固有特質是，你能夠記在心裡的事物種類多不勝數。從令人眼花撩亂的感官體驗，到鼓盪人心的想像力，再到抽象規劃和思想以及憂心和期許，你有幾乎無窮的心理劇目。這就表示，當你的心智專注於任一種意識經驗，例如紅色的法拉利，這時它就與絕大多數你所能感受的其他心理經驗大不相同。托諾尼所提主張，把這類觀察項目提升為一種定義特徵：**自覺意識是高度整合且高度分化的資訊**。

多數資訊欠缺這類特質。舉那輛紅色法拉利的照片為例，讓我們考量從照片做出的數位檔案。為求單純起見，這裡就別操心影像壓縮等細節，只設想那個檔案是個數字陣列，而且每個數值都記錄了影像中各個像素的顏色和亮度資訊。這些數字出自你照相機中的光電二極體，當它探測從汽車表面各個不同位置反射出來的光，便反應產生出不同的數值。這項資訊的整合程度如何？由於各個光電二極體的反應都彼此獨立——它們之間並沒有交流或連接——數位檔案中的資訊是完全分割的。你可以把個別像素的資料各自存進不同檔案，總資料內容依然保持不變。數位檔案所含資訊的分化程度如何？相機的數位檔案能儲存多不勝數的繁多影像類別，資訊內容則局限於一組固定陣列的獨立數值。事情就是這樣。數位照片檔案不是用來沉思死刑倫理或費勁斟酌費馬最後定理（Fermat's Last Theorem）的證明。就這層意義來看，資訊內容就極端有限，而這就代表照相機在資訊分化上的表現並不很好。

於是當你的腦建構出一幅心理代表圖像，它的資訊內容很快就會變成具有高度整合以及高度分化的特質，然而當照相機建構出一幅數位照片，它的資訊卻不能取得這任一種特徵。而根據托諾尼所見，那就是為什麼你有法拉利的意識經驗，而你的數位相機卻沒有。

托諾尼的目標是要把這些考量因素量化，於是他提出了一項公式，為任何給定系統所含資訊指派一個數值，這一般都標示為ф，其中ф值越大，代表分化程度越高，整合程度也越深——於是根據那項理論，這也就代表較高層次的自覺意識。所以這個途徑便呈現出一個從簡單系統到較複雜系統的連續體，其中簡單系統的資訊整合和分化程度都比較低，並可能只體驗到基礎形式的意識。至於比較複雜的系統就像你和我，具有充足的整合和分化，能產生出我們熟悉的自覺意識水平，乃至於還可能另有資訊能力——以及意識經驗——凌駕我們本身現狀的其他系統。

就如同查爾莫斯的門路，托諾尼的理論也有種泛心論傾向。他的提案中，完全沒有哪個因素從本質上與特定物理結構相連。你的自覺意識經驗藏身在一個生物的腦中，然而根據托諾尼和他的數學，只要ф值夠高，不論那是隸屬於神經突觸或中子星，都能產生有意識的自覺。在某些人看來，好比電腦科學家斯科特．亞倫森（Scott Aaronson）就是一例，這讓托諾尼的提案很容易遭受攻擊。亞倫森的計算已經表明，只要把簡單的邏輯閘（最基本的電子開關）巧妙地連在一起，這樣所產生網絡的ф值，可以任憑你喜好達到最高程度——與人腦的數值並駕齊驅甚或比它更大。[28] 根據那項理論，電閘網絡應該具有意識。那種結論在亞倫森（以及說入人的直覺）看來根本荒謬絕倫。托諾尼的反應呢？不論那項結論是多麼怪異又多麼陌生，網絡肯定具有意識。

現在，或許你會認為，他不可能**真的**相信那一點吧。不過，想想你就那個背景脈絡所抱持的質疑。一團兩斤多重的腦，怎麼在妥善連上血液供應和神經網絡之後，就會出現熟悉的意識經驗？也就是這樣的主張，根據科學迄今所披露的一切，才更令人不敢輕信。然而，基於你自己的內在世界，那卻是你很樂意接受的主張。倘若接下來我再為你下達另一種狀況，缺了身體和腦，還指稱它可能是有意識的，那麼這項新的主張，恐怕就遠遠更難令人採信了。然而實際上，這卻是比較容易接受的。擁抱這種幾近荒唐可笑的暗示，相信一團黏糊的灰色神經元結節具有意識，你也就踏出了那重大的一步。這並不是支持托諾尼提案的論述，不過它明確指出，熟悉會歪曲我們對荒謬理念的判斷力。

倘若這個途徑經過驗證確認，它也就能夠闡明，產生意識經驗的系統，必須具備哪些性質。這會是種重大的進展。然而，依照它的現有形式，整合資訊理論整合會讓我們納悶不解，為什麼意識會是這樣的「感覺」。高度分化又高度整合的資訊，是如何產生出內在覺知？根據托諾尼所見，它反正就是這樣。或者更明確來講，這個問題或許是問錯了。依照他的看法，我們的使命並不是要解釋意識經驗如何從迴旋粒子醞釀生成，而是要判定必須有哪些要件才能讓一個系統具有這樣的經驗。而那就是整合資訊理論力求達成的使命。儘管我欣賞這種觀點，然而除非我們能把涉及熟見微粒成分的物理歷程和心智知覺連結在一起，否則我的直覺，我由化約論解釋的勝利成功所塑造成形的本能反應，始終是不會感到滿意的。

這裡我們要檢視的最後一項提案，探究的是一種不同的策略。這是種徹頭徹尾的物理主義派論述，它針對意識之謎，提出了最能闡明真相的途徑。

模擬心智的心智

神經學家邁克爾・格拉齊亞諾（Michael Graziano）的意識理論始自幾項眾所周知的腦部運作性質，而且就此我們全都發自內心地信服。[29]要體悟那些特徵，讓我們回到那輛法拉利。想像你看到那輛車的光滑紅色外裝，感受到門把的平滑人因工程造型，嗅到了明確無誤的新車香氣等。直覺上，我們認為這些都是外部現實的直接經驗，然而就如同幾世紀以來我們所知的情況，它們並不是這樣的。現代科學詳盡闡明了這點。從法拉利表面反射出來的紅光是個電場，以大約每秒四百兆次頻率振盪，而且它與一個採相同方式振盪的磁場呈直角，兩種場同時以每秒三億公尺速率向你傳播。這就是紅光的物理學，也就是你的雙眼所感受的刺激。[30]請注意，這段物理學描述裡面並沒有「紅」。紅是在電磁場進入你的雙眼，觸動你視網膜上的光敏分子，激發一股脈衝，向你腦中（專事視覺資訊處理與信號詮釋的）視覺皮質部傳導時才發生。紅是人類的建構產物，發生在你的頭顱內部深處。那股新車氣味呢？也是段類似的故事，從座椅、地毯和塑膠包材，到瀰漫汽車內部的氣體分子。不過新車氣味並不是就這樣出現，這些分子必須先飄進你的鼻孔，吹拂你的嗅上皮受體神經元，並觸發一股脈衝，順沿你的嗅神經向你的嗅球傳導，接著再由嗅球將處理好的信號，中繼轉傳到種種不同的神經結構來進行解讀。就如同紅色，新車氣味的唯一發生地點就在你的腦中。

因此，當法拉利引起你的注意，一系列認知資料處理機輪就會開動。紅色、香氣、閃亮、金屬、玻璃、車輪、引擎、動力、運動、速度等——種種不同的物理性質和運作機能，都由你的腦召喚出來並予約束，形成了你抱持心中的那個版本的汽車。到目前為止，這看來和整合資訊理論都很相像，不過格拉齊亞諾的提案把那體悟帶往另一個方向。他的核心議題是，不論你多麼深切關注細節部分，你的心理表述始終被極度簡化了。就連描述汽車是「紅色的」，也是種簡略的說法，因為汽車表面不同部分反射出來的光，儘管頻率相近，卻仍是不同的——紅色可以有多種不同的色調。舉例來說，駕駛側車門上定點的電磁波，每秒振盪週期為435、172、874、363或122，若是引擎蓋上的定點，週期則為447、892、629、261或106，並依此類推，[31]這麼繁多的瑣碎細節會讓你的心智昏頭轉向。不過真正來講，「紅」是心智能欣然接受的（儘管只是概略的）簡化結果。此外，心智還不斷進行多不勝數的種種簡化作用。就你在環境中會遇上的幾乎所有事物，概略呈現不只能滿足所需，還可以釋出心智資源來投入其他維生用途。很久以前，說不定有某些腦很容易為物理世界瑣碎細節分心旁騖，這些腦子很快就會被吃掉。能存活下來的腦子，都能避免為缺乏生存價值的細節耗盡心思。用轟鳴雪崩或震動大地來取代紅色法拉利，你就能看出，具有能觸發迅速反應的簡明心理代表圖像，具有何等生存優勢。

當你的注意力不是放在汽車或雪崩或地震上頭，而是專注在動物或人類身上，這時你也同樣會創造出概略心理代表圖像。不過，除了他們的物理造型之外，你還會創造出他們的心智的概略心理代表圖像。你會嘗試評估他們的腦中有什麼動作——不論給定的動物或人類是敵是友，能帶來安全或危險，尋求的是互惠的機會或者自私的收益。顯然，能快速權衡我們與其他生命遭遇的性質，具有重大的生存價值。研究人員把這項歷經世代自然選擇不斷改進的能力，稱作我們的「**心智理論**」

(*theory of mind*)[32](我們直覺推斷，生物天生具有運作方式多少與我們雷同的相仿心智），或者「**意向立場**」(*the intentional stance*)[33](我們認為我們遇見的動物和人類都具有知識、信念和欲望，因此也有意向）。

格拉齊亞諾強調，你會經常把這種能力運用在自己身上：你不斷創建出你本身心態的概略心理代表圖像。倘若你正在看一輛紅色法拉利，你不只創建出那輛車的概略代表圖像，同時也創建出了你的法拉利關注焦點的概略代表圖像。你合併起來代表那輛法拉利的所有特徵，全都由另一項特質來增補強化，那就是你自己的關注焦點：那輛法拉利是紅色的、平滑的、閃耀的，而且你的注意焦點集中在那輛車是紅色、平滑且閃耀的。你這就是這樣來與世界保持接觸。

就如那輛法拉利的代表圖像，也就如你對其他事項的注意力的代表圖像，你本身的注意力代表圖像，也略過了大量細節。它忽略了底層的神經元發射、資訊處理和複雜的信號交換等促成你關注焦點的根源，只勾勒出注意力本身，而這就是我們經常以通俗講法說的我們的「覺察」。而這點，根據格拉齊亞諾所見，就是為什麼意識經驗看來不受束縛、在腦海中漂浮的原因。當腦將偏愛簡化概略代表圖像的強烈傾向應用在自己身上，應用於自己的注意力上時，產生的描述也就會略過引發注意的那些物理歷程。這就是為什麼思維和感覺似乎都那麼虛無飄渺，彷彿它們是無中生有，彷彿它們是在我們的腦海中徘徊一般。倘若你的身體的概略代表圖像把你的雙臂給忽略了，那麼你的手部動作，看來也會變得虛無飄渺。而這也就是為什麼意識經驗似乎迥異於我們由微粒和細胞組成所執行的物理歷程。困難問題看似困難——意識似乎超越了物理實體——只因為我們的概略心理模型，會壓抑讓我們的思維和知覺得以與它們的物理底層基礎相連的腦部機制認知作用。

像格拉齊亞諾的學說（以及迄今提出、發展的其他種種學理[34]）這樣的物理主義派理論的吸引力乃在於，意識也就像生命，同樣要被降格為以無生命、無思想也無情感組成成分所形成的有用列置結果。當然了，在我們和那種化約論知識的應許之地之間，還存有大片遼闊的神經學地貌。不過，不像查爾莫斯所設想的未知領域，其中研究人員會有必要涉足各方異地，在陌生植被中披荊斬棘，物理主義派探勘作業很可能並不會帶來那麼多的異類驚奇。這當中的挑戰不會是探查奇異世界，而是要以前所未見的細密程度來測繪出我們自己——我們的腦。對地形的熟悉，可讓一趟成功的旅程變得十分奇妙。不需要超越科學的星火，也不需要借助於新穎的物質特性，意識就這樣直接浮現。普通的東西，由普通的定律支配。執行普通的程序，就這樣產生出非凡的思考和感覺能力。

我見過許多反對這種觀點的人。那些人覺得，凡是想要把意識納入世界物理描述的嘗試，都是藐視我們最寶貴的特質。凡是指稱物理主義派計畫是種強有力科學門路的人，都被物質主義蒙蔽了雙眼，察覺不到意識經驗的真正奇妙之處。當然了，沒有人知道這一切會如何發揮作用。或許距今百年或千年之後，物理主義派計畫會顯得幼稚。我懷疑這點。不過，在承認有這種可能性的同時，也有必要反駁一種推論，那就是藉由勾勒出意識的物理基礎，我們也就貶抑了它的價值。心智能完成它的功能是很了不起的事。但更了不起的是，心智還有可能只靠構成我咖啡杯的同類成分和作用力，就成就了它的一切功能。破解意識之謎，不必減損它的價值。

意識和量子物理學

幾十年來，經常有人提出主張，認為量子物理學是認識意識的根本要件。就某層意義來講，這肯定能夠成立。物質建構，包括腦，都是以粒子形成的，而粒子的行為則接受量子力學定律的支配。因此量子力學構成萬物（包括心智）的物理學基礎。不過當意識遇見量子，我們也往往見到評論者提出更深層次的連帶關係。這當中許多論述，都是受了我們的量子力學知識的一道破口所促成，而且這項缺失，竟能抗拒舉世科學暨哲學界部分最高明心靈投注一個世紀取得的思想成果。底下就讓我解釋。

量子力學是歷來所發展的理論框架當中，最能準確描述物理歷程的一種。從來沒有哪項量子力學預測經過重複實驗卻得出矛盾的結果，而且部分最細密的量子力學計算，得出的結果和實驗資料相符，精確水平勝過十億分之一的程度。假使你並不通曉量化數字，多數時候把它略過去也無妨。不過這裡可不行。咀嚼一下我剛才引用的數字：**量子力學計算，以薛丁格的方程式為本，結果與實驗測量值一致，相符程度比小數點後九位數字還準確。**[35] 號角響起，眾生彎身鞠躬致敬，因為這代表人類知識的一次勝利。

儘管如此，量子理論核心依然存有一個謎團。

量子力學有個首要的新特徵，它的預測都是機率性的。好比或許理論會斷言，某顆電子有百分之二十機率會出現在這裡，百分之三十五機率會出現在那裡，還有百分之四十五的機率會出現在另一處。倘若你接著就動手測量那顆電子的位置，準備了許許多多一模一樣的實驗狀況，你就會發現令人歎服的精準結果，你的測量會發現，那顆電子「果然」在百分之二十的測量當中出現在這裡，而且「果然」在百分之三十五的測量當中出現在那裡，同時「果然」有百分之四十五的次數出現在那邊遠處。這就是為什麼我們對量子理論充滿信心。

量子理論那麼依賴機率，看來或許並不是特別奇異。畢竟，當你拋擲硬幣，我們也使用機率來描述可能的結果——硬幣有百分之五十的機率正面朝上，另有百分之五十的機率反面朝上。不過這當中有個差別，這種現象許多人都很熟悉，卻依然會令人深受震撼：在尋常古典描述裡面，在你拋擲硬幣之後，不過還沒有看結果之前，硬幣要嘛就是正面，不然就是反面，你完全不知道是哪種。相較而言，就量子描述來看，在檢視像電子這樣的粒子落在何方之前——它有百分之五十的機率會落在這裡，百分之五十的機率會落在那裡——它既不是在這裡，也不是在那裡。事實上，量子力學講的是，那顆粒子是飄懸在一種同時在這裡和那裡的模糊亂局之中。倘若機率讓電子非零的機會出現在種種不同位置，那麼根據量子力學，它就會飄懸在一種同時位於這所有位置的模糊亂局之中。這實在怪得荒唐，而且與經驗背道而馳，因此你很有可能不屑一顧，順手把理論給拋棄。要不是量子力學解釋實驗資料的能力無與倫比，那種反應就會相當普遍而且合情合理。然而，資料迫使我們以最高敬意來對待量子力學，因此我們科學家孜孜不倦來理解這項違反直覺的特徵。[36]

問題在於，我們越是努力，事情就變得越怪誕。量子方程式裡面沒有哪項能表明，現實是如何從許多可能性的模糊亂局，變換成你進行測量時見識到的單一明確結果。事實上，倘若我們假定——而且看來也十分合理——這同一組很成功的量子方程式，不只適用於你眼前正在研究的電子（和其他粒子），而且適用於構成你的儀器的電子（和其他粒子）以及構成你的腦的那些電子，那麼根據數學原理，這種變換就根本不該發生。倘若一顆電子同時在這裡和那裡飄懸，那麼你的儀器就該發現，它同時出現在這裡和那裡，而且當你讀取儀器所顯示的結果時，你的腦也應該認為那顆電子是同時出現在這裡和那裡。那也就是說，在你執行測量之後，你所研究的粒子的量子模糊狀態應該會影響你的儀器、你的腦，而且想必也會影響你的自覺意識，導致你的思維飄懸在多重結果模糊亂局之中。然而，在每一次測量之後，你的報告都完全不會提到這種事情。你的報告會說明你看到單一明確的結果。這項挑戰稱為「量子測量問題」（*quantum measurement problem*），旨在釐清兩種現實之間令人不解的落差，一種是方程式所描述的模糊量子現實，另一種則是你持續體驗的熟見的明晰現實。[37]

遠溯至一九三〇年代，物理學家弗里茨·倫敦（Fritz London）暨埃德蒙·鮑爾（Edmond Bauer）[38]，還有接著再晚幾十年，諾貝爾獎得主尤金·維格納（Eugene Wigner）[39]也都提出了意識或許就是關鍵。畢竟，這個謎是在你說明了你有關明確現實的意識經驗，導致你所說的內容和量子力學數學的預測出現落差後才變得令人費解。那麼，想像量子力學的規則一體適用於所有情況，從受測量的電子到構成執行測量之儀器的粒子，再到構成儀器顯示幕上讀取裝置的粒子。然而當你檢視讀數，感官資料流入你腦中時，卻出現了變化：標準量子定律不再適用。事實上，當自覺意識介入運作時，另種歷程就出手接管——擔保你只注意到單一明確結果的那種歷程。因此，意識很密切地參與了量子物理學，並規範當世界演變，在眾多可能的未來當中，只有一種留存下來，其他要嘛就是從現實本身被消除，或者至少從我們的認知覺察中泯滅。

你可以看到箇中吸引力。量子力學很神祕。意識很神祕。真有趣啊，現在想像它們的神祕是相關的，或者就是同一種神祕事物，或者當中一種能解答另一種。不過在我浸淫量子物理學這幾十年期間，我從沒遇見過有哪種數學論述或實驗資料，改變了我對這種傳說中的連帶關係長久抱持的評估：極端不可能。我們的實驗和觀測結果都支持一種觀點，當量子系統受到刺探時——不論動手刺探的是有意識的實體或者沒有心智的探測器——系統就會跳脫機率量子迷霧，並展現出一種明確的現實。交互作用——不是意識——勸誘出了一種明確的現實。當然了，要驗證這點，或其他任何同類事項，我都必須動用我的意識；除非我的意識心智介入歷程運作，否則我是不可能察覺結果的。所以，並沒有簡明易解的說法來論證意識並不扮演特定量子角色。儘管如此，即使採行最細緻的途徑，而且不只鑑識出兩個顯然迥異的神祕事件在表面上是雷同的，擬議的量子——意識連結，仍然顯得孱弱。隨著我們對量子力學的認識加深，我們對構成萬物（包括身體和腦）運作底層的微物理歷程基礎也瞭解得更深了。從物理主義派立場來看，意識正列名這類功能之一，因此有一天會被納入一種量子會計帳內。但是，除非有令人震驚的意外，否則在不久的將來或者遙遠未來的量子力學教科書中，肯定不會納入什麼特殊指令，來說明該如何在有意識情況下來使用這些方程組。儘管壯麗堂皇，意識仍會被視為一種出現在量子宇宙間的物理性質。

自由意志

我們很少有人會因為胰腺生產胰凝乳蛋白酶（chymotrypsin）或三叉神經網絡促使打噴嚏而感到自豪。我們就本身的自律歷程並沒有什麼既得利益的考量。被人問起我是誰時，我會轉朝我能在心中取用的思想、感受和記憶來尋求解答，或者以我的內在聲音來盤查求解。所有人的胰腺都能合成胰凝乳蛋白酶，而且所有人都打噴嚏，不過，我總愛想像，有某個深刻全面而且內在的我，存在於我的思想、我的感覺，以及我的舉止當中。這種直覺牢牢秉持著一種信念，由於十分常見，我們許多人從不把它放在心上，更別提看重它了：我們有自由意志。我們是自主的。我們做自己的主人。我們是我們的行動的最終極源頭。不過是嗎？

這道問題比其他任何難題都啟發了更多的哲學著述篇幅。兩千年前，德謨克利特的精簡世界觀由原子和虛空所組成，率先對自然的一統特性提出了認可見解，摒棄了反覆無常的神明天意，支持不變的定律。然而，不論來去萬象都由神力或者物理定律來完全掌控，我們也只能問道，自由意志決斷的行動，果真有的話，是在哪裡表現出來的呢？[40] 一個世紀後，否認有神力干預的伊比鳩魯哀嘆科學決定論扼殺自由意志之實。倘若我們任由神明把持權威，起碼我們有機會藉由我們堅定的崇敬信仰獲得回報，享有一些自由配給。然而自然定律不受任何奉承影響，不可能放鬆駕馭的韁繩。為解決這項兩難，伊比鳩魯想像原子不時就會自發隨機偏離正軌，違抗它們的法定命運，並容許出現一次不由過去決定的未來。儘管這肯定是個富創意的舉動，但並非所有人都認為，在自然律中任意插入機率，會是人類自由令人信服的源頭。於是在隨後幾個世紀當中，有關自由的問題仍會繼續讓知識殿堂倍受尊崇的思想家皺眉苦思，包括聖奧古斯丁（Saint Augustine）、湯瑪斯．阿奎那（Thomas Aquinas）、湯瑪斯．霍布斯（Thomas Hobbes）、哥特佛萊德．萊布尼茲（Gottfried Leibniz）、大衛．休謨（David Hume）、伊曼努爾．康德（Immanuel Kant）、約翰．洛克（John Locke）——以及多不勝數的其他人士，包括許多在當今世界各地哲學系所思考這類事項的學者。

底下是那種論證的一個現代版本，肯定讓自由意志駭然不知所措。你的經驗和我的經驗，顯然都證實我們能藉由表現行動，來映現出我們秉持自由意志決斷的思維、欲望和決定，從而影響現實的開展。不過這裡堅守我們的物理主義派立場，你我不過就是行為完全受物理定律支配的粒子所形成的群集。[41]我們的選擇，是我們的粒子以不同方式奔逐穿梭我們的腦所產生的結果。我們的行動，是我們的粒子以不同方式奔逐穿梭我們身體所產生的結果。這所有粒子運動——不論是在腦中、體內或是在棒球裡面——都由物理學來控制，也因此是完全接受數學律令的使喚。方程式根據我們的粒子昨天的狀態，來判定它們今天的狀態，我們任何人都沒有機會直接操作數學，也不能任意塑造或模造或改變依循律法的展現方式。沒錯，依循這連串論述再往回推，大霹靂就是所有粒子的最終極源頭，而且縱貫宇宙史，它們的行為也都接受沒有轉圜餘地的無情物理定律之使喚，物理定律決定了世上萬物的結構和運作。我們的個體性、價值和尊嚴等觀點，都取決於我們的自主性。然而，遇上毫不妥協的物理定律，自主性退縮了。我們不過就是被宇宙無情規律呼來喚去的玩物。

那麼核心問題就是，有沒有辦法迴避這種自由意志崩解為奴隸粒子運動的表觀現象？許多思想家都曾投入嘗試。有些人誓言放棄化約論。儘管大量資料證實，我們對於支配個別粒子（電子、夸克、微中子等）的定律，已有深刻的認識，或許當十萬兆兆顆粒子列置納入人體和人腦，它們就不再——或者起碼不再完全——受那些微觀世界基本定律的支配。還有或許，這條思考路線想像，這就允許在宏觀尺度上出現微觀定律禁止的現象——特別是自由意志。

沒錯，目前還不曾有人為預測組成一個人的粒子如何依定律發展而進行必要的數學分析。那種數學的複雜度恐怕會遠遠超出我們最精密的計算能力。就連預測遠更簡單的物體，好比撞球的運動，或許都非我們力量所能及，因為判定撞球初始速度和方向時的細小誤差，都會隨著球碰撞台桌邊緣彈開而呈指數放大。因此我這裡的重點，並不是放在預測你的下一步行動。我的重點是在於，確實存有定律來支配你的下一步動作。而且就算計算超出我們的現有能力，然而在數學上、實驗上或觀測上，卻從來沒有絲毫跡象顯示，這些定律並沒有發揮完全的控制作用。許許多多微觀成分的協調運動，很可能滋生出料想不到又令人讚歎的現象——從颱風到老虎，不過所有證據在在表明，果真我們能完成這麼大群互動粒子的數學運算，我們也就能夠預測出它們的集體行為。因此，儘管從邏輯上可以想像得到，有一天我們會得知，構成身體和腦子的粒子集群，乃是發生自支配無生物群集的規則，這種可能性仍是與科學有關世界運作的所有發現兩相牴觸。

其他研究人員則對量子力學寄予厚望。畢竟，古典物理學是決定論的：為古典物理學的數學——牛頓的方程式——帶來了所有粒子在任意片刻的精確位置和速度，接著方程式就會告訴你，它們在任意未來片刻的位置和速度。規範這麼嚴苛，而且未來又完全由過去來決定，哪有空間供自由意志容身？眼前在你閱讀這段文字，思索這些理念之時，你的粒子的現有狀態，取決於它們許久之前（早在你出生之前）的組態，也因此那當然不是你的意志所能選擇確立的。不過就量子物理學而論，我們已經見到，方程式只預測事物在任意未來片刻呈現什麼樣貌的**可能性**。插入一個概率（機率）元素之後，量子力學似乎就能帶來一種受實驗激發的現代版伊比鳩魯偏斜（swerve）原理，並擺脫決定論的桎梏。然而，鬆散的語言有可能蠱惑人心。量子力學數學、薛丁格的方程式和古典牛頓物理學的數學，同樣是決定論的。不同之處在於，牛頓將世界現狀做為輸入，並為明日世界產生出一種特有狀態，而量子力學則把世界現狀當成輸入，並為明日世界狀態產生出一個特有的概率表。量子方程式列出了許多可能的未來，不過它們依循決定論，把每種可能性分別刻鑿在數學石塊上。就像牛頓一樣，薛丁格也不為自由意志留下絲毫立足空間。

不過，另有一些研究人員轉而探究懸而未決的量子測量問題。可以理解。科學知識缺口是個誘人的地方，可用來隱藏珍貴的事物，起碼直到缺口弭平之前。各位應該記得，那道缺口就是，目前我們還沒有共識，不確定世界是如何從量子力學提供的機率論述，過渡到共同經驗的明確現實。一個獨特的未來是如何從量子力學機率清單遴選出來？還有，這裡特別感興趣的一點，自由意志有沒有可能就潛藏在答案之中？不幸的是並沒有。考慮一顆電子，根據量子力學，它有五成機率會在這裡，另外五成則在那裡。你能不能自由選定它是在**這裡或那裡**，並觀察它的位置來披露結果？你不能。資料證實，結果是隨機的，而隨機的結果並不是自由意志決斷的選擇。資料還證實，多次這類實驗累積出來的結果，具有一種統計規律性：就這個例子來講，半數結果會發現電子在**這裡**，另外半數則發現它在**那裡**。自由意志決斷的選擇，並不受數學規則的約束，即便從統計角度來看也不例外。不過就如本例證據所顯示（其他所有事例也都如此），數學**確實**有管轄權。所以儘管從量子機率到經驗確定性的過渡方式依然成謎，自由意志明顯不隸屬這個歷程的一部分。

要享有自由，我們就不能當個被物理定律拉索操控的木偶。那些定律是（如同古典物理學的）決定論的或者是（如同量子物理學的）機率的，對於現實如何演變以及科學能做出哪種預測，都具有深遠的影響。不過就自由意志的評價方面，這個差別就無關緊要。倘若基本定律持續運轉，從不因為缺了人類輸入就戛然而止，而且就算粒子恰好棲居體內或腦中，定律依然一體適用。的確，正如歷來執行的所有科學實驗和觀測所證實的結果，早在我們人類登上舞台之前，這些定律就從不間斷地支配萬象；而且在我們出現之後，它們依然持續不斷地支配萬象。

綜上所述：我們是以受自然定律支配的大量粒子構成的物理實體。我們所做的和所想的一切，追根究底全都是這些粒子的運動。你和我握手時，構成你的手的粒子，便推動構成我的手的粒子上下晃動。當你向我問好，構成你的聲帶的粒子便攪動你喉嚨內空氣的粒子，啟動粒子互撞鏈鎖反應，掀起漣漪並在空氣中傳播，撞擊構成我鼓膜的粒子，觸動我頭部另一些粒子開始翻騰，我就是這樣才能聽到你說的話。我腦中的粒子對刺激做出反應，生成「**具高度強制性**」的思維，並由其他粒子傳遞送往我手臂裡的粒子，並由此來驅動我的手與你的手協同移動。由於所有觀測、實驗和有效理論全都證實，粒子運動完全受數學規則的掌控，粒子依循定律成就的這種進程是不容我們干預的，就如同我們也不能改動圓周率值。

我們的選擇似乎是自由決定的，因為我們並沒有目睹自然定律以最根本的面貌產生作用；我們的感官並不能披露自然定律在粒子世界的運作。我們的感官和我們的推理都專注於日常人類尺度和行動：我們思索未來，比較不同行動路線，並權衡種種可能性。結果當我們的粒子果真發揮作用時，在我們看來，它們的集體行為就是出自我們的自主抉擇。然而，倘若我們擁有超越人類的視野，那是更早之前養成的能力，於是我們能夠在現實的基本組成層級分析日常現實，那麼我們就能體認到，我們的思維和行為，可以歸結為一種轉移粒子的複雜歷程，那種粒子能滋生強大的自由感受，卻仍完全由物理定律來管轄。

然而，在這裡結束我們的討論，也就忽略了自由課題的一種變異觀點，那種見識不只與我們對物理定律的理解相吻合，也道出了一種十分根本的性質，你可以把它當成人之所以為人之定義特徵。

岩石、人類和自由

想像你和一塊岩石各有各的心思，來到公園長椅比肩閒坐。我從旁邊走過，你突然看到一根粗重樹枝斷裂並朝我猛砸過來，你從長椅上跳起來，猛力把我推開，結果我們兩人都脫離險境。該怎樣解釋你拯救生命的英勇舉止？組成你的所有粒子和組成那塊岩石的所有粒子，全都受到相同定律的支配，因此你和岩石都沒有自由意志。然而卻是你從長椅上縱躍起身，而岩石就只是坐在那裡。我們該怎麼解釋這點？

你救了我，岩石並沒有，因為你的粒子的列置順序十分出色，配置方式令人屏息，因此它們能從事細緻編排的動作，而那就是構成岩石的粒子不可能辦到的。[42]我走過時，你可以揮手，或者道好致意，或者告訴我，你解開了弦論的方程式，或者做開合跳，或者救我不被墜落的枝幹砸到，或者其他無數可能的舉動。從我臉上彈開的光子進入你的雙眼，發自斷折樹枝的爆裂音波振動傳進你的雙耳，強風吹拂你的皮膚，帶來種種觸感，加上大量其他內外刺激，觸動你全身各處引發粒子級聯，並傳播信號產生形形色色的感受、思維和行為，而它們本身也是粒子級聯。對我很值得慶幸的是，這些對斷裂樹枝刺激做出反應的特定粒子級聯，催動你的粒子展開即時行動。相較而言，岩石對刺激的反應就比較沉靜。衝撞的光子、音波和觸覺壓力觸發了最簡單的反應。岩石的粒子有可能略微顫動，它們的溫度可能會略微提高，若是遇上特別強勁的風，整團粒子還會稍微移動位置。就這樣了。岩石內部完全不會出現太大的動靜。真正讓你顯得特別的，是你擁有精密的內部組織，讓你得以做出豐富的行為反應。

於是關鍵就在於評估自由意志之時，最好能把注意力從最終起因的狹窄焦點，轉移著眼到探究人類反應的更廣泛課題，這樣就會有很大的收穫。我們的自由並不是得自凌駕我們影響力的物理定律。我們的自由是表現出其他粒子群集多半不能表現的行為——跳躍、思考、想像、觀察、深思熟慮和解釋等。人類自由無關乎有意願的選擇。截至目前，科學所成就的一切發現，都只強化了一種狀況，那就是在現實展現當中，並不存在這種意志的說情。真正來講，人類自由是關乎掙脫枷鎖，從長期桎梏無生命界行為舉止之貧乏反應範圍解放出來。

這種自由觀點不需要自由意志。你的救命行動，固然令人感恩，卻是產生自物理定律的作用，也因此並不是自由意志決斷的結果。不過由於你的粒子能夠從長椅上縱躍起身，後來還能細思它們的作用，並根據它們的思慮來行動，實在令人讚歎不已。集結構成一塊岩石的粒子要辦到這樣的事情，根本連邊都摸不著。也就是這類展現為陣陣奇妙的思維、感覺和行為的能力，體現了人類的精髓本質——人類自由的精髓本質。

前面我以「自由」來描述根據物理定律並不是自由意志決斷的行為，這似乎就像在語言運用上採行「引誘上勾再調包」（bait and switch）的銷售對策。不過重點在於，如同相容論（compatibilism）哲學學派長久以來不斷提起的主張，談到自由和物理學，情況仍有挽救餘地；考量能與物理定律相符的另類自由會很有幫助。好幾項提議都談到如何辦到這點，不過看來這類理論似乎愁雲慘霧地帶來壞消息，「談到傳統類型的自由意志時，你和石頭並沒有兩樣，」不過這就在你掉頭生悶氣時，它們卻又大聲說，「不過要振作起來！還有這另一種自由，它本身就很令人滿意，而且這種自由你有很多。」[43]就我投入倡導的途徑，這種自由見於從受限的行為範圍解放出來。

就我自己來講，我從這種自由得到很大的慰藉。當我坐在這裡，在鍵盤上打出我的想法，我們知道，在基本粒子層級，我所想所做的一切，都構成超乎我掌控範圍的物理定律所展現的結果，不過就這項體認我並不擔心。對我來講很重要的是，不像我的桌子、椅子和我的馬克杯，我的粒子群集能夠執行五花八門的各式行為。的確，我的粒子才剛編寫出這句文字，而且我很高興它們能夠辦到。當然了，那項反應也不過就是我的粒子大軍執行它們的量子力學行軍命令所得到的結果，不過那並不會減損那種感覺的現實性。我很自由，並不是由於我能取代物理定律，而是因為我出色的內部組織，解放了我的行為反應。

關聯性、學習和個體性

要放下自由意志的傳統概念，似乎仍有必要放棄我們珍視的許多東西。倘若現實的展現（包括眾生的現實在內），都是由物理定律來設定，那麼我們的行為重要嗎？我們能不能就袖手旁觀，什麼都不做，讓物理學自行其是？這裡有個體性的容身之處嗎？我們高度重視的能力，好比學習能力和創造力，能扮演什麼樣的角色呢？

讓我們先斟酌這最後一道問題。處理時想想Roomba掃地機器人會很有幫助。Roomba有沒有傳統的自由意志品質呢？別緊張。這不是陷阱題。我們多數人都會同意它沒有。然而，Roomba在你的客廳地板上滑行，遇上牆壁和柱子和家具，它的內部微粒組態便重新配置——它的導航地圖和內部指令都進行更新——而這些改變便修飾了Roomba的後續行為。Roomba「**會學習**」。的確，當Roomba面對挑戰，必須在遇上物體時從旁邊繞過去，它所採行的解決做法——避開樓梯、環繞桌腳等等——表現出了最基本的創造力。[44]學習和創造力不一定需要自由意志。

你的內部組織、你的「軟體」比Roomba的軟體更為完善，從而得以提高你的學習力和創造力。在任意給定時刻，你的粒子都處於一種特定的配置方式。你的經驗，不論是外部遭遇或是內部思慮，都會重新配置組態佈局。而這種重組配置，會影響你的粒子之後續行為舉止。也就是說，這種重新組態能更新你的軟體，調節用來指導你後續思維和行動的指令。富有想像力的火花、浮躁的錯誤、巧妙的台詞、善解人意的擁抱、輕蔑的評述，還有英勇的舉動，這些全都出自你的個人粒子叢集是如何從一種佈局轉變為另一種。當你觀察所有人和一切事物如何對你的行動做出反應，你的粒子叢集也再次轉換，重新配置它的模式，進一步調節你的行為。就你的微粒組成層級而言，這就是學習。接著當這樣得出的行為很新奇，這次配置重組便產生出創造力。

這段討論彰顯出我們的一個核心主題：我們需要彼此嵌套並能解釋互異又連帶有關之層理的故事。若是你對於單從粒子層級來描述現實如何開展的故事就感到滿意了，那麼你也不會受激勵導入像學習和創造力這樣的概念（或者就此而言，熵和演化）。你只需要知道粒子群集如何持續重新配置它們的組態，還有那項資訊是由基本定律（以及在過去某個時刻之粒子狀態的一套規格）催生出來的。不過，我們多數人對於那種故事都不感滿意。我們多數人都覺得，講述其他故事更能啟迪思維，那些故事要能與化約論記述相容，不過焦點則是擺在比較熟悉的較大尺度上頭。就是在這些故事裡，情節主角都是你、我和Roomba一類的粒子集合體，而諸如學習和創造力（以及熵和演化）等一類概念，則帶來了一種不可或缺的語言。化約論故事在描述Roomba時會登錄億兆顆粒子的運動，而較高層級的故事或許就會解釋Roomba的感測器組，如何確認自己來到了樓梯口邊緣，並把那處危險位置儲存在記憶裡面，於是它就能逆轉路線，避開有可能釀成慘禍的墜落事故。兩套故事完全相容，儘管一套使用粒子和定律的語言，而另一套則使用刺激和反應的語言。還有，由於Roomba的反應包括更新內建指令來改動未來行為的能力，因此學習和創造力的概念，都是較高層級故事不可或缺的要素。

當情節涉及你和我的時候，這類嵌套故事還會更為切題。化約論記述是從粒子群集的角度來描述我們兩個人，帶來了很重要卻也有所局限的真知灼見。我們承認，好比，我們和所有物質結構全都是以相同材料構成，也接受相同定律的支配。不過較高層級的故事——人類的故事，則是我們生活之所繫的故事。我們深思熟慮，我們掙扎奮鬥，我們歷經成敗。再講一遍，以這種熟悉的語言講述的故事，必然能與從粒子角度鋪陳的化約論記述相容。不過在日常生活當中，這些較高層級故事的啟發性更是無與倫比。我和太太共進晚餐時，有關她的十萬兆兆顆粒子執行哪種運動的論述，實在引不起我太大的興趣。不過當她告訴我，她在發展哪些理念，打算去哪些地方，跟哪些人見面時，我就會全神貫注。

採用這種較高層級的記述時，我們說得好像我們的行動中肯切題，我們的選擇具有影響力，我們的決定具有重大作用。在藉由解決物理定律求進步的世界裡面，它們真是這樣嗎？是的。當然是這樣。當年十歲的我在充滿瓦斯的火爐裡面點燃一根火柴，那個動作釀出一些後果。那個動作點燃一場爆炸。鋪陳一系列相關聯事件——覺得餓、把披薩擺進烤爐、打開瓦斯開關、等待、點燃火柴、被火焰吞噬——的較高層級記述都很準確，也很有見地。物理學不會否認這個故事。物理學不會減損這故事的相關性。物理學會增補這個故事。物理學告訴我們，在人類層級故事的下層還有另一種記述，那是以定律和粒子的語言來講述的故事。

有一點很值得注意，就有些人看來則令人不安，那就是這些下層記述披露，普遍見於我們的較高層級故事的一項共通信念是錯的。我們覺得我們是我們的選擇、決定和行動的最終極創作者，不過化約論故事則清楚表明，我們不是。不論是我們的思維或是我們的行為，都擺脫不了物理定律的掌控。儘管如此，我們的較高層級故事核心的因果關係序列——我的飢餓感讓我把一片披薩擺進烤爐，促使我檢查它的溫度，導致我點燃一根火柴——都清楚顯現而且是真實的。思想、反應和行動至關重要。它們會帶來後果。它們是物理展開鏈裡面的環節。不過根據我們的經驗和直覺，有一點倒是出乎意料之外，那就是這些思維、反應和行動，都是萌發自前因，並經過物理定律篩檢生成。

責任也扮演一個角色。即便我的粒子，因此還有我的行為，都受到物理定律的完整司法管轄，「我」依然名符其實（即便是以一種陌生的方式）得對我的舉止負責。不論在任意給定時刻，我是我的粒子群集；「我」不過就是代表我的特定微粒組態的速記符號（儘管這種組態是變動的，卻依然保有充分安定的模式，足以提供一致的個人身分感受[45]）。因此，我粒子的行為就是我的行為。物理學藉由對我的粒子出手控制，構成這種行為的基礎，這自然是很有趣。這裡也應該承認，這樣的行為並不是自由意志決斷的。不過這些觀察結果並不會減損較高層級描述的份量，這類描述確認我的特定粒子組態——我的粒子以哪種方式列置成繁複的化學與生物網絡，包括基因、蛋白質、細胞、神經元、突觸連結等——是以我的特有方式來做出反應。你和我的講話方式不同、舉止不同、反應不同，思考方式也不同，這是由於我們的粒子是以不同方式列置。當我的粒子佈局學習、思考、綜合、交互作用並做出反應，它也在我採取的每項行動上頭，銘印我的個體性並加蓋我的責任戳章。[46]

人類能做出形形色色不同反應的能力，驗證了迄今不斷引領投入我們探索的兩項核心原理：熵的兩步法則和自然選擇演化。熵的兩步法則解釋，有序團塊如何得以在越來越無序的世界裡形成，還有這當中的某些團塊，恆星，如何得以歷經數十億年，不斷產生光與熱的穩定輸出，卻仍能保持安定。演化解釋，當遇上有利環境，好比沐浴在恆星穩定溫熱中的行星，粒子群集如何得以依循特定模式來聚攏凝結，從而促成複雜的行為，包括從複製與修復，到能量提取與代謝處理，再到移動運動和成長。凡是取得了思考和學習、溝通和合作、想像和預測等更高明能力的集群，也都具有更大的本領來求生存，於是也就能產生出具有相仿能力的相仿集群。因此演化選擇出這些能力，並且歷經世世代代予以改良完善。隨著時間流逝，有些集群便認定它們的認知能力十分了得，讓它們凌駕物理定律之上。接著這些集群當中最有想法的一群，便迷惑於兩種現象之間的衝突，一邊是它們體驗的意志決斷的自由，另一邊則是它們承認的物理定律的堅定控制。不過事實上這當中並沒有衝突，因為並沒有所謂凌駕物理定律的事情。這是不可能的。真正來講，這些粒子集群必須重新評估它們的力量，不是專注於支配粒子本身的定律，而是著眼於個別粒子集群——各個個體——所能表現、體驗的高層級、極端複雜且豐富至極的行為。那樣重新定向之後，粒子集群也就能講述有關奇妙行為和經驗的生動故事，情節充滿具有自由感受的意志，而且說得彷彿它們具有自主控制能力，實際上卻是完全受到物理定律的支配。

有些人對這種結論止步不前。我肯定就是如此。儘管從理智上來講，我對自己提出的論述深信不疑，卻也不能磨滅我能自由控制本身腦中所發生事件的深刻強烈印象。不過那種印象的強度，大半取決於它的熟悉度。曾經試用過致幻物質的人都能證實，當巡梭腦中的粒子身分改變了，就算只些許更動，熟悉的事物就可能轉變。腦中權力平衡有可能改變。心智似乎會開始自作主張。幾十年前，就在阿姆斯特丹這座美麗城市，這種經驗釀成了我這輩子最恐怖的一個夜晚。我的心智創造出一個內在世界，裡面有數不盡的我的副本，各個都死命破壞其他副本所體驗的現實。當其中一個我執迷地認定自己體驗的才是「真正的」現實，另一個我就會披露那個世界的奸計，也讓原來那個我所關懷的每件事和每個人，全都煙消雲散。在此同時，它還會揭示另一個「真正的」現實，接著下一個我又會自信地現身——就這樣讓夢魘接續呈現。然後又一再反覆。

從物理學角度來看，我只是把小撮外來粒子引進我的腦中。然而那種改變卻足以消除我能自由控制在自己心中所產生活動的熟悉印象。當化約論層級模板持續全力施為（粒子受物理定律支配），人類層級的模板（具有自由意志的可靠心智在安定現實中航行）也就被顛覆了。當然了，這裡提出一個致幻時刻，並不是要作為支持或反駁自由意志的論據。不過那次經驗卻把一種原本抽象的認識內化了。我們對於自己是誰的感受、我們擁有哪些能力，還有我們彷彿展現的意志決斷的自由，全都萌生自我們腦中來回巡梭的粒子。撥弄這些粒子，熟悉的特質就可能消失不見。這次經驗幫我調校我對物理學的理性理解以及我的直覺心智感受，讓雙方密切吻合。

日常經驗和日常語言，到處都見得到對自由意志的隱喻或明確引述。我們談到做出選擇和下達決定。我們談到取決於這些決定的行動。我們談到這些行動對我們的生活和對我們所接觸民眾的生活會產生什麼影響。再講一次，我們針對自由意志的這段討論，並不意味著這些描述是沒有意義的，或者是必須消除的。這些描述是以適合人類層級故事所使用的語言來講述。我們確實做出選擇。我們確實下達決定。我們確實採取行動。而且這些行動確實會有連帶影響。所有這一切都是真實的。不過，由於人類層級的故事必須能與化約論記述相容，於是我們就有必要完善我們的語言和假設。我們必須把一個理念擱在一旁，那就是我們的選擇、決定和行動的最終極根源，都出自我們每個人身上，而且它們是由我們的獨立作用單位所引發成形，還有促使它們萌生的思緒考量，都不是物理定律所能沾手觸及。我們有必要瞭解，儘管自由意志之「感受」是真實的，施行自由意志的能力——人類心智超越控管物理進程之定律的能力——卻不是真的。倘若我們重新詮釋「自由意志」來代表這種感受，那麼我們的人類層級的故事，也就變得能與化約論記述相容。隨著人們的關注重點從最終極起源轉移到解放的行為，我們也就能全心接納一種無懈可擊而且影響深遠的人類自由。

就如同生命的起源，有關意識的形成，或者自省的浮現，或者自由意志的覺知，都沒有明晰界定的確切時刻。不過考古學紀錄顯示，距今十萬年前，說不定還更早之前，我們的祖先已經開始有這些經驗。在那之前，早期人類已經直立行走。這時我們就可以環顧四周開始思考。

那麼，我們以這些能力做了什麼呢？

第06章

語言和故事
Language and Story

從心智到想像力
From Mind to Imagination

模式是人類經驗的核心。我們能生存是由於我們能感受世界的律動並做出反應。明天和今天不會相同，不過在來來去去的種種現象底層，我們仰賴的是能夠持久的特質。太陽會升起，岩石會下墜，水會流動。這些和我們在每時每刻遇上的無數同類模式集群，都深刻影響了我們的行為。本能是必不可少的，記憶是至關重要的，因為模式會持續存在。

數學能清楚描述模式的方法。使用少數幾種符號，我們就能經濟且精確地把模式收納進來。伽利略總結表明，自然之書是以數學的語言寫成，而且他相信，自然之書就像《聖經》，也同樣肯定地顯現上帝。接下來好幾個世紀期間，思想家就這項觀點的一個世俗版本不斷爭辯。數學是人類開發來描述我們所遇見的模式之語言？還是數學是現實的源頭，將世界的模式呈現為數學真理的措辭？我的浪漫感情傾向於後者。想像我們的數學操作碰觸到現實的最根本基礎，這是多麼美妙啊。不過我比較沒有那麼感性的評估，讓數學得以成為我們自己創造出來的語言，而且部分是由於我們過度放縱自己對模型的偏愛才發展出現。畢竟，大半數學分析對於提高生存率都幾乎沒什麼作用。我們的祖先很少靠著冥想質數和化圓為方來保障飲食不虞匱乏，更少仰賴它們來確保繁衍機會。

到了現代時期，愛因斯坦的能力為探究自然律動樹立了無可匹敵的標準。然而，儘管他的遺產可以用幾個（簡練、精確且全面性的）數學語句來總結概括，愛因斯坦向現實的隱蔽深淵進軍，卻不見得總是從方程式入手。甚至不是從語言開始。「我經常用音樂來思考，」[1]他這樣形容。「我根本很少用文字來思考。」[2]你的處理過程說不定也反映了愛因斯坦的做法，而我的就不是這樣。有時遇上難題，我會突然靈光一閃，反映出有自覺的意識底下的某些腦部歷程。不過等我回神過來，就算以心理圖像來釐清我如何得出解答，要說這當中不牽涉到文字，或要把它和音樂扯上關係，也都是言過其實。

就一般而言，我的物理學進展，都是透過操弄方程式和蒐集結論來取得的，而且我會使用普通白話語句寫在筆記本上，最後這些筆記還擺滿了一層又一層的書架。當我全神貫注，我經常和自己對話，一般都不出聲，偶爾也會喃喃自語。文字是這個歷程的要件。儘管我覺得維根斯坦（Wittgenstein）的概括說法「我語言的局限，就是我世界的局限」[3]在這方面說得太過——但我毫不懷疑，思想和經驗具有某些至關重要的特質是位於語言之外的，稍後我們還會回頭討論這點——沒有了語言，我的某些心理操控能力就會減損。文字不只傳達推理，它們還為推理帶來生機。或者就如托妮．莫里森（Toni Morrison）優雅無可比擬的說法，「我們會死，這或許是生命的意義。不過我們運用語言，那或許就是丈量生命的尺。」[4]

除了某個天才之外，不過也說不定對那人也同樣如此，或許語言是解脫想像力桎梏的關鍵要素。有了語言，我們就能清楚闡述一幅願景，期望可以從真實世界管窺瞥見遠更為豐裕的可能性。我們可以在疏遠的和鄰近的心智中召喚出真實的和幻想的影像。我們可以傳遞得之不易的知識，以輕鬆的講授來取代艱辛發現的苦勞。我們能共享計畫並調整目標，促進調和的行動。我們可以結合我們的個別創造能力，凝聚成沛然莫之能禦的集體力量。我們能檢視自己並認識到，儘管受了演化的影響，我們仍能高高跨越生存的需求。而且我們要驚奇讚歎，一群之乎者也的文字集合，經過了嚴謹排列，竟能把洞見轉化為空間和時間的本質，或者帶來對愛與死的熱情寫照：「威爾伯從來沒有忘記夏洛特。儘管他深深愛著她的子子孫孫，卻始終沒有哪隻新生蜘蛛能夠取代她在他心中的地位。」

有了語言，我們著手撰寫一段段敘事，故事的疊加，來理解經驗。

最早的話語

我們有「天上龍捲風捲龍上天」一類的回文，但沒有人知道，我們是什麼時候，還有為什麼開始說話。達爾文推測，語言是從歌曲中出現，他還想像，擁有像貓王那般才氣的人，會比較有辦法吸引配偶，也因此更能孕育出眾多擅長甜言蜜語的後續世代。經過充裕時間之後，他們悠揚的聲音也就逐漸轉變成為話語。[5]阿爾弗雷德・華萊士（Alfred Russel Wallace）的看法不同。華萊士和達爾文共同發現了自然選擇演化，卻沒那麼受人景仰。他認為，人類的某些才能，並不能以自然選擇來闡明，好比音樂、藝術以及特別是語言。在華萊士看來，我們那群愛唱歌、繪畫又叨叨絮絮的祖先，在生存競技場上的表現，並不勝過他們沒那麼浮誇的表親。華萊士的眼中只有一個前進的方向：「因此我們必須承認一種可能性，」他在流傳很廣的《評論季刊》（*Quarterly Review*）裡面寫道，「在人類種族的發展當中，某種高等智慧引導相同定律，朝著更高尚的目標行進。」[6]原本盲目的演化律，肯定受了某種神聖力量的駕馭，指引朝著溝通和文化的方向發展。當達爾文讀了華萊士的文章，他震撼之餘做出回應，在頁緣大大寫上「不對」，[7]並加注針對華萊士寫上：「我希望你沒有把你自己的和我的孩子給徹底謀殺了。」[8]

從那時起直到現在，這一個半世紀期間，研究人員針對語言的起源和早期發展，構思了種種不同的理論，不過就像組合摔跤（tag-team wrestling）遊戲，每項看似很有前景的策略提案，都會遇上新的抵抗對策。有關宇宙早期發展的共識還要高得多。儘管看來很怪，這其實還很有道理。宇宙的誕生留下了化石寶庫，語言的誕生卻無跡可尋。瀰漫各處的微波背景輻射，氫、氦等簡單原子明顯很高的豐度，還有遠方星系的運動，都提供了發生在宇宙最早期時代種種歷程的直接銘印結果。語言的最早期表現形式是聲波，不過它會迅速消散於無形。聲音發出之後，轉瞬消失無蹤。由於欠缺有形的文物，研究人員重建語言早期歷史時就有很大的轉圜空間，結果也不令人驚訝，學界充斥了種種相左而且往往彼此衝突的理論。

即便如此，人們依然普遍認為，人類的語言和動物界其他種種不同的溝通方式存有巨大的差異。倘若你是一隻普通的黑長尾猴，那麼你就能發出警報聲，來告誡部族同伴有掠食動物接近，而且那是一隻豹子（高頻短促哀鳴）、一隻鷹（低頻反覆噴鼻聲）或一條蟒（聲如「恰特斯」）。[9]不過當你討論昨天一條蟒蛇如何爬溜過去時的恐怖感受，或者闡述你打算怎樣劫掠鄰近一個鳥巢的計畫時，你就完全沒轍了。你的語言能力基礎完全奠定在一小批封閉、具有固定意義的特定語彙上，而且全都集中於此時此地發生的事。就其他物種明顯可見的溝通方面也大致相同。如同羅素總結所述，「狗沒辦法講述牠的生平經歷；不論牠多麼擅長吠叫表達，牠都沒有辦法告訴你，牠的父母是多麼誠實，卻又多麼清貧。」[10]人類的語言就完全不同了。人類的語言是開放式的。我們不使用固定且有限的詞組，我們組合並重新組合有限的音素集群，並產生出複雜多端、層級式且為數繁多幾乎永無止盡的聲音序列，來傳達五花八門幾乎永無止盡的理念。我們可以同等輕鬆自如地談起昨天的那條蛇和明天的那個鳥巢，或者描述一個有關飛行獨角獸的愉快夢境，或者我們對地平線上低垂夜幕的深深不安。

往更深處探究，我們就會碰到爭議。我們是怎麼能在出生之後短短幾年期間，沒經過正式培訓，就能純熟使用一種或甚至多種語言？我們的腦是不是經過特別配置來習得語言，或者文化潛移默化加上我們學習新鮮事項的整體傾向，能提供一種合宜的解釋？人類語言的起點，是具有固定含義的一批批發聲語音，就如同黑長尾猴的警告叫聲，後來這些語音化為語詞，或者說語言的起點是一些基本聲音，後來才發展成字詞？我們為什麼有語言？演化是不是直接根據語言來選定天擇？因為語言提供了一種生存優勢，或者說語言是不是其他演化發展（好比較大的腦部尺寸）的副產品？還有，在這千千萬萬年期間，我們究竟都在談些什麼？還有為什麼？

諾姆·杭士基（Noam Chomsky）列名最具有影響力的現代語言學者之林，他就曾論稱，人類學習語言的能力取決於每個人都已被設定好固定線路的普遍文法（universal grammar）——這個概念的歷史淵源深厚，可追溯至十三世紀的哲學家羅傑·培根（Roger Bacon），他歸結認定，世界上的許多語言都具有共通的結構基礎。就現代用法，這個詞彙已出現種種不同的詮釋，而且在這些年來，杭士基也更新了它的意義。就它最少爭議的形式，普遍文法之說主張，我們的內建神經生物組成裡面有某種構造能發揮語言入門基礎作用，一種普及全物種的腦部提增現象，能促使我們所有人聆聽、理解並開口講話。這套學理更繼續推斷，除非孩童手邊隨時能動用龐大的心理軍械庫藏，備便來應付語言的進擊，否則他們是如何在日常生活種種漫無條理、零星瑣碎而且散亂無章的語言轟擊之下，依然能將繁複的精確文法建構和規則內化？還有，由於所有孩子都能學習任何語言，心理軍械庫藏不可能只專屬於某種語言，心智必須能鎖定普見於所有語言的通用核心。杭士基主張，說不定曾有某個單一神經生物學事件，或許是發生在八千年前的某一次「腦部些微重新接線」，促使我們的祖先獲得這項能力，點燃了一次認知大霹靂，也猛力推使語言傳遍整個物種。[11]

認知心理學家史蒂芬・平克（Steven Pinker）和保羅・布魯姆（Paul Bloom）是語言學界達爾文派先驅人物，他們提出一項比較不那麼量身打造的歷史，在那其中語言是經由一種漸進改變逐漸累積的熟悉模式萌生、發展成形的。而這些改變各自帶來了某個程度的生存優勢。[12]當我們的狩獵採集先祖在平原和森林遊蕩時，溝通的能力——「一群野豬在十一點鐘方向吃東西，」或者「小心巴尼，他盯上了薇瑪，」或者「敲尖的石塊要固定在把手上，用這方法會比較好」——是有效團體運作的要項，也是共享累積知識所不可或缺的。因此，能夠與其他腦溝通的腦，在生存和生殖競技場上也就占了優勢，於是語言能力也因此得以日益精進並廣泛普及。另有些研究人員則辨識確認了一套適應項目，包括呼吸控制、記誦、象徵思考、能夠意識到其他心智還有團體的形成等，這些都有可能協同出語言，即便語言本身和適應本身之生存價值之間，有可能並沒有多大關係。[13]

另有一點也不能肯定，那就是我們從多久之前開始講話。遠古過往留下的語言學證據基本上並不存在，不過研究人員檢視考古學的合理替代跡證，提出了語言最早可能在那個年代出現的時間框架。裝柄工具（雕鑿成形並穩穩固定在柄上的石器或骨器）等一類工藝品、洞窟藝術、幾何雕刻和珠飾品都能佐證，至少遠溯至十萬年前，我們的祖先就投入從事計畫、象徵思考和進階型社會互動。由於我們往往把這種複雜的認知能力和語言牽連在一起，因此我們可以想像，當我們的祖先動手打磨矛頭和斧頭，或者爬過黑暗洞窟在裡面畫上鳥和野牛的同時，他們也在滔滔講述明天的狩獵行動，或者回顧前晚的營火聚會。

有關講話能力的比較直接的證據，則是從另一批考古學洞見點滴蒐羅而來。科學家追蹤顱腔的增長以及嘴巴和喉部結構的改變，並歸結認定倘若我們的祖先有這樣的傾向，那麼他們說不定在遠超過百萬年之前，就具備了交談的生理構造。分子生物學也提供了線索。人類要開口說話必須先具有高度的發聲和口語靈巧度，接著在二〇〇一年，研究人員發現確認了這類能力不可或缺的一項遺傳基礎。他們研究英國一個跨越三代都有構音障礙的家庭（這群患者在文法上以及正常講話所必須的口部、臉龐和喉嚨之複雜運動協調方面遭遇困難），並認為問題癥結出在一個遺傳事故，一個稱為FOXP2的基因有一個字母出現了變化，那個基因位於人類第七對染色體上。[14] 這種指令錯排普遍見於受影響的家族成員，從此也對語言及說話能力釀成嚴重負面影響。早期媒體報導這項發現時，把FOXP2稱為「文法基因」或「語言基因」，標題式搶眼的敘述把熟知內情的研究人員給激怒了，然而把過度簡化的誇張修辭擺在一旁，FOXP2基因看來也確實就像正常說話和語言所不可或缺的要項。

有趣的是，FOXP2基因的親近變異型也見於許多物種身上，包括從黑猩猩到鳥類到魚類都是，於是研究人員追蹤那種基因在演化史的變化。就黑猩猩而言，牠們的FOXP2基因編寫的蛋白質碼，和我們的蛋白質編碼只相差了兩個胺基酸（總共有七百多個），至於尼安德塔人的編碼就和我們的一模一樣。[15]我們的尼安德塔人表親講不講話？沒有人知道。不過這條偵查路線指出，說話和語言的遺傳基礎的確立時期，有可能距今好幾百萬年前我們和黑猩猩分道揚鑣之後，不過最晚是在距今約六十萬年我們和尼安德塔人分家之前。[16]

語言和這些歷史里程碑——遠古文物、生理結構、遺傳側寫——之間的擬議個別連帶關係，每個都很巧妙，卻也都是嘗試性的。這樣一來，基於這些里程碑研究所得出的結果，最早語詞的出現年代範圍也就相當廣闊，從幾十萬年前到幾百萬年前不等。誠如懷疑論研究人員也曾指出，具備生理能力和擁有從事交談的心理敏捷性是一回事，至於實際開口則又是另一回事。

那麼，是什麼因素激使我們開口講話？

我們為什麼說話？

我們的早期祖先為什麼打破沉寂，關於這方面有不少想法。語言學家蓋伊・多徹（Guy Deutscher）便指出，研究人員認為最早的語詞是產生自「呼喊和叫喚；手勢和手語；模仿的能力；欺瞞的能力；儀容整飾；歌唱、舞蹈和律動；咀嚼、吸吮和舔拭；以及太陽下其他幾乎一切活動，」[17]這個清新可喜的列表，很可能更明晰地反映出具創意的理論建立成果，卻不是語言的歷史前驅根源。儘管如此，這當中的某一個項目或多項組合，有可能道出一個切合實情的故事，所以就讓我們從前述提議挑幾項來看看，探討一下我們的最早語詞從何而來，還有為什麼它們會留存下來。

在古老時代，還沒有發明把布料盤繞成嬰兒背帶之前，當媽媽的在動用雙手勞動時，就得把嬰兒放下來。而當嬰兒哭喊並牙牙出聲，就會把媽媽的注意力拉回來，而且很可能媽媽也會做出口語回應——低哄、哼唱並咕噥說話——再加上柔情撫慰、溫婉表情、手勢和輕柔碰觸。嬰兒的牙牙出聲和媽媽的愛心看顧，很可能提高了嬰兒的存活率，根據這項提案，發聲的自然選擇促使我們的祖先踏上語詞和語言的發展軌跡。[18]

或者，倘若母嬰軟語對你不發生效用，那就請注意，手勢也是進行至關重要之基本資訊交流的一種直接方式——朝向這個物件點頭，或者指向那個位置。我們的一些非人類靈長類表親，儘管欠缺口頭語言，卻能以手勢和身體姿勢來熟練溝通基礎概念。而且在受控制的研究環境下，有些黑猩猩還學會了好幾百個手語字詞，分別代表種種不同的動作、物件和觀點。那麼，說不定我們的口頭語言也是出自以手勢為交流基礎的早期溝通階段。隨著我們的雙手越來越忙著從事建設和工具使用，還有隨著採集活動越益複雜，手勢溝通的效率也越發低下，或顯得笨拙——到晚上就很難看得清楚；在狩獵或覓食團體中，很難看到所有人的手和身體——發出聲音或許提供了比較有效的資訊分享方式。有些人每次說話時都會手足舞蹈，而我也是這樣的人，有時還在開口前，手就開始活動，因此這項解釋讓我感到特別合理。

然而，倘若手勢讓你心懷質疑，那就考量演化心理學家羅賓・鄧巴（Robin Dunbar）所提主張。鄧巴認為，語言之所以出現，是要做為一種廣泛實踐之社會整飾活動的有效替代方法。[19] 假使你是隻黑猩猩，你會透過從你所屬社群的其他個體之毛皮上仔細挑掉蟲卵、剝落的皮膚和其他碎屑，來結交朋友並建立同盟。你的圈內成員有些會投桃報李，若是位階較高的，牠們會注意到你的服務，不過並不會幫你挑蟲卵。這種儀容整飾儀式是種組織性活動，能促進並維繫團體的階層、派系和聯盟。早期人類或有可能投入類似的社會儀容整飾活動，不過隨著團體規模增長，要藉由提供服務來建立個別關係，必須投入的時間就成了一種負擔。友情、配對和結盟至關重要，不過確保糧食不虞匱乏也很重要。該怎麼做呢？好的，鄧巴表示，這種兩難有可能觸發語言出現。到了某個時候，我們的祖先說不定就以口語交流來取代須動手的儀容整飾，於是他們也就能很快地分享資訊——誰在對誰做什麼事，誰會騙人，誰在從事破壞陰謀等等——不再花好幾個小時來挑揀蟲卵，改花幾分鐘來聊八卦是非。晚近研究顯示，如今我們的交談對話有多達六成是投入閒聊八卦，這個數字令人吃驚（特別是對於我們這些幾乎不懂閒聊的人而言），於是有些研究人員論稱，這就反映了語言誕生之初的主要目的。[20]

語言學家丹尼爾・多爾（Daniel Dor）更進一步發展出了語言的社會角色。他做了一項很令人信服而且範圍廣泛的分析，主張語言是種共同建構的工具，具有重要至極的特定功能：讓各個個體都擁有相互指導對方想像力的能力。[21] 語言出現之前，我們的社交商務是由我們的共同經驗來主導。倘若我們都看過某件事物或者聽過某件事物或者嚐過某件事物，那麼我們就可以用姿勢、聲音或圖像來指稱該事物。不過，要溝通非我們共通的經驗就會很困難，更別提發表抽象思想和內在感受的艱鉅挑戰。我們以語言克服了這些挑戰。有了語言，我們的社會交換市場便大幅增長：你可以使用語言來描述我可能從未有過的經驗；藉由詞語，你就能把它們灌注到我腦中。我也可以對你做相同的事情。幾千年來，隨著我們的前語言期祖先的福祉越來越加仰賴協調一致的集體行動——合作獵捕大型獵物、架設營火、為大團體烹煮飲食、分攤照顧、教養幼齡的成員[22]——他們突破了非語言交換的限制，把語言帶進了這個世界，並建立起一處大幅增強的社交舞台。而且不只包含我們的共享經驗，還納入了我們的共通思維。

這些和其他關乎語言之起源的幾乎所有提案，全都著眼強調口說語詞，也就是語言的外在展現。杭士基以他的典型標誌性方式，提出了個一百八十度髮夾彎主張，認為說不定語言在最早化身階段孕育出了內在思維。[23]當我們的祖先能以語言來幫助思考之後，他們便能運用在他們耳內喃喃自語的那種內在聲音，來冷靜自信地完成許多事項，其中包含了處理、規劃、預測、評估、推理和理解等。依循這個觀點，口語是種後續的發展，就像早期款式的個人電腦添加了揚聲器。這就彷彿在開口講話之前許久，我們的祖先原是靜默深思的一群，他們在日常工作中努力思考，卻只在自己心中處理那些想法。杭士基的立場引來爭議。研究人員指出，語言的一些內在特徵看來就是為了把內在概念映射為口說語詞（這別是語音原理和大半文法結構），這就表示從一開始，語言就是關乎外部溝通。

儘管語言的根源仍是個謎，但毫無疑問，在我們向前進步的過程當中，最為密切相關的一點就是，語言和思想提供了一種強大的組合。不論在外部發聲語言出現之前，是否存有某種內在版本的語言，還有那種發聲語言是不是受了以下種種現象的激使方才出現，包括歌曲或嬰兒照料，或者打手勢或八卦或公共話語，或者擁有大型頭腦，或者其他某種完全不同的因素，一旦人類心智擁有了語言，我們這個物種與現實的互動，也就很有可能出現徹頭徹尾的改變。

那項改變得仰賴人類一種普及程度和影響力都極高的行為來推動：講故事。

講故事和直覺

喬治・史密斯（George Smith）的時間很趕。他的右手手指輕柔地在紅木長桌的桌緣黑檀木鑲邊上不斷地彈點。他才剛得知，博物館的石材文物首席修復師羅伯特・雷迪（Robert Ready）要好幾天之後才會回來。**好幾天啊！**他哪裡等得下去？三年來，他總是匆匆套上外套，抓著他那份仔細調製的橘皮醬斯蒂爾頓起司三明治急忙上路，躲開群眾和馬車，奔赴大英博物館，在那裡利用他剩餘的午休時間，來潛心鑽研從尼尼微（Nineveh）考古出土的硬化黏土刻寫板碎片。他的家境貧困，十四歲就輟學習藝，當個鈔票雕刻學徒。他的前途看來沒什麼發展。不過喬治是個天才。他自學古代亞述文（Assyrian），後來還成為解讀楔形文字的專家。博物館館員早就喜歡上這個總在午間現身的怪小孩，而且他們很快就發現，他破譯楔形文字雕刻的本領，勝過他們當中任何一個人，於是他們引領喬治進入他們的飛地，成為一位全職員工。到了這時，才只過了幾年，喬治已篩檢出好幾千件黏土碎片來組裝成第一片完整的刻寫板，而且也已經解譯出了大半內容。他發現，或者他相信，自己發現了一個了不起的祕密，從連串三角形和楔形刻痕透露出來——牽涉到舊約挪亞相關記述之前的一次洪水氾濫之謎——不過他需要雷迪以細膩手法清除擋住重要文字的一層外殼。喬治品嘗勝利的滋味。他想像這項發現如何把他推升上一種嶄新的生活便不由得全身顫抖。他控制不住自己。喬治決定冒險自己動手清理刻寫板。

好吧，我離題了。真實的喬治．史密斯停手等待。幾天過後，雷迪回來了，也發揮了他的技能，於是就這樣披露出我們這個物種有紀錄的故事當中最古老的一則，公元前第三個千年期間撰寫完成的美索不達米亞的《吉爾伽美什史詩》（*Epic of Gilgamesh*）。我這段自由形式的重述，也重現說故事的人——我們人類——早就開始做的事情：重現現實（我們對史上那位喬治．史密斯所知之事[24]），有時是平實的（就如這裡所述），有時具攻擊性，有時富高度戲劇性，有時是為後代而說，有時則是為了講述情節的純粹樂趣。《吉爾伽美什史詩》內容敘述的傳說，有可能經過許多世代流傳下來的許多說法塑造而成，而撰寫這部史詩的那些人的藝術動機，如今並不清楚。不過在這段充滿戰鬥和夢想、傲慢和妒忌、腐敗和純真的故事當中，那些人物和他們所關切的事項，都跨越了數千年光陰，清楚地對我們講述。

而這實際上也就是情況那麼令人震撼的原因。《吉爾伽美什史詩》經記載下來大概五千年過後，歷史已然一次次目睹我們的種種轉變，好比我們的飲食和居住形式，還有我們的生活和溝通方式、我們的醫藥和生育做法，然而我們卻能夠馬上從那段不斷開展的敘事中看到自己。《吉爾伽美什史詩》和他的袍澤恩奇杜（Enkidu）啟程踏上一段能檢驗他們的勇氣、倫理道德和他們最終本色的艱辛旅程——新石器時代版的《末路狂花》（*Thelma and Louise*）。到了旅途尾聲，故事談到吉爾伽美什在沒有生命的恩奇杜身邊流連不去，他的痛惜悲嘆，那樣的哀戚文筆，我們都太熟悉了：「他為他的朋友，像個新娘般，遮蓋上他的臉龐。他就像隻鷹，在他的身邊盤桓。他就像被奪走幼崽的母獅，往返來回踱步。他捲曲的（頭髮），他團團扯脫，他撕下身上的華麗服飾，（彷似）什麼忌諱的東西般把它拋開。」[25]就像許多人，我也經歷過這種處境。幾十年前，在我那間小小的無電梯公寓，從一個房間衝往另一間，不知道該往哪裡去，瘋狂地想要躲開父親猝死的消息。即便經過了悠久的好幾百甚至幾千個世代，我們和我們的祖先仍有許多共通之處。

而且也不只是我們人類才普遍有悲傷和哀悼、悸動和歡欣，還有探索和好奇尋思。我們還普遍都渴望表達這所有一切，並藉由故事來處理所有這一切。《吉爾伽美什史詩》或許是現存最古老的書面故事，不過倘若我們這個物種在五千年前就已動手撰寫故事，那麼在那之前許久，我們肯定也早就開口說故事。這就是我們會做的事。而且是我們早就開始做的事。問題是為什麼？為什麼我們不多打幾隻野牛、野豬，多採集些根莖、果實，卻花時間來想像壞脾氣神靈的邪惡越軌情節，或者構思前往奇異世界的虛幻旅程？

你或許會答道，因為我們喜歡故事。是的，當然了。不然我們為什麼不顧明天就得繳交的報告作業，卻仍溜出去看電影？否則我們為什麼會感到一股罪惡的樂趣，仍然要擱下「真正的工作」，繼續閱讀手頭那部小說，或者繼續看電視追劇？不過那只是解釋的開端，卻不是結局。我們為什麼吃冰淇淋？因為我們喜歡冰淇淋？是的，自然是。不過誠如演化心理學家令人信服的說法，分析還可以更深入進行。[26]

我們有些祖先喜歡把肚子填滿肉質果實和成熟堅果一類的豐富能源，遇上荒年時，他們就比較能熬過貧瘠歲月，於是就能產出較多後裔，也把對甜食和脂肪的遺傳偏好傳播出去。今天對哈根達斯開心果冰淇淋的渴求，是昨日搜尋取食關鍵熱量重要習性的現代遺風，卻也不再受稱譽為促進健康的欲念。這是種達爾文式的自然選擇，不過是表現在行為傾向的層面上。這並不是說基因決定行為。我們的行動是種種複雜層面，包括生物、歷史、社會、文化等因素以及種種不同機運影響混合造成的結果，而這些因素全都銘印在我們的特定佈局配置當中。不過，我們的品味和直覺是那種混合不可或缺的重要環節，而且為了強化生存能力，演化發揮了強大作用來塑造它們。我們可以學習新技倆，不過從遺傳上，繼而就本能上來說，我們都是老狗。

那麼問題就在於，達爾文演化是不是不只能闡明我們的烹飪口味，還能解釋我們的文學品味？我們的祖先為什麼受吸引耗費寶貴的時間、能量和注意力等資源，投入在說講故事上，而乍看之下，這卻不能提高我們的存活展望？虛構故事尤其令人不解。密切關注不存在世界的虛擬人物，如何面對假偽挑戰表現英勇事蹟，能產生出什麼樣的演化效用？演化兢兢業業地隨機邁步，勇往穿越適應地貌，有效避開奢華的行為傾向。倘若有一項遺傳突變，能引領我們擺脫講故事的本能，騰出時間來多磨尖幾支矛頭，或多覓得幾隻水牛屍骸，似乎可以帶來一項生存優勢，而且隨著時間推移還能帶來勝利。結果事實並非如此。或者說，基於某種原因，演化錯失了這個機會。

研究人員也曾努力想釐清原因，然而線索很少。我們幾乎找不到什麼證據能用來確立，回溯數千世代之前，我們的祖先有多少比例開口講故事，還有講故事能有什麼效用。這彰顯出了一種共通的挑戰，它普見於尋覓行為之演化基礎的研究，這項議題有好幾種不同形式，到往後幾個篇章我們還會遇上。從自然選擇的立場來看，真正重要的是，在我們祖先經歷的那段漫長歷史當中，那種種行為會對他們的生存和生殖展望，帶來什麼樣的衝擊。因此，一份記述要能令人信賴，就必須對古人應付古代環境時所抱持的心態具有比較精深的認識。不過有紀錄的歷史所提供的資訊，只占了人類經歷的區區渺小比例，這整段期間可以上溯至約兩百萬年之前，從最早期人類遷出非洲開始，歷史紀載只及於最後那百分之一的末尾四分之一段落。研究人員已開發出能針對過去進行間接探索的手法，包括對古代文物的詳細檢視、還有對現今殘餘的狩獵採集族群進行民族誌分析，並據此向外推斷，還有研究腦部結構，搜尋古代適應挑戰的認知迴響。由於證據零星瑣碎，局限了理論發展，不過依然容許產生出種種不同觀點。

這當中有個觀點認為，尋找講故事行為的適應角色，等於是在不當之處尋覓強化的適存度。某個特定行為傾向有可能僅只是其他演化發展的副產品——確實能強化生存，從而得以依循常見自然選擇方式來演化的發展。總體指導守則是，你不能對演化挑三揀四，這點也在史蒂芬．古爾德（Stephen Jay Gould）和理查．列萬廷（Richard Lewontin）的一篇著名論文當中生動地彰顯出來。[27] 演化有時只供應套裝交易。人類灰白質樣式的大型腦部，裡面塞滿稠密相連的神經元，確實有利於生存。然而在它們的設計當中，或許有某種內部因素，擔保讓它們對故事沉迷。舉例來說，設想我們這種社會生物之所以成功，部分得靠擁有良好的內部消息——誰攀升、誰敗落、誰強、誰弱以及誰可靠。基於這種情資的適應效用，當它們出現時，我們往往會提高警覺。而且擁有這種情資時，拿它來分享以換取較佳社會地位的情況也不少見。既然小說中充斥這種情節，我們經由適應模塑的心智，或許也就會被激發來豎起耳朵傾聽、轉述，即便那段敘事是虛構的。因此當腦部越來越純熟應付社交生活時，自然選擇就會對它們露出微笑，而當它們沉迷講故事時，自然選擇就會邊聽邊翻白眼。

相信了嗎？許多人不認為如此（我認為自己也屬於這類），也覺得以大腦的全副創造能力，它不可能集中處理一種完全普及、位於最中央核心卻與適應毫不相干的行為。講故事經驗的諸般層面有可能就是演化套裝交易的環節，不過倘若講故事、聽故事和重講這些故事變成無關宏旨的八卦是非，那麼演化就該會找到方法來擺脫這種無用的廢物。那麼，講故事又是怎麼獲得演化青睞而保留下來的呢？

尋找答案時，我們必須留心注意遊戲規則。因為就許多行為來講，要炮製出事後諸葛式的適應角色，都實在太容易了。而既然我們沒辦法讓演化重新再次開展來測試這項主張，於是我們就有可能滿腦子裝了無法驗證真偽的故事。最令人信服的提議，是從某給定適應挑戰入手的方案——只要能夠克服這些挑戰，就可以成就更高的生殖表現——並論證某特定行為（或行為系列）在本質上是精心設計來應付那項挑戰的。我們愛吃甜食的達爾文式解釋就是個典範。人類必須有最低數額的熱量才能生存與繁殖。面對熱量攝食嚴重短缺的可能慘禍，偏愛富含糖分的食品，便展現出了適應價值。倘若你著手設計人類心智，瞭解人體的生理需求和遠祖時代環境的本質，我們很容易想像，你規劃人腦程式時，就會讓它鼓勵身體在有果實時盡量多吃。因此，自然選擇篩選出這項策略也就不足為奇了。問題在於，是否存有類似的適應性考慮因素，有可能導致你在編寫人類心智程式之時，讓它投入創造、講述並聆聽故事。

有的。講故事有可能就是心智重現真實世界的方式，一種嬉戲活動的皮質版本，而這種活動普見於對許多物種的觀察記載當中，能提供一種安全的方式來練習、改進關鍵技能。對心智無所不知的領導心理學家平克，針對這項理念提出了一個特別精簡的版本：「生命就像下棋，情節就像認真的棋手所研讀的著名棋譜，好讓他們能預做準備，以防自己也陷入相仿困境。」[28]平克設想，藉由故事，我們每個人都能建立一套「心理目錄」，裡面蒐羅應付生命潛在曲球的種種對策反應，接著我們就可以在必要時查閱參考。從對付狡猾的部落成員到討好潛在的配偶，再到組織集體狩獵以及避開有毒植物，再到指導後進、分配貧乏的食物儲備等等，我們的祖先面臨一項又一項的難關，同時他們的基因也設法在後續世代找到立足之地。沉浸於虛構傳說，看劇中人如何應付種種相仿的挑戰，應該能提升我們祖先的策略和反應能力。因此，對腦部編碼讓它從事虛構事務是種明智做法，能廉價、安全並有效地讓心智擁有更寬廣的運作經驗基礎。

有些文學學者裹足不前，指出虛構人物面對假偽挑戰時採行的策略，就一般來講，並不能套用在現實生活中，或者起碼並不建議這樣做。[29]喬納森．戈特紹爾（Jonathan Gottschall）總結各家評論嬉鬧寫道：「你到頭來有可能就像瘋狂滑稽的唐吉訶德那般四處奔逐，或者就像受了哄騙落得悽慘下場的艾瑪．包法利（Emma Bovary，《包法利夫人》的小說人物）——兩人都是由於把文藝幻想和現實混淆在一起才誤入歧途，」[30]當然了，平克並不是建議我們仿效我們在故事裡見到的行動，而是要我們以這些為借鏡來學習——這個途徑，就如戈特紹爾所稱，倘若能做個適度的類比轉換，改採心理學家暨小說家凱思·奧特利（Keith Oatley）所介紹的隱喻，或許就能傳達得更為周全：[31]別把它想成心理檔案，設想那是種飛行模擬器。故事勾勒出虛構國度，在那裡我們效法經驗遠勝於我們的人物。我們以故事為借鏡，在真假分際的保護下，密切觀察豐富繽紛的異地世界。也就是藉由這些模擬情節，我們的直覺擴充了、完善了，變得更為敏銳、更為靈巧。面對陌生事物時，我們並不會啟動認知搜索行動來尋找心智的「親愛的艾比」（Dear Abby，美國著名的報紙諮詢專欄）。事實上，我們是藉由故事來內化一種比較微妙的認識，讓我們知道如何因應，並且認識箇中內情，而那種內在知識便指導我們未來的行為。對著風車發起衝鋒攻擊，與孕育英勇激昂的內在熱烈感受，根本風馬牛不相及——那是我的看法，也是其他許多人在閱讀了吉哈諾（也就是「唐吉訶德」）冒險故事最後篇章之後心中湧現的看法。

拿飛行模擬器做為隱喻，來比擬故事的適應效用，我們該如何編寫模擬器本身的程式？我們會讓它跑哪種故事？我們可以從創意寫作入門課程的第一堂課得出答案。講故事有一項原則就是必須有衝突。必須有難關。必須有麻煩困境。當故事人物必須跨越變幻莫測的關卡，包括外在的和內在的，才能如願得出結果，這樣的人物就能吸引我們。他們的旅程，不論是實際的或是象徵性的，都會讓我們正襟危坐，或者急切地翻頁展讀。可以肯定的是，最引人入勝的故事，都會令人對裡面的人物、情節和敘事技巧本身引發詫異、歡愉甚至敬畏的感受，不過對許多人來講，一旦把衝突拿掉，故事就乏善可陳了。

就以在敘事式飛行模擬器上運轉的內容來看，它的達爾文式效用也有這種情況，而且這絕非偶然。沒有衝突、沒有難關、沒有麻煩困境，故事的適應價值也會變得乏善可陳。一個名叫約瑟夫．K（卡夫卡小說《審判》的主人翁）、樂於坦承不知名罪狀的人物，還有盡責接受不公不義刑罰的情節，會讓人想要很快閱畢全書。若是段沒有其他敘事修飾的情節，結果就比較不具衝擊力。此外，當你閱讀桃樂絲（Dorothy）如何開心交出紅寶石鞋，踏上黃磚道路，消失在矮人國國度，就是這樣的景象。倘若是晴朗的天空、完美無瑕的引擎，加上模型乘客等模擬安排，這些就不能增進飛行員的準備狀態。彩排經驗要能在真實世界派上用場，就得演練遇上沒有準備就很難應付的情況。

有關故事的一種觀點也可能闡明，為什麼你和我以及其他所有人，每天都花好幾個小時來編造我們很少記得、更難得分享的故事。我說每天，指的是每晚，那些故事是我們在快速動眼睡眠期（REM sleep）編出來的。從佛洛伊德發表《夢的解析》（*The Interpretation of Dreams*）後過了一個多世紀，有關我們為什麼作夢依然沒有共識。我是在國中一門課上讀了佛洛伊德的這本書，那門課叫做「衛生」（沒錯，真的就叫這個名字），這實在有點古怪，畢竟開那門課的老師，都是學校體育老師和運動教練，而且課程主要講授急救和清潔常規。由於教材不夠填滿整個學期，於是規定學生必須做課堂報告，而內容也注定不那麼切題。我選擇睡眠和作夢，而且大概是太認真看待了，除了閱讀佛洛伊德之外，還在放學後花時間爬梳研究文獻。最讓我驚歎，也最讓全班詫異的是米歇爾．朱維特（Michel Jouvet）的作品，他在一九五〇年代晚期探索貓的夢境。[32] 朱維特破壞貓腦的一個部位（藍斑核〔locus coeruleus〕，在這裡提出以饗同好），同時也去除一道神經關卡，讓平常阻止夢中思想刺激身體動作的作用失效，導致貓在睡覺時會蜷伏、弓背發出嘶鳴還揮舞利爪，想必是對虛幻的掠食動物和獵物做出反應。要不是你知道那些動物正在睡覺，或許你會認為牠們是在演練什麼貓武套路。更晚近的一些研究是以大鼠為對象，用上了比較精密的神經學探針，結果顯示牠們作夢時的腦部模式，和清醒學走新迷津時錄下的模式十分貼切吻合，於是研究人員就能追蹤大鼠作夢時心智回溯先前步驟的進展。[33]當貓和大鼠作夢，看來牠們肯定是在演練與生存有關的行為。

我們和貓與囓齒類動物的共同祖先，大約生存於距今七、八千萬年之前，那麼，將一種猜測結論外推套用在相隔好幾千萬年的物種上，肯定要貼滿大量警語標籤。不過我們可以想像，我們灌注了語言的心智之所以作夢，有可能也是為了相仿的目的：提供認知上和情緒上的訓練，用來強化知識並鍛鍊直覺——故事飛行模擬器的夜間段落。或許這就是為什麼，以一段典型的壽限來講，我們都相當於投入整整七年時間閉上雙眼，身體大半癱瘓，揮灑我們自導自演的故事。[34]

不過就本質來講，講故事並不是種孤芳自賞的媒介。講故事是我們進駐其他心智的最強大手法。而且身為一種高度社會性物種，能短暫轉移進入另一個人心中的本領，或許就是我們能夠生存並取得支配地位的關鍵要項。這就提供了一種相關的設計理念，並得以將故事編碼納入人類行為型錄當中——據此來識別確認我們的講故事本能的適應用途。

講故事和其他心智

物理學家之間的專業論述，一般都牽涉到以五花八門方程式來傳達的專門術語。這可不是能吸引依偎在營火周邊的民眾傾身聆聽的素材。然而，倘若你知道該如何閱讀方程式並詮釋那些術語，他們講述的故事也可能相當動人心弦。一九一五年十一月，愛因斯坦就要完成他的廣義相對論，他精疲力竭，仍不斷運用方程式來解釋水星軌道略微偏離牛頓預測的長久謎團，他滿心感動，一陣悸動湧現心頭。他在複雜數學洶湧水域航行了將近十年，這下計算得出結果，就像初次看到陸地。轉述阿爾弗雷德·懷海德（Alfred North Whitehead）晚期評估箇中乾坤，他的意思是愛因斯坦的大膽求知，已安全抵達知識灘頭。[35]

我從來沒有開創那般重要的發現。很少人有。不過就連比較平凡的發現，也可能帶來類似的心跳激情。在那些時刻會湧現一股萬物與我為一的深刻連結感受。那確實就是嵌入了抽象數學和專業語言裡的故事之宗旨全貌。那些故事道出了宇宙的細密論述，或者宇宙間事物的風貌，含括在它誕生之際、在它衰老還有在它轉型之時的情況。這些故事提供一種體驗宇宙的方式，而那種視角，沒有故事是無法企及的。它們提供了一道門戶，通往種種不同的現實國度，而在最令人滿意的事例當中，它們都是完全料想不到的。經由數學，再以實驗和觀察驗證確認，我們也就得以前往與奇怪又奇妙的宇宙親密交流。

我們以自然語言講述了數千年的故事，也扮演這樣一種雷同的角色。經由故事，我們得以脫離我們平常的單一視角，並在短暫期間以不同方式棲居於世界當中。我們藉由說書人的雙眼和想像力來體驗世界。故事飛行模擬器是我們通往鄰近心智時所上演之特質世界的門戶。根據喬伊斯．歐茨（Joyce Carol Oates）的說法，閱讀「是我們能不由自主，而且往往無可奈何地，溜進入別人皮膚、別人聲音、別人靈魂，進入我們並無所知之意識的唯一手法」。[36]沒有了故事，其他心智的千絲萬縷也就如同不識量子力學情況下的微觀世界般無法為人所知。

故事的這項獨有特性，是否造成了哪種演化影響？研究人員認為是的。我們之所以能發跡，很大部分肇因於我們是高度社會性的物種。我們能夠經營團體生活、集體工作。並不是完全和諧，卻仍有足夠的合作，能夠徹底顛覆生存機率計算結果。這不單是數量保障安全。這是創新變革、參與、授權和眾人共同合作。團體生活要能這麼成功，關鍵就在於我們從故事吸收了各式各樣的人類經驗之後所產生的種種真知灼見。誠如心理學家傑羅姆．布魯納（Jerome Bruner）所稱，「我們組織我們的經驗和我們就人類經歷的記憶，主要都採敘事的形式來完成，」[37]於是他也因此心懷質疑，「要不是我們擁有依敘事形式來組織和溝通經驗的人類能力，否則我們哪能經營這種集體生活方式。」[38]我們藉由敘事來探索人類行為的範圍——從社會期望到令人髮指的越界行徑。我們目睹人類動機的廣度——從崇高壯志到應受譴責的野蠻心態。我們所遭遇的人類處境範圍——從勝利成功到揪心慘敗。誠如文學學者布萊恩．博伊德（Brian Boyd）強調指出，敘事就這樣讓「社會地貌更適合於航行、更遼闊、更開放接納種種可能性，」為我們灌注一種「認識我們的世界的渴求，而且不只是就我們本身的直接經驗而論，還可以藉由其他人的經驗——而且不只是指真正的其他人」。[39]

不論是藉由神話、故事、寓言或甚至於日常事件的美化記述，敘事都是我們的社會本性的關鍵要素。我們藉著數學來與其他現實交流；我們藉著故事來與其他心智交流。

我小時候經常和爸爸一起看《星艦迷航記》（*Star Trek*）的原始系列「星際爭霸戰」（the Original Series）電視影集，這個傳統也延續到我和我自己的兒子。倫理故事和太空劇集很能吸引喜歡英雄探險故事並伴隨些許哲學思考的人士。其中十分耐人尋味的一集是〈達莫克〉（Darmok），出自後續的「**銀河飛龍**」（the Next Generation）系列，內容敘述故事在文明的塑造上扮演一種很特別的角色。塔馬里人（Tamarians）是個人形異星種族，他們只以寓言來溝通，也因此對他們來講，畢凱艦長的語言直接運用方式十分令人困惑，就如同對畢凱而言，他們不斷引用陌生的故事作品，也同樣令人難解。最後畢凱終於理解了他們以寓言為本的世界觀，於是他引述《吉爾伽美什史詩》內容，建立起一次跨物種心智接觸。

在塔馬里人心目中，生活和社群的模式都銘印在一批共享的故事當中。我們的心理模板比較沒那麼單純，即便如此，敘事仍提供我們的一種首要概念基模。演化心理學的先驅人物，人類學家約翰．托比（John Tooby）和心理學家勒達．科斯米德斯（Leda Cosmides）便曾指出可能理由：「我們不久之前才從一種以個別個體本身經驗為唯一（非與生俱來之）資訊來源的有機生物演化出來。」[40] 而那種經驗，不論是在當今時代廣場與現場群眾起爭執，或者在「新生代」（地質年代）非洲草原協調狩獵團體共同行動，都會產生出類似故事的資訊封包。若我們具有我在前一章提出的那種（想像出的）能看到個別粒子的超人類視力，經驗封包就可能具有某種不同特性：說不定我們會依循粒子軌跡或者根據量子波函數，來組織我們的思維和記憶。不過以我們的尋常人類知覺，經驗調色盤承載的是敘事色彩，而且我們的心智也適應了以故事來為宇宙著色。

不過請注意了，形式是一回事，內容又是另一回事。儘管經驗是以故事結構來注入一種迷人魅力，我們則是使用敘事，來組織我們遠超出人類所遭遇之界限的認識。科學進步就是個重要例子。一個物種隻身著手征服現實之壯闊謎團，最後還帶著最震撼人心的真知灼見回來的傳奇，的確可以當成戲劇和英雄事蹟的題材。不過這些故事的科學內涵的成功標準，和我們用來衡量人類大冒險所採行的測度方法，依然有天壤之別。科學的存在理由，是要掀開遮擋客觀現實的面紗，因此科學記述必須能與邏輯標準相符，得以藉由可重複的實驗，來周密審視並檢定測試。這就是科學的力量，也是它的局限。科學嚴格遵守能將主觀性降至最低的標準，確認超越該物種任何給定成員的結果。薛丁格那則重要至極的量子方程式，對我們說明了電子的眾多相關事項（以及擁有一則能極其詳實描述這些纖小粒子如何往返去來，而且精確度超越地球上其他任何事項之記述的方程式，是多麼令人激動），然而它的數學並沒有向我們透漏多少有關薛丁格或我們其他人的知識。這是科學自豪付出的代價，結果換來一段量子紀事，而這段紀事也許可以通過驗證，確認遠比我們的現實小角落還更切合實情，而且說不定還得以在所有空間，跨越所有時間，全都占有支配的地位。

我們講述的有關各色人物往返來去的故事，不論那是真實或是虛構，所關注的事項並不一樣。這類故事闡明的是，儘管我們的存在不可避免有其局限，而且是完全主觀的，它卻又是那麼豐富。比爾斯撼動人心的故事，在梟河橋（Owl Creek Bridge）一次軍事行動中，短暫占了一席之地，並淬煉出貝克爾所說的「對生命之難忍的內心嚮往」。[41]藉由故事，我們見識到那種嚮往的一個放大版本。而且當我們想像精疲力竭但心情昂揚的佩頓．法科爾（Peyton Farquhar）趨身想擁抱他的妻子，這時絞索卻猛力扯住了他，也扯住了我們，就此脫離了他幻想的逃亡情節，而我們有關身為人類究竟代表什麼意義的領會，也就此分崩離析。藉由語言，故事突破了原本受我們本身狹隘經驗所劃定的約束界線。我們的想像力在精挑細選的詞藻引導下，對我們的共通人性有了更深刻的認識，也對身為一種社會物種如何生存下去，有了更細膩的瞭解。

不論是處理事實或者小說、象徵式或者如實敘述，講故事的衝動，是人類的普遍特性。我們藉由我們的感官來把世界感受進來，而且在追求連貫性和設想可能性之時，我們還尋求模式、發明模式並且想像模式。我們以故事來清楚敘述我們的發現。這是種持續不斷的歷程，而且是我們如何安排生活和理解生存的核心要務。不論是真實或虛幻人物，他們的故事，道出了主人翁如何對熟悉和非比尋常的情況做出反應，也為我們提供了一種人類參與的虛擬宇宙如何豐富了我們的反應，並完善了我們的行動。在遙遠的未來某個時候，假使我們終於扮演東道主，接待從遙遠世界駕臨的貴客，而我們的科學敘事，由於所包含的事實真相恐怕他們也早已發現，因此也沒什麼可以提出來講的。我們的人類敘事，就如畢凱對塔馬里人的情況，可以告訴他們我們是誰。

神話傳說

在科學家社群裡面，研究發現可以採好幾種方式來獲得收益，要嘛就是解釋令人困惑的資料，不然就是為棘手理論疑難提出解決方式，否則就是能夠實現先前無法企及的壯舉。絕大多數科學發展，依然是專家的專屬範疇，不過有些則確實凌駕其他項目，帶來了廣泛的文化衝擊。就多數情況而論，這些都關乎科學細節核心本質之外的重大問題：宇宙是怎麼開始的？時間的本質是什麼？空間的相貌就如它的外表所展現的模樣嗎？倘若你吸收了科學就這些重大問題所提出的最精確答案，那麼你的現實觀點，幾乎肯定會發生變化。研究發現，我們這是顆卑微的星球，環繞一顆普通的恆星運行，而那顆恆星則是初始空間急遽膨脹後才形成的，這項認識不斷為我的思想灌注理念，提醒我，我們在整體全貌當中，占了什麼樣的地位。我們發現，時間流逝的速率並不是絕對的，時間對我而言，和對其他以不同速度運動的任何人來講，都是不同的，這項驚人的事實，始終讓我沉吟不止。研究發現，我們表面看來有三個維度的現實，或許只是更廣袤空間範圍的細薄片段，這是種讓我樂於設想、令人激動的可能性。

數千年來，文化也產生了一些獨特的故事，同樣凌駕其他情節，並對其所屬社群的現實觀產生了廣泛的衝擊。這些都是一個文化的神話——由於廣受關注，從而得以醞釀出一種神聖感受。大家都知道，定義神話是件艱難的事情，不過這裡就指稱那是借助超自然力量來探索文化重大關切事項的故事：它的起源、它長年施行的儀式、它為世界賦予秩序的特殊方式。由於存續綿長歲月，能吸引廣大民眾，還包含了系列基本解釋，神話成為共同遺產的基礎，而那份傳承就是定義一個民族並塑造一個社會的悲喜成敗、歷史紀事和幻想，以及冒險和反省的綜合體。

長久以來，學者不斷發展出種種具有高度洞察力的方法來閱讀解析神話。二十世紀初，人類學家詹姆斯・弗雷澤（James Frazer）爵士提出所見，認為神話產生自一種嘗試，期能藉此解釋我們的遠古手足所遭遇的原本令人不解的生命歷程和自然現象。精神分析學家卡爾・榮格（Carl Jung）認為，神話藉由原型（他推斷這就是無意識心智固有的內在普適模式）傳達出人類經驗的共同特質。約瑟夫・坎伯（Joseph Campbell）談起一種「單一神話」（monomyth），也就是神話故事的總模板，裡面有個角色不情願地接受徵召，投入一項冒險行動，歷險犯難，出生入死，跨越重重關卡，最後回到家中，成為重生的英雄，他的旅程猛烈地撼動了我們的現實。[42] 到了更晚近時期，哲學家邁克爾・威策爾（Michael Witzel）主張，普適模板最清楚呈現的情況，並不是在個別神話層級，而是唯有當我們考量整個傳統的集體神話——也就是一種環環相扣的故事線，從世界開端一路延伸到最終滅亡為止——之時才萌生出現。威策爾引用語言學、人口遺傳學和考古學的觀點，論稱這些敘事的共同特質，可上溯至最早期形式的神話，其根源出自非洲，而且最早或許可以回溯至十萬年前。[43]

這些提案還有其他不可勝數的不同主張，掀起爭議並引來猛烈批評。它們各自具有擁護者或貶抑者；它們盛衰起落。有些學者主張，儘管以單一全方位解釋來說明神話，具有十分強大的誘惑力，全方位解釋卻能幫忙確認，是哪些普適特性塑造了我們的古代遺產。不過，人類生活的複雜性，在朦朧黯淡又含糊不明的歷史進程展現出來，恐怕不適合以單一解釋來闡明。就我們這裡的目的而論，解釋的覆蓋範圍還可以限縮。宗教學者暨作家凱倫・阿姆斯壯（Karen Armstrong）提出了最簡約的摘要，並指出，神話是「幾乎總是根植於死亡經歷和對滅亡的恐懼，」[44]而且即便我們稍微保守一些，而且把「幾乎總是」軟化為「經常」或者「在許多情況下」，我們依然有一盞很亮的指路明燈來引領我們前進。

舉幾個例子：當吉爾伽美什聽說有個人似乎蒙神恩賜而永生不朽，他就不顧一切動身——旅行跨越廣袤荒野，折服一對蠍精，並順利通過死亡水域——來探知祕密，查出如何逃脫原本避不了的終局。死亡是印度女神迦梨（Kali）傳說的最重要課題，迦梨的盡善盡美惹怒了其他神祇，於是祂們發出一道閃電把她的頭割下來；[45]死亡是科諾（Kono）創世神話的核心要項，裡面談到冥神撒（Sa）相信他的女兒遭神靈阿拉坦迦納（Alatangana）誘拐，於是撤銷全人類必死天命以為報復；死亡是大洋洲半神人毛伊（Ma-ui）故事的一項重要題材，他找到了沉睡的精靈女神——暗夜大神希那（Great Hina-of-the-Night），穿越她的兇殘雙頜，意圖挖出她的心臟來保障不朽。結果希那醒了過來，以她的森森利齒把他撕咬成碎片。[46]隨機解密你愛好的世界神話選集，於是你不必遠涉重洋，親身面臨性命交關的體驗。有關這些人物如何搏鬥保命，還把死亡帶進世界的傳奇，也在講述整個世界滅亡的許多故事中迴盪。誠如威策爾所稱，這種毀滅「有可能釀成波及全世界的烈焰末日——古冰島神話集『埃達』（Edda）當中『諸神的黃昏』、祆教神話中的熔態金屬、印度濕婆的毀滅之舞和火焚天界、曼陀神話中的大火、還有馬雅的火與水等等傳奇，以及中美洲的其他神話，還有埃及創世神亞圖姆（Atum）的最後毀滅地球。」[47]倘若這些還不夠，你還想知道得更多，那麼還有眾多故事講述其他毀滅事例，而且用上了大量的冰、無盡的寒冬，還有流傳盛行全世界的洪水。

這是怎麼一回事？為什麼有那麼多的危險、死亡和毀滅？這是因為敘事樂於引進衝突和麻煩。除非我們致力於顛覆敘事的規範，否則若沒有這些元素，我們就很難找到故事來講。把它和神話核心高於生活的考量——地方或人的起源，以及存在方式的基本原理——混合在一起，故事固有的兩難困境也隨之推展到一個極致。除此之外，恐怕不會有其他進展。等到我們發展出語言，而且開始講故事之時，我們也就獲得了活在當前片刻之外的能力。我們能夠輕鬆航向過去與未來。我們能夠規劃和做設計，能夠協調和溝通，能夠預想並先期準備。這些能力的用處顯而易見，不過有了這些心理靈活性，我們還能在生活中追憶過往故人。我們推斷模式，完全沒有違背事例，並認定生命總有個盡頭。我們體認到生死彼此依存，相互交織且不可分割。它們是存在的雙重性質。我們省思起源，也喚出結局的問題。我們省思如何度過生命，也就是省思沒有生命的處境。人不免要死，這是我們在此時此地的最深刻領悟，而且我們可以想像，到了末日降臨的時代，萬象更顯無常，也更難以逃過死亡終局。難怪死亡和毀滅會孕育出重大的課題。

不過，這些古老傳說裡面為什麼充斥狂暴巨人、噴火蛇精、牛頭人等一類怪物？為什麼在虛構故事中上演恐怖情節，卻不在現實中呈現？為什麼納入《鬼哭神號》（*Poltergeist*）和《大法師》（*The Exorcist*）劇情，卻不出現在《搶救雷恩大兵》（*Saving Private Ryan*）和《霸道橫行》（*Reservoir Dogs*）片中？認知人類學家帕斯卡・博耶（Pascal Boyer）基於認知科學家丹・斯珀伯（Dan Sperber）的早期成果，[48]提出了一項解答。一項概念要有充分力量來抓住我們的注意力，讓我們記住它，並轉達給旁人知道，這項概念就必須足夠新穎，能讓人感到驚訝，卻也不能太過離譜，致使我們當下就認定它荒唐可笑。博耶表示，一個位於認知甜蜜點上值得深思的理念，必定是「最小程度違反直覺的」——這表示它違反了一項、或者最多兩項我們根深蒂固的預期結果。[49]隱形人？當然了，只要隱形是唯一違反直覺的特徵。一條河流潺潺唱出《外科醫師》（*M*A*S*H*）電視影集主題曲來解答一些微積分問題？夠蠢了，因此大多數人不以為然，而且會很快就把它給忘掉。匹配呼應比實情更重大的神祕故事主題，我們遇見的傳奇主角也都比真實人物更大，卻只最低程度違背了人類的想像力建構。難怪這些傳奇主角的實體形式、思維歷程，甚至他們的人格特徵，讓我們感覺它們至少稱得上完全熟悉，即便與我們過去所遇見的一切情況相比，他們的力量全都超乎預期。

語言為神話的創造引擎安上了另一個汽缸動力。一旦我們擁有能夠描述尋常事物結構的本領——狂風暴雨、燃燒的樹木、蜿蜒爬行的蛇等等——語言就能提供一種現成的，可讓我們任意混合搭配的「馬鈴薯先生」型敘事。「巨岩和會說話的人」組合，不過就是「會說話的岩石和巨人」這種比較引人矚目的語言混搭而成的一種交換形式。語言解開認知能力的桎梏，讓我們能想像出形形色色從未演練過的組合，引領我們演變出新穎的事項。[50]獲得這項能力的心智，能以新角度來看待舊問題。這些心智能變革創新。隨著時光流逝，這些心智就會控制並重塑世界。

為創意漩渦撒下種子，也是我們的一種心智理論——我們有種先天傾向，所遇到的事物只要具有影響作用，即便只隱約可見，我們都會為它賦予心智。就如我們先前有關意識的討論，當我們遇見別人，就算相隔遠距，並沒有直接接觸，我們都立刻認為他們也擁有多少就如同我們一樣的心智。就演化角度而論，這是件好事。其他心智也能表現出我們最好能事先料到的一些行為。對動物也有這相同現象，因此我們直覺認為牠們也有意圖和欲念。然而有些時候，就如心理學家賈斯汀・巴雷特（Justin Barrett）和人類學家斯圖爾特・葛斯里（Stewart Guthrie）所強調指出，我們做得過火了。[51]就演化角度而言，這也可以是件好事。把遠方月光掩映的矮樹叢誤看成一隻休息的獅子，這沒什麼大不了。把我們剛剛聽到的聲音誤以為是風吹樹枝的颯颯聲響，結果卻是隻逼近的豹子，那就很要命。在野外判定影響作用的根源時寧可做得過頭，也不要輕忽（當然也要適可而止），這是成功的DNA分子和它們所棲身的講故事載具，都必須謹記在心的一個教訓。

幾十年前，在一次當時我很少參加的露營冒險活動期間，我必須面對一項挑戰，隻身待在樹林裡一段短暫時期。我身上只配備了一張防水布、睡袋、三根火柴、一個小罐頭、一枝筆和一本日記簿，我發現自己比以往任何時候都更深深感到孤單。不論怎麼看，就實際上或精神上來衡量，我都沒有準備。我審慎地選定樹枝來勾住防水布，設法搭了一頂低矮的臨時頂篷，不過我第一次嘗試生火卻失敗了，還把三根火柴都用掉了。太陽開始下山，恐慌也開始攀升，我捲開睡袋，匆匆鑽了進去，盯著飄盪在我臉孔上方近處的防水布。我當時就是驚慌成這樣。在我這雙都市居民的耳朵和工作過度的想像力之眼中，每陣風和每道咯吱聲響，都是一頭熊或一隻山獅。我不幻想自己會表現出什麼英勇氣概，不過每段看似漫無止境的一秒鐘，感覺都像是我自己起死回生的成人儀式。我掏出筆，草草畫上兩個銅鈴眼，一個酒糟鼻，還有一張彎曲的嘴，嘴角微微上翹；防水布不怎麼適合拿筆在上面作畫，不過藍色斷線和凹凸塑料也夠用了。我仍舊孤單，不過已不覺得那麼糟了。倘若當晚林中每道喧囂，都被賦予一個心智，那麼我的蝕刻圖像也是如此。我的《浩劫重生》經歷只會延續三天，不過我已創造出了我自己的「威爾森」。

演化為我們注入一種傾向，讓我們想像周遭充斥了能思考、有感覺的事物，有時還設想它們會提供協助和勸告，然而我們還更常構思它們能做謀略和規劃能欺騙和黑吃黑，還能攻擊和報復。對世界的聲音過度賦予意義，還以對危險、破壞過於敏感的心智來攪和，有可能拯救你的性命。動用認知靈活性來處理現實元素融成想像的混合成品，有可能孕育出變革。讓原本平凡無奇的主人翁擁有驚人的超自然特質，能抓住大家的注意力並促進文化傳播。把這些元素結合起來，就能闡明哪些類型的故事能抓住我們祖先的想像力，並能提供敘事指引來帶領他們在古代世界遊歷。

隨著時間流逝，這當中最持久的神話故事，就會孕育出世界上最強大的變革力量：宗教。

第07章

腦子和信念

Brains and Belief

從想像力到神聖

From Imagination to the Sacred

我想像，當我們最後與地球外的智慧生命接觸時，他們也會講述一段歷史充滿了尋找意義的嘗試。一種生命若是能打造望遠鏡、建造太空船、向宇宙伸出觸角，並聆聽它的竊竊私語，這種生命也就能夠自省。隨著智慧成熟，投入探索、求知的那股衝動，也就展現為一種為經驗注入重要意義的舉動。解答完了「如何」的問題、很快地「為何」也跟隨出現。在地球這裡，生存迫使我們的早期兄弟們成為技師。他們必須學習如何加工處理石材、青銅和鐵。他們必須精熟狩獵、採集和農耕等技術。不過除了滿足基本生存需求之外，我們的祖先還耗費心思尋思我們面對的相同問題——有關起源、意義和目的的問題。生存的目的就是要促使投入探究為什麼生存是很重要的。技師免不了要變成哲學家。或者科學家。或者神學家。或者作家。或者作曲家。或者樂師。或者藝術家。或者詩人。或者潛心動腦的思想家。他們共同成就了好幾千種思想體系和創意論述組合，循此便有望深刻解答在我們肚腹飽足之後許久依然咬囓我們內心的那些問題。

就像我們經久不衰的故事和神話已清楚闡述，這類問題當中，最持久的就是關乎存在的類型。世界是怎麼開始的？會怎麼結束？我們怎麼會在這裡存續片刻，接下來就消逝無蹤？我們要去哪裡？外面那裡可能還有哪些世界？

想像其他世界

約十萬年前，在當今以色列下加利利（Lower Galilee）地區某處，一個四歲或者五歲孩子，或許就安靜地玩耍，或許在搗蛋惡作劇時，頭部受到重創。那個孩子的性別不詳，不過就讓我們設想她是個小女孩。傷害的起因也並不明朗。是滾落陡峭的岩石丘陵，從樹上摔下來，或者遭受過當的體罰？就我們所知，衝擊導致她的顱骨右上側破碎、造成了腦傷。不過她熬了過來，直到她在十二歲或十三歲時死亡。這些事實都點滴蒐羅自卡夫澤（Qafzeh）發掘所出土的骨骼遺骸。卡夫澤是世界上最古老的墓葬遺址之一，那裡的發掘行動從一九三〇年代開始進行。儘管在那處遺址還另外發現了二十六具遺骸，那位年輕少女的墓葬方式卻十分特別。那個女孩的胸前擺了取自兩隻鹿的角，鹿角一端置放在她的掌中。按照研究人員說法，這種安排就能證明那是一次土葬喪禮。鹿角可不可能是種沒有特殊意義的裝飾品？是有可能。不過我們可以合理認同研究團隊的判斷，並設想卡夫澤十一號（那孩子的代號）是在十萬年前一次葬禮儀式入土長眠，埋葬她的早期人類已在省思死亡，努力釐清它的含義，或許還考量接下來有可能發生什麼狀況。[1]

就那麼悠久之前的事件得出的結論，肯定只是種暫時性推斷，不過較晚近年代墓葬遺址的發掘發現，讓這種詮釋變得更合理了。一九五五年，在莫斯科東北約兩百公里處，一座名叫多布羅戈（Dobrogo）的村子裡，亞歷山大・納恰洛夫（Alexander Nacharov）負責操作一台怪手，為弗拉基米爾陶瓷器皿廠（Vladimir Ceramic Works）挖掘土壤，他注意到，在他挖出來的黃褐色壤土當中夾雜了一些骨頭。最後那處地點就成為最著名的舊石器時代墓葬遺址，稱為索米爾（Sunghir），那批骨頭是最早的一批發現，往後幾十年間，在那裡還發掘出了眾多遺骨。其中一處墓穴特別令人震驚：一個男孩和一個女孩，死時分別約為十歲和十二歲，兩人頭頂著頭合葬，看來就像兩個年輕心靈的永恆融合。他們的下葬時期為距今超過三萬年，遺骸都以歷來最精美的陪葬品來裝飾。以修飾過的北極狐牙齒製成的頭飾、象牙臂環、超過十二支象牙矛叉還有穿孔象牙盤，以及——會讓利貝拉切（Liberace，愛穿珠飾華服的演藝人員）的粉絲綻出一抹微笑的——超過十萬顆雕琢象牙珠，當初很可能用來縫製孩子的斂衣。研究人員估計，以每週一百小時的步調瘋狂加工，這些飾品大有可能花費一位匠人超過一整年功夫來製造。[2]這樣的投資，最起碼帶來一條強有力的線索，暗示儀式墓葬是某種策略的一環，期能以此來超越死亡定局。軀體或許會終結，然而某些關鍵特質會延續下來，而且這些特質還可能藉由精心製造的陪葬品，來予以強化或撫慰或增光或予以滿足。

十九世紀的人類學家愛德華·泰勒（Edward Burnett Tylor）認為，夢是引領早期人類歸出這種結論的一種具說服力的影響力量。[3]我們大可想像，夜夜出現種種惡作劇，從怪誕舉止到誇張行徑，在在都會讓人聯想到，清醒世界之外還可能存有另一個世界。當我們從夢中醒來，不論感到安慰或者恐懼，見到亡故親友來訪，總會令人覺得他們依然存在。不過和他們以往已經不同。顯然不是在這裡，而是以某種虛無飄渺的方式存在，而且他們就在近處。相關文字紀錄是直到遠更晚近方才出現，不過眾多夢境事例，能提供窗口讓我們見識到無形的現實，並支持我們的推測。古代蘇美人和埃及人把夢詮釋為聖諭指令；舊約和新約《聖經》處處可見，上天旨意經常藉由夢境來披露。到了現代時期，針對澳洲原住民等與世隔絕的狩獵社會所做的研究，也發現夢幻時光（Dreamtime）所扮演的重要角色，孕育出所有生命的永恆國度，也是所有生命都要回返的地方。夢境般的恍惚態，也常見於某些傳統，他們以敲擊音樂和激烈舞步來引導種種儀式，連續進行好幾個小時，誘發催眠般的幻象，而且根據參與者所述，那就像被傳送到現實的不同層面。[4]

在清醒時刻也不乏雷同事例，顯示在可見範圍之外或許還有另一個現實：地上和天界都有強大力量發揮作用；變幻莫測的日常事例：頻繁出現威脅生命以及奪人性命的危機。在一種社會情境下的演化成功，讓我們的腦將共同的經驗歸因為同胞的行動。當閃電來襲或洪水氾濫或者大地晃動時，我們總是設想，這是某種會思考的生物造成的後果。面對這一切，我們可以想像，我們的前輩在內心隱隱坦承，在這樣一個不確定的世界當中，他們的影響力是有限的，於是他們因應幻想出一些居住在某個無形國度、擁有超凡能力的人物。

不論有心無意，這都是種明智過人的反應。這讓我們能夠把原本隨機發生的事件，寫成連貫的故事：用來想像無形的國度裡住了熟悉的和虛構的角色。用來提供名字和臉孔，包括真的和虛構的，並認為他們密切關注我們的舉止，並對我們的命運施加最後的控制。這樣就能改造必死的命運，把它化為卡夫澤所穿越的門廊，讓她二十幾個洞窟同伴，以及世世代代的祖先，啟程前往這些無形的天上世界。這樣就能講述並一再講述他們的故事，而且藉由這些敘事來召喚出個性、弱點、怨恨、妒忌和在鄰近世界表現出來的種種人類舉止，以此解釋發生在我們的世界裡原本無法解釋的事件。

我們的遠古藝術嘗試，進一步暗示了一種對來世的深刻關注。世界各地的探險家在岩壁上發現了成千上萬幅畫作圖像，有些的年代可以追溯到四萬多年前。這些圖畫披露形形色色的動物，從獅子到犀牛到種種創造構成的綜合體，包括鹿與女人，還有鳥與男人匹配的生命。人類形式只扮演次級角色，通常只描畫成簡陋的草圖，甚至完全沒有出現。一批批大量人類手印，描繪出混亂的疊印輪廓，它代表什麼意義，我們也只能猜想——是努力要碰觸另一個國度，或是渴求獲得岩石彷彿無止境的耐久性呢，還是銘印出豐沛的手印妝點，留下早期版本的「吉佬兒到此一遊」（Kilroy was here）？意圖終歸消散無蹤，我們只能在一旁納悶。我們一邊思索，在跳舞的巫師和瀕死的野牛圖中，辨認出一種動用最早期創造力投入的努力，而那就很像是我們自己的表現。看著岩石表面淺層下方，我們瞥見了自己也向我們回望。

在這當中蘊含了興奮激情，也暗藏了危機。與我們的古代文化表親相逢的誘惑，有可能哄騙我們為他們的創作賦予過多意義。或許洞窟藝術不過就是早期意識心智的一種漫不經心的塗鴉。或者採用比較高層級的描述，或許洞窟藝術展現出一種古代的美感驅力，也就是某些人所稱的「為藝術而藝術」。[5]要推斷生活在好幾百個世紀之前的人心中抱持什麼樣的靈感，是種很危險的事項，因此我們最好別延伸得過遠。不過當你考慮到，前往這些遺址必須經歷哪些艱苦磨難，這當中起碼有好幾處位置是很難抵達——考古學家戴維・劉易斯—威廉斯（David Lewis-Williams）便曾描述，如今的探險家，還有，想必當時的洞窟藝術家也是一樣，都是「彎身在地底下沿著一條完全黑暗的狹窄通道爬行超過一公里，還得滑過泥濘灘岸，涉越黑暗的湖泊和隱伏的河川」[6]——這是種「為藝術而藝術」的解釋，不過似乎不是那麼合理。就算是我們遠古兄弟當中特別具有浪漫藝術稟賦的一群，也很可能選擇比較容易的方法，來滿足他們的純藝術衝動。

那麼，或許我們的藝術家前輩是在執行魔法儀式，來確保狩獵成功，這就是考古學家所羅門・

雷納赫（Salomon Reinach）在一九〇〇年代倡導的見解。[7] 只要能確保一頓開心的晚餐來滿足需求，來點洞穴勘查和繪畫活動又有什麼大不了的？[8] 或者就如劉易斯－威廉斯秉持宗教歷史學家米爾恰・伊利亞德（Mircea Eliade）的較早期理念，並進一步發展而提出的主張：說不定洞窟藝術衍生自薩滿神遊體驗。就如同神話敘事能引來更多追隨民眾，薩滿（shaman，巫醫術士，能說服旁人並讓本人相信，自己能旅行至鄰近現實屬靈國度，並藉此來贏得聲望的精神領袖）也成為這個世界和下一個世界之間的媒介。於是，觸動舊石器時代繪畫的靈感，有可能就是薩滿在與神話角色洽談，或者引領虛構動物時所體驗到的恍惚狀態影像。

分處不同大洲，相隔千年光陰的眾多創作，彼此卻相像得驚人，這似乎便隱指有種原因能全面解釋所有洞窟藝術。不過，即便那樣的願景實在太過奢求，有一種特性卻仍獲得考古學家班傑明・史密斯（Benjamin Smith）深自信服：「洞窟絕不只是種『油畫布』。它們是進行儀式的地方，民眾在那裡和棲居另一個國度的神靈及祖先溝通，它們是充滿意義和迴響的地方。」[9] 根據史密斯和許多志同道合研究人員所述，我們的前輩深深相信，他們能藉由藝術和儀式來影響神靈力量。儘管結論下得很有信心，當我們回顧距今兩萬五千年、五萬年，甚至十萬年之前，細節已然含糊，因此我們也不大可能肯定知道，是什麼因素激勵了我們的遠古兄弟們。即便如此，仍有一幅（雖說只是暫時的）一致的圖像映入眼簾。我們看到遠古前輩施行喪葬禮儀，對其他世界的儀式祭獻；藉由創造藝術來想像凌駕經驗的現實；講述神話敘事，召喚強大的神靈與不朽，以及來生——簡而言之，後續世世代代標記為宗教的構成要素，逐漸聚攏到了一起，於是我們不必費力就能見到，對這糾結纏繞的生命無常所產生的體認。

宗教的演化根源

我們能不能充分運用古代新興宗教信仰，把它化為當今舉世廣泛採行的宗教實踐之一項解釋？支持擁護宗教認知科學的博耶等人認為我們可以。他主張，就算遍覽最寬廣的宗教參與類別頻譜，這當中仍有一體適用的演化基礎：

> 宗教信仰和行為的解釋見於所有人類心智的運作方式，我真的是指所有人的心智，不只是信教人士的心智……因為這裡真正重要的是，我們這個物種當中，所有腦部正常成員的心智的特性。[10]

議題重點在於，人腦與生俱來的特質，歷經無窮時光和無情鬥爭，求取演化優勢塑造成形的種種特徵，都讓我們衷心篤信宗教。這可不是說，我們有神明基因或者虔誠神經樹狀突。就實際而言，博耶是秉持認知科學家和演化心理學家近幾十年來對腦部認識的長足進展，把我們熟見的、以電腦比擬心智的類比方式做了改良，從原先把大腦設想成等待經驗累積出所需程式的通用型電腦，改為把大腦比擬為有專門用途的電腦，而且它有自然選擇編程的固接線，可提高我們前輩的生存機率和生殖前景。[11]這些程式支持博耶所稱的「推理系統」（inference system），也就是擅長對這類挑戰做出反應的專用神經處理程序——從投擲標槍到求偶再到建立聯盟等——而這些程序就會決定誰的基因能成功轉移到下一輪，而誰的不能。博耶的核心要項在於，這些推理系統很容易被宗教先天固有的特質吸收納入。

我們已見過一種這樣的推理系統：我們的心智理論，循此我們把我們每個人內部經歷的影響作用，歸因於我們在外部世界遭遇的實體。為這類影響作用賦予過多意涵所帶來的有益傾向，能釐清我們為什麼那般樂意認為，我們的周遭環境——不論是地下的或天上的——全都住了有意識的心智。其他的推理系統，包括我們直覺上對心理學和物理學的理解——無須正式指導，我們對心智和身體的能力，全都具有一些基本的認識。有了這些推理系統，加上我們又特別注意最低程度違反直覺的概念（請記得，這類概念都違反了少數幾種我們的直覺預期），無怪乎我們會那麼堅定信守神靈和神明等一類的觀點（這裡所稱神靈、神明是一些作用媒介，被賦予類似人類之心智，不過有關於祂們的形體，以及祂們在精神上以及實體上的力量的預期，卻都有所不同）。正常的大腦也具有社會推理系統，負責（比方說）密切注意人際關係，確保有情誼的人都能得到應有的對待。我會為你效勞，你也必須為我效勞，但別忘了，我會不斷關注事態發展。這種互惠式的利他主義，有可能就是人神關係（信眾與棲居宗教傳統之超自然生靈間的關係）通常都具有的交易本質之根源。我會獻祭，我會祈禱，我會行善，不過談到明天的戰鬥，祢要當我的靠山。就另一方面，發生壞事時，我們都太容易把過錯歸咎於我們本人或者整個群體沒達到神明期許所致。

博耶在他的《宗教解釋回顧》（*Religion Explained*）書中完整鋪陳這些理念；另有些研究人員也針對相仿課題變化鋪陳。[12] 不過，我的草案傳達的是這門途徑的要旨：大腦的演化是由生存戰鬥塑造成形，而最後勝出的腦具有敞開心胸擁抱宗教的特質。這就是前面所提的演化套裝交易的一個實例。對於宗教信仰的偏好，本身或許並沒有適應價值，不過它是與腦的另一套特質組合捆綁在一起出現，而那些屬性各有其適應作用，並經遴選保存了下來。這並不表示我們所有人都虔信宗教，就如同我們先天遴選保有的甜食嗜好，並不意味著我們所有人都沉迷嗜食糖衣甜甜圈。因此，這並不表示大腦的推理系統，對於出現在世界宗教的種種特徵具有特別敏銳的反應。沒錯，這種共鳴也正是這類特徵得以在世界宗教持久存續的原因。不論那是鬼魂或神明、邪靈或魔鬼、聖人或靈魂，宗教幻想產物都是引導人類心智演化進展的大指揮家。我們關注祂們，我們秉持祂們的意願來行動，我們傳揚祂們，因此祂們名聲遠揚。[13]

所以就是這樣嗎？適者生存讓我們的心智裝備齊全，而具有適應性的心智很樂意接受宗教的薰陶？還有，在我們想像中宗教解釋了看似無解之疑難，從生命和宇宙的起源，到死亡的意義等問題上，肯定曾經扮演（而且許多人認為它仍繼續扮演）了角色？博耶和其他許多提出相仿觀點的人，並不否認宗教在處理這些課題上所扮演的角色，不過他們認為，這些考慮因素仍不足以解釋宗教產生的原因，還有為什麼它具有這樣的特徵。在宗教上大家視而不見的大問題是人類的心智，若不首先關注心智的演化本質，我們也就沒有掌握真正主導的力量。

博耶和學界研究夥伴發展出的學理頗具洞見也十分令人信服。不過就如同在腦、心智和文化等極端複雜領域的理論建立過程中，要想得出明確結論，而且要能讓所有現代心智心服，或者起碼要能說服著手就眼前課題仔細尋思的心智，是很難辦到的。此外，就算宗教認知科學成功發現我們具有容易受宗教思想影響的先天秉性，宗教依然大有可能並不只是演化的附屬品，也不單只是早期認知適應的副產品。好比另有些研究人員也曾指出，宗教之所以普及各地，或許就是由於它本身也為我們的適應適存度做出了貢獻。

犧牲小我，完成大我

隨著氏族規模增長，狩獵採集部落也開始面臨一項重大問題。你該如何確保越來越多的個體仍能持續合作並保持忠誠？就親族團體來講，有個觀點可以回溯至達爾文，而且在那隨後幾十年間，包括羅納德・費雪（Ronald Fisher）、約翰・霍爾丹（J. B. S. Haldane）和威廉・漢彌爾頓（W. D. Hamilton）在內的好幾位知名科學家，也相繼投入發展。他們表示，自然選擇演化毫不費力地就解決了這個問題。[14]我忠於我的手足、我的孩子和其他近親，因為我們的基因有相當部分與他們共通。一頭大象向我妹妹衝過來，我出手救她，於是我也提高了與我本身一模一樣之基因片段留存下來並傳遞給後續世代的可能性。這並不表示我必須知道這點。同時當我表現出英勇舉動之時，我肯定也不會去計算未來基因庫藏的相對豐度。不過，根據標準的達爾文式邏輯，我投身保護親族，甚至犧牲自我來成全親族群體的本能傾向，自然會被遴選出來，從而促使這類行為傳承給與我的遺傳剖面有相當比例相同的後裔子代。這項推理直截了當，卻也引出了一道問題：當團體規模超出了親戚氏族範圍，這時還會有舞動合作棍棒的遺傳紅蘿蔔嗎？

若是你能設法來讓我認為，那個較大團體的成員都隸屬於我的延伸家庭，或者起碼讓我表現得彷彿他們都是我的遠親，那麼問題大概就能得到解答。不過你該怎樣做到這一點？我們在稍早之前談過，一旦故事強化了我們對其他心智的認識，或許也就促進了集體公共生活。有些研究人員還把這種適應性角色更進一步往前推展，好比演化生物學家大衛・威爾遜（David Sloan Wilson）便發展出相關理念，並在進入二十世紀之際，獲得社會學家艾彌爾・涂爾幹（Emile Durkheim）的擁護支持。[15]宗教就是故事，不過它還由教義、儀式、習俗、符號、藝術和行為準則來予以強化。藉由為這種種類型的活動賦予神聖氛圍，也在進行這類活動的人之間建立起一種情感忠誠度，宗教便能擴展了親屬關係群的範圍。宗教讓不相關的個體成為教友，於是他們便覺得自己是一個緊密依存團體的一部分。儘管我們的遺傳只有最低程度的重疊，由於在宗教上彼此依存，我們仍能共同合作並相互保護。

這種合作事關重大，而且影響深遠。我們已經見到，人類之所以繁榮興盛，很大程度是肇因於我們這個物種有能力集結腦力和膂力，營造團體生活並協同工作，還能分攤責任並有效地滿足群體需求。隸屬宗教束縛團體的那群人，會形成更強大的社會凝聚力，而這也讓他們在祖輩世界當中成為更令人生畏的勢力。依循這個論述方向，這就能確保宗教關係的適應性角色。

這種觀點引發爭議並延續了幾十年。有些研究人員每見到有人拋出團體凝聚力來當成一種演化解釋，他們就滿心不樂意，認為那是種落伍的陳腐理念，不宜以此來解釋傳說中那種適應價值原本就飄渺難辨的擁社會行為。[16]此外，合作的適應價值本身，也是種複雜的事項：任何由合作個體組成的團體，一旦有自私的成員加入，系統都可能被他們擺弄。自私的人會欺負善良的同志，占他們便宜，有可能藉此劫奪份外資源，也因此不公不義地提高了他們的存活與生殖機率。他們把自私傾向傳承下去，於是他們的後裔子代往往也會如此，隨著時光流逝，也就逐步把輕信旁人的夥伴——以及他們的宗教敏感度——逼向滅絕。宗教的適應性政變果真影響深遠。

擁護宗教為社會凝聚力之基礎的人士，都能承認這個理念，不過他們也強調，這只道出了一半真相。由一群合作成員組成的孤立團體中一旦滲入自私份子，他們肯定就能勝出。不過我們關注的團體——更新世狩獵採集部族——並不是孤立的。他們會交互往來。他們會打鬥。而且根據一份考古紀錄顯示，他們的戰鬥會造成死亡。一群合作的成員，各自為團體的福祉做出貢獻，他們往往可以有較好的表現。誠如達爾文本人所述，「當住在同一處鄉間的兩個原始人部落彼此競爭，倘若（在其他條件相同的情況下）其中一個擁有許多勇敢、富同理心的忠實成員，而且他們時時刻刻都準備好要相互警示危險逼近，彼此幫忙並捍衛對方，那麼這個部落就會比較成功並能征服另一支部落。」[17]此外，倘若某些人之所以戮力從公，是肇因於對已故祖先或守護神的虔誠奉獻，則那些人追求整體目標的承諾也就會更加可靠與熱切。[18]因此，要判定哪些遺傳性狀會瀰漫整個基因庫，我們就不只是必須斟酌有利於自私的團體內動力，還必須考慮到有利於合作的團體間動力。倘若我們假定，縱貫好幾千個世代，團體間成功支配了生存的演算結果，則對團體效忠就會占有主導地位，於是宗教的社會凝聚作用就能取勝。

因此這樣設想的勝利，依然只算是種暫定結果，因為實際上它是取決於最後的假設——團體間的主導影響勝過團體內的作用力——而且絕非所有人都相信，它可以準確地全面描繪出我們狩獵採集者的完整生死過往。再針對懷疑論者多加著墨，合作行為的解釋，也可能產生自比較腳踏實地的考慮因素——博奕理論的數學。在自私和無私行為兩個極端之間，還有為數無窮的不同對策，可供團體成員選擇採行。或許我會傾向於比較無私，不過倘若你太頻繁地冒犯我，那麼我的自私面就會現身報復。或許一旦你失去我的信任，我就永遠不會給你另一個機會——或者，說不定當你幾次表現善意，我就會給你一次機會，來贏回那份信任。並依此類推。倘若團體很大，裡面包含許多成員，各自採行種種不同策略，這時會發生什麼情況？嗯，不同合作策略帶來不等的生存價值，於是歷經世代傳承，它本身也就會接受達爾文式天擇處置。研究人員運用數學分析和電腦模擬，讓種種不同策略互相對抗，結果發現其中一種對策——「我會幫你的忙，不過你也得回報幫我的忙，而且倘若耍詐，我就會很快還以顏色」——特別能可靠地勝過其他手法，像是其他遠更為自私的策略。因此理論分析指出，這類具備必要條件的合作，有利於生存。[19]在貶抑者看來，這就顯示合作可以自然生成，並經由自然選擇對外散播，無須特別抱持某種共通的宗教信仰。

經過幾十年爭辯，如今有些研究人員開始宣稱，這些爭議終於塵埃落定。不過，由於雙方陣營支持者都曾提出這樣的評估，因此我們對於宗教在更新世扮演社會黏著劑角色、發揮促進生存作用的評估，也就依然沒有達成共識。

這是個複雜的問題。宗教結合了其他的誘人特質，包括：故事的魅力、強化影響作用的傾向、儀式的撫慰作用、期盼解釋的欲望、社群的安全以及反面期待的認知吸引力，成為一種繁複多端又豐富的人類發展成果。它的創生根源上溯久遠，有關古代從實踐方式到團體內衝突的確鑿資料可說是寥若星辰。爭議無疑仍會延續下去。

另一個完全不同的可能性是，評估宗教的潛在適應功能時，有關團體凝聚力的論點，忽略了故事中的一個關鍵成分。形形色色的研究人員都曾提到，宗教的適應性衝擊，最直接顯現於個體層級。

個體適應和宗教

我們探尋語言的起源時，有一項提案特別指出，八卦扮演了維繫階級和促進聯盟的角色。這類交談內容到了現代就有可能遭人貶為輕佻，不過心理學家傑西．白令（Jesse Bering）則是把八卦擺在古代宗教適應角色的核心。在我們養成說話能力之前，我們之間說不定會出現個惡棍，並表現出不當舉止——偷竊食物、和別人的性伴侶偷情、狩獵時躊躇不前——不過倘若目擊者人數少或者地位低下，違法犯紀的人就有可能在外逍遙。一旦語言紮穩根基，情況就不同了。就算只有一起違犯舉止，只要廣為流傳，那個罪人的聲望就會敗壞，生殖機會也就此一蹶不振。白令所提的主張是：倘若打算違法犯紀的人設想，不論何時都會有個強大的目擊者——飄浮在風中，或者吊掛在樹間，或者高懸在空中——他就比較不會越軌，比較不會為不利的八卦提供滋養，於是也就比較不會遭受社會排擠。這樣一來，他就比較可能生育後代，也把他敬畏神明的本能傳承下來。宗教素質能保障他的遺傳世系，從而得以自我永久存續。[20]

支持證據得自當初白令進行的實驗，實驗者吩咐孩童處理艱難的事項，接著任由他們自行完成工作。這下沒人監看，研究人員發現你也料想得到的情況——許多孩子會作弊。不過他告訴部分孩童，房間裡有個看不見的見證者，那是個友善且全神貫注的力量，這些孩童就比較會遵守規矩。其中有些孩子表示，他們其實並不真的相信那裡有什麼隱形的生靈，不過就連那些孩子也依然如此。白令合情合理地論述表示，和受了較多文化影響的較年長心智相比，年輕心智提供我們一道比較直接的窗口，讓我們可以窺見人類的先天固有本性。他還歸結認定，年輕心智先天上就傾向於遵從持續監看行為的無形勢力。在古代時期，正是這種薰陶，鼓舞了擁社會行為，而這樣的行為也可以維護名譽、提增生殖機會，從而進一步拓展這種薰陶本身的散播——提升宗教敏感度的薰陶。

宗教還有另一種適應角色，由實驗社會心裡學界發展成形，那群學者投入幾十年光陰，推展貝克爾的遠見，我們在第一章開宗明義就是從貝克爾的《拒斥死亡》（*Denial of Death*）入手。這些研究人員表示，知道自己會死所引發的恐懼，「恐怕已讓我們的祖先渾身顫抖，帶著一堆堆生物原生質踏上快速湮沒之路。」[21]他們指出，當初救了我們的，或許就是能超越肉體死亡的應許，不論那是真如字面所述或是象徵性的。貝克爾本人提出一種很令人信服的說法，論述我們訴諸超自然力量來處理死亡意識，是種奇妙的人類創新。為了緩解無常的苦惱，必須借助一種無條件且無限的永久性，來讓我們釋懷，而那是在物質界現實世界所不可能達成的事項。

誠然，你心中或許映現出，我們身強體健的祖先，在非洲稀樹草原上縮成一團，陷入一種難以理解的焦慮癱瘓處境。然而，經由聰穎的心理社會學實驗，研究人員已能論證說明，就連在這裡的現代時期，我們依然不自覺地受到死亡意識的影響。這當中有項實驗，進行時請教亞利桑那州一群法官，要他們針對遭控訴一項輕罪的被告提出罰金額度建議。法官拿到的書面說明裡包括一份標準人格剖面問卷，其中半數人還被問到額外幾道問題，解答時必須反思他們自己的必死終局（好比，想到你自己的死亡會激發什麼情緒？）研究人員預期，由於法規隸屬社會齊心協力來掌控原本會陷入無政府現實的一個環節——為抵禦潛藏在文明邊境外緣之危險所構築的堡壘——於是那群對於自己總歸要死亡的這種最終危害早有警覺的法官，也就會更為嚴苛地執法。實驗預測正確無誤。然而就連研究人員都覺得，兩組法官推薦的罰金額度落差實在太大。平均而言，接受了死亡意識薰陶的法官的罰金推薦額度，九倍於控制組的結果。[22]

誠如研究人員所強調指出，如果接受了精良培訓，長年沉浸於不偏不倚之公正標準的審判心智，只稍微多接觸了有關死亡的覺悟之光，就要受到這般影響，那麼我們就該暫時止步，先別認為在我們當中發揮作用的相同類型且同等隱匿的影響力不值一提。的確，好幾百項後續研究（改動受試樣本、他們是從哪些國家來的、他們受指派的作業項目、給予死亡意識的刺激方式，等等）都一再顯示，這類影響有可能被廣泛地測量並體現出來，從投票亭到仇外偏見，再到創意表達和宗教信仰。[23]貝克爾堅信文化的演化，部分是為了紓解原本有可能伴隨死亡意識出現的令人虛軟的潛在作用。這項觀點也獲得這些研究的支持。這樣一來，依循這個觀點，假使你嘲笑這種可能性，那就是因為文化發揮了作用。

我們談論宗教的演化根源時，是從博耶的思想入手，他否認宗教扮演了這個角色，並指出「從各個方面來看，宗教世界和沒有超自然力量的世界，都同樣可怕。而且就許多宗教而論，它們產生的作用不真的能撫慰人心，反而是帶來了濃重的陰鬱。」[24]不過，與其秉持貝克爾追隨者的精神，鞏固一袋子嘩啦作響的殘骨，或者依循博耶的設想，謝絕向它的信眾投落幽暗陰影，宗教敏感性反而有可能為不那麼萎靡不振的人士，提供一種中等程度的益處。說不定古代宗教活動便是以一種較緩和的柔光來燭照死亡，而且把日常經驗擺放在更能持久的敘事當中——這就是威廉．詹姆斯（William James）所述的宗教經驗的有益結果，他形容這帶來了「一種安全保障和平和心緒」，同時也灌注了一種「新的興味，而且就像對生命的禮讚一般把自己添加上去，同時採行抒情魅惑或者真誠訴求以及英雄主義的形式表現出來。」[25]

顯然，有關為什麼宗教會出現，還有為什麼宗教可以如此堅毅持久的問題，迄今依然沒有共識。這也並非因為缺乏理念，包括經過自然選擇的腦、驅動團體凝聚力、鎮定存在焦慮、守護名聲和生殖機會……都曾被提出。歷史紀錄也許太過零散，我們永遠沒辦法蓋棺論定；宗教所扮演的角色或許太過多樣，無法接受一種無所不包的解釋。我依然偏向認定，宗教是關乎我們對有限生命的單一體認；如同古爾德便曾概括總結表示，「大型的腦讓我們能夠習知……我們每個人不免都要死亡」[26]而且「所有宗教都是從死亡意識開始的」。[27]不過，宗教之所以能根深蒂固，是否肇因於它把覺知意識轉換成一種適應優勢，那就完全是另一個問題了。

腦的細密秩序，讓它能產生出豐富的思想和行動，其中有些與生存直接有關，另有些則沒有。沒錯，也就是這樣的能力，我們廣闊的行為品項總目，讓我們得以為第五章討論的形形色色人類自由奠定基礎。有一點是毋庸置疑的，藉由這些舉動，我們堅定不移地讓宗教長相左右，而且歷經數千年，把它發展成影響力遍及全球的機構。

宗教根源概述

公元前第一個千年期間，在印度、中國和猶地亞（Judea）各地，堅毅不屈且創意十足的思想家，重新審視了古代神話，以及存在的方式，於是在種種發展當中，也必然出現了哲學家卡爾·雅斯佩斯（Karl Jaspers）所說的「人類依然賴以生存的世界宗教的開端」。[28]學者就遍布廣泛領域的這些進展之關聯程度爭執辯論，不過結果仍有一致共識。隨著信眾制定故事、遴選真知灼見，接著就編纂合成指令，並經由受膏的先知宣導，一代代口傳轉述，於是更掙得了神聖的烙印。在此同時，宗教系統也變得越來越有組織。當然了，最後寫出的文本內容迥異，不過全都包含對幾道根本問題的神往，那些問題引導我們在這些書頁當中探索：我們從何而來？還有，我們往哪裡去？

存續至今的最早期文字紀錄有一部是吠陀經，這部經典的部分內容最遠可以追溯至公元前一五〇〇年。吠陀經加上奧義書（內容豐富的評論文獻，公元前第八世紀之後寫成）構成一部卷帙浩繁的吠陀經典，內容包括韻文、真言和散文，共同組成了後來的印度教所採用的聖典——如今地球居民，每七個當中就有一個信奉該宗教，信徒人數約十一億。我還不到十歲之前，也一度在個人生活中對這些作品產生興趣。

那是在一九六〇年代晚期。空中瀰漫和平、愛與越戰的氛圍，在一個燦爛晴天，爸爸、姊姊和我到中央公園散步。我們在詩人步道（Poet's Walk）盡頭再過去的瑙姆堡貝殼劇場（Naumburg Bandshell）稍事停留，那裡集結了大群虔誠信奉哈瑞奎師那（Hare Krishna）的民眾，所有人都奮力擊鼓、吟誦並跳舞。一位信徒睜大雙眼，淚流滿面，一邊瞪眼凝望太陽，同時隨著節奏舞動，表現出一種充滿激情的靈魂交流。這時出現了令人驚駭的事情，至少對我來講十分震撼，我突然發現，其中一位身著飄逸長袍、頭頂剃光只留一束髮簇的鼓手，正是我的哥哥。我還以為他離家去上大學。顯然，那次出遊是我父親採行的一種手法，循此對我們透露哥哥的生活轉往哪個新方向。

往後那幾十年間，我和哥哥只斷續往來聯絡，不過每次接觸時，我們交談的主要內容，要嘛就是吠陀經，不然就是它的相關課題。就我本人方面，相關興趣是因為這幾次往來才滋長出來的呢，或者這些交談內容是不是由於手足兩人分採截然不同的視角來探究這些相仿問題，自然而然萌生的呢？這就很難釐清了。學習這些對我來講很陌生的宇宙起源古代思想，肯定能豐富學養：「當時既無不存在，也無存在；既無空間範圍，亦無更外面的天空。何物擾動？在何處？誰來保護？那裡有無底深淵嗎？當時既無死，亦無永生。沒有夜的明確象徵，也沒有日的標誌。在那裡，生靈呼吸並無氣息，依循自己的衝動。此外完全空無。」[29] 人類感受現實律動的普世需求讓我十分感動。不過對我的哥哥來講，吠陀經還不僅只於此。那些經典帶來一種更宏偉的宇宙論觀點，我也研究宇宙論，不過是以數學來探究。把那些文字看成詩歌，它們巧妙捕捉住了開端的起點之謎。把那些文字看成隱喻，他們論述的是時間之前一段時期的費解本質。把那些內容看成冥想，則是群集圍著熊熊燃燒營火烈焰周圍沉思默想，天上籠罩著令人神往卻又神祕無比的星光掩映漆黑頂篷，經文傳達出一種看似矛盾的世上竟有的宇宙情懷。然而，古代讚美詩和經文，還有講述千頭原人「神我」（Purusha）如何解體創造出太陽、地球和月球，還有如何幻化成其他許許多多崇高祭品，祭品再轉化為世間萬物的虛構故事，並不能說明宇宙的起源。這些經文反映出我們追求模式、渴求解釋並與生存調諧合拍的心智，是如何發展出了一套生動故事，為生活提供了一套象徵性框架——我們如何從無到有，我們該如何處事，我們的舉動會造成哪些後果，還有生死本質。這零星幾次兄弟間摩擦，給我的薰陶逐漸變得明顯，吠陀經追尋的是某種穩定一致的性質，鋪設在熟悉現實變動流沙底下的礎石。它所描述的內容，我和我許多同事都很樂意運用來勾勒出基本物理學的使命特徵。這些學門都有相同渴求，期盼見到超越日常經驗所見外貌的真相。然而，各個學門認定能推進這一使命的解釋，本質上完全不同。

公元前第六世紀中葉，在現今的尼泊爾誕生了一位王子，他名叫悉達多，姓氏為喬達摩（Siddhārtha Gautama）。喬達摩在成長過程研讀吠陀經，後來他見識了平民百姓所遭受的苦痛，對自己的奢華生活頓感不安。根據一則著名的故事，喬達摩決定拋棄特權，周遊列國尋找能減輕人類蒙受苦難的方法。最後醞釀出的真知灼見，後來又由他的追隨者繼續發展並宣揚於世，這段進展大半發生在他死後，結果形成了佛教，如今地球上每十二個人就有一人信佛，總數約五億信眾。佛教思想傳播時，也發展出了好幾個不同宗派，不過它們全都有共通信念，認為感覺是認識現實的一種迷惑人心的指南。世界的一些特質看來彷彿是安定的，然而就實際而言，萬物總是不斷變化。佛教偏離了吠陀根源，它否認在存在的底層，存有永不改變的基質，並將人類苦難的根源，歸咎於未能體認萬物皆無常。佛陀的教誨勾勒出一種生活途徑，循此就能達到一種能比較清明感受真相之觀點的純樸狀態，而且就如吠陀經所述，指點一條通往接連重生的啟蒙道路，而最後則是尋求結束輪迴循環，達到一種無欲、無苦、無我的永恆極樂狀態。若說人類有關生命延續超過此生之國度的設想，是為求解答必死之謎的超凡心理運作，那麼印度教和佛教教徒抱持的人生態度，就還要更引人矚目。關於死亡出現一種新觀點，設想那是一種週期循環的新開端，而到最後就能永遠掙脫生命輪迴。一旦歷經循環抵達終點，就會來到一種不再存有不同存在概念的境界。我們的無常，成為通往永恆之路的神聖儀式。

由於印度教和佛教都追尋超越日常感知幻象的現實，而這也正可以用來描述過去百年來眾多最驚人出奇的科學進展的一項特色——一個小小的行業，產生出了旨在確立與現代物理學關聯性的文章、書籍和影片。儘管我們在觀點和語言當中是能找到雷同性，不過就我的經驗，在語意模糊的不同理念之間，充其量也只能找到某種隱喻共鳴。當現代物理學出現在通俗著作當中，包括我以及其他人的作品，為了提高可讀性，論述時通常都盡量減少使用數學。然而，數學毫無疑問是科學的基礎。不論用字遣詞多麼縝密細心，都只是方程組的解譯表現。動用這種解譯來作為與其他學門接觸的基礎，幾乎永遠跨越不了詩歌同盟的水平。

這種判斷最起碼和性靈領域的某些主流聲音是一致相符的。幾年前，我受邀和達賴喇嘛共同參與一次公共論壇。討論期間，我注意到，多數書籍都解釋現代物理學是如何精簡地重新發現了數千年前就在中東產生的發現，於是我請教達賴喇嘛，他認為這類主張有沒有根據。他的坦率回答讓我深為感佩：「談到意識。佛教有很重要的說法。不過談到物質現實時，我們就必須仰賴你和你的同事。你們才是能深入參透的人。」[30] 我記得當時自己心中思索，倘若全世界的宗教和性靈領袖，全都遵奉他這般單純、無畏又誠實的楷模，那就太好了。

約略就在佛陀周遊印度的那段時期，猶大王國的猶太人遭受巴比倫人痛擊並被迫流亡。為了標誌出他們的身分，猶太領導人蒐集了不同的書面記載，並監督口述歷史抄謄作業，編纂出了早期版本的《希伯來聖經》（Hebrew Bible）——後來這部文稿還會繼續發展成為亞伯拉罕宗教的聖典，而且如今地球上的居民，每兩人就有一人信奉這個宗教，信徒總數約為四十億。[31] 猶太教、基督宗教和伊斯蘭的神是全知全能且無所不在的，而且祂是萬物的唯一創造者——對全世界許多人來講，這項概念就是談起宗教時（不論涉及世俗或神聖層面），心中會想到的最主要影像。

舊約也談到它廣為人知的自有起源故事。啊，它講了兩則這樣的故事。第一則費時六天，從天地的形成開始，談到男人和女人的創造為止；第二則故事只含括一天時間，由於男人創造得比較早；在他第一次打盹之時，女人也進入了場景。世世代代迅速交替，舊約卻不是那麼樂意幫忙解釋，那些主要人物死後是去了哪裡。除了簡短幾段涉及復活的引述文字之外，完全沒有來世的承諾。猶太神祕主義者和教義詮釋者，後來又繼續發展出了好幾項有關不朽靈魂等待另一個世界的理念，不過並沒有任何單一詮釋，能夠調和種種不同來源和評論。五百年後，基督宗教發展出一套神學學說，納入了在塵世生命結束之後依然保有原來身分的永生靈魂，於是也抹除了這種不確定性。再過五百年，伊斯蘭也會導入它本身的廣大信仰體系，而且處理的課題也相仿，和耶穌宗教同樣敬畏逼臨的審判日，到那時候，死者就會復活，被認為有價值的人，就會蒙受永恆天堂恩賜，其他所有人則會遭受永恆詛咒。

前面簡短探究的少數幾種宗教，總和起來，在全球居民當中，每四人就有超過三人是信徒。就這四十億信徒來看，他們宗教參與的性質和風格大相逕庭。而且，倘若我們把目前在全球各地奉行的四千多種較小型宗教也含括在內，那麼信奉的範圍和教義內容細節，也就會更大幅地擴張。即便如此，各種宗教依然具有共通特質，好比都有地位崇高的人物，而且他們都被賦予得知或能更深入理解真相，接觸到旨在解釋這一切的故事，包括萬象如何起源、會如何終結，我們所有人會到哪裡去，還有到那裡的最佳方式為何。更深入探討，我們普遍預期宗教信徒會抱持一種神聖心態。這個世界充滿了能告訴我們是如何生活的種種故事。這個世界充滿了能指導我們如何處事的見解說法。這些綁定在宗教教義當中的故事和說法，經提升凌駕其他所有陳述，因為在信眾心中，它們能夠誘發出某種「信仰」。

促成信仰的力量

幾年前，我竭盡心力投注從事一項計畫，就在進行到最後手忙腳亂的階段時，一項演講邀約傳來，要我在華盛頓州一次集會上發表主題演說。我分神考量並接受了邀約，也沒好好調查確認那是個什麼樣的組織。幾個月過後，演講日期逼近，這時我才明白，選上我前往演講的是藍慕沙啟蒙學院（Ramtha's School of Enlightenment），那個組織的領導人叫做茱蒂・奈特（Judy Zebra Knight，「傑西奈」），她自稱能透過通靈渠道來與一位三萬五千年之前的戰士藍慕沙（Ramtha）交流。藍慕沙是從失落大地雷姆利亞大洲（Lemuria，「狐猴洲」）發出召喚，而且那個國度顯然還與沉沒海中的大陸亞特蘭提斯頻繁作戰。簡短搜尋一下就找到了能披露相關內情的影視片段，包括一段採自《梅爾夫・格里芬談話秀》（*The Merv Griffin Show*）的老舊影片，裡面顯示傑西奈頭部後仰，再猛力前俯，陷入恍惚狀態，接著壓低聲音，發出一種介於絕地大師尤達（Yoda）和女王之間的聲音，接著她就要我們相信，那是雷姆利亞大陸耆老附身說的話。我的小女兒在我一旁觀看，盡力忍住不笑出聲。她實在忍不住。要不是我滿心懊悔接受了邀約，我也會忍不住發笑。不過那是在上台發表的前一天，要想優雅反悔實在來不及了。

到了會場，我一開始就遇見了好幾百名雙眼矇住、雙臂伸展的民眾，所有人都在一片草地圍場走動翻找。我的接待解釋，每個人身上都別著一張卡片，上面由他們寫了自己的人生夢想，這項演練的目的是要「摸索」找出佈置在草場某處的另一張完全相同的卡片。他注意到，成功是確保往後夢想成真的一個關鍵步驟。「進行得如何了？」我詢問。「喔，好極了。這個階段已有一位參與者找到她的匹配卡片。」接下來上場的是矇住雙眼的弓箭手，我保持一段安全距離並婉拒參與這項活動，後來我發現，現場還有一位攝影師悄悄加入，於是我益發遲疑不願上場。矇住雙眼的弓箭手的成功率和矇住雙眼的尋卡人差不多。最後，一位年約二、三十多歲的年輕女子上前招呼，她擁有精神感應能力，能在一疊洗乾淨的撲克牌中連續感應出牌的花色和點數。「紅磚七」，她預測。「唷，是梅花六。不過我只差了一點。黑桃九。啊！是紅磚三。啊哈，你看，紅磚在這裡。」情況就是這樣。她告訴我，她每天練習許多小時，也知道自己必須更努力訓練。

對於在場聚集的會眾，還有後來出席主題演講的人士，我忍不住要提出幾項基本觀察結果，其中許多我們在前面篇幅都曾著眼討論。我解釋，我們是觀看世界並能發現模式的物種。而且就大體而言，這是件好事。歷經眾多世代，自然選擇讓我們有辦法從旁人和物體的模樣和動態辨識出模式，這樣一來，我們只需少數幾個視覺線索就辨認得出他們來。我們能探知動物行為的模式，於是我們才能預先得知什麼時候往前是安全的，還有什麼時候最好是朝另一個方向走。當我們拋擲出從石塊到長矛等物體時，我們總能掌握它們的飛行模式，這項本領對我們的祖先特別有用，可以幫他們捕獲下一頓晚餐。藉由模式，我們發展出溝通的方法，從而得以集結成為團體——從部落到邦國——發揮世界上最強大的影響力量。簡而言之，識別模式的能力，就是我們求生存的本事。不過，我繼續說明，有時候我們會做得過頭。有時候我們經過自然選擇的模式偵測機能發展得太過敏銳，太迫切宣告發現了信號，結果就會看到不存在的模式，設想出不存在的關係。有時我們為無意義的事項賦予意義。從基本數學我們可以知道，平均而言，你每猜四次就有一次猜對撲克牌花色；每十三次就有一次猜對點數。不過從那種模式，我們完全看不出有什麼精神感應能力。久久會有那麼一次——喔，還沒那麼頻繁——你可以在草場上任意走動並找到你的匹配卡片，然而這完全說不出它和夢想成真有什麼關係。我問道，各位有多常注意到，驚人巧合並沒有發生？

到這時候，與會來賓全都擠進一座空曠穀倉，喝采表示認同。許多人起立鼓掌，就此我當場向會眾表示，我很感激卻也困惑不解。我是在告訴各位，你們尋覓更深層現實的途徑，還有各位所採行的方法，不會有任何成果。又一陣熱烈掌聲。

後來在簽書會上，好幾位與會民眾悄聲澄清箇中原因。「我們許多人對這裡發生的許多事並不買帳，有人把這點明白講清楚是很重要的。不過外面還有其他**某種東西**，這我們都感受得到，而且我們之所以來學院，是由於我們有必要與其他同樣迫切希望尋覓更深層真相的人在一起。」我感同身受。我瞭解那份迫切感。物理學的歷史就是一批事件的組合，其中英勇的數學和實驗探索一次又一次地披露外面那裡還有其他某種東西——通常是某種奇怪、奇妙的東西，並且我們有必要重塑我們的現實寫照。種種理由都讓我們相信，即便動用我們嚴謹細密解釋大量資料的高明本領，我們現有的認識依然不是最後定論，因此我們物理學家料想，再往前進展，這種修正律動依然會一再多次重複。然而，我們歷經了好幾個世紀的努力，才改良了我們的調查工具，而這些就是構成科學實踐嚴謹體系的數學和實驗方法。這些就是我們傳承給我們的學生和研究同僚的方法。這些就是經過驗證確認它們有能力可靠探知現實潛藏特質的方法。

我對於非傳統主張抱持開放態度。倘若資料是以謹慎設計而且可以複製的實驗蒐集而來，而實驗的目的是探究，好比從一疊撲克牌感應出裡面藏了哪些牌的能力，並發現其表現超越隨機成功現象，或者是否有確鑿資料能確認，我們這個物種的某個個體，能運用渠道和從久遠失落大地發出召喚的古代耆宿通靈，果真如此，那我會很感興趣。而且是興趣大得不得了。然而，既然沒有這樣的資料，而且也沒有任何理由讓我們預期這樣的資料有可能就要出現，再加上也沒有任何論據有理由說明，這類主張與我們就現實運作的明確認識相符而非完全相左，因此我們很快就必須歸結認定，我們沒有絲毫理由來擁護這類主張，並抱持這樣的信念。於是這就帶出了一個問題：有什麼根據讓我們信仰某個無形、全能的神靈，還認定祂創造了宇宙、聆聽我們的祈禱並做出回應，而且持續監聽我們說什麼，監看我們做什麼，並恩賜獎賞，施予懲處？研擬解答之時，首先有必要更全面地充實信仰的概念。

信仰、信心和價值

幾乎毫無例外，凡是有人向我問起我信不信神的相關問題時，引發的「信仰」相關觀點，都與問起我信不信量子力學時引發的聯想非常相同。事實上，我經常同時被問起這兩個問題。我答覆時多半從信心（衡量確定性的一種方法）的角度來措辭，並指出我對量子力學的信心很高，因為那項理論能準確預測世界的特性，好比電子的磁偶極矩，而且精確度超過小數點後第九位數，至於神的存在，由於缺乏確鑿的支持資料，因此我的信心很低。從這些例子可以看出，信心是產生自冷靜評斷證據，而且基本上是依循演算系統來進行的。

沒錯，當物理學家分析資料並宣布結果，他們是在使用完善的數學程序來量化他們的信心。「發現」這個措辭，通常都只用在自信程度超過數學門檻時：受資料統計偶然性誤導的機率必須低於三百五十萬分之一左右。這個數值看來武斷，不過會在統計分析時會自然浮現。當然了，就連這麼高度的自信水平，也不能擔保一項「發現」就是真的。後續實驗資料有可能讓我們必須調整我們的信心；就這個例子也同樣如此，數學提出一套演算系統來計算更新資料。

儘管很少有人依循這種數學方法過日子，我們仍有許多信念是藉由（或許不是那麼刻意分析的）相仿的推理方式來歸結產生。我們看到傑克和吉兒在一起，猜想他們是不是情侶；我們一再看到他們在一起，對那項結論的信心也隨之增長。後來，我們得知傑克和吉兒是手足，於是我們對自己先前的評估打了折扣。事情就這樣下去。這是種反覆演變的歷程，而且或許你會料想，種種信念會匯聚為一，反映出世界的真實本質。不過情況不必然如此。演化作用並沒有讓我們的腦處理組態變得適合形成能與現實一致相符的信念，而是配置大腦組態使其有利於產生一些信念來促進生存行為。而且這兩項考量不一定必須同時進行。倘若我們的前輩仔細探究了引發他們注意的每一陣高低聲響，他們就會發現，多數聲音無須引用有意志的影響力量就能妥善解釋。不過從適應性適存度觀點來看，他們為尋求真相的繁重探查工作，恐怕不會有什麼進展。成千上萬世代下來，我們的腦偏離了較高的準確性，改為追求馬馬虎虎的粗略認識。敏捷反應往往勝過深思熟慮的慎重評估。真實性是信仰大戲的要角，卻也很容易被生存和生殖搶走戲分。

進一步讓劇情更加緊湊，演化又添加了另一個演員：情感。一八七二年，自然選擇演化論公布過後超過十二年，達爾文發表了《人與動物的情感表達》（*The Expression of the Emotions in Man and Animals*），內容探索他有關（非文化方面的）生物適應性的腦是情感表達的主要驅動力量的信念。達爾文經由密切觀察自己的孩子，借助廣泛發送的問卷，以及他在漫長考察途中蒐集的跨文化資料，統整得出了結果，認為，比方說，感到歡欣或困窘臉紅時露出微笑是種普世特性。你在全世界各地文化，肯定都能見到相同的反應。此後一個半世紀以來，研究人員遵循達爾文的前例，尋找有可能用來解釋人類種種情感的適應性角色，並投入探究有可能滋生這類情感的神經系統。研究顯示，害怕確實是種最原初的情感反應——從一開始，對危險快速做出行為暨生理反應，就具有高度適應性價值。親代的愛能驅動雙親為無助的後裔提供重要照護，這很可能也是種古老的適應性狀。困窘、罪過和羞恥，這些和在較大團體裡的有益行為，都具有特別密切的關係，而且往後當團體規模增大，這些也都可能變成適應性狀。[32]這裡和我們的關聯性在於，就如同適應壓力把人類心智塑造成能擁有語言又能講故事、編神話、施行儀式、創造藝術，還能鑽研科學知識；適應壓力也塑造出我們的豐富情感能力。我們的整個演化發展進程始終與情感糾結在一起。信念就是這樣從一種能將理性分析和情感反應綜合起來考量的複雜演算法中浮現，那就是養成生存能力的心智所執行的演算。[33]

我們的信念演算法還取決於種種不同因素，包括社會影響力、政治力量和無情利己的作為。在我們生活早年，信念強烈受到雙親權威的左右。爸爸或媽媽說那是真的，那麼那就是真的。理查．道金斯（Richard Dawkins）便曾指出，自然選擇偏愛向子女傳達能強化生存能力資訊的雙親，也因此相信爸媽講的話，從演化來講是很有道理的。隨後許多人都創制出自己的信念演算法——探究、討論、閱讀以及提出挑戰——而這就經常在現存期許的影響下以及接觸到旁人的信念而受其左右。我們多數人還擴大了被認為值得信賴的權威人士範圍，這些人包括教師、領導人、朋友、官員以及其他受推崇的專家。我們必須這樣做。沒人能重新發現數千年來所累積的知識，就連只是驗證都辦不到。有一次我作了一場夢，實際上是場噩夢，我夢到自己回到我的博士學位論文口試現場，考官盡力忍著不笑出聲地悄聲告訴我，所有支持物理量子力學「定律」的實驗和觀察全都是捏造的。我是一場精心策劃惡作劇的受害對象，我受了誤導，而引我誤解的是我所敬重的大批權威泰斗以及我所信任的同儕夥伴。實情不大可能就如夢中情節所示，其實我只親自驗證這門學科的極小部分的基礎實驗。你可以說，多數結果我都是秉持信仰而接受的。

我的信心得自幾十年來的一手經驗，因為我親眼見識物理學家如何藉由專心投注於謹慎累積的資料，兢兢業業地探究假設，並只保留能符合普適嚴苛標準的假設，其他全部予以棄置，循此將人類主觀性降到最低程度。不過就算這般奮勉專注，歷史偶然性和情感所驅使的人類偏見，依然會找到辦法滲入。量子力學的一種首要途徑（稱為「哥本哈根詮釋」〔*Copenhagen interpretation*〕）可部分追溯至幾位泰斗人物。從理論創建之初，他們就一直處於主導地位。我要請各位參考我的另一本書《隱遁的現實》（*The Hidden Reality*）裡的討論內容，不過我猜想，倘若量子力學是由另一批人發展成形，同樣這種形式的科學依然會出現，不過這種詮釋觀點就不會在過去幾十年中占有相同的主導地位。科學之美在於，藉由不斷研究，一個時代的學說信條，總會被下一個時代審慎檢討、重新思考，從而朝向更接近客觀真相的目標前進。不過，就算是以客觀性為宗旨的學門，仍需要走過一個進程，也仍需要時間。

也難怪，在混雜、凌亂又充斥種種情感的人類日常冒險國度，信念的頻譜是那麼廣闊又那麼虛幻，有時還令人困惑又感到沮喪。在形成信念的過程當中，有些人期盼科學幫忙，包括內容和策略方面。有些人仰望權威，還另有些人依靠社群。有些人是被強迫的，有時很微妙，有時是公開的。有些人到最後只信任傳統。另有些人完全託付給直覺來決定。而且在心智的下方底層那些通常不受監督的處理中心，我們每個人都採行一種特立獨行的手法，分別以形形色色的不同策略共組而成。此外，也沒有任何事項能防止我們抱持不相容的信念，或採取暗示我們有這類信念的行動。我坦然承認，我偶爾也會祈求天神賜福或者對亡者講話或者尋求上蒼庇蔭。這一切和我對世界的理性信念都不相符，然而我完全能接受自己偶爾試圖驅魔避邪的傾向。事實上，暫時踏出理性約束範圍會帶來某種喜悅。

另外也請注意，儘管專研哲學的學者接受報酬來探究信念——披露隱藏的假設並指出錯誤的推理——如今我們多數人，或者當年我們的祖先，都不是依循那樣的途徑來走。大半生活中的眾多信念都沒有經過檢視。或許這是它本身的適應變化方式。光說不練的人，往往沒注意到食物儲量太低，或者有隻狼蛛偷偷逼近。這就表示，評估誰怎麼會相信什麼之時，若是設想信念是經過深思熟慮以及周密的交叉檢定才滋長出現，那往往會錯得離譜。博耶便曾指出，「我們假定有關超自然影響作用的觀點……展現給心智，接著有些決策歷程接受這些觀點是正確的，或是排斥它們。」不過，由於這些理念觸動了腦中眾多推理中樞——從影響作用之察覺到心智理論，再到關係的追蹤等等——接著，由於自然選擇讓這些中樞能在遠低於意識察覺門檻之下執行它們自己的診斷作業，理性判斷和評審模型「就這些概念如何取得並表現出來而論，這或許是種嚴重扭曲的觀點。」[34]

就連能夠合理運用信念概念來說明的事物，本身也會隨時代變遷而改變。阿姆斯壯便曾指出，奉行古代埃萊夫西納人（Eleusinian）神祕儀式的人「若是被問起，他們相不相信波瑟芬妮正如同神話所述那般降臨大地，恐怕他們就會感到難以理解」。[35]這就相當於詢問他們，你相不相信冬天。「相信冬天？」你會正確回答，「四季，嗯，反正就是這樣。」相同道理，阿姆斯壯想像，我們的前輩會篤信波瑟芬妮的旅行，「因為不論看哪裡，你都會看到生與死是不可分的，而且大地死亡接著又重生。死很可怕，令人畏懼又不可避免，不過死亡並不是盡頭。倘若你剪下一段植物，把死掉的枝幹丟棄，它就會長出新芽。」[36]神話並不要求人相信。它並不引發只要旁觀者辛勤探究就能解決的信仰危機。神話帶來一種詩意的基模，一種隱喻式的思維定式，而且這也變得與它所闡明的現實密不可分。

或許這也可以拿來和自然語言歷經長期發展所發生的現象做個類比。[37]為求彰顯重點並做創意表達，講話的人會在他們的語句當中灑上一個又一個隱喻。我才剛做了，不過你很可能沒注意到。我們給燉湯灑鹽；在糕餅上灑糖。然而我灑用的隱喻，實在太過老套，因此罕有讀者會覺得，這段文詞會引動一個人出手在才剛烹熟的詞句饗宴上輕柔地灑落字句詞彙。隨著時間流逝，隱喻也出現濫用情況，起初或許具有的詩歌品質，也跟著逐漸消散（水蒸發，詩不蒸發），於是它們也成為日常派上用場的詞彙（馬兒勞動，詞彙不勞動）。一言以蔽之，它們變得就如字面所述。或許以一種秉持神祕宗教觀點的類比歷程就能發揮作用。或許這種觀點一開始是以回味、詩意、隱喻方式來看待世界，而且在一段漫長時光期間，逐漸失去了它們的詩意，卸除了它們的隱喻意義，並且轉變為一種字面主義。

我和這種字面主義最接近的狀況，是承認世上有可能存在某位神明。我明白沒有人能排除這種可能性。只要那個傳說中的神明發揮的影響，不以任何方式改動我們的數學定律所描述的現實進程，那麼那位神明就能與我們所觀察的一切相容。不過，在單純的相容性以及解釋必要性之間，還存有一道龐大裂口。我們之所以求助於愛因斯坦和薛丁格方程式、達爾文和華萊士的演化框架、華生和克里克的雙螺旋，以及其他長串科學成就，並不是由於它們與我們的觀測結果相容（當然它們相容），而是因為它們能提供一種強大、細密，而且可預測的解釋結構，來認識我們的觀測結果。依循這樣的考量，宗教教義並不能道出真相；當然了，許多虔誠教徒都認定這種考量無關緊要。問題在於，依字面觀點，那種評估是不成立的。把宗教聲明依照字面詮釋為對世界的一種主張，卻違反了既定的科學法則，那項主張就是錯誤的。完全停止。在這樣的情況下，奉守字面詮釋，就相當於接受藍慕沙的存在。

不論如何，只要我們願意放下字面主義，宗教教義（或甚至於藍慕沙的教誨）依然完全可以是理性論述的一部分，這時我們就不能對經文斷章取義，見到不喜歡的或自以為不合時宜的元素就予以忽略，也不能以詩文或象徵意義來詮釋故事和陳述，或者更簡單地將它們視為虛構論述的元素。許多理由都會吸引我們去這樣做。當我們看到我們的生活在更寬廣，有時也更充實的敘事情節揮灑開來，而且也罕見涉及宗教的超自然性質，或者形而上的主張，這時我們或許就會感到開心、覺得欣慰。當我們把宗教故事當成令人深深感動的文獻來閱讀，從中象徵性地領會人類狀況的基本特質，我們也就可能從這當中獲得有價值的收穫。我們也就有機會品味開發出能使特定宗教教義與科學認識一致相符之詮釋系統時所帶來的挑戰。我們或許會覺得，在我們與世界互動中，覆蓋上一種神聖的感受，添上一蓆能增強體驗卻又不會否定理性的層理是很有價值的。我們或許能從宗教信仰的支持與團結當中獲得好處。我們或許會覺得，參與宗教儀式，為人生歷程帶來聖潔成分，並且注記神聖的日子，讓我們能與一項高尚傳統連結起來，這些都會讓我們的情感體驗變得更豐富。宗教參與的這類多樣屬性，可以提供活動、動機、社群和引領，而且對某些人來講，這就能鋪設出一條通往更高度意義與更豐富生命的康莊大道。宗教參與的這些多樣屬性，並不要求相信宗教內容的事實本質；這些性質反映出一種對這些內容所具價值的信仰，不論該內容是否果真屬實。

一個多世紀之前，詹姆斯針對宗教經驗提出了一項敏銳真誠的分析，而且那項論述與達賴喇嘛有關物理學與意識的見識同聲呼應。詹姆斯強調，儘管科學養成一種不涉及個人的客觀途徑，然而唯有考量我們的內在世界——「現象的恐怖和美麗、拂曉和彩虹的『應許』、雷鳴的『聲響』、夏季雨水的『輕柔』、星辰的『崇高』，卻不包括這些事物所依循的物理定律」[38]——這時我們才有指望發展出完整的論據來描述現實。就像笛卡兒，詹姆斯所強調的，我們的內在經驗，其實也就是我們的**唯一**經驗。或許科學謀求的是某種客觀現實，然而我們與那個現實的唯一接觸方式，卻只能藉由心智的主觀處理來達成。因此，人類心智是藉由產生客觀現實，來兢兢業業地詮釋一種客觀現實。

因此，若是把宗教實踐——在這裡最好是稱為心靈實踐——當成心智內在世界的探索，一種向內的旅程，而且免不了要經歷很主觀的現實體驗，那麼有關種種不同教義是否反映了客觀真相的疑難，也就成為次要問題了。[39] 宗教上或心靈上的探索，不必然都得從外部世界的明顯層面求之；內部也有個完整地貌可供探索，從詹姆斯所提的恐怖和美麗、應許和聲響、輕柔和崇高，到人類龐雜繁多的其他建構，包括善與惡、敬畏與恐懼、驚奇與感懷，還有古往今來我們召喚來制定價值、尋覓意義的種種事項。不論我們多麼努力凝望大自然的各個粒子，不論我們多勤奮地探求大自然的基本數學規則，我們都沒辦法見識到這些概念。它們只在粒子展現特定複雜佈局之時才會浮現，也就是當它們演化出思考、感覺和反省的能力之時。在物理定律僵化的控制之下，竟然還有這般攪動的粒子集群，而且還能把這些特質帶進這個世界，這是多麼壯美又多麼令人感懷。

在我看來，以語言之敏銳隱喻來做類比，在歲月平撫下帶出了一個平淡無奇卻也明顯可見的關鍵要點：世界上許多宗教都歷時久遠。這點至關緊要。這告訴我們，多少世紀以來，甚至數千年來，都有種宗教實踐讓民眾持續關注，而且以形形色色不同組合提供了儀式結構，向他們透露並讓他們感知自己在世界上占有何等地位，引導他們的道德感，激勵藝術創作、提供機會來參與一種比實情還更宏大的敘事，應許死亡並非盡頭。此外，當然了，還以嚴苛懲罰來施以威嚇，引發了激烈爭鬥，為奴役、殺害悖逆者自圓其說等等。有的好，有的壞，有的糟透了。不過經由這一切，宗教傳統得以延續下來。宗教絕不能提供有關物質現實可驗證的真知灼見——這屬於科學的權限——儘管如此，宗教卻仍為某些信奉者提供一種一以貫之的感受，而這也賦予生活背景情境，把熟悉的和異國的品味，歡樂的和艱辛的體驗，都擺進一個更宏大的故事當中。因此，世界種種崇高宗教，都能把古往今來所有信徒串連在一起，構成一個清晰的世系。

我在猶太教薰陶下成長。我家族的所有人都在重大節慶到會堂參與聚會，而且我還進入一所當地的希伯來學校就讀。年度新生湧進學校，希伯來文字母課程也每年重開，我只好坐在一旁靜靜翻閱舊約。我向爸媽大加抱怨，不過老實講，我很喜歡閱讀關於撒母耳、押沙龍、以實瑪利和約伯等以及其他所有內容。隨著歲月流逝，我和宗教相隔越遠，也幾乎不覺得有必要正式參與。隨後我在牛津攻讀研究所期間，有次我趁放假前往以色列。一位熱心至極的拉比不知怎麼聽到風聲，得知有個年輕的美國物理學家在耶路撒冷街頭遊蕩。他跟上他的行蹤，引來一批同樣「也研究宇宙起源」的《塔木德》法典經師簇擁身旁並說服——啊，是逼迫——那位二十五歲上下、過於順服的學生前往探訪拉比所屬會堂，接著還在他的雙臂和額頭上配戴傳統以皮革製成的經文護符匣。在拉比心中，這是依循神意採行的舉動。那位學生注定要被帶回羊圈。在那個學生的心目中，這卻是以強制力量迫使他在內心不信服的狀況下，參與的一項神聖實踐儀式。當學生身上的皮帶終於解開，離開那所猶太會堂，他知道自己了了一件事。

然而，當家父去世時，每天都有一群猶太教儀式十人團體來到我家客廳誦讀哀禱詞，他們能來，對我是一大撫慰。我爸爸本人並不是很虔誠的猶太教徒，這時他被一種可以追溯至數千年前的傳統擁抱著，經歷一種曾施行於無數先人身上的儀式。那些人吟誦的是哪些宗教詞語無關緊要。他們吟誦的是亞蘭語（Aramaic），那是一批古代語音的綜合體，一種銘印在節奏和韻律中的部落詩詞，而且我也不想把它翻譯出來。在那些短暫片刻——關乎我的信仰本質，這樣說或許並無不可——對我具有重大意義的是歷史和連貫性。對我來講，那就是傳承的宏偉所在。對我來講，那就是宗教的莊嚴之所在。

本能和創造力

Instinct and Creativity

從神聖到崇高
From the Sacred to the Sublime

一八二四年五月七日，路德維希・貝多芬（Ludwig van Beethoven）來到維也納卡恩特納劇院（Theater am Kärntnertor），在舞台上現身，擔任他的第九號交響曲（也是他最後一首交響曲）的首演指揮。這是貝多芬將近十二年來第一次公開演出。節目單顯示，貝多芬只擔任助理指揮，不過當劇場坐滿人群，全場觀眾滿懷期待，他再也克制不住自己。根據首席小提琴手約瑟夫・伯姆（Joseph Böhm）所述，「貝多芬本人指揮了，也就是說，他站在指揮台前面，身軀前後晃盪，就像個瘋子。他一下子竭盡全力伸展，下一刻又蹲伏地面，他手舞足蹈胡亂擺動，彷彿他想要親自演奏所有樂器，為整支合唱團唱出完整歌聲。」[1]貝多芬罹患嚴重耳鳴——他形容那是耳中的咆嘯聲響——到了這個生命階段，他幾乎全聾了。當樂團奏出他們的最終勝利音符，貝多芬落後了幾小節，卻依然奮力指揮。女低音拽著貝多芬的衣袖，領他轉身面對觀眾，只見手帕滿場揮舞，歡呼雷鳴般響起。貝多芬潸然淚下。他怎麼知道，只在他心中響起的聲音竟能撼動人類，在他們的內心奏響普世和弦？

我們的神話和宗教顯示，我們的所有前輩是如何嘗試認識這個世界。包括故事、儀式和信仰在內，我們的傳統始終不斷尋求——有時是秉持同情心，有時帶著說不出的野蠻殘酷——某種敘事，來解釋我們迄今走過的路途，並推動我們從這裡繼續往前行進。身為人群個體，我們也在這相同路徑上艱苦跋涉，仰賴本能和智謀來保障生存，並尋求韻文和理由來解釋為什麼我們該關心。在這趟旅程上，有些人能以新穎驚人的方式來捕捉現實的連貫性，藉由文學、藝術、音樂和科學等作品來提供反思，循此並能重新定義我們的自我感受並豐富我們與世界的關係。長期以來不斷刻鑿小雕像、彩繪洞窟壁面，並講述故事的創意心靈，已經準備妥當，作勢起飛。

偉大的心智——雖然很罕見，不過在所有時代都會出現，全都由自然界塑造成形，部分則由想像中神明的靈感所啟發——當會發現能詳述超凡思想的新方法。他們的創造冒險經歷，當能傳達出種種超乎可推斷或可驗證範圍之外的不同真相，發出聲音來定義人類本色之種種特質，而這在實際體驗之前，都始終保持沉默。

著手創造

對模式敏感名列我們最有效的生存技能之一。如同我們一再見識的，我們觀察模式，我們體驗模式，還有，最重要的，我們能從模式中學習。愚弄我一次，是你可恥，愚弄我兩次，要主張我可恥說不定為時尚早，不過到了第三次或第四次時，這種責任的轉移就很合理了。從模式中學習，是經由演化銘印在我們的DNA裡不可或缺的生存本領。隨性來到地球的外星訪客，有可能得靠不同的生化組成才能存活，不過就掌握概念這方面，他們很可能不會遇上困難；幾乎可以肯定，模式分析也是他們繁榮興旺的核心要素。

然而，這種銀河系間的交流，或許不會是心智會面的最理想方式。我們所珍視的某些模式，或許會讓我們的外星訪客困惑不解；把種種染料以特定方式列置在白色帆布上，或從大理石塊敲下一些碎片，或者擾動空氣分子激起特定振動如此產生特定的光、質感和聲響模式……。而且當我們人類遇上這些模式，我們也就能感受到現實以先前從未設想的方式開展。在一段似乎永無止境的短暫片刻，我們可以感覺到自己在世界上的地位出現了變化，彷彿我們被傳送到了另一個國度。倘若外星人也曾擁有這種經驗，他們就會瞭解我們是在講什麼。不過，當我們講述我們對創造性作品的內在反應時，他們有可能茫然地盯著我們看。由於語言只能描述這些經驗到這個程度，於是當外星人巡梭瀏覽各片大洲，看到我們這個物種的大量個體，有些孤身一人，另有些人集結成群，所有人都專心致志吸收、敲打、迴旋，全心沉浸在藝術和音樂的世界裡，這時他們就有可能露出一種茫然的神情。

眼見我們對藝術表現有這樣的反應，外星訪客深感不解，等他們見識了這些作品的創作歷程，恐怕還會更加百思不得其解。空白頁面。完全乾淨的帆布。尚未成形的大理石塊。大團黏土。靜待作曲家靈感寫成的空白樂譜，或者一旦完成，靜待演奏的樂譜。或者歌唱。或者跳舞。我們這個物種的某些成員，日日夜夜投入設想造型，從無形提取形狀，把聲音傾瀉填入寂靜。有些人會投入他們生命能量的核心部分來實現這些想像的願景，產生出引人景仰或令人嫌惡，或遭人漠視，或被視為存在之本質的種種時空模式。弗里德里希・尼采（Friedrich Nietzsche）說過，「若沒有音樂，生命會是個錯誤。」[2]還有，依蕭伯納（George Bernard Shaw）書中人物埃克拉西亞（Ecrasia）所說，「若沒有藝術，現實的粗鄙會讓這個世界變得難以忍受。」[3]不過，是什麼激發了想像力的衝動呢？是自然選擇所塑造的行為本能催化的嗎？或者說，長久以來，我們一直把寶貴的時間和精力資源投注在藝術事務上，而這些和生存與生殖卻都幾無絲毫關聯？

我們都沒有經過諮詢就被帶進這個世界。一旦到了這裡，我們就獲准休假來擁抱生命，不過只為時片刻。真令人鼓舞啊，能掌握創造的泉源，塑造我們所控制的事物。本質上屬於我們的事物。能反映出我們是誰的事物。能捕捉我們對人類生存的特殊看法的事物。儘管我們許多人都會拒絕與莎士比亞或巴赫、莫札特或梵谷、狄更生或歐姬芙（O'Keeffe）等大師交換位置的機會，仍有許多人會急切地掌握機會，來接受他們的高明創造力的灌注。於是我們才能以我們本身創作的明燈來燭照現實，以流經我們特定分子組成的創作來移動世界，也得以打造出禁得住時光考驗的經驗——嗯，這一切看來都浪漫至極。對某些人來講，創造歷程充滿魔力，乃一種壓抑不住的自我表現驅力。另有些人見到了抬升自己地位和自尊的機會。再有些人則看到了永恆點頭示意；我們的藝術創作，有次凱思·哈林（Keith Haring）曾說，就是種「對永生的追尋」。[4]

倘若創造和消費具想像力的作品是新近才添入的人類行為，或者說倘若這類活動在人類歷史上只有罕見的實踐事例，那麼它們就不大可能披露，我們經過演化成形的人類天性的普見特質。畢竟，有些事物——好比喇叭褲和油炸香蕉——是產生自偶發怪癖，因此弄清楚它們的歷史淵源細節，只能提供有限的啟示。不過，實際上在遙遠的過往，在有人棲居的各處大地上，我們不斷地歌唱、舞蹈、作曲、繪畫、雕塑、雕刻並寫作。洞窟畫作和精緻的墓葬祭品，好比前一章提到的那些，可以遠溯至三、四萬年前。至於能展現藝術表現證據的蝕刻文物和手工藝品，則是在距今幾十萬年前就已出現。[5]我們眼前見到的是一種很普遍的行為，然而不像飲食和生育後代，它們並不具有明顯的生存價值。

如今有了現代感受性，這或許不會讓你困惑難解。體驗能讓靈魂充滿活力或者讓我們落淚的作品，我們也就能脫離單調的乏味日常，對於這樣的經驗，有誰不感到激動？不過，就如我們吃冰淇淋是由於我們喜歡甜食的表面觀察結果，這項解釋也僅只著眼於我們的直接反應，也因此只局限於創作傾向的最直接動力。我們還能再深入嗎？我們能不能洞徹理解，為什麼我們的前輩會那麼願意暫時放下實實在在的生存挑戰，把寶貴的時間、能量和努力，投入從事想像力活動？

性和起司蛋糕

當我們與講故事的早期兄弟相逢，我們也琢磨著一個相仿問題，而最令人信服的答案便援引飛行模擬器隱喻：在創意運用語言的過程中，我們體驗了熟悉和陌生的觀點，讓我們得以擴充並改良我們遭遇真實世界時所表現的反應。藉由講故事、聆聽故事、修飾故事並重述故事，我們得以擺弄可能性而無須蒙受所帶來的後果。我們追尋一條條以「倘若……會怎樣？」開頭的線索，並藉由推理和幻想，來探索眾多可能結果。我們的心智在想像的經驗地貌上自由徜徉，這為我們帶來一種新發現的思想敏捷，而且大有可能驗證了它的高度生存價值。

當我們考量更抽象的藝術形式之時，同時也有必要重新檢視這種解釋。就這方面，主張心智是藉由苦戰取勝的精彩傳奇或者引人入勝的險惡旅程記述，來設想砥礪大無畏的英勇理念，這是一回事。不過，若主張心智是透過聆聽更新世的愛迪·琵雅芙（Édith Piaf）或伊果·史特拉汶斯基（Igor

Stravinsky）來鍛鍊其適應性，那又是另一回事了。在體驗音樂——或就這事項來講，還有繪畫或舞蹈或雕刻——以及克服在先祖世界遇上的挑戰之間，似乎存有一道巨大鴻溝。

達爾文本人考量了一種內在藝術觀感的潛在適應性功能，那就是著名的演化謎團：孔雀的尾羽。一幅色彩鮮艷的大型尾羽讓孔雀很難躲藏，而且被快速逼近的掠食者追捕時，這讓牠很難逃脫。為什麼演化出這樣一種宏偉、美麗卻明顯適應不良的結構？達爾文在大感震駭之餘歸結出答案，並認為儘管孔雀的尾羽有可能成為箝制生存鬥爭能力的鎖鏈，它卻是孔雀生殖策略的一個關鍵要素。不只是我們人類覺得孔雀的尾羽具有吸引力。母孔雀也認為如此。生氣蓬勃的羽毛很能吸引母孔雀，因此公孔雀的尾羽越令人讚歎，就越有機會交配。接著這樣生成的後代，也就大有可能傳承到爸爸的特質以及媽媽的品味，於是這種遺傳戰爭普及孔雀界，贏得鬥爭的不在於能否取得更多食物，或者確保更高度安全性，而是藉由長出更華麗的尾羽來實現。

這就是「**性選擇**」（*sexual selection*）的一個實例。性擇是達爾文學說的一種演化機制，簡稱性擇，它的齒輪是由生殖機會之取得來驅動。孔雀若是在幼齡階段就死掉，牠也就無法生殖，而這正是自然選擇偏愛存活個體的理由。然而倘若所有潛在配偶全都避開某隻孔雀，那麼牠也會遭遇這相同的生殖失敗處境。要對後續世世代代的生物組成造成影響，存活是必要的，卻不是充分的。生育後代才重要，因此擁有能促進交配的特性，也就能享有自然選擇上的優勢，有時甚至還會犧牲安全性。[6]這種代價不能高得離譜——尾羽不能不靈便到極度危害生存的地步——不過也不會是免費的。還有，儘管孔雀的尾羽是首選範例，相仿考量因素也適用於許許多多的物種。

白鬚嬌鶲（white-bearded manakin）趾高氣昂跳著舞步並發出沙啞嘯聲來誘引潛在配偶；螢火蟲閃現催眠式的求偶炫耀，若能成功就上演精采的飛掠燈光秀；雄性園丁鳥（bowerbirds）營造精緻的單身漢窩巢，拿細枝、樹葉、貝殼，甚至五彩繽紛的糖果包裝紙，來編結纏繞成精美構造，唯一的目的就是要引誘未來的園丁鳥太太。[7]

達爾文最早在他兩卷篇幅的一八七一年《人類的由來及性擇》書中描述了自然選擇，當時所提出的這項學說並沒有立刻引發熱潮。對於他那個時代的許多人來講，粗野的非人類動物國度的行為，竟有可能取決於審美反應，這看來就不是可想像的。[8]這並不表示，達爾文想像鳥兒或青蛙會凝望落到地平線下的紅暈日光，沉迷在詩意的遐想當中。他提出的審美感受，只著眼於配偶的選擇。即便如此，達爾文將「美的品味」[9]賦予動物界的廣闊範圍，這點就勇氣十足。見鬼了，在華萊士眼中，人類美感是神的賜予，就他所見，達爾文所述根本不成體統。[10]

不過若是不引述對美的內在感受，我們又該如何解釋鋪張的身體裝飾、創造性的炫耀，還有在動物界中上演的形形色色求偶遊戲中所納入的不可或缺之身體建構呢？好吧，還有種不那麼崇高的途徑。再次斟酌孔雀的尾羽。我們人類或許會欣賞孔雀的體羽之美，但就母孔雀來說，那還可能激發一種具有相當高度遺傳重要性的本能反應。裝飾了炫目體羽的孔雀強壯又健康，提高了他們生育強健後代的可能性。而且既然母孔雀（就如同多數物種的雌性個體）能生育的後裔，遠少於牠們雄性對象的子嗣數量，於是牠們便發展出一種對高適存度雄性特別強烈的偏好；這樣的結合，能提高各種會消耗資源的寶貴生育功能之成功率。[11]既然豐盛體羽是潛在配偶力量與精力的外顯表現，受到這種尾羽的吸引，或許就比較可能孕育出健壯的小孔雀。接著平均而言，這些小孔雀也就擁有能促使滋生欲求、獲取華麗體羽的那些基因，並協助將這類特質散播到未來的世世代代。依循這種性擇分析，美麗遠不能只以膚淺視之。美麗等於是種公開憑證，對大眾展現一個潛在配偶的適存性。

就這兩種情況——配偶選擇是由審美敏感性來主導或受健康評估的左右——所促成的偏好結果，我們就能合理解釋，為什麼出現這些身體和行為上的昂貴性狀，否則它們的內在生存效益都很令人質疑。這種描述似乎也適用於我們這個物種行之久遠而且基本上已完全普及的藝術實踐，照這樣看來，或許性擇就能闡明箇中內情。達爾文認為是有可能的。他用性擇來解釋人類對身體穿孔和膚色的強烈興味，同時也主張，音樂所能誘發的強烈反應，也是性擇影響人類配對召喚所促成的演化結果。最擅長歌舞的男性，或者擁有最誘人紋身花紋、最講究精美華服的男性，有可能成為挑剔女性的選擇對象，也就比較有機會生出具藝術才氣的後裔子嗣。當男孩遇見女孩，男孩是不是自己一個回家，或許就由藝術才華來決定。

更晚近以來，心理學家傑弗瑞．米勒（Geoffrey Miller）以及哲學家丹尼斯．達頓（Denis Dutton）都進一步開發這個觀點並主張，人類藝術能力提供了精挑細選的女性所尋求的適存度指標。[12]製作精巧的工藝品、創意的炫耀展示和充滿活力的演出，都表現出這副心智和身體可說開足了馬力。不過這樣的表現，也證明了這位藝術家擁有適合生存的雄厚天賦本領。畢竟，追根究底，唯有先擁有物質資源和高超體能，才能花費大量時間和精力，來投入欠缺生存價值的藝術創作活動（更新世藝術家絕不是挨餓的一群）。依循這種觀點，藝術家做的事情，相當於自我推銷的行銷策略，結果就是有才華的藝術家與識貨伯樂的結合，於是生育出的子女，也才比較有機會擁有類似的天賦特質。

性擇是人類藝術活動的演化驅動力量，這種理念很耐人尋味，不過產生的結果是衝突多過融洽。研究人員提出了許多爭議課題：藝術天分是不是身體健康的準確信號？藝術能力可不可能與原始的智能與創造力這些具顛撲不破生存價值的特質交織在一起，於是藝術愛好只須藉由自然選擇就能廣泛傳播，而無須訴諸性擇？既然性擇著眼於男性藝術家，那麼理論又如何解釋女性的藝術活動呢？這當中最富有挑戰性的一點或許就是，有關更新世的人如何從事藝術活動，還有那時期的求偶儀式以及配對實踐做法，多半都只是猜測。當然了，畫家盧西安．弗洛伊德（Lucian Freud）和搖滾樂手米克．傑格（Mick Jagger）的征服壯舉或許是種傳奇，然而是否真有什麼事項能告訴我們，關於藝術技能或者舞台演出對於早期人類達成繁殖目的所具有的重要意義呢？有鑑於這些考量，博伊德提出一則經過仔細斟酌的摘要：「性擇向來只是藝術的額外排檔速率，而不是引擎本身。」[13]

平克就藝術的適應性用途提出了全然不同的觀點。在不論支持者或貶抑者都經常引用的一段話當中，他論稱，除了語言之外，所有藝術都是營養貧瘠的甜點，只為了滿足癡迷於模式的人腦需求。就像「起司蛋糕裡充斥了迥異於自然界一切事物的感官喧囂，因為它是特大劑量討喜刺激的產物，而調製這些刺激的唯一目的，就是為了壓下讓我們感到愉快的按鈕」。[14] 同樣地，根據平克所見，就適應性而論，藝術是無用的創造產物，其目的是要以人為方式來刺激當初演化來提高我們祖先適存度的人類感官。這並不是價值判斷。平克充滿文化典故的高明論述，清楚展現他對藝術的深厚感情。真正來講，這是一項冷靜的評估，著眼於藝術是否發揮影響力並及於某一特定使命：能在遠祖世界強化讓我們前輩的基因流傳到下一個世代的指望。至於我們那群沒半顆藝術細胞、不辨音韻、踢腳絆手又俗不可耐的表親，就別讓他們留下基因了。正是就這一個目的來講，平克認為藝術是無關緊要的。

演化無疑業已誘使我們採取一系列手法，表現出能提增我們生物適存度的種種行為，包括從覓食到尋找配偶，還有為了確保安全，投入建立聯盟、抵禦敵人以及教養子孫。就一般而言，能提高生殖成功率的可遺傳行為都能廣泛散播，並成為克服某些適應性挑戰時的首選機制。在塑造這些行為時，演化揮舞的一種胡蘿蔔叫做樂趣：若是你覺得某種促進生存的行為很有趣，你就比較會表現這些行為。於是憑藉它們促進生存的特質，這些行為就可以讓你更有機會存活得足夠久遠，讓你有時間繁殖，從而賦予未來世世代代雷同的行為傾向。演化就這樣產生出一批自我增強的反饋迴路，也使得能強化適存度的行為變得很有趣。就平克所見，藝術跳脫這種反饋迴路，截斷適應性效益，直接刺激我們的快樂中樞，產生出了欣喜經驗。然而從演化觀點來看，這些都是不勞而獲的。我們喜歡藝術為我們帶來的感受，然而不論創作或體驗藝術，都不能讓我們更適合生存或者更有魅力。從生存觀點來看，藝術是垃圾食品。

音樂是平克的代言人，也是他最完整闡述論證完全無關乎適應性的藝術類型。他認為音樂是種聽覺寄生蟲，搭上了能喚起情感的聽覺敏感性便車；而這種敏感性，在很早以前已為我們的前輩帶來了生存價值。舉例來說，頻率具有和諧關係的聲音（頻率為某一共同頻率之倍數的聲音）表示它們的來源是單一的，而且是可以辨識的（基本物理學發現，當線性物體振動時，不論那是捕食動物的聲帶或者拿空心的骨頭製造的武器，振動頻率往往合組形成一種諧波序列）。我們的前輩當中有些人聽了這種有組織的聲音，會有比較愉快的反應，於是他們就會比較專注於聲響，也就更能察覺他們的周遭環境狀況。認知度的提增，讓生存天平向他們傾斜，提高了他們的幸福感受，並且進一步促成聽覺敏感度的發展。對於富含其他資訊的聲音——從雷鳴到腳步聲，再到劈啪斷裂的枝幹等——的感受性提高了，也就會進一步讓注意力變得更敏銳，從而更進一步擴增了對環境的意識察覺。於是，我們祖先當中對聲音感應比較敏銳的一群，也就具備了一種適存度優勢，並促使聽覺敏感性在後代的傳播。根據平克的說法，音樂劫持了這種聲音敏感性，把它當成一種不帶來絲毫適應性價值的感官享受體驗。音樂也就如同起司蛋糕以高度卡路里含量，採人為方式來對我們古老的食物適應性偏好產生刺激。音樂也以高度資訊含量，採人為方式來對我們古老的聲音適應性敏感度產生刺激。

平克這樣把罪惡的喜樂和精緻的經驗比肩並列很不和諧。他是故意這樣做的。重點不是要貶抑我們的藝術體驗，而是要擴增我們對重要價值的認定範圍。明白來講，當我們辨認出人類某些行為的演化基礎，提供雋刻在我們DNA當中不可磨滅的認可印痕，這樣的成果會帶來某種令人心滿意足的感受。想想看，被許多人視為人類最崇高成就的藝術，對人類物種的存續發揮了不可或缺的重大影響，每思及此，心中會有多大的滿足？然而，不論多麼引人歡欣，這種解釋也不必然都能成立。也不盡然是必要的。生物適應性不是唯一的價值標準。當我們可以把自己抬升到超過生存顧慮事項，並運用想像力來表現出某種美麗或令人憂心的或揪心的事項，那也是件很奇妙的事。重要性不見得都等同於適應性用途。好幾年前，我的家族在當地一家餐廳聚會晚宴，一位侍應生為附近一桌端來起司蛋糕，當時我的母親不時都在節食，她卻覺得完全有必要起立致敬，這是種表達尊重的姿態，而且不僅只適用於那道甜點本身，還適用於普見全人類的行為，而且就平克所見，那些行為的適應性類型，已經可以和那道甜點比肩並列。

想像力和生存

縱然我們體認，藝術不必為了欠缺適應性用途自感羞愧，然而這也不能勸阻研究人員繼續尋覓簡捷的達爾文式解釋，來說明為什麼藝術活動能這般持續久遠又這般普及。這裡所說的解釋是指，把我們前輩的藝術活動和生存直接連繫起來的嘗試。人類學家愛倫·迪沙納婭克（Ellen Dissanayake）便曾強調，在這個尋覓過程中，必須把藝術實踐擺在遠祖背景脈絡底下來斟酌，並論稱，縱貫人類歷史，藝術還有宗教，都不是什麼業餘消遣。「並非每週撥一個早晨，或者無所事事時潛心投入的事項，也不是可以逕自拒絕的非必要娛樂。」[15]不論是降沉深入地下來妝點洞窟壁面，或者狂野擊鼓、歌舞以致陷入超凡異樣恍惚狀態，藝術就像宗教，也交織納入了古代生存萬象的掛毯當中。而這裡面就存有一種潛在的適應角色。

倘若有一群外星人在舊石器時代來地球探訪，並下注賭百萬年後是誰占上支配地位，人屬類群恐怕並不能引來多少賭注。然而，把聰明才智和肌力兩相結合，我們就能勝過更大、更強又更快的種種生命形式，凌駕擁有更靈敏嗅覺、視覺和聽覺等天賦的物種。我們取勝，是由於我們足智多謀又富有創造力，然而最重要的是，我們具有極高度的社會性。前面幾章我們談過從講故事到宗教、再到博奕理論等好幾項機制，這些或許都曾經協助提增我們凝聚構成生產力群體的能力。不過，由於這類具高度影響力的行為都十分複雜，要找出某種單一解釋來說明或許太過狹隘。這些機制的種種不同混合成果，有可能發揮重大作用，促成我們成功的結群傾向，而且迪沙納婭克和其他研究人員也都曾表示，親社會影響的範圍已擴大到把藝術納入。

假使你我都相信，我們彼此都能理解並料想得到對方的情感反應——就算是在我們遇上了陌生的挑戰，並尋求嶄新的機會之時——我們仍有較大機會彼此合作並取得成功。藝術有可能扮演關鍵角色，促使達成這項成果。倘若你和我以及我們團體中的其他人，都經常參與相同的儀式化藝術體驗，藉由活力充沛的律動、旋律和動作結合在一起，那麼這種強烈情感旅程的凝聚，就會產生出一種社群團結的感受。凡是曾參與長時間團體擊鼓、唱歌或運動的人，都知道那種感受；倘若你不曾參與，那麼我向各位強烈推薦。這些共享的情感事件是那麼強烈又似乎凌駕生命尺度，能把我們熔煉成更鞏固的整體。哲學家諾爾·卡羅爾（Noël Carroll）是率先開創這些觀點的先驅人物，他便強調指出，「藝術向來是關乎激發和形塑情感，以約束、灌輸的方式促使受它左右的人士共同參與一種文化。」[16] 而且實際上，文化的概念——廣泛共享的系列傳統、習俗和觀點——奠基於一組藝術實踐與經驗的共同傳承。這種情感調和的團體，更有機會存活下來，並將那類行為的遺傳傾向傳承給後續世代。

倘若以團體凝聚力從適應性角度來解釋宗教，不能讓你稱心如意，那麼以團體凝聚力從適應性角度來解釋藝術，恐怕也同樣不能讓你心動。不過，就如我們對宗教的討論，我們也不必單純只著眼於團體。藝術有可能在個體層次直接發揮適應用途，我覺得這是個特別令人信服的觀點。藝術提供一個不受笨拙真理和日常物理現實約束的競技場，讓心智得以跳躍、扭轉、翻騰，來探索五花八門的奇思怪想。當心智兢兢業業地謹守真理，它所能探索的可能性也就完全局限於一定範圍。然而，當心智習慣了自由跨越真實與想像的分界線——而且全程都能清楚分辨孰真孰假——那麼它也就變得擅長打破傳統思維的束縛。這樣的心智已準備好要開啟變革、創新發明。歷史清楚驗證了這一點。我們在科學和技術上最重大的突破，許多都必須歸功於一群思想具彈性的人，因為這些人能採行不同的視角，來審視令過去世世代代思想家百思莫解的問題。

愛因斯坦發展相對論的關鍵步驟，並非受到新實驗或新資料的啟迪。他當時研究的是——關乎電、磁和光等——眾所皆知的事實。真正來講，愛因斯坦的大膽舉動是擺脫普遍認可的時間、空間恆定不變的假設，這點要能成立，光速就必然會變動，結果我們就得設想光速是恆定的，這樣一來，空間和時間就必然會變動。這種像是標語般的摘要，並不是要用來解釋狹義相對論（就這方面，我推薦各位閱讀《優雅的宇宙》第二章），而是要指出，發現本身取決於，針對現實的樂高積木，想像出一種簡單又基礎的重新佈局，也就是倒置版本的象徵模式。然而由於模式太過熟悉，多數心智對於這種可能性淡然視之。這是種能與最高層級藝術作品產生共鳴的創造性操作方式。傑出鋼琴家格連．古爾德（Glenn Gould）曾評斷巴赫，認為他的天賦才華展現在他有辦法發想出「在轉置、倒轉、逆行或節律轉換之時，還會進一步展現……某些全新又完全調和」的優美樂句的能力上。[17] 愛因斯坦的天分在於一種不可思議的相仿能力，他能重新構築知識砌磚，從全新視角來審視歷經幾十年、甚至幾百年慎思細究的概念，並根據一幅新穎藍圖來把它們結合在一起。愛因斯坦描述他的求知歷程是以音樂來思考，還有他經常放下方程式和文字，只以視覺來探索，這點或許不那麼令人驚訝。愛因斯坦的藝術是聽出節律並看出模式，由此披露潛藏現實運作深處的統一性。

愛因斯坦的相對論和巴赫的賦格曲，都不是什麼生存必需品。然而，兩則都是讓我們占上優勢地位的人類必要能力當中的理想範例。科學性向和克服真實世界挑戰的連帶關係，有可能還更明顯，不過能以類比和隱喻來推理的心智，能以色彩和質地來呈現思維的心智，能以旋律和節律來想像的心智，才是能孕育出更多繁茂認知地貌的心智。而這也就是說，藝術有可能正是發展出思維靈活度以及直覺流暢性所不可或缺的要素。有了藝術，我們的遠祖也才有辦法打造出矛頭、發明烹飪、駕馭車輪以及後來寫出《b小調彌撒曲》，還有更晚近突破了我們對空間和時間的僵化觀點。縱貫數十萬年來，藝術創作或許一直是人類認知的遊樂場，為我們提供一處安全角力場，來淬煉我們的想像力，並把它們融會成一種強大的變革技能。

另外也請注意，我們前面所斟酌的藝術之適應性角色——砥礪變革並強化社會連結——是具協同作用的。創新是創造力的基層步兵。團體凝聚力是執行落實的部隊。要想在無情生存鬥爭中取得成功，兩者不可或缺。也就是要有成功落實的創造性觀點。藝術就位於雙方聯繫交叉點上，而這也就顯現了一種不僅只是按下快樂按鈕那麼單純的適應性角色。當然了，藝術有可能只是種副產品，它在適應上無關緊要，卻能帶來高度喜樂，而且它是從裡面住了創造性心智的大型腦部滋生成形的。不過，在許多研究人員看來，那種觀點並沒有充分注意到，藝術有能力雕琢形塑我們與現實的接觸方式，博伊德簡潔地論述這個觀點：「藉由改善並強化我們的社會關係、讓我們更擅長運用想像力資源，並提高了我們以自有方式來形塑生命的信心，藝術從根本上改變了我們與這個世界的關係。」[18]

我偏向認為，砥礪獨創性、鍛鍊創造力、開拓視野並提增凝聚力，可以構成一種模板，尋思藝術如何在自然選擇歷程中發揮重要作用。依循這個視角，藝術便能與語言、故事、神話和宗教結合形成種種手法，供人類心智進行符號式思考、從事違反事實的推理、自由想像並協同合作。隨著時間流逝，也就是這些能力催生出我們這個擁有豐沛文化、科學和技術的世界。儘管如此，就算有關藝術在演化上扮演的角色方面，你偏向奶油甜點的觀點，我們依然肯定能同意，種種不同形式的藝術，始終穩定存在於整個人類歷史並展現出重要的價值。這就意味著，內心生活和社交往來所擁抱的種種互動模式，有些並不特別看重藉由語言來傳達的事實資訊。

這告訴我們有關藝術和真理的哪些事情？

藝術和真理

約二十年前，在一個燦橙楓紅的晴朗絢爛秋日，我獨自開車上快速道路，從紐約市駛往上州我家住所途中，說時遲那時快，一隻狗竄出橫越公路。我猛踩煞車，然而就在車還沒停住之前片刻，我感受到一響錐心重擊，接著很快又是一響，那隻狗先被前輪輾過，接著是後輪。我跳下車，抱起那隻狗，安置在副駕駛座，牠還清醒，但動彈不得，我沿著支線村道飛馳尋找獸醫。幾分鐘後，那隻狗挺直地坐了起來，我伸手輕輕拍牠的頭，牠的身體又癱軟倒在座位上，頭部仍抵住我的手。我靠路邊停車。牠抬眼凝神張望。痛苦。恐懼。順服。看來是全都混雜在一起。接著，牠挺身緊貼我的手，彷彿無法忍受孤獨離去，然後牠就死了。

我經歷過寵物死去。但這並不相同。猝然，猛烈、狂暴。隨著時間流逝，震撼消褪，那最後片刻卻依然留存在我腦中。我的理性自我知道，我過度解讀一起不幸卻又太常發生的事例的意涵。然而，我偶然巧遇的動物從生過渡到死，而且死在我手中，儘管並非故意，卻仍給我帶來了料想不到的怪異影響。這起事件本身就帶了某種真理。不是命題的真理。不是什麼事實真相。我也不能就此進行有意義的測量。不過就在那一瞬間，我察覺我對世界的感受出現了些微變動。

我還能想出少數幾次經驗，各自以其特殊方式帶給我這相同的感受。第一次抱起我的孩子；蹲伏在舊金山市郊山丘一處岩縫中，忍受頭頂暴風狂嘯吹襲；聆聽我的幼女在學校聚會獨唱；苦思數月徒勞無功的方程式豁然得解；在尼泊爾巴格馬蒂河（Bagmati River）一側河岸看著一個家庭舉行葬禮，把一位往生家人燒化；到特隆赫姆（Trondheim）滑雪，從一處雙棱等級斜坡下滑，絲毫不顯手忙腳亂，而且活了下來。你也可以自己列張清單。我們全都可以。而且就算沒有完全理性的或語言的描述——或許正由於沒有那些條件——那樣的體驗仍能讓我們全神貫注，觸發我們珍視的情感反應。奇怪的是，儘管或許也很常見，不過雖然我自己的工作過程完全以語言為本，我卻沒有迫切感到希望以文字來探究這類經驗。想起那些事情時，我並不覺得認識不足，必須仰賴語言來澄清。那些經驗無須詮釋就能拓展我的世界。出現這些情況時，我的內在旁白機能，就知道它可以休息片刻了。接受細密審視的生活，不見得就是經過詳盡敘述的生活。

最引人矚目的藝術，能誘使我們進入一種罕見的身心狀態，而且那還能與我們最感動人心的真實世界遭遇所激發的體驗相提並論，也同樣能塑造、強化我們與真理的契合。討論、分析與詮釋能進一步形塑這些經驗，不過最有效的方法並不仰賴語言媒介。確實，就連以語言為本的藝術，最令人感動的經驗依然是靠影像和感覺留下最持久的印記。詩人簡．赫希菲爾德（Jane Hirshfield）便曾優雅描述，「當作家為語言帶進一種完全正確的新影像，有關存在的可知範圍也隨之擴充。」[19] 諾貝爾獎得主索爾．貝婁（Saul Bellow）也談到藝術擴充可知範圍的獨特能力：「只有藝術才能滲入各方面的驕傲、激情、才智和習性——這個世界看似真實的萬象。現實還有另外一種，真正的那種，我們視而不見的那種。這另外一種現實會不斷向我們提出暗示，不過若沒有藝術，我們也意會不到。」而倘若沒有那另外一種現實，貝婁轉達普魯斯特（Proust，指馬塞爾．普魯斯特）所確立的思想並指出，存在可以歸結為一種「指稱實際目標的術語，然而我們誤稱它為生活。」[20]

求生存的法門是累積能準確描述世界的資訊。為求進步——依傳統意義來講，也就是強化對周遭環境的控制——就必須能清楚掌握這些事實如何整合納入自然運作。這些也就是達成實際目標的原料。它們是我們號稱客觀真相的基礎，而且往往與科學認識連結在一起。不過無論這類知識多麼周延，終究都無法詳盡說明人類的經驗。藝術真理觸及另一個不同層面；它講的是高層級的故事，援引約瑟夫·康拉德（Joseph Conrad）的說法，這「訴之於我們不依賴智慧的那個部分」，至於講述的對象則是「我們的欣喜和驚奇的能力，充滿我們生活的神祕感受；我們的憐憫、美麗和痛苦的感受；與世上萬物相伴相隨的潛在感受……在夢中、在歡樂中、在憂傷中、在渴望中、在幻想中、在希望中、在害怕中……它將全人類束縛在一起——過世的和在世的，在世的和未出生的。」[21]

擺脫貌似真實的僵化表象，歷經數千年發展，創造性本能詳盡探索了標誌康拉德審視藝術旅程所見願景的情感範疇，也提供了貝婁所述真正現實在轉角處對我們喃喃低語所使用的方言。作家表現得尤其明顯，他們構思出形形色色的人物，在一個又一個世界中度過虛構生活，提供對人類互動的更深入研究。奧德修斯充滿復仇和忠誠的旅程、馬克白夫人和野心的爪牙與內疚、霍爾頓·考菲爾德（Holden Caulfield）和壓抑不下的叛逆本能、阿提克斯·芬奇（Atticus Finch）和沉靜不可動搖的英雄氣概所展現的力量、包法利和人與人的關聯性的悲劇、桃樂絲和自我發現的蜿蜒路途——這些作品提出的真知灼見，讓我們洞悉種種不同經驗，它們所發展出的藝術真理，為原本簡陋的人類本性素描，增添了光影層次維度。

視覺和聽覺作品並不以語言為核心要項，能帶來更具印象氛圍的體驗。然而，這類作品就如同文學對應創作，也同樣能夠，甚至還更能夠，激發出康拉德所描述的那種凌駕智慧的情感；而棲身貝婁所見之真正現實當中的聲音，也以種種不同方式對我們說話。每當我聆聽法蘭茲·李斯特（Franz Liszt）的《死亡之舞》（*Totentanz*），內心深處總會湧現不祥預感；布拉姆斯的《第三號交響曲》會引發出一種深沉而無從饜足的嚮往；巴赫的《夏康舞曲》（*Chaconne*）是令人仰望奉若神明的作品；貝多芬《第九號交響曲》「歡樂頌」終曲，對我來講，還有當然對世界多數人而言，都是我們這物種所有創作當中最樂觀的成果。把有歌詞的音樂含括進來，李歐納・柯恩（Leonard Cohen）的《哈利路亞》（Hallelujah）以不可比擬的真實寫照來頌揚不完美的生命；茱蒂・嘉蘭（Judy Garland）以單純雅緻的風格演唱《彩虹之上》（Over the Rainbow），捕捉了年輕人的純真嚮往；約翰藍儂（John Lennon）的《想像》（Imagine）具體展現出了設想可能結果的純粹力量。

如同生命中綻放閃現的不同片刻，我們每個人都可以想到，曾以種種方式來令我們感動的創作，不論那是文學或影片、雕塑或舞蹈動作、繪畫或音樂。藉由這些引人入勝的體驗，我們消耗了這顆星球上人類生命「特大劑量」的基本性質。不過，這些增長的遭遇絕不是空幻的卡路里，它們帶來原本很難取得，甚至不可能掌握的真知灼見。歌詞作家葉・哈博格（Yip Harburg）創作了許多經典歌曲，包括《彩虹之上》，他曾簡潔地表示，「文字讓你思索一種思想。音樂讓你感受一種感覺。而歌曲卻讓你感受一種思想。」[22] **感受一種思想**。在我看來，那句話抓住了藝術的精髓。哈博格便曾指出，思想是知識上的，感覺是情感上的，而「感受思想則是種藝術歷程」。[23] 這樣的觀察見識取決於語言和音樂的串連結果，然而真正來講，從更寬廣角度來看，它駕馭了藝術。藝術誘發的情感反應，激起漣漪、席捲潛藏自覺意識下層的翻攪思維蓄水池。就不具文字的創作而言，這類經驗並不那麼直接，而感受則比較偏向開放式的。不過所有藝術都有辦法讓我們感受到思想，產生出種種不同真理，而這些成果若是單以意識思考或事實分析，我們是不大可能事先料想得到的。這是確實凌駕智慧的真理。凌駕純粹推理。凌駕邏輯之所能企及。也無須證明來驗證。

事實證明，我們的確都是裝滿粒子的臭皮囊——身心皆然——有關粒子的物理事實，也能完整說明它們如何交互作用，如何表現行為。不過這些事實，這些微粒敘事，只能投射單色光線，無法闡明我們人類如何在複雜世界裡進行思考、感受感覺，並湧現情感的五光十色繽紛情節。還有當我們的感覺融合了思想和情感，當我們除了思考、思想之外也感受思想，我們的經驗更進一步向外踏出，跨越機械式解釋的藩籬。我們得以進入原本未知的其他世界。普魯斯特便曾指出，這是可以頌揚的。唯有藉由藝術，他指出，我們才能進入另一個祕密宇宙，踏上真正「在星辰間飛行」的唯一旅程，那是不能以「有意識的直接方式」來導航的旅程。[24]

儘管專注著眼於藝術，普魯斯特的觀點和我長久以來對現代物理學抱持的見解不謀而合。「唯一真正的發現之旅，」他曾這樣說，「並不是探訪陌生的土地，而是擁有其他眼睛，透過另一人的或另外一百人的眼睛來看宇宙。」[25]好幾個世紀以來，我們物理學家都仰賴數學和實驗，來重塑我們的眼睛，來披露過往世代不曾碰觸的層層現實，也讓我們能以令人震撼的新方式來瞻望熟悉的地貌。有了這些工具，我們發現，專注檢視我們長久棲居的這相同領域，這土地上的最奇特現象也隨之浮現。相同道理，要獲得這些知識，更廣泛地運用科學的力量，我們也必須遵循不可動搖的指令，檢視過往我們各不相同的分子和細胞群集如何看待這個世界的奇特屬性，並回頭著眼審視現實的客觀品質。就其他方面，這種種太過人性化的真理，我們的嵌套故事就得仰賴藝術。蕭伯納曾說，「你使用玻璃鏡面來看你的臉，你使用藝術作品來看你的靈魂。」[26]

詩意永生

有時我也會被問起某件關於宇宙的最令人讚歎的事實真相，而且這也不會很少見。我沒有現成答案。有時候我提出相對性的時間延展性。另有些時候我指出量子禪偈，也就是愛因斯坦所稱的「詭譎的超距作用」。不過有時候我會想要單純一點，提出我們多數人在學齡階段最早遇上的事情。當我們仰望夜空，我們看到的星辰，其實都是它們好幾千年之前的模樣。使用威力強大的望遠鏡，我們看到遠遠更為遙遠的天文物體，而且那是它們在距今數百萬年或數十億年之前的模樣。這些天文學源頭當中，有部分說不定早就死亡，然而由於它們在許久之前發出的光，至今依然繼續傳播，於是我們才繼續看到它們。光會產生一種存在錯覺，而且這不只是就恆星來講。只要不受干擾，反射的輻射光束會在任意時間和空間範圍內傳播你我的印記，開創以光速跨越宇宙的詩意永生。

回到地球這裡，詩意永生展現了不同風貌。隨心所欲長生不死的渴望，始終沒獲得回報，起碼還沒有成真，而且說不定永遠也不會實現。然而有創造力的心智，能在想像的世界自由徜徉，於是也就能探索不朽，在永恆中蜿蜒漫步，並沉思我們為什麼尋求或鄙視或害怕無止境的時間。幾千年來，藝術家都從事這樣的活動。約兩千五百年前，希臘抒情詩人莎芙（Sappho）對改變之無可避免感嘆說道，「你，孩子們，追求戴了紫羅蘭的繆思女神的可愛禮物／歌聲中純淨的琴音如此珍貴／然而對我來講——老年歲月已抓住了我曾經柔軟的身體，」文中引述了提索奧努斯（Tithonus）的警示故事，淬煉更見醇厚。提索奧努斯受諸神恩賜永生不死，卻依然蒙受老化的蹂躪，如今在永恆中煎熬。最後一句尾聲在有些學者看來也就是那首詩的真正結局——「愛神賜予我陽光的美麗與燦爛」——暗示藉由她對生命的熱情追求，並以她的詩來傳達，莎芙期望超越衰敗，獲得永恆光輝；藉由她的詩，她幻想能獲得一種象徵性的不朽。[27]

這是違抗死亡的模式的一種版本，在這樣的模式當中，我們凡人尋求藉由我們的英勇成就、有影響力的貢獻，或者創造性作品，繼續生存下去。為求落實這種永生的規模，必須針對以人類為中心的思想模式做個調整，從永恆變更為文明的延續——這得付出重大的代價，不過不像字面意義的觀點，象徵性版本的不朽是真實的，有了這種體認，這個代價也就有了回報。唯一的問題是策略上的。哪些生命會留在記憶中？哪些作品能留存下來？還有該如何確保我們的生命和我們的作品會納入其中？

莎芙之後過了數千年，莎士比亞沉思推敲藝術和藝術家在塑造世界的記憶上扮演了什麼角色。他想像自己撰寫一篇墓誌銘，並在研擬內容主題時指出，「當世界上所有呼吸的人都已長眠／你仍然會活著，我的筆就有這種力量。」莎士比亞聲稱，他本人將不會享有這樣的福氣，「你的名字，由此當得永生／而我，一去，對世人便等於死。」當然了，我們也陷入莎士比亞的處境：因為被朗讀、吟誦的是詩人的字句，墓誌銘的題材不過就是詩人成就不朽的工具，儘管只是象徵性的永生。沒錯，許多個世紀後，結果卻是莎士比亞依然活著。

背離佛洛伊德的維也納學派（Vienna Circle）之後，蘭克發展出他的觀點，認為尋求象徵性的永生，是人類行為的首要驅動力量。就蘭克看來，藝術衝動反映出掌握自己命運的心之所向，這樣的心智有勇氣重塑現實，啟動終生計畫投入塑造有個人特色的自我。藝術家接受人必有一死，也趨近了精神衛生的理念——我們都會死，命該如此，就認了吧——接著就把永生轉換成創意作品的象徵形式。這種觀點以另一種方式來描繪出苦命藝術家老掉牙的受折騰形象。依蘭克所述，藉由創造藝術來應付必死性，是讓精神常保健全的道路。或者就如同作家暨評論家約瑟夫·克魯奇（Joseph Wood Krutch）所提出的相仿論述，「人需要永恆，從他歷來抱持的志向就能清楚得見；然而他所能獲得的唯一永恆，恐怕就只有藝術一種。」[28]

這種動態可不可能在好幾萬年之前就已開始發揮作用，並且能不能用來闡明為什麼我們撥出能量，投入從事不能直接滿足溫飽需求的活動？這能不能解釋，為什麼歷經數千年，藝術事務依然是所有人類文化結構中的核心課題？兩個答案都是肯定的。不論蘭克的全方位願景是否觸及重點核心，我們完全能夠想像，我們古老的前輩都能察覺他們自己的必死定數，也期盼能抓住他們的世界，並在那裡留下某種標誌性的、某種自我創作的，能延續長遠的戳印。我們完全能夠想像，那股衝動會打斷原本專注生存的勤奮努力，而且隨著時間流逝，還會因為民眾喜悅而受到強化與改善，促使大家與藝術家共同投入人類心智所醞釀出的想像世界。

儘管由於證據欠缺，讓我們對遙遠過往的分析淪為有根據的猜測，到了現代時期，我們在這裡遇上了一件又一件能深刻反映出必死性以及永恆的作品。[29]惠特曼尋思，賜予死亡終局是令人無法容忍的：「你懷疑死亡嗎？若我懷疑死亡，那麼我現在就該死了／你認為我能輕鬆自如地走向毀滅嗎？……／我發誓我認為除了永生別無他物！」在威廉・葉慈（William Butler Yeats）看來，拜占庭古城是個目的地，到那裡他或許就能釋開垂死的肉體形式，擺脫人間煩憂，獲准離開進入永恆國度：「銷蝕我的心；它厭倦了欲望／捆綁上瀕死動物／無自知之明的獸；收納我吧／引我進入永恆的巧藝城池。」[30] 赫爾曼・梅爾維爾（Herman Melville）清楚地表明，就算洶湧浪濤似乎已然止息，死亡也與我們比肩同航：「所有人生下時脖子上都套著絞繩；但唯有瞬時被捲進生死關頭之時，凡人才會察覺那寧靜、幽微、無時不在的生命凶險。」[31] 埃德加・愛倫・坡（Edgar Allan Poe）名符其實將否認死亡推向極端，道出英年早逝之人如何奮力抵禦死亡的最親密擁抱：「我恐懼嘶吼：我的指甲刺入抓傷大腿；棺木浸染了我的血；手指撕扯我的囚牢木板側邊，同樣是那種狂亂感受，我的手指抓壞了，我的指甲和底下的嫩肉毀損了，很快地也就精疲力盡，動彈不得。」[32] 田納西・威廉斯（Tennessee Williams）藉由虛構的族長「大爹地波利特」（Big Daddy Pollitt）來闡明「（對必死性）無知是種慰藉。人沒有那種慰藉，人是唯一設想死亡的生物，」這樣一來，「他有錢時就買東西，買了又買，然後我認為，凡是能買的東西他全都買，理由就是在內心深處他有個瘋狂的期望，只盼購買的東西裡面有一件是生命永恆存續！」[33]

杜斯妥也夫斯基藉由他小說中人物阿爾卡季・斯維德里加依洛夫（Arkády Svidrigáylov）發表了不同觀點，一種對永恆崇高指令感到厭倦的見識：「永恆在我們面前展現的，始終是種我們無法掌握的理念，某種浩瀚又浩瀚的事物！它為什麼一定得是浩瀚的？突然之間，所有一切都不對了，想像有個小房間，就像鄉間澡堂，煙霧瀰漫，四處角落都是蜘蛛，那就是永恆的全貌。你知道嗎，有時我會做那樣的想像。」[34]那樣的感受希薇亞・普拉斯（Sylvia Plath）也曾表達，「喔，神啊，我可不像祢／在祢的空無漆黑當中／星辰滿天黏貼，亮麗愚蠢的五彩碎紙／永恆讓我厭煩，我從來不想要它。」[35]還有道格拉斯・亞當斯（Douglas Adams）藉由他小說中意外永生不死「無限延長的握嗚巴戈」（Wowbagger the Infinitely Prolonged）輕鬆地接下這個話頭，那角色打算有系統地、一個個地依字母順序招惹宇宙中的所有人，來應付他的深沉倦怠。[36]

從嚮往渴求到不屑一顧的種種不同處理傾向，顯現出一種更寬廣的意義：我們對本身分配到的有限時間的體認，驅動了一種朝氣蓬勃、對永恆概念的藝術參與。受檢視的生命檢視死亡。而且對某些人來講，檢視死亡也就釋出了想像力來挑戰它的支配地位，質疑它的高度聲望，並召喚出凌駕它影響範圍的領域。不論研究人員如何戮力論述它們的演化用途，它們在匯集社會凝聚力上所扮演的角色，它們對創新思考的需求，以及它們在原始衝動萬神殿堂所占的地位，藝術都帶來最能引人回味的方式，讓我們傳達出我們心中認定為最重要的事——而這些事項當中包括了生與死、有限與無限。

對於許多人來講，包括我在內，這類傳達方式當中最密集的一種就是音樂帶來的。音樂能令人沉浸其中，彷彿身歷其境，在短暫瞬間，感覺就像超越時間。大提琴家暨指揮家巴勃羅・卡薩爾斯（Pablo Casals）形容音樂的力量能「以屬靈熱情來宣告尋常的活動，以永恆羽翼來賦予最短暫的事物。」[37]就是這樣的熱情，讓我們感受自己是某種更宏大事物的一部分，而這也深深驗證了康拉德的「團結無人能敵的信念，把無數心靈的孤寂交織凝集在一起。」[38]不論是憑依作曲家或同伴聽眾，或者經由比較抽象的全體交流，音樂都引人建立依存關聯。也就是藉由這種依存關聯性，才讓音樂的經驗超越時間。

回顧一九六〇年代晚期，就讀曼哈頓第八十七公立學校格博太太班上的三年級生，由老師指定選個成人做訪問，並寫一篇簡短報告，解釋受訪者的職業。我選擇了簡單的做法，訪問我的爸爸——他是個作曲家暨音樂演出者，總喜歡把自己的「學位資歷」註明為SPhD（Seward Park High School dropout，意思是蘇厄德公園高中中輟生）。高一念到一半，我爸爸就拋下書本，上路唱歌演奏，巡迴國內各處演出。從那次學校作業到現在，已過了半個多世紀，不過他提到的一件事情，我始終沒有忘懷。當我問他為什麼選擇音樂，我爸爸回答：「為了遠離孤單。」他很快地轉換成比較開朗的語氣，也比較適合寫進三年級報告裡面，不過那個沒有經過審查的片刻，已經道出了實情。音樂是他的命脈。那是他版本的康拉德團結理念。

能感動世界的作曲家少之又少。我爸爸並不在他們之列，他是後來才慢慢接受了這個痛苦的體認。寫在好幾百頁泛黃樂譜手稿裡的旋律和節奏，許多還是在我出生之前寫成的，如今除了家人之外，旁人都已燃不起絲毫興趣。時至今日，他早在一九四〇年代和一九五〇年代期間譜寫的那些民謠、歌曲和鋼琴作品，早已乏人問津，大概就只剩下我偶爾還會拿來聽聽。對我來講，那些作品是個寶藏，一個聯繫，讓我能循此感受到，當父親才剛起步踏向世界之時，他心中在想些什麼。

音樂具有非凡力量，能夠建立起這般深厚的聯繫，就連生活在不同時代，居住地區相隔遠距，沒有家庭牽掛的人，也能感受到這種依存關係。史上最獨特英雄人物，海倫·凱勒（Helen Keller）曾有一段動人描述。一九二四年二月一日，紐約市WEAF廣播電台現場轉播紐約交響樂團演奏貝多芬第九號交響曲。海倫・凱勒在家把揚聲器掀開，雙手擺在振動板上，憑著震震振動，她能感受到那首音樂，體驗到那部她所稱的「不朽的交響樂」，甚至還能區辨出個別樂器。「當聲樂從澎湃和聲中振奮湧現，我立刻認出那是人聲。我感到合唱越益歡暢、變得欣喜若狂、像火焰般迅速昂揚攀升，到最後我的心臟還幾乎為之停頓。」接著，她談到碰觸靈魂的聲音，迴盪永恆的音樂。她總結表示：

> 當我聆聽時，漆黑房間裡充滿旋律、陰影和聲音，我不禁想起，讓這般甜美洪流滿溢漫入世界的那位偉大作曲家，本身也就像我一樣是個聾人。我對他泉湧不止的精神力量驚歎不已，從他身受的痛苦，秉持這股力量，他為別人帶來這樣的歡樂——而我就坐在那裡，以我的手去感受那部壯麗的交響曲，就像**海浪湧上他的和我的靈魂寂靜海灘**，拍岸碎裂。[39]

第09章

時間長短和無常

Duration and Impermanence

從崇高到最後思維

From the Sublime to the Final Thought

每個文化都有某種不隨時間改變的理念，一種永恆的崇高展現。不朽的靈魂、神聖的故事、威力無窮的神祇、永恆的律法、超越的藝術、數學定理。從超凡脫俗到完全抽象的種種類型，恆久性是我們人類所渴求卻始終無從企及的事物。我們能取得的最接近的成果——時間彷彿消失無蹤的感受，不論那是肇因於歡欣或者不幸的遭遇、冥想或化學誘發的結果，或者出自激昂的宗教或藝術體驗，都可以帶來一生當中最豐富的體驗。

幾十年前，我和另外八個青少年一起深入佛蒙特州一處密林，進行一趟生存課程。有一晚，當我們全都在帳篷裡沉沉睡去，課程領隊大吼要我們起床迅速著裝。我們要動身進行一趟臨時夜間健行。我們在暗夜手牽手列隊單行前進，在茂密森林、濃密灌木叢還有，特別令人開心的是，水深及腰的泥水沼澤中奮力前進。我們渾身溼透，冷得發抖，渾身沾滿淤泥，最後我們被帶到了鄰近一處空地，到了那裡，領隊告訴我們，我們九個人會被留在那裡過夜，而且只留給我們三個睡袋，其他什麼都沒有。我們群起抗議，然而不論多麼激烈表達不滿，終究徒勞無功，最後我們認了，拉開睡袋拉鍊，把三個接在一起，脫掉外衣，鑽進臨時拼湊的鵝毛被子，緊緊縮成一團。許多人開口咒罵，另有些人發誓要早早退選課程，還有幾個人哭了。然而，接著卻出現了最奇妙的景象。燦爛極光充滿夜空。我從未見過像這樣的景物。游絲光芒迴旋纏繞、炫目色彩夾雜交融，全都在看似漫無邊境、為數無窮的星辰背景布幕前方上演。突然之間，我來到了另一處地方。健行、沼澤、寒冷、近乎全裸的依偎瑟縮——到這時候，全都回歸原始的一部分。人、自然、宇宙。我沾染泥土的當時，也被舞動的光所環抱。當我被我們最後一絲共同熱度遺棄之時，我也被遙遠的星辰吸納了。我忘了自己凝望夜空多久時間，也許是幾分鐘，也許是幾小時，接著我就沉沉睡去。時間長短無關緊要。在簡短瞬間，時間消融了。

具有這類永恆性質的片段插曲十分罕見。而且它們倏忽即逝。時間，在大多數情況下，都是種固定不變的伴侶。無常是經驗的基礎。我們崇尚絕對，卻受限於瞬息。就連宇宙中有可能展現恆久存續屬性的特徵——浩瀚的空間、遙遠的星系、物質的原料——全都在時間所及的範疇之內。我在本章和下一章都會著眼探討，不論宇宙看來多麼安定，它本身和裡面所含的一切，全都是會變的，而且是不安穩的。

演化、熵和未來

在現實的固定不變表象底下，科學披露了一齣翻攪粒子無情戲碼，箇中情節引人設想，演化和熵陷入一場戰鬥，雙方永恆不斷地奪取控制權。這段故事設想，演化營建結構，熵則把它毀掉。這構成一段簡潔故事，不過如同我們在前面幾章討論的內容，問題是事實不盡然就是這樣。就像許多簡化的草圖，它也帶有某些真實成分。演化**確實**是營造結構的一種手法。熵**確實**往往會降解結構。但是熵和演化不必然都朝反向拉扯。熵的兩步法則讓結構得以在這裡興盛發展，不過得先把熵排放到別處。生命是演化的首要成就之一，它消耗高品質能量，使用它來維繫並強化它的有序佈局，並把高熵廢棄物排放到環境當中，從而得以體現這種機制。歷經數十億年，熵和演化不斷上演這種合作交手戲碼，造就出種種精緻細膩的微粒佈局，裡面含括一個能寫出《第九號交響曲》的生命和心智，也包含了許許多多能體驗它、並湧現崇高感受的生命和心智。

這段旅程帶領我們從大霹靂到貝多芬，接著轉朝未來前進，歷經這樣的轉折，演化和熵會不會繼續扮演引領變化的決定性因素？若是秉持達爾文式演化，或許你就會認為答案是不會。[1]達爾文式自然選擇之所以能長期掌控演化之船的航向，理由就在於生殖成功取決於遺傳組成。到了晚近時期，隨著現代醫學介入，以及文明提供的保護日益普及，造就出了不同結果。當初覺得遠古非洲稀樹莽原的生活很刺激，富有挑戰性的基因型，到了今天的紐約市或許也同樣過得很好。在世界許多地區，你的遺傳輪廓，不再是決定你幼齡早夭或者長大成人並產出眾多後裔的支配因素。當然了，只要能把遺傳操場各區均勻整平，現代的進步調整了先前的自然選擇壓力，從而得以發揮它們自己的演化影響。研究人員也指出驅動基因庫趨向的眾多壓力類型，包括飲食選擇（好比，富含乳製品的飲食，有利於乳糖酶生產延續超過童年時期的消化系統）、環境條件（好比居住高海拔地區會帶來一項優勢，能適應在較低含氧條件下生存）和擇偶偏好（好比某些國家的平均身高，有可能朝向被生殖活躍期人士視為比較富吸引力的身材演化發展）。[2]不過最大的衝擊，或許出自一種新發現的能力，也就是直接編輯遺傳輪廓的本領。科技的迅速進展，已有辦法擴增遺傳變異、隨機突變和性擇混合等機制歷程，納入了自願設計。倘若有個研究人員發現一種遺傳配置重組能延長人類壽命到兩百歲，而副作用包括靛青膚色、三公尺身高，以及永不飽足的藍色自我中心欲力，演化就會充分顯現出一個自我選擇的長壽人種，一群類似納美人的人類，向外迅速擴散。擁有這種全面重塑生命的潛力，說不定還有辦法設計出一種感知性版本——不論是生物上的、人造的或者是某種多變化混合類型——而且所具有的力量，有可能讓我們的現有能力相形見絀，這會產生出什麼樣的結果，就看每個人如何各自猜想了。

就熵而言，有關未來關聯性的問題，答案當然是肯定的。我們在許多章之前發現，熱力學第二定律是將統計推理應用於基礎物理定律的一般後果。未來的發現會不會逆轉我們如今認定為萬象之基礎的定律？幾乎肯定會。熵和第二定律能不能維繫它們在解釋上的優越地位？這也幾乎肯定會。從古典框架向徹頭徹尾迥異量子框架的過渡階段，用來描述熵和第二定律的數學，必須做一次更新，不過由於這些概念是從基本概率推理萌現，它們一如既往同樣適用。我們預期，不論往後我們對物理定律的認識會出現什麼發展，這些觀點都依然成立；這並不是由於我們欠缺想像力，設想不出哪些物理定律會推導出熵和第二定律都無關緊要的情況，而是因為那樣的定律，必須與蘊含在我們所知、所測量的一切裡面的所有現實特徵背道而馳，以至於多數物理學家對於這種可能性完全不予考慮。

展望未來，不論是我們或者往後會出現的某種智能，對於我們周遭環境所能施加的控制影響，都會存有更大的不確定性。智慧生命可不可能左右星辰、星系，甚至整個宇宙的長遠命運走向？這樣的智能可不可能隨心所欲大規模轉移熵，有效壓低浩瀚空間區段的熵，落實熵的兩步法則的宇宙尺度版本？這樣的智能是否還甚至有辦法設計、創造出全新的宇宙？不論這些活動看來多麼遙不可及，它們都依然落在可能範圍之內。我們眼前的困境是，它們對於未來的衝擊，完全超乎我們的預測能力之外。就算是在由定律支配的世界裡，而且那裡沒有傳統自由意志，卻由於智能的寬廣行為總目——智能所獲得的一種自由——導致某些樣式的預測，基本上是不可能實現的。未來思想無疑必須取得無與倫比的計算方法和技術，不過我猜想，要針對與生命和智慧有密切依存關係的長遠發展進行預測，依然是遙遙無期。

那麼，接下來該怎麼做呢？

我們就假定，目前所知的物理定律——自從大霹靂開始，想必就一直以不受外力左右的方式不斷運作的那些定律——依然會是引導宇宙開展的主要影響力量。我們不會去推敲，定律本身或者甚至於自然「常數」值，會不會出現變化。我們也不會去推敲，這些定律或常數，可不可能已開始慢慢轉變，只因為變動幅度太小，目前還沒有留下印痕，不過或許真有其事，也或許在浩瀚時間尺度之後，就會累積成可觀的改變。[3]我們也不會去推敲，未來的智能施加結構控管的管轄範圍，可不可能增長到星系規模或更壯闊的尺度。沒錯，這裡有許多「不會」和「也不」。不過，由於沒有絲毫證據來引領我們探究這些可能性，這些恐怕也只會是瞎猜。倘若這些假定違背了你對未來的預期，你可以把本章和下一章的論述內容，看成另一些可能性，映現出宇宙在沒有這種改變或智慧干預的情況下，原本會出現的發展。未來的發現以及未來智能所發揮的影響力，自然可以讓情況變得更明朗，不過我猜想，儘管產生的結果肯定能與以下所述細部內容切合相符，卻仍不需要全面重寫我們往後所探究的宇宙開展結果。[4]這或許是個大膽的假設，不過這是最快速的前進道路，也是我們現在要大膽追尋的道路。[5]

底下篇幅會明確驗證，既然我們能拼湊出一種令人信服的論述，即便只是暫時成立，卻仍能確切描繪出，到了遙遠的未來，宇宙會如何呈指數開展，這本身就是一項非凡成就。而這項成果是許多人投入打造而成，也象徵了人類對連貫性的渴求，而那也就是我們這物種所最珍惜的故事、神話、宗教和藝術創作。

時間帝國

我們該如何組織我們對未來的思維？人類的直覺在很大程度上很適合用來掌握共同經驗的時間尺度，然而當我們著手分析未來的宇宙關鍵時期，我們就會進入時間的廣袤領域，這些國度浩瀚得連我們最好的類比，也如飛鴻踏雪泥，偶然留指爪，只讓我們一瞥這當中所牽涉的時間長度。不過，也沒有比根據熟悉尺度來做個類比更好的方式了，這樣才能在攀爬這種陌生的坡道時，為我們提供一個精神立足點。那麼就讓我們想像，宇宙的時間線在帝國大廈向上延伸，每個樓層所代表的時間長度，都十倍於前一個樓層。第一樓代表從大霹靂起過了十年，第二樓代表一百年，第三樓代表一千年，並依此類推。這些數值明確告訴我們，當我們順著各樓層向上攀登，時間長度也隨之迅速延長——說起來很簡單，卻很容易誤解。例如，從十二樓走到十三樓，就相當於設想宇宙從大霹靂後一兆年發展到大霹靂後十兆年。攀登那一個樓層，相隔了九兆年，讓先前所有樓層所代表的整個時間長度相形見絀。當我們繼續向更高樓層攀登，這相同模式也同樣成立：各後續樓層所代表的時間長度，都遠比底下那些樓層所代表的時段還要更長，而且是呈指數增長。

人類的壽限大約是一百年，國祚綿長的帝國約延續一千年，強健的物種能綿延好幾百萬年，帝國大廈越來越高的樓層，代表完全不同、看似永恆的時間長度。當我們到達八十六樓的帝國大廈觀景台時，我也就來到了大霹靂之後10^{86}年——一〇〇〇年——令人咋舌的時間尺度，比起任何人類努力的任何相關事項的任何時段都更悠久綿長。然而，任憑它的這所有零，隨後當我們踏上了大廈的最頂層平台，來到了一百零二樓，相形之下，底下觀景台所代表的時間長度，連九牛一毛都稱不上。

從大霹靂到今天大概過了一百三十八億年，這就表示前面幾章所討論的種種發展，全都零星分布在從帝國大廈地面層到超過十樓才幾步階梯的這段範圍之內。從這裡開始，我們啟程邁向以指數增長的遙遠未來。

讓我們起步攀登。

暗黑的太陽

我們的早期祖先並不知道，太陽放射出生命不可或缺的綿延低熵能量並把地球包覆在當中，不過他們依然能夠體認，天空那顆凝望眼睛的核心重要意義，乃為監看日常事務往來生滅的一種熾烈力量。太陽下山時，他們知道它還會重新升起，這帶來了世界上最顯而易見也最可靠的模式。不過這種節律總有一天肯定也會劃下終點。

將近五十億年來，太陽不斷支撐它的龐大質量，以核心的氫核融合產生的能量，來對抗重力的摧枯拉朽威力。那股能量推動快速運動的粒子，施加強大的向外壓力，構成一種狂暴的環境。而且就像為兒童充氣跳跳屋打氣的氣泵，太陽核心融合產生的壓力，也把太陽撐開，這樣它才不會被自己的龐大重量給壓垮。這種重力向內拉扯和粒子向外推擠的拉鋸戰，還會再延續約五十億年。不過到那時候，對峙均勢就會被顛覆。儘管太陽內部依然會塞滿氫原子核，卻幾乎絲毫不會存留在核心部位。氫融合生成氦，與氫原子核相比，氦原子核較重，密度也較高，於是就如同拋沙入池，沙子就會把池水排開並沉落池底，氦也會把氫氣排開，充溢太陽核心。

這點至關重大。

太陽的最高溫區域在它的中心位置，目前約為一千五百萬度，遠超過氫融合成氦的一千萬度最低溫門檻。不過，氦原子核的融合溫度下限約為一億度。由於太陽的溫度完全達不到那個門檻，於是當氦把核心的氫排開並取而代之，融合燃料供應就會減少，接著核心融合所生成的能量施加的向外壓力也跟著減弱，於是重力的向內拉力就會占上風。太陽會開始內爆。當太陽的龐大重量向內塌縮，它的溫度也隨之飆到半天高。這時的高熱和高壓，還不足以醞釀出讓氦開始燃燒的要項，不過它會點燃環繞氦核心四周的氫原子核細薄殼層，啟動新一輪的融合。在這種極端條件下，氫融合會以超高步調進行，從而產生出太陽所曾經歷的最強烈向外推力，這不只遏止了內爆，還推使太陽急遽膨脹。

內行星的命運取決於兩種因素的強弱均勢。太陽會增長到多大？還有它增長時會褪除多少質量？後面這道問題至關重大，因為日核引擎是以超高速檔次運轉，這時太陽外層的豐沛粒子就會穩定被吹入太空。隨後當質量變得較低，整體重力拉力也就隨之減弱，致使行星遷移到比較遙遠的軌道。不論是哪顆行星，它們的未來處境全都取決於其後撤軌跡能不能領先膨脹的太陽。

把太陽細部模型納入運算的電腦模擬歸結認定，水星會輸掉比賽，被擴張的太陽吞噬並很快蒸發。火星在較遠距離之外繞軌運行，具有領先優勢，最後也能平安。金星也很可能保住命脈，不過有些模擬的結論卻是，太陽有可能膨脹貼近它的後撤軌道，若是這樣的話，太陽也會逼近地球的軌道。[6]不過就算地球逃過一劫，其條件也會出現劇烈變動。地球的表面溫度會竄升到好幾千度，熱得能把海洋烤乾，排空大氣，還會出現熔融岩漿氾濫大地。老實講，這是很令人不快的條件，不過化為紅巨星的太陽橫越太空噴濺光芒的景象，會很值得一看。有一點倒是可以完全肯定，那種景象，永遠沒有人能看到。倘若我們的後裔繼續興旺發展（成功躲開了自我毀滅、致命病原體、環境災禍、要命小行星以及外星人入侵，加上其他種種潛在劫難），還有倘若他們立志繼續繁榮蓬勃，他們也早就拋棄地球，去別處尋找更適合棲居的家園。

當太陽氦核心周圍的原子核繼續融合，它們所生成的氦就會向下灑落，迫使核心更進一步收縮，也導致它的溫度攀升得更高。接著更高溫度還會加速這個週期，提高周圍殼層的氫融合速率，加劇氦轟擊核心的風暴強度，並驅使溫度更進一步提高。距今約五十五億年後，核心溫度到最後就會熱得足夠支持氦原子核持續燃燒並生成碳和氧。接著會發生一次壯觀的短暫噴發，代表這是個過渡階段，從此氦融合就成為太陽的主要能源，接下來太陽就會重新縮小尺寸，轉變為不那麼狂亂的組態並安頓下來。

不過新確立的穩定性的存續時期會比較短暫。在大約一億年間，就如同較重的氦置換取代較輕的氫，較重的碳和氧也會同樣取代較輕的氦，接管太陽核心，並把氦逼進周圍殼層。新的核心成分——碳和氧——的核燃燒溫度門檻還要更高，最低必須達到六億度。當太陽的核心溫度遠低於此，核融合就會再次限於停頓，太陽也會再次收縮，於是核心溫度也會再次升高。

在這個週期的前一個階段，溫度升高之後，環繞沉寂氦核心周圍的氫殼層隨之點燃並啟動融合。到這時候，溫度升高之後，環繞碳、氧沉寂核心周圍的氦殼層隨之點燃並啟動融合。不過到了這個回合，核心的溫度永遠達不到門檻數值，沒辦法重新點燃那裡的核燃燒。太陽的質量太低，無法提供足夠推擠力量，達不到所需溫度，而較大型恆星就能點燃碳、氧融合，並生成更重、更複雜的原子核。事實上，當氦殼層燃燒，新生成的碳和氧大量灑落核心，同時核心也會繼續收縮，直到一種號稱包立不相容原理（*Pauli exclusion principle*）的量子歷程遏止內爆為止。[7]

奧地利物理學家沃夫岡．包立（Wolfgang Pauli）向以刻薄著稱，他曾說，「我不在乎你思考緩慢；我在乎你的論文發表速率比你思考得快。」[8]一九二五年，這位量子研究先驅領悟，量子力學為兩顆電子能壓縮得多靠近設了極限（更精確而言，量子力學排除了任意兩相同物質粒子占用一模一樣量子態的可能性，不過簡略描述也已夠充分了）。在那之後不久，好幾位研究人員都提出洞見，總結起來便證明，儘管包立的結果側重於微小粒子，卻仍是瞭解太陽以及所有雷同尺寸恆星的最後命運的關鍵。

當太陽收縮，核心的電子就會被壓縮得越來越緻密，從而擔保電子的密度遲早會達到包立的結果所指定的極限。當進一步收縮就會違反包立的原理時，一股強大的量子斥力就會發揮作用，電子會站穩腳跟，守住私人空間，拒絕被進一步壓縮得更為緊密。太陽的收縮停頓。[9]

遠離核心的外側太陽殼層，還會繼續膨脹並冷卻下來，最後便飄開散入太空，留下一顆極端緻密，稱為白矮星的碳氧球體，接著它還會繼續發光好幾十億年。由於達不到所需高溫，無法促成下個階段的核融合，熱能就會緩慢耗散流入太空，而且就像燃煤餘燼的最後輝光，殘餘的太陽也會冷卻並黯淡下來，最終就會轉變成一顆冰凍的黑暗圓球。十樓以上幾步階梯，太陽就會消褪變黑。

這是種溫和的尾聲。而且比起等著整個宇宙會遇上的那種慘烈下場，比起當我們繼續攀上一層樓時會見到的那種劇變，這更顯得溫和。

大撕裂

拿一顆蘋果向上拋去，地球重力的無情拉力擔保會讓它的速度穩定減慢。這是種沉悶的演練，卻具有深奧的宇宙學重要意義。自從哈伯在一九二〇年代進行觀察開始，我們就已知道太空不斷膨脹：星系以高速彼此遠離。[10]不過就像拋擲蘋果，各星系相互間的重力拉扯，必然也肯定會減緩宇宙向外擴展。空間不斷膨脹，不過膨脹速率肯定逐漸減慢。到了一九九〇年代，受了這項預期的激使，兩支天文學家團隊著手測量宇宙的減速速率。經歷將近十年的努力，他們把得到的結果對外發表，並撼動了科學界。[11] 預期錯了。藉由辛勤觀測遙遠超新星爆炸事件（能在宇宙另一端清楚見到並予以測定的強烈烽火信標），他們發現膨脹並沒有減緩下來。膨脹正加速進行。而且宇宙似乎也不是昨天才切入超高速檔次。研究人員眼前所見讓他們跌破眼鏡，天文學觀測驗證確立，過去五十億年間，膨脹速率一直加速進行。

有關膨脹速率遞減的預期廣受認可，而且一直廣受認可的原因是這很合理。要提出一種太空加速膨脹的理念，乍看之下荒謬至極，這就像是拿顆蘋果輕柔上拋，並預測它脫離你的手之後會像火箭一般向太空飛去。若是你見到這樣的古怪事件，這時你就該尋找某種隱藏的力量，某種一直為人忽略卻能將蘋果向上推升的影響力量。相同道理，當資料提出壓倒性證據，顯示空間膨脹正加速進行，研究人員就會振作精神，抓起大把粉筆，著手探究起因。

最主要的解釋引用了愛因斯坦廣義相對論中的一項關鍵特徵，就此我們在前面第三章討論暴脹宇宙論時已有著墨。[12] 請回顧，依牛頓和愛因斯坦所見，像行星和恆星這樣的物質團塊，會發出熟見的相吸重力，不過依循愛因斯坦的途徑，重力的作用項目擴增了。倘若有個空間區域並不含團塊，卻均勻填塞了某種能量場——我的首選圖像，前面也曾介紹過，就是均勻遍布一處三溫暖浴室的蒸氣——這樣所產生的重力作用是互斥的。就暴脹宇宙論而言，研究人員設想，這種能量是由某種奇異的場（稱為暴脹子場〔inflaton field〕）來傳播，理論還提出，當初就是它的強大互斥重力驅動了大霹靂。儘管那起事件發生在將近一百四十億年前，我們仍能依循一種類似的途徑，來解釋我們目前觀測所見空間加速膨脹。

若我們設想，空間各處全都均勻充溢另一種能量場——由於它不發光，因此我們稱之為**暗能量**（*dark energy*），不過稱之為**不可見能量**（*invisible energy*）也同樣合宜——也就能提出一種說法來解釋，為什麼星系全都以高速遠離。星系都是物質團塊，因此能發出相吸重力，彼此向內拉扯，從而減慢了宇宙的向外擴展。暗能量均勻遍布空間，能發出互斥的重力，向外推擠，從而得以加快宇宙的向外擴展。若要解釋天文學家觀測所見加速膨脹，暗能量的推力只需要勝過星系的集體引力即可。而且不必超過太多。和大霹靂時期的空間飆速向外腫脹現象相比，今天的膨脹算是很溫和的，因此只需要微小的暗能量也就夠用。沒錯，以一單位典型立方公尺空間來講，要推動觀測發現的星系加速現象所需暗能量數額，能讓一枚百瓦燈泡運作約五兆分之一秒——簡直稱得上是「銀河沙塵」。[13]不過太空包含許多立方公尺。這各個空間單位貢獻的互斥推力，集結起來就能發出能驅動天文學家所測得加速膨脹的向外推力。

暗能量的事例很引人矚目，不過仍得視情況而定。還沒有人想得出辦法來攫取暗能量、驗證它存在，並直接檢視它的諸般特性。然而，由於以暗能量就能非常順暢地說明觀測結果，於是它已被當成事實來解釋空間加速膨脹。不過暗能量的長期行為就沒那麼明確了。而要想預測那麼遙遠的未來，就絕對有必要仔細考慮種種可能性。暗能量能與所有觀測結果相符一致的最簡單行為就是，它的數值在整段宇宙時期全都保持一致不變。[14]不過，儘管單純性在概念上受到青睞，卻沒有對實情提出根本主張。暗能量的數學描述允許它減弱，踩下加速膨脹的煞車，也容許它強化，為加速膨脹踩下油門。從第十一層樓向外眺望，後面這種情況——互斥重力變得越來越強大——是最不吉祥的可能結果；果真實現的話，我們就是朝向物理學家稱為**大撕裂**（big rip）的慘烈推斷猛衝過去。

隨著時間推移，日益強大的重力互斥推力將戰勝所有束縛作用力，到頭來萬物全都會被撕裂。你的身體能保持完整得靠電磁力的作用，它會把你的原子和分子成分束縛在一起；此外還得靠強核力，它會把你身體所含原子核裡的質子和中子束縛在一起。由於這些作用力的強度都遠勝如今膨脹空間的外推力量，你的身體才能牢靠聚攏。倘若你變得寬廣，那不是空間膨脹所致。不過倘若互斥推力變得越來越強勁，到頭來你體內的空間，就會隨著這種強大的外推力量向外膨脹，因為在這時候，斥力已勝過把你聚攏在一起的電磁力和核力。你會開始腫脹，最後就會碎裂成一片片，其他一切事物也都會如此。

細節取決於互斥重力的增長速率，不過這裡舉一個典型範例來說明，根據羅伯特．考德威爾（Robert Caldwell）、馬克．卡米翁科夫斯基（Marc Kamionkowski）和內文．溫伯格（Nevin Weinberg）三位物理學家得出的結果，從今天起約兩百億年之後，互斥重力就會驅使星系群彼此遠離，大約又過了十億年，構成銀河系的恆星，就會像煙火表演中的火花般向外飛散，在那之後約六千萬年，太陽系內的地球和其他行星，就會被推離太陽，幾個月過後，分子間的互斥重力作用就會導致恆星和行星爆炸，接著再過短短三十分鐘，構成各個原子的粒子之間的互斥力量就會變得太強，強得連它們都會遭轟擊瓦解。[15] 宇宙的最終狀態取決於目前尚未得知的空間與時間之量子本質。根據目前還欠缺數學嚴苛論述的粗略說法，這種互斥的重力有可能撕碎時空本身的結構。現實從大霹靂開始，而且在我們抵達十一樓之前的某個時候，從大霹靂起一千億年之後，它就可能以一起撕裂事件劃下終點。

儘管現有觀察結果允許暗能量變得更強，我和其他許多物理學家都認為這種現象不太可能成真。當我解讀方程組，心中便湧現一種感受，沒錯，這套數學還算勉強適用，不過也不能真正成立，方程式不自然，也不能令人信服。這並不是數學證明，而是根據數十年經驗做出的判斷，因此肯定有可能出錯。儘管如此，這仍提供了綽有餘裕的強大動機，讓我們抱持樂觀態度，並假定大撕裂並不會讓帝國大廈再往上各個樓層變得無足輕重。這點確立了，接著就順著時間線繼續我們的旅程。

不必攀登太遠，我們就會遇上下一起關鍵事件。

太空懸崖

倘若互斥重力保持不變，並沒有提高強度，那麼我們所有人都可以輕鬆過日子；不必再擔心被膨脹空間轟擊碎裂。然而，由於互斥重力會繼續驅動遙遠星系不斷加速飛奔離去，這依然會釀成深遠的長期後果：約一兆年間，遙遠星系的後退速度就會達到光速，接著還要超越光速——看來違反了愛因斯坦宇宙的最著名規定。更貼近審視就能清楚看出，就實際而言，那條規定依然顛撲不破：愛因斯坦的名言說明，「沒有任何事物能超過光速」，不過這僅是指稱「穿行跨越」空間的物體速度。星系幾乎不會穿行跨越空間。它們並不具有火箭引擎。星系就像黏在一片黑色氨綸彈性纖維上的點點白漆，當氦綸拉伸，白漆就彼此遠離，不過星系大致來講就是黏附在空間布料上頭，當空間增長，它們就彼此分離。星系彼此相隔越遠，雙方之間可以增長的空間也就越大，於是星系也就分離得越快。愛因斯坦的定律，並沒有對這種退行速率制定任何限制。

儘管如此，光速極限依然重要至極。每座星系發出的光，**確實**會穿行跨越空間。而且就像划獨木舟溯溪時，倘若速度低於溪水流速，她就會停滯不前，若是某個星系以超越光速向外飛竄，它發出的光再怎麼努力奮鬥，恐怕都傳不到我們這裡。既然只能以光速橫越空間，星光也就無法克服與地球相隔距離是以超光速增長的障礙。結果當未來天文學家越過鄰近星辰，把望遠鏡聚焦在夜空最深處時，他們所能看到的也就只是一片天鵝絨般魆魆黑暗。遙遠星系已然悄悄跨出天文學家所稱的「**宇宙視界**」（*cosmic horizon*）邊疆之外。彷彿遙遠星系來到太空的邊緣，從那裡的一處懸崖跌落。

前面我著眼討論的都是遙遠星系，因為距離比較接近的星系當中有個號稱「本星系群」（Local Group）的集團，由大約三十座星系共組而成，依然會繼續扮演我們的宇宙伴侶長相左右。沒錯，到了第十一樓，由銀河系和仙女座星系主導的本星系群，很可能就會合併，就這種預期中的未來結合，天文學家已把它命名為**銀河仙女系**（*Milkomeda*），我倒是想遊說稱之為「**仙女銀河系**」（*Andromilky*）。銀河仙女系所屬恆星彼此都會相當靠近，因此它們的相吸重力也就抵禦得住空間膨脹，也得以讓這個星辰集群保持完整。不過我們與比較遙遠星系的嚴重失聯，會是個重大損失。哈伯就是在嚴謹觀測了遙遠星系後，第一次領悟到空間正不斷膨脹，而往後一個世紀的後續觀測作業，更驗證並改進了這項發現。若是無法接觸遙遠星系，我們也就會失去用來追蹤空間膨脹的主要診斷工具，於是引領我們認識大霹靂和宇宙演化的數據，也就不再能取得了。

天文學家阿維・勒布（Avi Loeb）認為，有些恆星會持續以高速脫離銀河仙女系星辰集團，飄盪進入深空，這些星體有可能替代遙遠星系的功能，就像從木筏上向水面拋灑爆米花來追蹤下行的水流。不過勒布也承認，無盡無止的加速膨脹，會嚴重戕害未來天文學家進行精確宇宙學測量的能力。[16] 舉個相關的例子，到了十二樓，大霹靂後約一兆年，在前面第三章引導我們進行宇宙探索的重要無比的宇宙微波背景輻射，在宇宙膨脹的影響下，到那時候就會大幅伸展並嚴重稀釋（依專業術語可以稱為大幅「紅移」〔*redshifted*〕），結果就很可能完全沒辦法探測到它。

這會讓你納悶：假定我們蒐集並確立宇宙膨脹的資料，以某種方式保存下來，並交付到距今一兆年之後的天文學家手中，他們會不會相信？使用他們耗費一兆年時光發展出來的先進設備，他們會見到宇宙最遙遠距離之外是黑暗的，完全永恆、完全不變。你完全可以想像，對於遠古原始時代（我們這時代）流傳下來的離奇結果，他們只會付之一笑，改採信錯誤結論，認為總體而言宇宙是靜態的。

即便在熵不斷增加的世界當中，我們也已習慣測量會不斷改進，資料組會不斷增長，認識也會不斷完善。空間的加速膨脹會顛覆這些預期。加速膨脹會導致關鍵資訊以高速飛竄流失，再也無法取得。深奧真理有可能在緊貼視界邊壤之外，對我們的後裔悄悄發出召喚。

暮光下的星辰

最早的恆星是在第八樓，大霹靂後約一億年起開始形成，而且只要還有製造新恆星所需的原料，它們就會繼續形成。那會持續多久？喔，成分清單很短：你只要有夠大的氫氣雲霧就行了。我們已經見到，重力就是從這裡入手，慢慢地擠壓雲霧，為它的核心加溫，並點燃核融合。只要你知道星系所含氣體數量，而且你也知道這種恆星形成作用消耗氣體儲備的速率，你就能估計出恆星形成能延續多久時期。這當中還有些微妙細節，核算起來會比較複雜（一個星系裡的恆星形成速率會隨著時間改變；當恆星燃燒，它們就會把部分氣態成分返還星系，從而增加其存儲量），不過由於計算結果越益精進，研究人員已得出結論，認為到了第十四樓，距今約百兆年的未來，星系間的恆星形成作用絕大多數都會終止。

從第十四樓繼續向上攀登，我們會注意到另一種現象，恆星會逐漸消失。質量越大的恆星，其重量就越可能會壓垮它的核心，於是中心溫度也變得越高。接下來這種較高溫度就會促使核融合更加速進行，也導致恆星的核儲備更快速燒盡。儘管太陽還會燦爛地燃燒約一百億年，遠遠更重的恆星在那之前許久就會耗盡它們的核燃料。相較而言，質量最低，只達太陽十分之一的蠅量級恆星，就會比較平緩地燃燒，也因此能存活得遠遠更為久遠。天文學家使用**紅矮星**（*red dwarf*）統稱，來代表形形色色的低質量恆星，而且根據觀測結果，宇宙間絕大多數的恆星很可能都屬於這個類別。它們的相對較低溫度和條理分明的緩慢氫燃燒（紅矮星內部劇烈攪動的氣流，能擔保該恆星的氫氣庫藏幾乎全都能進入核心燃燒），讓紅矮星得以持續閃耀數兆年，壽命可達太陽的數千倍。不過到了十四樓，就連延遲綻放的紅矮星，都要垂垂老去。

於是當我們從第十四樓向上攀登，星系就會如同反烏托邦未來的都市般燃燒淨盡。一度充滿燦爛星辰，生機蓬勃的夜空，到這時候就會充斥焦黑餘燼。由於恆星的重力牽引只取決於它的質量，無關乎它是閃亮或燜燒，收容行星的恆星，依然會繼續提供行星棲身之處。

再登上一層樓。

走入遲暮的天文秩序

仰望晴朗夜空讓人覺得，星系裡滿滿都是恆星。其實不然。儘管看來恆星都緊緊挨在一起，列置在一個環繞我們的球面上頭，然而由於它們和地球相隔十分遙遠——這是我們那雙肩比肩緊靠在一起的虛弱雙眼所看不到的特徵——恆星其實彼此相隔很遠。假使你把太陽縮小到一粒砂糖那麼小，把它擺在帝國大廈，那麼你就得一路開車前往康乃狄克州格林威治（Greenwich），到旅程快結束時才會遇見距離我們最近的鄰星——毗鄰星（Proxima Centauri）。而且你也不必開快車來確保當你抵達時，毗鄰星依然會留在格林威治附近。在這個尺度，典型星際速度核算每小時不到一公釐。就像散落在寬廣範圍的蛞蝓玩一場抓人遊戲，恆星互撞或甚至擦身而過的情況少之又少。

不過那項結論是以熟悉的時段長度為本——年、世紀、千年期——也因此在推敲我們眼前遠遠更為漫長的時間尺度之時，就必須重新予以考量。到了十五樓，我們已身處大霹靂的千萬億年之後了。而且在那段期間，其實還發生了一項重大改變，如今緩慢移動的遙遠恆星，都已然多次經歷近迫處境。遇上那樣的接觸事例，會出現什麼狀況？

讓我們把眼光對焦地球，並想像另有一顆恆星遊蕩來到附近。它的重力拉扯有可能只輕微干擾地球的運動。若是闖入的恆星屬於輕量級，而且相隔了好一段距離，它就不會釀成嚴重破壞。不過若是質量較大的恆星，而且從較近距離通過，那麼它的重力拉扯就能輕易地把地球扯離軌道，拋送橫越太陽系，一頭朝深空飛奔而去。而且對地球能夠成立的描述，對於在其他多數星系中繞行其他多數恆星的其他多數行星，也全都一體適用。當我們順著時間軸線向上攀登，就會見到越來越多行星受到遊蕩鬧事的恆星影響，被重力牽引力量拋飛深入太空。確實，儘管機率極其縹緲，地球仍有可能在太陽燒盡之前遭逢這種命運。

萬一發生這種事情，地球就會與太陽相隔越遠，導致溫度持續下降。全球海洋上層就會結冰，地表殘存的事物也都要凍僵。大氣所含氣體，主要是氮和氧，都會液化並從天空滴落。生命可不可能存續？在表面這會是個艱鉅的使命。不過前面我們也見到了，生命在遍布黝黑海床的熱液噴口興盛繁衍，而且那裡也可能正是生命的根源所在。陽光完全照不透那樣的深度，因此陽光消失對噴口幾乎沒有絲毫影響。實際上，為熱液噴口提供動力的能源，有很大部分出自持續不斷的瀰散核反應。[17]地球內部包含一整庫房的放射性元素（大半是釷、鈾和鉀），這些不安定原子衰變時會放射出一束能量粒子，促使周遭溫度升高。因此不論地球是否沐浴在太陽核融合生成的溫熱下，它依然會繼續浸浴在本身內部核分裂所生成的溫熱下。倘若地球被拋射飛離太陽系，海床的生命依然會彷彿沒事般繼續延續數十億年。[18]

這種星際碰碰車不只會擾亂太陽系，還會在更長遠期間破壞星系。當遊蕩的恆星擦身而過，或者遇上更罕見事例，如對頭相撞時，較重恆星的速度往往會降低，而較輕的那顆通常會加速（拿一顆乒乓球疊放在籃球上頭保持平衡，接著鬆手讓兩球墜地反彈，你就會見識這起碰撞讓乒乓球速大幅提增）。[19]就單獨任一次遭遇，這種交手通常都很緩和，不過歷經悠遠時光，累積的效應就可能結合導致星際速度的重大改變。這樣一來，就會有眾多恆星被提增到高速，致使它們逸出棲身的星系。細部計算顯示，當我們通過十九樓，並繼續朝向第二十樓前進，一般星系就會被這種歷程消耗淨盡。它們所屬恆星大半也只剩焚燒殘留的餘燼，就會在這種歷程下拋射飛離，漫無目標地在太空中飄盪。[20]

在太陽系和各處星系顯現、無所不在的天文秩序，到時就會瓦解消失；這些如今隨處可見的普遍結構，到時就會變成早被宇宙撤銷的模式。

重力波和最後的清理

倘若地球幸運躲開了十一樓的太陽脹大事件，還有倘若它也逃過了星際鄰居的破壞性探訪，它的最終命運，就取決於廣義相對論一項美妙至極的特徵，那就是重力波。

彎曲時空是廣義相對論的核心理念，不過由於這項概念相當抽象，物理學家解釋時往往會引用一種熟悉的隱喻：我們把環繞恆星的行星設想成彈珠，它們在一張繃緊的橡皮薄片上滾動，而橡皮中央擺了一顆保齡球，把它壓得下彎變形。不過這個隱喻引出了一個問題：行星為什麼沒有向恆星螺旋逼近、最後落入裡面？畢竟，這種比喻的命運肯定要落在那些彈珠頭上。[21]答案在於，滾動的彈珠之所以朝內迴旋，是由於它們經由摩擦失去能量。確實，就算沒有任何奇妙的設備，你依然能感測到這樣的證據：部分流失的能量進入你的雙耳，讓你聽到彈珠在橡皮薄片上滾動的聲音。由於在虛無太空根本沒有摩擦力，因此繞軌的行星會維繫它們的運動。

即便摩擦力並不是影響因素，行星每繞軌一周，依然會流失一小部分的能量。天文物體移動時，它們會干擾空間的結構，激起漣漪並向外傳播，這就彷彿你不斷輕彈橡皮薄片就會激起漣漪。這種空間結構的漣漪就是重力波，而且愛因斯坦在他於一九一六和一九一八年發表的論文中也提出了預測。往後那幾十年間，愛因斯坦對重力波夾雜了種種不同感受，就好的方面，或許重力波不過就是種可能性，卻永遠觀測不到。就不好的方面，說不定那完全就是對方程式的錯誤解釋。廣義相對論的數學十分微妙，就連愛因斯坦有時都會感到不解。許多人歷經多年時光才發展出有系統的方法來克服棘手問題，困惑也才終於得解，把廣義相對論的數學表達式與世界的可測量特徵連結在一起。到了一九六〇年代，這類方法已扎穩腳跟，物理學家的信心也提高了，重力波是那項理論顛撲不破的理念。即便如此，沒有人有任何實驗或觀測證據來確認重力波是真的。

約十五年後，情況改變了。一九七四年，拉塞爾・赫爾斯（Russell Hulse）和喬・泰勒（Joe Taylor）發現了最早為人所知的雙星型中子星系——那是彼此交纏高速繞軌運行的一對中子星。[22]

後續觀測結果確立，隨著時間流逝，中子星也逐漸盤繞接近，顯示這個雙星系正逐漸流失能量。不過能量是流到哪裡去了？[23]泰勒和他的同事李・福勒（Lee Fowler）以及彼得・麥卡洛克（Peter McCulloch）宣布，測得的軌道能量流失數額與廣義相對論的預測幾無二致，繞軌中子星應該投入能量來生成重力波，與測量值一致相符。[24]儘管生成的重力波太過微弱，無法檢測得知，這些成果依然（儘管只是間接地）確立了重力波是真的。

過了三十年而且投注了幾十億美元之後，雷射干涉引力波天文台（Laser Interferometer Gravitational-Wave Observatory）更進一步確立了最早直接偵測得知的空間結構漣漪。二〇一五年九月十四日清晨，兩台龐大的檢測器，一台位於路易斯安那州、另一台坐落在華盛頓州，同時在大規模隔離措施下，不受任何可能干擾，唯一干擾源就是重力波，結果兩台檢測器都抽動了。而且是完全相同的動作。為了這個瞬間，研究人員已準備了將近半個世紀，然而做出這項發現、新近升級的檢測器，卻是在不到兩天之前才完成最後調校。像這樣幾乎立刻就監測到信號，一方面令人驚喜，同時也令人心生顧慮。那是真的嗎？是終生難得一見的發現，還是有人以高明手法施展的惡作劇？或者更糟糕的，是不是有人駭進了系統，植入了假偽的信號？

經過好幾個月的細密分析，一再查核又複查設想之重力干擾細節，研究人員宣布，確實有一陣重力波翻騰通過地球。此外，精確分析了那陣抽動，並與超級電腦的重力波模擬比對之後，研究人員探究種種不同天文事件應該生成哪種重力波的模擬結果，並採逆向工程解析信號來判定來源。他們歸結認定，十三億年前，也就是地球上的多細胞生命才剛開始結合成形的時期，兩顆遙距之外的黑洞彼此繞軌運轉，雙方越來越貼近，運行得越來越快，逐漸接近光速，進入最後一圈瘋狂繞軌，它們對頭撞到一起。那起互撞在空間生成一陣潮汐波，引發一次重力海嘯，而且規模十分龐大，威力超過可觀測宇宙中所有星系裡的所有恆星所發出的動力。這股波動以光速向外飛竄，朝所有方向播送，於是部分朝向地球前進，當它擴散得越寬廣，力量也逐漸稀釋。約十萬年前，當人類正從非洲莽原向外遷徙，那股波動漣漪也起伏穿越了銀河系外圍的暗物質暈輪，接著又堅定不懈地繼續衝刺。約一百年前，那陣波動竄過了畢宿星團，而且就在這時，我們這個物種的一個成員，阿爾伯特・愛因斯坦開始思考重力波，並寫下了有關這種可能性的第一批論文。約過了五十年，就在波動向前飛奔之時，另有些研究人員大膽提出所見，認為這種波動是有可能檢測得知的，而且也著手設計規劃一台有可能辦到的裝置。接著，就在波動與地球相隔區區兩光日之時，新近升級版的最先進檢測器預備妥當，投入運作。兩天過後，兩台檢測器撼動了兩百毫秒，並匯集資料讓科學家得以重建出我剛才重述的那段故事。為表彰這項成就，團隊領導人雷・韋斯（Ray Weiss）、巴里・巴利許（Barry Barish）和基普・索恩（Kip Thorne）聯袂獲頒二〇一七年諾貝爾獎。

這些發現本身就令人振奮，而且由於這是位於二十三樓，因此也與這裡的討論內容相切合。到了這個樓層，地球（再次假設地球依然在軌道運行）依循這相仿歷程——堅持不懈地緩慢生成重力波——已經失去了其能量，於是它盤旋落入早已死亡的太陽。就其他行星而言，箇中情節也十分雷同，儘管時間尺度會有所不同。較小型行星會比較溫和地干擾空間結構，也因此死亡盤旋歷時較久，軌道和所屬主星相隔較遠的行星也是如此。許多行星都可能謹守崗位頑強留在軌道上，就拿地球來當代表，我們的結論是，到了二十三樓，這樣的行星便聽天由命，縱身一躍，與它們的寒冷太陽做最後的暴烈交融。

到了最後的這些階段，星系會依循一種類似的順序來進行。多數星系的中心都有一顆龐大的黑洞，質量相當於太陽的數百萬倍或甚至數十億倍。當我們從二十三樓向上攀登，星系裡僅存殘留的恆星就只是燒毀的餘燼，它們沒有被拋飛，只會緩慢環繞星系的中心黑洞運行。而且就如同行星的繞軌能量被導向重力波，同時本身也緩慢向內盤旋，繞行星系黑洞的恆星也同樣如此。研究人員估計這種能量轉移的速率並歸結認定，到了二十四樓，多數星辰殘餘都會被消耗淨盡，落入它們的星系暗黑核心深淵。[25]倘若某座星系依然擁有在偏遠地帶四處遊蕩的小型燒盡恆星，中央黑洞還會額外出手協助，堅定不懈地拉扯那些恆星，勸誘它們逐漸飄近，踏向它們的最終結局。把兩種影響力納入考量，到了三十樓時，中央黑洞就會把多數星系的恆星席捲一空，那時距離大霹靂已過了10^{30}年，甚至還要更早。到了這個時期，在宇宙間旅遊，完全不會是種喧鬧的事件。四面八方零星散布著寒冷的行星、燒盡的恆星，還有黑洞龐然巨獸，太空會是一片黑暗，孤寂荒蕪。

複雜物質的命運

在我們經歷的這種極端環境變遷當中，生命能不能延續下去？這是個棘手問題，而且相當程度是肇因於——本章開頭就曾強調的——我們無從知道遙遠未來的生命會是什麼模樣。有個看來很明確的特徵是，不論哪種生命，都會需要駕馭合宜的能量，來推動它的生命維持功能——代謝、生殖等。隨著恆星燒盡，它們要嘛就會被拋飛深入太空，或者盤旋墜入黑洞無底深淵，那項使命也會變得越來越困難。目前已出現一些開創性理念，好比駕馭暗物質，我們認為太空中存有這樣的粒子四處飄盪，而且當一對對暗物質粒子互撞，轉換成質子時，它們就會產生出能量。[26]不過重點在這裡：就算某種生命形式能夠取得某種新穎有用的能源，當我們繼續攀登，另一種比其他一切都更重大的挑戰，仍有可能接著浮現。

物質本身有可能瓦解。

所有原子的核心都有質子，包括構成所有分子以及組成從生命到恆星等所有複雜材料之結構的所有原子的核心部分。質子有種強烈傾向，很容易分解成一陣較輕的粒子噴霧（好比電子和光子），物質會解體，宇宙會出現激烈變化。[27]我們能夠存在，驗證了質子的安定性，起碼在相當於回溯至大霹靂的那段期間，質子是安定的。不過，就我們眼前推敲的遠更悠久的時間尺度來講呢？將近半個世紀以來，物理學家遇上了種種耐人尋味的數學線索，暗示在這般綿長期間，質子其實是會衰變的。

回到一九七〇年代，哈沃德．喬吉（Howard Georgi）和謝爾登．格拉肖（Sheldon Glashow）兩位物理學家發展出第一種**「大一統理論」**（*grand unified theory*）。大一統理論是種數學框架，在論文裡把三種非重力作用力連貫在一起。[28]儘管以實驗室實驗來檢視強核力、弱核力以及電磁力，會發現它們各具迥異特性，然而依循喬吉和格拉肖的體系，隨著三種作用力在越來越短小的距離尺度進行檢視，這些差異也隨之不斷縮減。因此大一統理念主張，這三種力其實是單一總和作用力的不同面向，而這種總力是自然作用的一個單一體，只在最纖小尺度展現其本身相貌。

喬吉和格拉肖意識到，有了大一統理論所提出的作用力之間的關聯性，物質粒子之間的關聯性新發現，也就能應運而生。而這種關聯性也就容許發生多種新式粒子遷變，包括後來會導致質子衰變的類型。所幸這個歷程會很緩慢。他們的計算顯示，倘若你手中抓著一把質子，等到半數解體時，你也就相當於抓著它們約十億乘以十億乘以十億乘以一千年那麼久了，長遠得足夠攀登上帝國大廈的三十樓。這是個很有趣的預測，看來也或許超乎了驗證範圍。誰會耐心地檢定它是真是假？

答案從一項很簡單但也很明智的舉動中浮現。讓我們假設，樂透彩主管當局只賣出少數彩券，那麼本週發出彩金的機率就逼近於零，不過倘若彩券大賣，機率就會大幅提增。相同道理，倘若樣本數量很小，那麼目睹質子衰變的機率也就逼近於零，不過若是樣本數放大，機率也就會大幅提增。[29] 所以在一個龐大容器裡填裝了數百萬加侖的純水（每加侖能提供約 10^{26} 顆質子），在樣本周邊安置高度靈敏的感測器組，接著緊緊盯著看，日夜尋覓質子衰變產物的跡象。根據喬吉－格拉肖提案，這種衰變會生成一顆號稱**π介子**（*pion*）的粒子，再加上一顆「**反電子**」（*anti-electron*，又稱陽電子）。

要想在不計其數的質子夥伴汪洋中，尋覓單獨一顆漂蕩泳動的衰變質子粒子殘屑，看來似乎會讓其他所有徒勞追逐事例全都顯得小兒科。畢竟，那片大洋所含質子的數量，遠超過我們這顆星球上的所有沙灘與所有沙漠所含沙粒的總數。然而事實卻是，一支支高明卓絕的實驗物理學家團隊已驗證，只要槽裡有一顆質子瓦解，他們的偵測器就會發出警示。

一九八〇年代中期，喬吉的一統理論接受檢定時，我也正在他的門下受教。當時我讀大學部，修讀比較基礎的素材，所以並沒有完全瞭解當時的狀況。不過我能感受到那種期許。自然的統一，當初讓愛因斯坦大獲鼓舞的夢想，就要顯露真相。接著一年過去了，完全沒找到任何單一質子衰變的證據。接下來又是一年。然後又一年。沒有觀測到解體質子的跡象，讓研究人員為質子的壽命設下了個較低的門檻，目前是訂在10^{34}年左右。

喬吉和格拉肖的提案十分壯闊。把量子重力謎團暫且再擱置一天，藉由數學和物理學的巧妙融合，他們的理論雅緻嚴謹地把自然界的其他三種作用力，以及所有物質粒子全都納入。這是智識上的一項出色傑作。然而，面對他們的提議，大自然卻只聳肩不置可否。過了很久之後，我和喬吉談到那次經驗。他形容那次令人失望的實驗室經驗，根本就是「被大自然狠狠甩了一巴掌」，他又說，最後這就讓他完全背離了整個統一論方案。[30]

不過一統論計畫持續進行。接著又延續下來。同時就像幾乎一切求知途徑——包括卡魯扎—克萊茵理論（Kaluza-Klein theories）、超對稱論、超重力論、超弦論，以及喬吉與格拉肖大一統論的更直接延伸（這所有理論各位都可以在《優雅的宇宙》書中讀到）——大一統論也有個共通特徵，那就是關於質子會衰變的預測。有關這種衰變速率接近喬吉與格拉肖原始體系的提案，全都立刻被排除廢棄。不過，還有許多統一理論的提案都預測質子會以較低速率衰變，那個結果能與多數改良的實驗限制兼容相符。典型數字從10^{34}年到10^{37}年不等，有些預測年代還更為久遠。

重點在於，當我們繼續發展數學來擴充我們對宇宙的認識，在每個艱困轉折關頭，幾乎都會見到質子衰變在那裡耀武揚威。安排方程式避開質子衰變並非不可能，不過要做出那種結果，往往必須進行扭曲的數學操作，而這就得違背過去成功事例驗證為切合現實的理論記述。基於這點考量，許多理論學家都料想，質子確實是會衰變的。這有可能不對，而且在尾注中，我也簡短討論了另一種可能性。[31]不過在這裡，可以肯定的是，我會把質子的壽命設定於10^{38}年左右。

這個結果的連帶影響是，當我們從三十八樓向上攀登，所有結合成所有分子、從而組合成歷來出現在宇宙中的所有結構——岩石、水、兔子、樹、你、我、行星、衛星和恆星等——全都要解體。所有事項全都分崩離析。宇宙會只剩下孤立的微粒成分，多數是電子、正子、微中子和光子，川流移行在零星散布了靜默貪食永不飽足的黑洞之宇宙空間。

在較低樓層，生命的主要挑戰是駕馭合宜的高品質低熵能量，來為有生命物質的處理程序提供動力。從三十八樓開始，生命的挑戰就比較基本了。原子和分子分解之後，宇宙間的生命和多數結構的基礎腳手架都坍塌崩潰。所以倘若生命延續到了這麼遠，到了這時候，它是不是就要撞上最後一堵牆？或許吧。不過也或許在我們所考量的時間尺度範圍——超過宇宙現有年歲達到十億乘以十億乘以十億倍數之尺度——生命會已演化成一種早就拋棄任何現有生物構造需求的形式。或許到未來就會覺得，生命和心智的分類方式相形顯得太過簡陋、笨拙，或許到了未來那個時候，生命的化身就會具備另一組全新的特性。

這種推斷的底層有個假定，那就是生命和心智並不依賴細胞、身體和腦等任何特定物理基質，而是仰賴一群群的整合歷程。截至目前，生物學始終壟斷生命活動，不過那有可能只反映了地球上的自然選擇演化異象。倘若還有其他某種基本粒子佈局安排，同樣能忠實地執行生命和心智的歷程，那麼那套體系也就能夠存活，而那套體系也就能夠思考。

我們這裡走的門路是採行最寬廣的視角，並考量就算沒有複雜原子和分子，某種能思考的心智依然得以存在的可能性。於是我們提問：依循我們完全沒有彈性的唯一約束條件，規定思想歷程必須完全符合物理定律，思想能不能無止境地延續下去？

思想的未來

想評估未來思想似乎是種典型的狂妄舉止。我們每個人從個別經驗都能知道，思考是怎麼一回事，不過第五章也明確指出，嚴謹的心智科學還處於早期階段。就運動的科學方面，我們不到三個世紀，就從牛頓的定律進展到極端不同的薛丁格定理，那麼我們又怎能指望自己可以針對恢宏壯闊連十億個世紀都不算一回事的時間尺度之後的未來思想，提出什麼合情合理的論述？

這道問題帶出了我們的一個核心議題。宇宙可以而且必須從大相逕庭的互異視角來理解。得出的解釋各與某類問題切合相符，最後就必須總合形成一組協調一致的敘事，不過就算對其他許多故事都所知有限，你依然能就這當中的某些故事取得一些進展。牛頓對量子物理學沒有絲毫瞭解，不過他成功建構了一套知識，來解釋我們在日常尺度會遇上的運動類型。量子物理學問世之時，牛頓的大樓並沒有被拆除，而是裝修更新了。量子力學提供了新的基礎，加深了科學的影響層面，還為牛頓的結構提供了新穎的詮釋。

如今有關心智未來發展的數學思維，肯定是無關緊要的。畢竟，除非你對物理學史和哲學史都非常瞭解，否則你大概也從不曾聽過亞里士多德的實現性運動描述（entelechial description of motion）或者恩培多克勒（Empedocles）的眼火視覺理論。當人類投入探索，我們肯定能得到某些收穫——嗯，許多收穫——大錯特錯。不過就如牛頓物理學的情況，針對心智這般沉思默想，有一天必然會被看成更全面編年史的一個部分。我們正是以這種樂觀、理性和調和的觀點，來考量思想的遙遠未來發展。

一九七九年時，弗里曼．戴森（Freeman Dyson）寫了一篇很有遠見的談生命與心智之遙遠未來發展的論文。[32] 底下我們會緊密依循他的觀點，也把基於較晚近理論進展和天文觀測成果的更新理念納入考量。戴森的途徑，就像我們在這些篇幅所依循的門路，也採行一種物理主義派的心智觀點，認為思考行為是完全服膺物理定律的一種物理歷程。而且有關於宇宙的整體特徵，到了遙遠未來會如何演變，我們掌握得還相當不錯。既然如此，我們也就能投入探究，到時候環境是否依然適合思想存續。

首先讓我們想想你的腦。除了其他特性之外，你的腦還很溫熱。它不斷吸收能量，汲取自飲食和呼吸；它經歷種種不同的物理化學程序，修飾改變了它的細部組態（化學反應、分子重新佈局、粒子運動等等）；而且，它還把廢熱釋出到環境裡。當你的腦思考（並從事腦做的其他所有事項）之時，它就這樣概括納入了我們在第二章分析蒸汽機時首先討論的連串事項。就像那種模板，你的腦向環境釋出的熱，也會把熵帶走，包括它所吸收的，以及它進行內部運作時所生成的熵。

倘若一台蒸汽機因故無法清除它所累積的熵，遲早它就會故障失靈。腦也是這樣，倘若腦因故沒辦法清除它運作時持續生成的熵廢棄物，最後它也會遭逢相同命運。而腦一旦失靈，它也就不再能思考。這當中有個潛在挑戰，關乎以腦為基礎的思考之持久性。當宇宙一步步朝著未來發展，腦是不是依然保有拋棄所產生廢熱的能力？

當我們從今天攀爬到越來越高的樓層時，沒有人指望人腦會依舊安穩地繼續存在。而且當然了，等到我們攀登夠高，原子也開始崩解化為較基本的粒子之時，不論是哪種複雜分子結塊，肯定都會變得越來越稀少。不過，能夠排除廢熱的診斷要項是種根本條件，也適用於所有進行思維歷程的任何類型的任何組態。所以基本問題在於，這種實體（且讓我們稱之為思想機）不論是如何設計或者如何製造成形，能不能清除它思考時必然生成的熱？倘若思想機辦不到這點，它就會過熱並在自己的熵廢棄物中燒毀。而且倘若膨脹宇宙中的物理定律所施加的約束，使宇宙間所有地方的任何思想機，全都注定要在執行這種絕對必要的熵棄置任務中失靈，那麼思想的未來之本身也要陷入困境了。

因此，評估思想的未來時，我們就必須瞭解思想的物理學。思想機的思維需要多少能量，還有思考歷程會生成多少熵？思想機必須以哪種速率清除廢熱，還有宇宙能以哪種速率來予以吸收？

緩思慢想

前面我在第二章時便曾強調，熵是就物理系統微觀組成元件——它的粒子——「看來差不多相同」的重排數量之計數。分析思想機時，還有另一種特別有用的方式來重述這點。倘若某種系統具有低熵，那麼它的粒子組態，就是較少數看來全都相同的可能組態中的一個——較少數分身之一。這樣一來，倘若我告訴你，在這些可能性當中，系統實際上實現了哪一種組態，這時我也只是提供你很少量的資訊。就像在商品稀少的雜貨店貨架上指出某一罐坎伯蕃茄湯，我只不過是從少數幾種可能性當中，區辨出這個特定粒子的組態。若是某系統具有高熵，那麼它的粒子組態，就會是看來全都相同的眾多可能性當中的一種組態，會是許許多多分身之一。於是，若是我告訴你在這些可能性當中，系統實際上實現了哪一種組態，這時我也就提供了大量的資訊。就像從雜貨店擠爆商品的貨架上指出某一罐蕃茄湯，我也就從為數龐大的可能性當中，區辨出這一種粒子組態。所以就一個低熵系統而言，它的粒子組態具有低資訊含量；就高熵系統而言，它的粒子組態具有高資訊含量。

熵和資訊之間的連帶關係之所以重要，是由於不論思考發生在哪裡——在人腦裡面或在抽象的思想機裡面——它都是在處理資訊。因此資訊—熵的牽連告訴我們，資訊處理（思考作用）也可以描述為熵處理。而且各位或許還記得第二章談過，既然熵處理——把熵從這裡遷移到那裡——必須進行熱轉移，這裡我們混雜了三種概念：思維、熵和熱。戴森充分運用雙方連帶關係的數學形式，根據思想機所具有的思維數量，來計算思想機必須排出多少熱量（想瞭解相關數學的讀者，請參考尾注的公式）。[33]許多思維，意味著必須排除大量的熱。較少思維，則意味著必須排除的熱量較少。

現在，為了推動思考，思想機必須從周圍環境提取能量。由於熱本身就是種能量，思想機攝取的能量數額，必定不少於思想機必須排除的熱量數額。輸入的能量品質較高（這樣它才方便由思想機來駕馭），而輸出的熱（這是廢棄物，因此會被排放）的品質較低。不過思想機所釋出的數量，不能超過它的吸收量。因此戴森的計算具體指出，思想機最少必須從環境吸收多少高品質能量，就此把挑戰數量化：恆星燒盡時，太陽系瓦解，星系離散，物質解體，宇宙膨脹並冷卻下來，思想機就得面對越來越艱鉅的使命，必須不斷收集它持續思考所需高品質濃縮低熵能量。隨著供應日益缺稀，思想機就必須具有某種高效能的資源管理和廢棄物處理策略——也就是汲取低熵能量並排出高熵熱量的細部規劃。且讓我們遵照戴森的說法來提個計畫。

首先第一步，讓我們針對思想機的內部程序（不論那是哪些歷程）來合理推斷它的處理速度。並依循思想機的溫度尺度來計量。[34]粒子在較高溫度運動得較快，於是思想機也思考得更迅速，更快速消耗能量，並更迅速累積廢棄物。在較低溫度下，這所有一切全都會很緩慢。面對不斷膨脹、冷卻而且逐漸頹廢的宇宙，渴求盡可能延長持續思考時間的思想機，就必須特別重視節約，不再執行強烈快閃的迅速思考，改採緩慢燃燒型的漫長執行方式。因此我們建議思想機追隨宇宙的腳步：隨著時光流逝，思想機應該不斷降低它的溫度，放慢它的思考速度，並降低它對宇宙逐漸缺乏之高品質能量的消耗速率。

由於思考是思想機進行的唯一事項，減慢思考速率的前景，並不特別討喜。我們安慰思想機。

「你對這件事的想法完全錯了，」我們告訴思想機。「既然你的整個內部歷程都要減緩下來，你的主觀經驗就完全不會改變。你不會注意到你的思考作用有任何改變。你也許會看到，環境的種種不同程序似乎都運作得比較快了，不過你的思維似乎仍會以它們的尋常敏捷程度來運行。」思想機鬆了口氣，同意遵照這個策略來進行，不過仍表達出最後一個顧慮。「假使我遵照這個做法，我能永遠不斷思考新的思想嗎？」

這是個核心問題，因此我們料想思想機自然會這樣問。而且我們有所準備。我們知道，汽車跑得越慢，每加侖里程表現就越好。相同道理，從數學就能看出，思想機想得越慢，它每消耗一單位能量的思考表現就越好。也就是說，當溫度越降越低，思想機的思考作用也變得越來越有效率。基於這項理由，實際上思想機只需有限數量的能量供應，就能思考為數無窮的思維（就像無限數之和可以加總成一個有限數，好比1＋½＋¼＋……得數為2）。我們很興奮地把這個結果告知思想機：「採行這個計畫，你不只可以繼續永遠思考下去，而且你只需要動用有限能量供應就能夠辦到這點！」[35]

開心啊，思想機歡欣鼓舞，打算把計畫付諸實現。結果半路卻殺出個程咬金。此外就數學方面，還另有一點引人嫌惡的連帶影響，不過到現在我們都略過未提：較低溫的咖啡排放到環境的熱量，少於較高溫咖啡的排熱量。當思想機的溫度降得越低，它就越不能釋出它思考時產生的廢熱。「你對我沒什麼認識，」思想機提醒我們，「所以還是請先仔細斟酌一下，別散播謠言說什麼我在廢物排放上遇到困難。」好的，明白。不過其實計算的美妙之處就在這裡。這樣推理只是假定思想機受已知物理定律的支配，而且是以電子一類的基本粒子所構成。因此這項分析是完全概括性的。

我們完全不必知道思想機的生理或構造細節，就能歸結認定，隨著思想機的溫度降低，它的熵排放速率就會降到它的熵生成速率之下。有了這項認識，我們就別無選擇，只能把新聞發布出去。「儘管在越來越低的溫度下思考，是讓思維長久延續以及讓能量供給需求降至有限程度的要件，到了某個時點，你的熵累積速率就會超過你的熵排放速率。於是從那以後，倘若你還嘗試進一步思考，你就會被自己的思想燒毀。」[36]

思想機垂頭喪氣，思前想後，不知如何是好，這時我們的解謎團隊有個成員提出了一種方法：休眠。思想機必須定期休息不思考——關閉它的心智，進入睡眠狀態——暫停熵生產，同時繼續清除它所生成的所有廢熱。若是暫停的時間夠長，那麼當思想機醒來時，它也就把所有廢棄物全部清除了，因此也不再面臨燒毀的危險。還有，既然思想機在停機期間並不思考，醒過來時，它也根本不會注意到那次中斷。這項解答最早是戴森在他的開創性論文中提出的，受此啟發，我們鼓起勇氣向思想機擔保，只要遵循這種節律，思維就能永遠延續下去。

不過能嗎？

有關思想的最後一個想法

戴森的論文發表之後幾十年間，出現了與那項策略特別切合的兩項發展。一項闡明了思維舉動和熵生產之間的連帶關係，從而對結果做出了若干重新詮釋。另一項則運用空間的加速膨脹現象，而這就有可能徹底顛覆結論，把思維擺上熵的火線紅心。

首先是重新詮釋。戴森推理的核心在於，思考舉止必然會產生熱。我之所以認為這很合理，是由於我聯想到，思想和資訊連帶有關，資訊和熵連帶有關，而熵與熱連帶有關。不過這些連帶關係是很微妙的，而且更晚近產生的（多半都出自電腦科學的）真知灼見顯示，採用一些巧妙方法，就可以執行基本資訊處理——好比拿一加上一等於二——而完全不會導致能量降解。[37]依循思想和計算出自同一模子的假設，設想出這種策略的思想機，也就完全不會生成任何廢棄物。

不論如何，出自電腦科學的相關設想顯示，驅使我們進行初步分析的一種思維——熵—熱連帶關係，確實依然完好無損，只是帶了略微不同的風味。結果表明，倘若一台電腦把它的任何記憶庫給刪除了，這時都必然會生成廢熱（回想一下，廢熱一般都產生自很難逆轉的程序，好比打碎一塊玻璃；刪除資料也導致計算很難逆轉，於是刪除動作會生成熱，也就不足為奇了）。[38]考慮到這點，我們對於思想機的勸誡，就只需適度更動即可。只要永遠不刪除記憶，思想機就可以持續思考而無須清除熱量。不過，假定思想機的運作範圍是有限的，只裝設了有限的記憶容量，遲早會運用到極限。一旦用完，思想機在內部能做的事情，也就只有重新組織它記憶裡的固有資訊，永無止境地反芻重溫老舊思維——這可不是我們許多人會選擇的那種永生。倘若思想機想要有思考新思維的創意能力，並希望能儲存新的記憶以及探索新的知識領域，那麼它就必須允許刪除，也因此會生成熱，並把我們帶回到前一個段落所討論的那種處境，以及那邊推薦的休眠策略。

第二項發展就比較緊迫。空間膨脹加速現象的發現，為無止境思維設立了一道有可能無法跨越的新障礙。[39]倘若就如當前資料所暗示的情況，加速膨脹會持續不減，那麼就如同我們在十二樓遇見的情況，遙遠星系會消失不見，彷彿從空間邊緣的一道懸崖墜落。也就是說，我們是被一個遙遠的球形地平面包圍，而那個球面標示出了我們（即便只是就原則上而言）所能見到的邊界。任何事物距離超過那道邊界，全都以超光速遠離我們退去，因此從那些距離之外發出的任何光，永遠都無法傳達我們這裡。物理學家稱那道遙遠邊界為我們的「宇宙學視界」（*cosmological horizon*）。

你可以把那面遙遠的宇宙學視界設想成一個龐大的發光球體，就像在遙遠深空排列呈球狀，並發出背景溫度的發熱燈陣列。我會在下一章解釋為什麼會這樣（這和黑洞物理學密切相關，史蒂芬．霍金〔Stephen Hawking〕便發現了黑洞也有發光的分界面），不過這裡就讓我強調一下，發光的宇宙學視界之溫度，和大霹靂殘餘的二．七凱氏度微波背景溫度是完全兩回事。隨著時間流逝，微波背景溫度還會繼續冷卻，而且隨著空間繼續膨脹，微波輻射的強度繼續稀釋，它就會趨近於絕對零度。宇宙學視界的增溫舉動有不同的表現。那是種常數。它的數值很渺小——以測得的加速膨脹速率為依據，約為10^{-38}凱氏度——不過它非常耐久。而且就長期來看，耐久性很重要。

熱量只會從較高溫的物體自發流向較低溫物體。當思想機的溫度高於宇宙的溫度，它就有機會把它的廢熱輻射進入太空。不過倘若思想機的溫度降到低於太空的溫度，那麼熱量就會朝相反方向流動——從太空流向思想機——於是思想機也就不再有排出廢熱的需求。這就意味著，休眠策略注定要失敗。隨著思想機不斷降低溫度（請記得，正是這樣它才能在有限能量預算下永無止境地思考下去），遲早它就會降溫到10^{-38}凱氏度渺小數值。到了那時，遊戲就結束了。宇宙不會再接受它的廢棄物。再多一個思維（或者更明確來講，再多個刪除），思想機就會被烤焦。

結論取決於一項假定，那就是空間加速膨脹會保持不變。沒有人知道情況是否果真如此。加速度有可能提高，推動我們朝著大撕裂前進，進一步減損了對生命和思維的未來展望。也或許它會降低。這樣一來就會消除宇宙學視界，關閉遠處的發熱燈，並容許宇宙無止境降溫。誠如威爾・堅尼（Will Kinney）和凱蒂・弗里斯（Katie Freese）兩位物理學家所示，宇宙的這種可能發展當能恢復戴森的原有樂觀態度，讓嚴謹遵循休眠行事曆的思想機，得以繼續無止境地思考到遙遠的未來。[40]

我絕不是想減損未來思維的唯一光明指望，不過回顧一下現實情況會很有用。我們的整個推理鏈鎖都是在樂觀中鑄造成形。在有可能萬無一物，上自恆星、行星，下至分子和原子等全都欠缺的宇宙中，我們假定思想機依然存在。儘管安定的基本粒子——好比電子、微中子和光子等——仍將四處飄盪，心智要能有慧眼來設想如何把它們聚攏並製造出一台能思考的構造，依然得動用不切實際、夢幻般想像力才能辦到。然而，為求盡可能抱持寬闊心胸，我們假設這樣的實體是可以形成的。而且倘若宇宙能正確膨脹，這種思想機起碼有機會能無止境思考下去，能得知這點，肯定令人滿心歡喜。儘管如此，我們依然難免要得出一種結論，那就是思維的遙遠未來岌岌可危。

的確，倘若加速膨脹步伐並不減緩，思想終究會有謝幕下台的一天。我們的認識太粗略了，沒辦法做出精確預測，不過把這些簡略數字代入方程式，結果顯示這有可能在往後10^{50}年內發生。前面一開始我們就曾指出，有個重大的未知數就是，智慧生命有沒有辦法介入宇宙的開展，好比能不能影響恆星和星系的演化，開採先前料想不到的高品質能源，或者甚至控制空間的膨脹速率。由於智慧相當複雜，除了離奇猜想之外，實在沒辦法納入任何考量，這就是為什麼我選擇完全避開這樣的影響作用。所以就把智慧干預擺到一旁，認真遵守熱力學第二定律，於是我們得出的結論是，等我們攀登到五十樓時，宇宙很可能早就想過了它的最後一項思維。

相較於人類所曾考量的多數尺度，10^{50}年是一段驚人漫長歲月，容得下從大霹靂迄今這整段光陰的十億乘十億乘十億乘十億倍還有餘。然而，當我們設想更漫長的，好比七十五樓這樣的時間尺度，那麼10^{50}年也只像轉眼瞬間——遠比我們從點亮桌燈到燈光射抵我們雙眼的時間延遲經驗還要短暫得多——而且落差猶如天壤之別。當然了，倘若宇宙是永恆的，任何時間段落不論多麼漫長，全都可以視為無窮短暫。依循這類較漫長尺度的觀點來闡述，宇宙會計稽核結果也就像是這樣：大霹靂後片刻，生命萌現，在漠然置之的宇宙體系中短暫冥想它的存在，接著就分解消散。這是《等待果陀》劇中人波卓（Pozzo）怒斥等待果陀的人時，嘆息述說的宇宙版精簡內容，「他們讓新生命誕生在墳墓上，光明只閃現了一剎那，接著又是暗夜。」

有些人會認為這種未來太過慘淡。我們在第二章談過羅素所提評論，即便以他在二十世紀中期的較簡略認識來考量，他肯定也會這樣想。我的看法並不相同。在我看來，科學現在所展望的未來，彰顯出了我們的思維片刻、我們的光明閃現剎那是多麼的稀罕、奇妙，又是多麼寶貴。

第10章

時間的暮光
The Twilight of Time

量子、機率和永恆

Quanta, Probability, and Eternity

思維終結之後過了許久，任何思想都點滴不存，物理定律會繼續做它們向來進行的事——勾勒現實的開展狀況。在這個歷程中，定律會展現出一種根本的體現：量子力學和永恆形成強大的結盟。量子力學是個眼眸閃現星光的夢想家，它容許為數龐大的種種可能未來，卻也同時為它的衝動識見奠定根基，具體指明任意給定結果的可能性。依循種種熟悉的時間尺度，有些結果的量子機率十分渺茫，我們必須等待超過宇宙現有歲數，才有合理的機會來遇見它們，這些結果我們都可以保險地予以忽略。不過，當我們經歷浩瀚至極的時間尺度，相較之下宇宙現有的歲數可說是滄海一粟，到了此時，先前可以拋在一旁的許多可能性，也就有必要慎重斟酌。而且倘若時間果真沒有盡頭，那麼凡是量子定律沒有嚴格禁止的一切結果——從熟悉的到怪誕的，從極可能的到難以置信的——全都可以放心，遲早它們都會有綻放光輝的那一刻。[1]

我們在本章會檢視少數幾種那樣的稀罕宇宙歷程，等待它們的時機，靜候上場通知，起身踏上現實舞台。

黑洞解體

二十世紀中葉，第二次世界大戰上演了最後幾段插曲，發揮了決定性影響，物理學家也從此享有顯赫地位。最具支配性的研究領域是核物理學和粒子物理學，依循戴森的說法，這類研究賦予物理學家神明一般的力量，來「釋出為恆星提供燃料的能量……還把百萬噸重的岩塊送上天空」。[2]

相形之下，廣義相對論廣受認可為一門利基的學科，而且已度過了它的輝煌歲月。但後來物理學家約翰・惠勒（John Wheeler）會改變這種狀況；惠勒對核物理學以及量子物理學做出眾多貢獻，而且留下深遠的影響，不過他對廣義相對論有種深厚情感。他還有種罕見本領，懂得以他的熱情來激勵其他人。在往後幾十年間，惠勒會訓練出舉世最高明的物理學家，那些人與他協同努力，恢復廣義相對論的蓬勃生機，重新成為一門充滿活力的科學研究領域。

黑洞特別讓惠勒沉迷。任何東西一落入黑洞就逃逸不出。它就消失了。永遠消失了。惠勒在一九七〇年代早期認真思索這道問題，結果引出一個謎題，而且他向他的學生雅各布・貝肯斯坦（Jacob Bekenstein）提到了這點。黑洞似乎能提供一種得以違反熱力學第二定律的現成策略。惠勒尋思：若拿一杯熱茶，把它拋進附近的黑洞，那杯茶的熵會上哪裡去？由於外界事物永遠無法進入黑洞內部，那杯熱茶加上它的熵，似乎就此消失了。惠勒擔心，把熵棄置到黑洞裡，會成為一種故意違反第二定律的可靠手段。

幾個月之後，貝肯斯坦帶著一種解來找惠勒。那杯茶的熵並沒有消失，他斷言，熵只是被轉移到黑洞身上。就像抓住一個燙手的平底鍋，鍋子的熵會部分轉移到你手上。貝肯斯坦主張，落入黑洞的任何東西，都把所含熵轉移給黑洞了。

這是種自然反應，過去也曾發生在惠勒身上。[3]然而，這卻立刻擊中一個問題的要害。我們已經見到，熵是一個系統的組成成分重新列置出「看來差不多相同」的佈局之排法數量。或者更明確來講，熵就是一個系統的微觀成分互異組態當中能與其宏觀狀態相容的排法數量。若是那杯茶把它的熵轉移給黑洞，熵的作用就應該導致黑洞內部重新佈局（對黑洞宏觀特徵不造成影響的）排法數量變得更多。

問題在於：在一九六〇年代晚期和一九七〇年代早期，維爾納・以色列（Werner Israel）以及布蘭登・卡特（Brandon Carter）兩位物理學家使用廣義相對論方程式組來表明，黑洞完全由區區三個數值來決定：黑洞的質量、黑洞的角動量（它自轉得多快），以及黑洞的電荷。[4]只要你測知這幾個宏觀特徵，你就有充分描述黑洞的所有必要資訊。這就表示，任意兩顆黑洞只要表現出相同的宏觀特徵——相等質量、相等角動量和相等的電荷——那麼追溯到它們的枝微末節將會全都一模一樣。所以黑洞有別於硬幣，當我們指定一批硬幣的正反比例，好比38：62時，這批硬幣就可以有數十億又數十億種不同組態，而且黑洞也有別於蒸氣，當我們指定一罐蒸氣的體積、溫度和壓力時，這罐蒸氣就可以有多得數不清的互異分子組態。至於黑洞，當我們指定它們的質量、角動量和電荷時，結果只會嚴格地制定出一種唯一的組態。既然沒有其他組態可以點算，也列不出其他模樣相似的型態，看來黑洞根本不帶有任何熵。把一杯茶拋進去，接著它的熵顯然也就消失無蹤。當熱力學第二定律面對一顆黑洞，它似乎就要屈服。

這些貝肯斯坦全都不予採信。他宣稱，黑洞**確實**有熵。更重要的是，當某種東西落入，黑洞的熵就會以正確方式增加，來確保這個世界可供第二定律安全存續。要掌握貝肯斯坦的推理精髓，首先還請注意，當某種東西落入黑洞，它的質量並沒有就此消失。凡是讀過而且讀通了廣義相對性的人全都會同意，任何東西落入黑洞，都會表現於黑洞本身質量的增加上。若想真正見識這個歷程，就請設想黑洞的**事件視界**（*event horizon*），也就是劃定黑洞邊界的球面，標誌出越界踏上不歸路的一些位置。數學顯示，事件視界的半徑與黑洞的質量成正比：質量較小，視界也較小；質量較大，視界也較大。當你把某種東西拋進去，黑洞的質量增大，於是你就可以設想，它的視界也隨之向外膨脹。黑洞進食並增廣腰圍。

依循貝肯斯坦所採途徑的精神，[5]就請想像你拋進一台經過嚴謹設計來檢視黑洞對熵如何反應的特種探測器。為達此目的，我們準備了單獨一顆光子，而且波長相當長——它的可能位置分散得很廣——當它碰上黑洞時，我們對結果所能提出的最精確描述也就能以單一資訊單位來表達：要嘛光子落入黑洞，不然就沒有落入。按設計規劃，光子的位置十分含糊，倘若它被黑洞捕獲，我們是沒辦法提供更詳細的描述的，好比指定光子是經由視界的這個定點或那個定點進入黑洞。這種光子攜帶單一熵單元，因此我們便能以數學來檢視，黑洞在進食單一熵餐食時做出哪些反應。

由於光子具有能量，也由於能量和質量是同一個愛因斯坦式硬幣的兩面（出自$E=mc^2$），倘若黑洞攝食光子，它的質量就會稍微增加，而且它的事件視界也會稍微膨脹。不過回收只見於細節。貝肯斯坦注意到一個關鍵模式：拋進一單元的能量，黑洞的事件視界就會膨脹一單元的面積（所謂的量子單元面積〔*quantum unit of area*〕或普朗克面積〔*Planck area*〕，約等於10^{-70}平方公尺）。[6]拋進兩單元的熵，表面積就會增長兩個單元面積，並依此類推。因此黑洞事件視界的表面積，便持續記錄了黑洞攝食了多少熵。貝肯斯坦把這種模式提升為一項研究提案：**黑洞的總熵以其事件視界之總面積來界定**（以普朗克單元來測定）。這是貝肯斯坦遞交給惠勒的新觀點。

貝肯斯坦沒辦法解釋黑洞的熵和它的外表面——它的事件視界，怎麼會有這種令人驚訝的關聯性；這層關係之所以出人意表，是由於普通物體，好比一杯茶的熵，是容納在它的內部、在它的體積裡面。貝肯斯坦也沒辦法解釋，他的提案和傳統框架有什麼關聯，畢竟，傳統觀點認為，熵應該就代表黑洞微觀成分之可能重新佈局排法的種類數量（這個課題大半都被束之高閣，直到一九九〇年代中期，當弦論帶來真知灼見才重見光明）。不過作為一種核算裝置，他的提案帶來一項量化做法，拯救了熱力學第二定律。解決方法直截了當：在追蹤記錄總熵時，你不只需要清點物質和輻射的貢獻，同時也必須把黑洞的貢獻計算在內。把你的茶拋進黑洞，會減少你早餐桌上的熵，不過倘若你計算黑洞事件視界表面積的增加量，那麼你就會明白，你在家裡減少熵的成果，已被黑洞內部的熵增加給抵銷了。貝肯斯坦提出一項演算法，把黑洞納入熵核算程序，重振第二定律雄風，讓它得以再次昂首闊步。

霍金聽聞貝肯斯坦的提案時，認為那實在荒唐可笑。其他物理學家許多也都有這樣的反應。完全由區區三個數值來決定，而且內容大半是虛無空間（落入黑洞的任何事物，全都被無情地拉向它的中央奇異點），黑洞籠罩上了最終極單純性的光環。簡略來講，這種觀點認為黑洞不能含括無序狀態，因為黑洞裡沒有任何可以是無序的東西。霍金帶頭反對貝肯斯坦的提案，逕自展開計算，並巧妙揉合了廣義相對論和量子力學的數學方法。他在心中預期，這樣做很快就能披露貝肯斯坦推理的謬誤處。然而計算結果卻得出了十分震撼的結論，讓霍金花了一些時間才肯相信。霍金的分析不只驗證了貝肯斯坦的分析，還披露一項互補的驚人發現：黑洞**有溫度**，而且黑洞**會發光**。它們會放射光芒。黑洞只是名字帶了個黑字。或者講得更明白一點，黑洞只有在你漠視量子物理學時才是黑的。

簡單來講，底下就是霍金推理的精髓。

根據量子力學，任何纖小空間範圍始終都存有量子活動。就算那處範圍明顯是空無的，看似完全不含能量，量子理論卻表明，它的能量內涵其實依然會很快地高低起伏，也唯有在求平均時才會出現零能量狀況。回顧第三章內容，當時我們談到了量子起伏促成宇宙微波背景輻射的溫度變異，而這裡討論的現象，正是那種類型的起伏作用。藉由$E=mc^2$，這種量子能量起伏也可以表現為量子質量起伏——粒子和它們的反粒子夥伴，從原本沒有任何東西的空間，無中生有地冒了出來。這種事情現在就發生在你眼前，然而不論你多麼專注瞪眼觀看，你也看不出絲毫證據。原因是量子力學還規定，這種粒子—反粒子配對會很快地找到彼此，相互湮滅並返還虛無空間消失不見。我們確實檢測到了這類瞬息即逝的技倆之間接訊跡，因為只有當我們把它們含括在我們的計算當中，我們才能在預測和測量之間達成驚人的相符結果，也才能合情合理地讓量子力學成為基本物理學的核心。[7]

霍金再次探訪這些量子歷程，不過這時他設想它們是發生在緊貼黑洞事件視界的外緣。當一組粒子—反粒子配對無中生有地在這個環境裡冒出來，有時兩顆粒子會很快湮滅，就如同它們在其他任何地方的狀況。不過，重點就在這裡，霍金領悟到，偶爾它們並不會相互湮滅。有時候配對當中的一個成員會被吸進黑洞。這時存活的粒子就失去了夥伴，喪失了可以相互湮滅的對象（並肩起了保存總動量的使命），於是它驚恐掉頭、夾著尾巴地向外逃竄。當這種現象一再發生，出現在黑洞球狀視界表面各處纖小空間範圍內，黑洞看來就像是朝四面八方輻射出粒子，這就是我們如今所稱的**霍金輻射**（*Hawking radiation*）。

除此之外，根據計算，凡是落入黑洞的粒子，各個都具有負能量（這或許也不足為奇，因為逃逸掙脫黑洞的伴侶粒子都帶了正能量，而總能量又必須守恆）。當黑洞消耗這些具有負質量的粒子時，彷彿它就是在取食負熱量，導致它的質量不升反降。於是從外面看來，黑洞就像一邊放射粒子，同時也穩定縮小。要不是由於這種輻射很奇特——黑洞竟然沉浸在虛無空間之固有起伏粒子中泡量子浴——這個歷程就會顯得完全平淡無奇，就像一塊灼熱木炭，一邊放射出光子，一邊慢慢燃燒淨盡。[8]

正如不斷增長的黑洞，不論是消耗熱茶或是騷亂的恆星，它總是完全服膺熱力學第二定律，不斷縮小的黑洞也同樣如此。黑洞事件視界的面積縮小，代表它本身的熵減少了，不過黑洞散發出來的輻射，仍會川流向外擴散到越來越寬廣的空間範圍，同時也把能充分補償尚有餘裕的熵轉移到環境中。這種舞步很熟悉：黑洞發出輻射時，它們就跳起了熵的兩步舞序。

霍金得出的結果，讓全盤狀況提高了數學精確度。他做出許多發現，其中一項是計算發光黑洞溫度的精確公式。我會在下一個段落針對他的結果提出一項量化解釋（喜歡數學、想研究那項公式的人請看尾注9）[9]，不過這裡和我們關係最密切的是，那個溫度和黑洞的質量**成反比**。大丹狗成犬多半體型很大、性情溫和，而西施幼犬則體型很小、性情焦躁。大型黑洞很平靜、溫度較低，而小型黑洞很狂暴，而且溫度很高。感謝霍金的公式，一些數字就能清楚傳達出這點。以大型黑洞來講，好比位於我們這座星系中心、四百萬倍太陽質量的那顆，霍金的公式算出它的溫度定於絕對零度以上百兆分之一度（10^{-14}凱氏度）。就質量約略與太陽相當的較小型黑洞而論，它的溫度就會比較高，不過遠遠稱不上溫暖，還不到千萬分之一度（10^{-7}凱氏度）。若是細小的黑洞，好比質量相當於一枚橘子，就會迸發約一兆兆度（10^{24}凱氏度）熾烈高溫。

質量大於月球的黑洞，溫度會低於微波背景輻射目前遍布全宇宙的二點七度。這個數值真相具有宇宙學上的重大意義，在博學鴻儒的雞尾酒會上是個好話題。由於熱量會自發從較高溫流向較低溫，熱量就會從環繞這種黑洞周邊、充滿微波的嚴寒環境，流向還更為嚴寒的黑洞本身。儘管黑洞會發出霍金輻射，結算下來，它吸收的能量仍會超過它釋出的額度，也緩緩增加了它的重量。就連天文觀測迄今發現的最小型黑洞，質量都遠遠超過月球，因此它們全都處於持續脹大的歷程當中。然而，隨著宇宙持續膨脹，微波背景輻射也會繼續稀釋，而且溫度也會繼續下降。在遙遠的未來，當空間的背景溫度降到低於任一黑洞的溫度之時，這場能量蹺蹺板就會逆轉，黑洞釋出的能量就會超過它所接受的額度，於是它就會開始縮小。

只要時間夠充裕，黑洞也會消耗淨盡。

當代研究的最前緣仍留有許多黑洞相關問題，其中就我們這裡的討論相當重要的一項疑點，涉及黑洞的最終存續片刻。當黑洞發出輻射，它的質量減少，接著它的溫度便隨之提高。當黑洞即將消失，質量逼近於零，溫度則竄升到無限高，這時會有什麼情況？它會爆炸嗎？它會嗚咽嘶氣嗎？或者是其他情況？我們不知道。即便如此，基於對霍金輻射的量化認識，物理學家唐·佩吉（Don Page）也就得以判定任意黑洞的萎縮速率，從而確立它得花多久時間來到它的最終片刻——不論那個瞬間的細節如何。[10] 佩吉以太陽的質量為準，拿它當成從瀕死恆星形成的黑洞的代表，得出的結果表明，約在帝國大廈六十八樓的時候，大霹靂後10^{68}年時，這種黑洞就會輻射淨盡，消失無蹤。

極端黑洞的崩解

據信多數星系，甚至所有星系的中心都有質量龐大的黑洞。隨著天文調查研究進展，每位最高紀錄保持人都被下一位高手請下寶座，冠軍質量朝向千億倍太陽質量邁進。那般大質量的黑洞，會有十分巨大的事件視界，從太陽延伸超越海王星軌道，再向歐特雲（Oort cloud）伸展一段相當距離。就算你對歐特雲和它的遙遠雲霧都已生疏，也只需知道，陽光得花超過一百個小時才能傳到那裡就夠了，所以我們這裡談的黑洞，跨度確實龐大絕倫。不過底下我就會解釋，這些黑洞的龐大尺寸，背離了它們的溫文風範。

根據廣義相對論，建造黑洞的配方簡單至極：蒐集任意額度質量，並把它打造成一枚夠小尺寸的球體。[11]當然了，就算對黑洞只有些微熟悉，你都可以料想得到，「夠小」意味著**真的很小，小得可觀，小得可笑**。而且就某些情況，你的預期也完全正確。要把一枚葡萄柚轉變成一顆黑洞，你就必須把它擠壓到約10^{-25}公分寬；要把地球轉變成一顆黑洞，你就必須把它擠壓到約兩公分寬；至於太陽，你就必須把它擠壓到約六公里寬。這每個例子都必須大幅碾壓物質，讓一種普遍直覺傳播得更廣，那就是形成黑洞必須達到極高密度。不過倘若你繼續編纂黑洞星表，納入遠超過太陽質量的星體實例，專注於越來越大型黑洞的形成作用，那麼你就會見到一種很可能讓你感到驚訝的模式。

隨著用來創造黑洞的物質數量增多，物質受擠壓必須達到的密度就會減小。倘若你願意浸淫咀嚼一句——喔，兩句——數學陳述，那麼理由就很明白了：由於黑洞的事件視界半徑與它的質量成比例，它的體積與質量立方成比例，於是平均密度——每單位體積的質量——也就隨著質量的平方遞減。質量增加兩個倍率，密度便減小四個倍率；質量增加一千倍率，密度就減小一百萬個倍率。把數學拋到一旁，這個定性要點在於：形成黑洞時，質量越大，該質量必須受擠壓的程度就越低。要製造出像銀河系中心黑洞那麼大——約為四百萬倍太陽質量——的黑洞，你就需要密度約百倍於鉛密度的物質，所以你仍有重要的壓擠工作等在前面。要製造出相當於一億倍太陽質量的黑洞，所需密度就一路直降到水的密度。若要製造出四十億倍於太陽質量的黑洞，你的所需密度就相當於你現在呼吸的空氣。蒐羅聚集四十億倍太陽質量的空氣，而且有別於葡萄柚或地球或者太陽的狀況，這時要創造出一個黑洞，你完全不必擠壓空氣。作用於空氣的重力就能自行形成黑洞。

我並不是在倡導把一袋袋空氣當成製造超大質量黑洞的真實原料，不過重量達太陽四十億倍的黑洞，密度竟然就相當於空氣的平均密度，這實在十分引人側目，也清楚闡述了黑洞的諸般屬性，和世俗觀點是如何地不同。[12] 如果按質量和尺寸來評估，這些黑洞都龐大無匹，不過以平均密度來評量時，它們就變得秀氣，這樣看來，它們就成為十分溫和的巨人。從這層意義來看，較大型黑洞不像較小型黑洞那麼極端，有了這層認識，我們就能直覺地解釋霍金的發現，也就是黑洞質量越大，溫度就越低，而且發出的輝光也越柔和。

大型黑洞的長壽受到兩種相關因素的正向影響：它們有更多質量可以散發，還有，由於它們的溫度較低，質量也散發得較慢，把數值代入方程式，我們就會發現，約千億倍太陽質量的黑洞，會從容不迫地慢慢萎縮消散，只有當我們抵達帝國大廈頂層——一百零二樓時，這種黑洞才會噴出它的最後一次輻射爆發，接著才終於，真正地黯淡變黑。[13]

時間的一端

從第一百零二樓眺望宇宙，我們會看到一片瀰散粒子薄霧在太空中飄盪，再向外望，就看不到什麼了。偶爾會有一顆電子和它的反粒子（陽電子）在相互吸引力之下順著向內盤旋、軌跡越靠越近，最後它們就相互湮滅，閃現纖纖光芒，剎那間一束針孔般閃光穿透黑暗。倘若暗能量已經流失淨盡，空間的快速膨脹也已經消弭，屆時粒子就很可能累積形成越來越大的黑洞，並以還更緩慢的速率發出輻射，延伸出還更漫長的壽命。不過倘若暗能量持續存在，粒子就會被加速膨脹作用驅動並進一步加速分離，於是它們就罕有彼此遭遇的機會，甚至永不相逢。奇怪的是，這些條件和緊接大霹靂之後的情況十分相像，在那時候，太空也滿布分離的粒子。雙方的差別在於，早期宇宙的粒子十分稠密，重力很容易勸誘它們形成恆星和行星一類的結構，而在較晚期的宇宙，粒子已經分散得十分稀疏，而且空間也堅毅不懈地快速膨脹，因此這樣凝成團塊是極端不可能的。這是個宇宙版本的「塵歸塵」，早期的塵埃都經調教來舞動熵的兩步法則，受重力影響排成有序的天文結構。至於後來的塵埃，散布得就相當稀薄，只要能在虛空悄悄飄盪，也就心滿意足了。

物理學家有時候把這段未來時期比擬為時間的盡頭。這並不是說時間停頓了。而是當整個作用只剩下孤立的粒子在廣袤空間從一點向另一點運動時，我們就可以歸出合理結論，認定宇宙終於過渡到一種完全荒蕪的狀態。儘管如此，我們在本章設想還更久遠時期的意願，依然提升到了一種十分不可能成真的水平，而且那是原本當下就會遭人漠視的相關歷程。儘管都是些簡直無從設想的稀罕事例，不過或許在一片荒蕪的處境下，依然零星可見這類影響深遠的可能性。

虛無瓦解

二〇一二年七月四日一場新聞發布會上，歐洲核子研究中心發言人喬．因坎德拉（Joe Incandela）宣布發現了人們尋覓已久的希格斯粒子（Higgs particle）。當時我人在阿斯彭物理學研究中心（Aspen Center for Physics），和眾多同行擠在一間房間裡觀看現場直播。大約是清晨兩點鐘。所有人爆出狂熱歡呼。攝影機切換到彼得．希格斯（Peter Higgs），他摘下眼鏡擦拭雙眼。希格斯在將近五十年前設想出那種以他的姓氏命名的粒子。成功克服對陌生觀點的抗拒，等了一輩子，終於知道自己是對的。

年輕的希格斯有一次在愛丁堡市郊長途健行，破解了一道讓世界各地研究人員同感挫敗的謎題。描述強核力、弱核力和電磁力，以及這些作用力所影響的物質粒子的數學，很快就要匯總成形。理論學家和實驗學家齊心協力寫出一部量子力學手冊，勾勒出微觀世界的運作方式。不過，這當中有個明顯的缺失。方程式無法解釋基本粒子如何獲得質量。為什麼當你推動基本粒子（好比電子或夸克）時，你就會感覺粒子對你施出阻力？這種阻力反映出粒子所具有的質量，然而方程式似乎傳達出另一種情節：根據數學所述，粒子應該沒有質量，因此也應該完全不會施加任何阻力才對。不消說，現實與數學的這種不相符之處，讓物理學家焦躁難安。

數學好像只贊同沒有質量的粒子，箇中理由有點技術性，不過追根究底出自對稱性。撞球的母球不管你怎樣轉動它，看來都是一樣；相同道理，描述基本粒子的方程式，不管你怎樣代換數學式項，看來也都是一樣。就兩種情況，對於母球取向和數學方程式重新列置之改變的不敏感特性，反映出一種高度的底層對稱性。就母球方面，對稱性擔保球能平順滾動。就方程式而言，對稱性擔保數學分析能順利開展。粒子物理學研究人員早都能瞭解，缺了對稱性，方程式就會陷於矛盾，產生出類似一除以零的得數那般毫無意義的結果。因此謎題就是：分析顯示，擔保健全方程式的這同一項數學對稱性，也以無質量粒子為要件（這或許不令人驚訝，因為零本身就是個高度對稱的數，不論以其他任意數來乘除，它都堅守自己的價值。

希格斯就從這裡介入。他論稱，就本質上來講，粒子是沒有質量的，就如同原始對稱性方程式所需要件。然而，希格斯繼續說明，當闖入世界之時，粒子就受到環境的影響並獲得質量。希格斯展望，太空充滿了一種無形物質（如今稱為**希格斯場**〔*Higgs field*〕），而當粒子強行通過這種場時，就會承受一種拉力，就彷彿在空中飛行的威浮球（Wiffle ball）所體驗的力量一般。儘管威浮球重量小之又小，當你握著它伸出車窗，隨著汽車不斷加速，你的手和手臂就會受到相當程度的施力，而感覺威浮球很沉重，因為它是在空氣施加的阻力當中開路前進。相同道理，希格斯提稱，當你推動粒子會感覺它很沉重，理由在於它是在希格斯場施加的阻力當中開路前進。粒子越沉重，抵制你推動的抗拒也越強，根據希格斯所見，這就表示粒子經受了瀰漫空間的場所施加的更強大阻力。[14]

倘若你原先並不熟悉希格斯場理念，但已經認真研讀前面幾章篇幅，或許你對這種觀點不會感到特別奇怪。現代物理學已習慣了古代以太學說的一種當今版本，也就是空間充斥了某種無形物質的概念。從有可能驅動大霹靂的暴脹場（inflaton field）到有可能造就出如今測得之宇宙加速膨脹的暗能量，過去幾十年來的物理學家，始終毫不猶豫地提出空間充滿不可見事物的種種構想。不過到了一九六〇年代，這種理念開始變得基進。希格斯指稱，倘若空間真正就如同傳統、直觀理念那般一片虛無，那麼粒子就根本不會具有質量。因此他歸結認定，空間肯定不是一片虛無，而且它所收納的奇特物質也肯定恰好能為粒子灌注它們明顯可見的質量。

希格斯為這項新主張提出合理論述的第一篇論文，當下就被人嗤之以鼻。「有人說我那是胡說八道，」希格斯回顧當時的反應。[15]不過仔細研讀那種見解的人士就能理解它的價值所在，於是它慢慢地流傳開來。最後這項見識終於為人全心接納。我第一次接觸希格斯所提主張，是在一九八〇年代的一門研究所課程上，而且當時授課者的語調十分肯定，一時之間，我並沒有體認到，那項主張還沒經過實驗驗證確認。

測試那項主張的策略，說起來非常簡單，實際執行起來卻是困難重重。當兩顆粒子（好比兩顆質子）以高速對頭撞在一起，互撞應該會晃動周遭的希格斯場。理論上來講，偶爾這就會導致場的微小片段脫離剝落，而這就會形成新的基本粒子類型——也就是**希格斯粒子**，諾貝爾獎得主法蘭克·韋爾切克（Frank Wilczek）稱之為一片「脫離老真空的碎片」。因此，只要能見到這種粒子，就能為理論提供確鑿證據，這個目標在三十多年來不斷激勵將近四十個國家總共超過三千名科學家投入研究，他們使用舉世最強大的粒子加速器，耗費巨資超過一百五十億美元。那趟漫長壯遊來到了尾聲，在那場獨立紀念日記者會上公開宣布，而終點跡象是以大型強子對撞機所蒐集的資料、原本描繪為平滑的圖表上出現的一個纖小凸起——實驗驗證希格斯粒子已經落入手中。

這是人類發明編年史上的一起精采事件，它加深了我們對粒子性質的理解，強化了我們對數學披露現實隱藏層面的信心。希格斯場與我們這趟宇宙時間軸旅程的關聯，出自一種相關卻也截然不同的設想——到了未來某個時候，希格斯場的數值有可能出現變化。而且就如同威浮球的情況，當它遭遇的空氣密度改變，蒙受的阻力也會隨之出現變化。相同道理，當基本粒子所遭遇的希格斯場的數值改變，它們的質量也會隨之變化。除了最微小的變動之外，這樣的改變幾乎肯定會毀掉我們所知的現實。原子和分子和它們所搭建的結構，深深取決於它們所含微粒成分的性質。太陽能發光是肇因於氫、氦的物理和化學特質，而這類特質又取決於質子、中子、電子、微中子和光子的諸般特質。細胞能做細胞做的事，大半是它們所含分子成分的物理和化學性質所致，而這些性質又取決於基本粒子的性質。若是你改變基本粒子的質量，你也就改變了它們的行為舉止，於是多少也就改變了一切事物。

藉由大量的實驗室實驗和天文學觀測，如今我們已確認，過去一百三十八億年來，基本粒子的質量基本上都保持固定，即便不是全程時期，但仍有大半時期如此，也因此希格斯場的數值一直都是安定的。然而，就算到了未來，希格斯場只有微小可能性會躍遷到不同數值，基於我們眼前所推敲的浩瀚時期，那種機率依然會被放大到幾乎確定要發生的程度。

有關希格斯躍遷的相關物理學原理，稱為**量子穿隧效應**（*quantum tunneling*），這種歷程最好先以較為單純的設定來推敲才比較能夠掌握。把一顆小彈珠擺進中空的香檳酒杯裡面，倘若沒人去干擾它，你可以料想那顆彈珠會一直待在那裡。畢竟彈珠四面八方都是壁壘，它沒有足夠能量來攀登玻璃牆面，翻越牆頂逃逸。它也沒有能量來直接穿越玻璃。相同道理，倘若你把一顆電子擺進一個形狀像纖小香檳酒杯的陷阱裡面，四面八方築起壁壘，把它拘禁在那位置，那麼你就會料想，它同樣會待在那處定位。的確，大半時候那顆電子是這樣沒錯。不過有時它卻不是。有時電子會從陷阱消失不見，接著在外面重新化為物質。

對我們來講，這就彷彿胡迪尼變戲法般令人驚訝，就量子力學而言，這只是日常例行事務。使用薛丁格的方程式，我們可以算出電子在此地或那處出現的機率，好比位於酒杯陷阱內部或外側。數學告訴我們，陷阱越令人畏懼——側邊越高越厚——電子逃逸的可能性也越低。不過，這是關鍵，若要讓機率等於零，陷阱就必須無限寬廣或者無限高，然而在真實世界，這種事是完全不會發生的。若是非零機率，不論比率多低，意思是只要等待夠久，遲早電子就會出現在另一側。觀測結果確認情況果真如此。我們說的「量子穿隧效應」就是指這種穿越障壁的現象。

前面我是以粒子穿透障壁來描述量子穿隧效應，從這裡改變它的位置到那裡，不過這種效應也可能涉及場透過障壁，從一個數值改變到另一個數值。當這種歷程牽涉到希格斯場時，就有可能決定宇宙的長期命運。

依循物理學家慣常使用的單位，希格斯場的現值是246。[16] 為什麼是246？沒有人知道。不過具有這個數值（加上各個粒子與它交互作用的明確方式）的希格斯場所召喚生成的阻力，成功解釋了基本粒子的質量。但為什麼希格斯值持續安定了幾十億年？我們相信，答案就在於希格斯值，就像香檳酒杯裡的彈珠，或者陷阱裡的電子，四面八方全都以無法翻越的障壁環繞起來：倘若希格斯場嘗試從246遷移到較大或較小的數值，障壁就會強力驅使它回歸原有數值，這就好比當某人短暫晃動玻璃杯，彈珠仍會受驅使回到杯底。要不是納入了量子考量因素，希格斯值就會永遠不變，保持在246。不過就如西德尼・科爾曼（Sidney Coleman）在一九七〇年代中期做出的發現，量子穿隧效應改變了這整個局勢。[17]

就如同量子力學容許電子偶爾穿隧逸出陷阱，它也允許希格斯場的數值穿隧透過障壁。果真發生這種情況，希格斯場並不會在空間所有處所同時改變它的數值。實際上這種事情會發生在量子事件之隨機性所挑揀出的某處纖小範圍內，希格斯會在那裡採取行動，穿隧透過障壁，化為另一個數值。接著，就像穿隧透過香檳酒杯的彈珠會墜落到較低處，希格斯場的數值也會墜落到較低能量等級。接著低能量的誘惑力，就會勸誘鄰近位置的希格斯場也過渡轉換，一種類似骨牌效應的作用，產生出一個不斷增長而且內部希格斯值已完成改變的球體。

這個球體內部，新的希格斯值會導致粒子質量發生變化，於是熟見的物理、化學和生理學特徵，也就不再能持續保留。至於球體外側，那裡的希格斯值還沒有轉變，因此粒子依然保有它們的尋常特性，也因此一切看來都很正常。科爾曼的分析表明，標誌出希格斯場從舊數值過渡轉換到新值的球體邊界，會以非常接近光速向外拓展。[18]這就表示，就待在外界的我們而言，那道逐漸逼近的末日之牆，幾乎是不可能見到的。等我們實際見到時，它已降臨我們身上。片刻之前，生命都正常存活。接下來，霎時我們就不再存續。在這處滿布具有陌生特性的粒子的範圍內，最終是否會出現新的結構，或者還萌生出新的生命形式？或許吧。不過這些問題目前依然超出我們所能回答的範圍。

物理學家沒辦法確定，希格斯會在什麼時候出現這種躍遷。時間尺度取決於粒子和力的特質，不過這些都還未能適度地精準判定。此外，既然是種量子歷程，它只能以機率來預測。當前資料暗示，希格斯很可能在距今10^{102}到10^{359}年之間的某個時候穿隧轉變為另一個不同數值——也就是在從一百零二樓到三百五十九樓之間的某個樓層（這個樓層範圍，連杜拜哈里發塔都難以企及）。[19]

由於希格斯場重新界定了我們所稱虛無的意義——可觀測宇宙任意範圍當中，最空無虛空裡的希格斯場值為246——希格斯場值的量子穿隧效應顯示，虛空本身是不安穩的。只要等待夠長的時間，連虛空都會改變。儘管這種改變、這種瓦解現象的時間尺度，幾乎不具絲毫引人焦慮的理由。請注意，這種穿隧事件仍有可能發生在今天，或者明天。這就是在量子宇宙中生活的沉重負擔，因為未來事件都受機率支配。就如同你有可能拋擲幾百枚硬幣，結果它們全都正面朝上——是有可能，不過機率十分渺茫——我們有可能正瀕臨險境，就要被尾隨希格斯場之後圈繞新形態虛空的移動圍牆迎頭撞上。有可能，不過機率也十分渺茫。

這種可能性很渺茫似乎是件好事。被以光速移動的末日之牆橫掃而過，儘管十分迅速而且沒有痛苦，仍是我們多數人寧願避開的事情。然而，當我們把注意力轉到還更長遠的時間尺度，我們就會遇上其他量子歷程，它們不只古怪，而且有能力毀壞我們認定為現實真相之一切事物。因應這種情況，有些物理學家養成了對一類理論的濃厚興趣，而且他們主張，在我們必須面對理性思考本身內爆之前許久，宇宙早就已經終結。

波茲曼大腦

我們隨著時間軸攀登時，已親眼見識熱力學第二定律如何發揮作用。從大霹靂到恆星的形成、生命的曙光、心智的處理歷程、星系的枯竭，一路經歷到了黑洞的解體，熵始終義無反顧地增加。這樣堅持不懈地增長，有可能遮蔽了第二定律之律令是以機率決行的事實。熵是「可以」減少的。目前散布在你整個房間裡的空氣粒子，**有可能**全部同時聚集成一顆球，挨著天花板懸浮，讓你喘不過氣來。這種可能性實在太低，促使它發生所需時間尺度實在太過浩瀚，因此儘管承認有此可能性，我們依然明智地照常過日子。不過，既然眼前是從長遠來看，就讓我們拋下時間的地域性，開始設想一些讓人很難相信的熵減少可能狀況。

想像過去這個小時，你都坐在你最喜歡的椅子上讀這本書，偶爾端起你最喜歡的馬克杯來喝口茶。倘若被人問起，這種舒適的安排是怎麼出現的，你就會說，那個馬克杯是你在新墨西哥州一家當地製陶廠買的，那張椅子是你的奶奶留下來的，而且你對宇宙運作向來都很感興趣，因此才會找這本書來看。若是再請你多談點細節，你就會說到你的成長經歷、你的手足，還有你的雙親等等。倘若再追問請你回顧過往提供更完備的訊息，或許到最後你就會聊起我們在前面幾章討論的那些材料。

這一切全都是基於一項奇特事實：你所知的一切，全都反映出「眼前」存在於你腦中的思維、記憶和感受。買那個馬克杯是很久以前的事了。現在殘留的，只是你腦中保有那項記憶的一種粒子組態。相同道理也適用於其他種種記憶，包括你記得自己繼承了奶奶的那張椅子，還有你對宇宙感到好奇，以及你在本書讀到的種種不同概念。從堅守物理主義派人士的視角來看，所有這一切現在之所以都在你的腦中，是目前在你腦中的那些粒子的特定佈局所致。而這就表示，若有一片隨機粒子雲霧飛掠穿過一處沒有結構的宇宙空洞，高熵宇宙很可能會偶然自發降入一種恰好能與當前構成你腦子的粒子組態相符的較低熵組態，則那批粒子就會擁有與你相同的記憶、思維和感受。不論這是種嘉許或者是種責難，我不知道是哪種，不過這種假設性的、自由飄盪且不受羈絆的心智，這種經由罕見但有可能自發生成的粒子聚攏作用所構成的特殊、高度有序的組態，如今便稱為**波茲曼大腦**（*Boltzmann brains*）。[20]

隻身待在嚴寒黑暗太空，一顆波茲曼大腦還來不及思考多少思維就要失靈。不過，粒子自發聚攏也可能生成會延長它機能的配件：頭部和身體的外殼、食物和水的供應、一組合宜的恆星和行星，還有其他眾多品項。的確，粒子（和場）的自發聚攏有可能生成如今整個宇宙，或者重現觸發大霹靂的環境條件，促使類似我們身處的宇宙重新開展。[21] 誠然，牽涉到熵自發減少的情況時，機率壓倒性地有利於較小幅度的減少：較少粒子聚攏形成較容許不精確佈局的結構。我說壓倒性地有利於，意思就是壓倒性地有利於。指數比例地有利於。而且既然我們對於思維的遙遠未來特別感興趣，孤單的波茲曼大腦就是所有能夠短暫動腦思考、也因此會納悶這一切究竟如何生成的粒子佈局當中最簡略也因此最有可能隨機形成的樣式。[22]

它之所以不只是B級科幻劇情開端，理由在於，當我們眺望遙遠未來，能促成這些看來古怪的歷程實際發生的合宜條件，看來也已成熟。一個基本的要素是空間的加速膨脹。稍早我們便曾指出，這種膨脹造就出一席宇宙學視界——悠遠之外的一個球面，標誌出一片界面，在那之外的物體都以超光速後退遠離我們，於是我們也就完全不可能與之接觸或者發揮影響力。接下來，如同霍金表明量子力學暗示黑洞視界具有溫度，而且會發出輻射。霍金和他的同事蓋里・吉彭斯（Gary Gibbons）使用相仿推理來論證，宇宙學視界具有溫度而且同樣會發出輻射。我們在前一章針對思維的未來所做分析，就是以這項事實為本，最後歸結認定，我們的宇宙學視界約10^{-30}凱氏度的渺小低溫，或許就十分足夠促使未來的思想機拼命設法永無止境地持續思考下去，而且最終還會被它們自己的思想給燒毀。現在我們就能看出，在遠更為悠久的時間尺度期間，相仿考量為思維的未來帶來了東山再起奇異事蹟的潛能。

在遙遠的未來，宇宙學視界發出的輻射，就會形成一種朦朧昏暗卻源源不絕的粒子出處（主要都是無質量粒子——光子和重力子），蜿蜒瀰漫視界周邊的空間範圍。偶爾，這群群粒子會相互碰撞，接著依循$E=mc^2$，它們的動能也就轉換成數量較少的電子、夸克、質子以及中子一類的較大質量粒子，以及它們的反粒子。這些歷程藉由產生出較少粒子並促成較少運動來減少熵，不過只要等待足夠長久，這類不大可能實現的事情就會發生。而且會持續不斷發生。就更加罕見的情況，這樣生成的質子、中子和電子，有些就會依循正確方式，並與種種不同原子物種結合。這種罕見歷程所需時間段落浩大深遠，而這就解釋了為什麼它們無關乎大霹靂後或恆星內部的原子核合成現象。不過，如今我們手中握有無止境的時間，這種歷程也就顯得重要。經過了還更漫長的時期，原子就會隨機加入一系列越益複雜的組態當中，從而確保在通往永恆的路上，不時都有一群原子凝聚形成種種不同的宏觀結構——從搖頭公仔到賓利汽車。若是沒有會思考的生物，這一切來來去去的事物也就全都不會引人注意。不過三不五時隨機形成的宏觀結構會是個大腦。久已滅絕的思維會短暫回歸。

這種復甦的時間尺度為何？粗略計算（數學愛好者可以在注23中找到）[23]我們可以估出，波茲曼大腦很有可能在 $10^{10^{68}}$ 內形成。那是一段漫長的時光。儘管我們可以寫出帝國大廈尖塔頂端所代表的時期，10^{102} 年，也就是一後面跟著一百零二個零，大概一行半篇幅就夠了，若要寫出 $10^{10^{68}}$——也就是一後面跟著 10^{68} 個零——我們就可能得把歷來印刷過的所有書本每頁和每個字母全都給替換掉，即便如此，我們也不會造成絲毫影響。就算這樣，也不會有人沒事待在附近，不時看一眼手錶，等著熵減少好來動手製造出一顆大腦。宇宙會平淡地延續將近永恆，度過高熵狀態的無序乏味時光，也沒有人會抱怨。

而這就引發了一個有趣且帶點私人成分的顧慮。你的腦是從哪裡來的？問這種問題好像很傻，不過就讓我開心一下吧。回答時，你自然會根據你的記憶和知識來解釋，你出生時就長了個腦袋，而且你的起點是個序列的一部分，那個序列可追溯到你的遠祖世系，依循生命的演化紀錄，依循地球、太陽等等的形成，一路回溯到大霹靂。從表面看來，這似乎是相當合理。我們多數人也會提出類似這樣的反應。不過就如前面幾章所闡明的內容，腦能依照你所述方式來形成的時間窗口幅員是有限的——概括來講，那個範圍很可能介於帝國大廈第十到第四十層樓之間。腦能依循波茲曼方式來形成的窗口就無比漫長了——大有可能是永無止境的。[24]隨著時光不斷流逝，波茲曼大腦也會（儘管罕見卻依然很可靠地）持續凝結成形、生滅不絕，於是這種大腦的總數就會越來越多。於是，就延伸足夠悠長的時間軸線進行勘測就會發現，波茲曼大腦族群總數遠超過傳統大腦族群的總數。就算我們只著眼微粒組態銘印了錯誤信念，誤以為自己是依循傳統生物方式生成的波茲曼大腦，結果依然會是這樣。再說一遍，不論一種歷程多麼罕見，經歷了任意漫長的期間，它就會發生任意多次。

倘若你接著自問，你最可能是以哪種方式來獲得你目前所持有的信念、記憶、知識和認識？則純粹根據族群大小，冷靜提出的答案就很明確了：你的腦是宇宙空洞裡面的粒子自發生成的，而且它所具有的記憶和其他神經心理特質，也全都秉持特定粒子組態銘印出現。你就你自己如何出世所說的故事很動人，卻不是真的。你的記憶，還有在你腦中醞釀出知識與信念的種種序列推理，全都是虛構的。你沒有過去。你生下來不過就是個無形的腦，而且你腦中存有思想，以及對於從未發生之事的記憶。[25]

除了十足怪異之外，這個情節還帶來了一種毀滅性推斷，也正是基於這項理由，促使我專注討論自發形成的大腦，卻沒有著眼同樣能由隨機凝結的大批粒子來實現的其他數不清的無生命物體。倘若一個腦不信任它的記憶和信念能準確反映出過往發生的事件，不論那是你的或我的或其他任何人的腦，其結果就是沒有任何腦能信任構成科學認識之根本的所謂的測量和觀測和計算了。[26]我腦中有學習廣義相對論和量子力學的記憶，我可以構思出支持這些理論的序列推理，我記得自己曾經檢視這些理論能精彩解釋的資料和觀測結果，諸如此類。不過，倘若我不能信任這些想法都是我所歸因的實際事件所留下的印痕，那麼我又該如何相信，這些理論並不單只是心理臆想的產物，而這樣一來，我也就無法信任那些理論所導出的任何結論了。接著這就出現了意料之外的事情，在如今變得不可信賴的結論當中，有一項就是，我很可能是顆自發創造生成、在宇宙空洞中飄盪的腦。從自發腦形成作用之可能性浮現的強烈懷疑，迫使我們抱持懷疑態度，不敢完全信賴從一開始引導我們採信那種可能性的推理。

簡單來講，熵自發減少儘管罕見，仍是依循物理定律規範的現象，而且有可能撼動我們對定律本身的信心，以及假定依循它們規範產生的一切事項。藉由設想定律持續運作任意悠長時期，我們一頭栽進了懷疑夢魘，對所有事情都不抱信任。待在這裡實在不快樂。所以我們該如何重建對理性思考之基礎的信心，畢竟，那個根基已經促使我們奮力攀上帝國大廈並再繼續登高。物理學家已制定了好幾項對策。

有些人歸結認定，波茲曼大腦根本是庸人自擾。當然了，這個觀點認可波茲曼大腦是可以形成的。不過請放心。你絕不是那當中的一個。證明方法如下：放眼世界，飽覽你眼中所見的一切。倘若你是個波茲曼大腦，那麼你極有可能在霎那之後就消失不見。能存續較長時期的腦，必然是隸屬某個較大型、也較有序的支持系統的一部分，因此起伏作用必然更稀罕，從而達成更低的熵值，於是它的形成機率也變得更加渺茫。所以倘若你再度瞥視世界，發現它和你第一眼看到的景象十分雷同，那麼你對於自己並不是個波茲曼大腦的信心也就會隨之增強。沒錯，依循這個視角，每出現相仿的下一個瞬間，都讓你的論述更為確鑿，而且你的信心也隨之變得更為堅定。

不過還請注意，這個論點假定，這樣的序列當中的每個霎那瞬間，依傳統意義來看，全都是真的。倘若就在這時，你腦中有段記憶顯示，你曾眺望世界十幾次，反覆向自己擔保，你並不是個波茲曼大腦，則那段記憶便反映了你腦的現狀，也因此與另一種現狀相符，那就是你的腦才剛啟動，而且原本就銘印了那些記憶。通盤考量這個情節，你就會領悟到，你用來論證你不是個波茲曼大腦的實證觀察結果，本身也就是那種虛構事項的一部分。我說不定有段記憶顯示，我曾對自己說道，「我思故我在，」不過從任意給定片刻觀之，要準確記錄，我就得換個說法，改對自己說，「我思我想，故我思我在。」就實際情況，有關這種思維的記憶，並不能擔保思維一定會出現。

比較令人信服的方法是挑戰基礎情節本身：波茲曼大腦論證的核心觀點是存有遙遠的宇宙學視界，而且它會持續放射粒子，構成建造複雜結構，包括心智的原料。長遠來看，倘若填充空間的暗能量耗散消失，那麼加速膨脹就要終止，宇宙學視界也會後撤。沒有了遙遠那處圈繞八方的表面來放射粒子，空間溫度就會逐漸逼近於零，這樣一來，自發形成複雜宏觀結構的機率，也同樣會逐漸逼近於零。目前為止還沒有證據顯示暗能量減弱（或強化），不過未來的觀察任務還會更精確投入研究這種可能性。保守的評估是，事態尚無定論。[27]

此外還有一些更基進的方法，這當中的宇宙，或者起碼就我們所知的宇宙，完全不會存續到任意悠遠的未來。沒有了我們所考量的那種長得不可思議的期間，形成波茲曼大腦的機率也就變得十分渺茫，於是我們就可以很保險地完全忽略這種歷程。倘若宇宙在足以讓波茲曼大腦有機會生成的時間尺度之前許久早已終結，我們就可以把我們的懷疑拋到一旁，安然回頭採信有關我們腦如何起源、發展的前述情節，包括我們的記憶、知識和信念。[28]

宇宙怎麼會這麼快就走到盡頭？

終點逼近了嗎？

前面我們曾設想，希格斯場可不可能量子躍遷到某個新數值，導致粒子性質突然改變，從而改寫了物理、化學和生物學上的許多基本歷程。宇宙還會繼續走下去，不過幾乎肯定不會有我們了。倘若這種分離果真在波茲曼大腦形成所需時間尺度——依照希格斯場當前資料所暗示——之前許久早已發生，那麼尋常的腦就會在整個族群占了優勢地位，而且我們也就可以避開懷疑困境。[29]

量子躍遷還會帶來一個更醒目的解決方案，在那種情況下，暗能量的值會突然改變。當前宇宙的加速膨脹，是由一種瀰漫空間所有範圍的正向暗能量所驅動。不過就如同正向暗能量會生成一種外推互斥重力，負向的暗能量則會生成一種內拉的相吸重力。這樣一來，使暗能量躍遷到負值的量子穿隧事件，也就標誌出從宇宙向外膨脹轉換到向內塌縮的過渡階段。這樣變臉會導致萬物——物質、能量、空間、時間——全都被擠壓到極端緻密與高溫狀況，一種逆轉的大霹靂，物理學家稱之為**大崩墜**（*big crunch*）。[30]就如同我們並不肯定，零時是發生了什麼事，才觸發大霹靂，我們同樣並不肯定到了最後瞬間會發生什麼事，才觸發了大崩墜。不過有一點是很明確的，倘若大崩墜是在距今還不到 $10^{10^{68}}$ 年之後就發生的話，波茲曼大腦的奇特蘊含，也就會再次變得懸而未決。

最後一種門路，有趣地超過波茲曼大腦的設想，物理學家斯泰恩哈特和尼爾・圖洛克（Neil Turok）與安娜・伊賈斯（Anna Ijjas）兩位同事想像如何利用這種有可能終結宇宙的崩墜，產生出一種比較樂觀的可以生成宇宙的反彈。[31]根據這項理論，類似我們這處空間的太空範圍，會經歷一個個膨脹階段，接著就會收縮，而且這種週期會無止境地反覆下去。大霹靂成為大反彈——從先前收縮階段的反彈。這項理念本身並不是全新構想。就在愛因斯坦完成廣義相對論之後不久，弗里德曼提出了一種週期循環版本的宇宙論，後來又由理查・托勒曼（Richard Tolman）繼續發展。[32]托勒曼的著眼，特別是為了迴避宇宙如何開始的問題。倘若這種週期無止境地延展到悠遠的過去，那麼也就無所謂開端了。宇宙始終存在。結果托勒曼發現，熱力學第二定律橫亙在這種識見的前方。從一個週期到下個週期，熵會持續累積，而這就意味著，在我們當前所棲身宇宙之前，只可能存有為數有限的週期，所以終究還是需要一個開端。在他們的新版本週期循環途徑當中，斯泰恩哈特和伊賈斯論稱，他們有辦法克服這個問題。他們已經確立在每個週期當中，空間某一特定範圍會膨脹得遠超過它的收縮程度，於是它所含熵也就被徹底稀釋了。一次次週期之後，根據熱力學第二定律，整片空間的總熵值就會增加。然而在任意有限範圍，好比醞釀出我們這處可觀測範圍的這片空域，牽制托勒曼的熵累積作用就不再是個問題。膨脹把所有物質和輻射稀釋開來，而後續的收縮作用，便駕馭了重力的力量，補足高品質能量，來重新開展週期循環。每次週期的持續時間取決於暗能量的數值，根據當今的測量結果，那個時段長度訂定於數千億年等級。由於這遠比波茲曼大腦形成所需時段更短，循環宇宙論為保存理性提供了另一種潛在的解決方案。儘管在任意給定週期期間，都會有充裕時間來以尋常方式產生出腦，不過倘若換成波茲曼生成方式，則在能產生出腦之前，週期首先就會終結。那麼，我們都可抱持合理信心來宣布，我們的記憶是由實際發生的事件所奠定的。

展望未來，循環途徑暗示，我們攀登帝國大廈的行程會縮短，到了十一或十二樓左右就會提前結束。這時情況反彈啟動空間收縮階段，終結我們的週期，並觸發下一輪新的循環。摩天樓隱喻的線性特質也必須做個更新，改換成螺旋外形（心中浮現一棟高聳版本的古根漢美術館），每圈都代表一輪宇宙循環。此外，由於循環有可能永無止境延展到過去以及未來，我們也就有必要設想出分朝兩個方向無止境伸展的結構。就我們所知的現實，也會納入為宇宙論繞行軌跡裡的一個環圈。

近幾年來，循環宇宙論已成為暴脹理論的一個主要競爭對手。儘管兩種理論都能解釋宇宙觀測結果，包括最重要的微波背景輻射之溫度變異，暴脹理論仍繼續主導宇宙學研究。就某個程度而言，這也反映了一個另類理論如何在逆境中求勝，期盼能獲得物理學家青睞，畢竟過去四十年來，始終是暴脹理論推動宇宙論發展成為一門成熟精確的科學。我們這個時代之所以號稱宇宙論黃金時代，大半得歸功於暴脹理論。當然了，科學的真理並不是由民意調查或者普及程度來判定，而是取決於實驗、觀察和證據。而暴脹論和循環論，也確實提出了一項具有明顯差別的觀察預測，或許有一天，據此就能在雙方之間做出重要裁決：大霹靂時的暴脹擴張爆發，很可能會嚴重擾亂空間構造，而這樣所生成的重力波，說不定依然感測得到。循環模型比較溫和的膨脹，會導致重力波太過微弱，結果也就觀測不到了。到了不太遙遠的未來，觀測能力提高了，或許也就有辦法逆轉兩門宇宙論途徑的均勢。[33]

在研究界，暴脹依然是最受青睞的宇宙論，也因此我們在前幾章所提論述都著眼於此。即便如此，想像未來觀測結果如何深化我們的宇宙知識，依然十分令人振奮，而我們的時代，也因此成為眾多（說不定是多得不計其數的）認識不夠完備的片刻之一。儘管這會影響我們的討論內容，包括宇宙的最早階段，以及它在過了十二樓左右之後的開展歷程，不過我們的核心考量，有關熵以及在大半旅程當中引導我們的演化發展，則全都一路走來始終如一。這當中影響最大的是循環理論獲驗證成立，我們會得知，所有模式當中最普遍的一種——生、死與重生——在宇宙尺度重新展現出來。這是個誘人的範式。遠溯至古代印度、埃及和巴比倫的思想家都曾想像，宇宙沒有起點、中期和終點，或許比較像日夜和季節，走過連串扇張循環。或許到了不太遙遠的未來，重力波觀測台蒐集的資料就會披露，這種模式是否同樣為宇宙本身所採納。[34]

思維和多重宇宙論

以任意速度馳向空間深處的旅程，會不會抵達某種盡頭？它會永遠持續下去嗎？或者說不定會經歷一趟宇宙麥哲倫環球航行，循環繞回原來行程？沒有人知道。就歷經最熱切研究的數學構思，暴脹理論本身而論，它暗示空間是無止境的，部分解釋了為什麼研究人員向來最關注這種可能性。就思維的遙遠未來，無止境空間帶來一種特具異域風格的後果。那麼，就讓我們依循優勢的暴脹觀點，並假設空間是無邊無境的。[35]

無限空間的大半範圍都會超出我們的觀測能力極限。從遙遠位置發出的光，唯有當時間充裕，足夠它行進穿越與我們之間的相隔空間時，我們才能以望遠鏡觀看得到。使用最長可能旅行時間——追溯至大霹靂的這段期間，綿延一百三十八億年——我們就能算出，朝任意方向所能見到的最遠距離，約相當於四百五十億光年（或許你會認為，上限應該是一百三十八億光年，不過由於空間膨脹之時，光也同步傳播，因此這段跨距還會更大）。倘若你是在與地球相隔還更遙遠的星球上長大，那麼按照現況，我們就永遠沒辦法相互交流或直接影響對方。所以就假設空間是無限的，你可以把它描繪成一片浩瀚分隔的九百億光年廣闊空域，各區域都分別獨自演化。[36]物理學家常把這個別區域設想成各自獨立的宇宙，而這整個區域集群就形成了一處**多重宇宙**（*multiverse*）。據此，無限空間範圍會生成多重宇宙，裡面包含為數無窮的宇宙。

研究這些宇宙時，嘉梅．加里加（Jaume Garriga）和亞歷克斯．維倫金（Alex Vilenkin）[37]兩位物理學家確立了一項樞紐特徵。倘若你觀賞影集，看個別宇宙的開展狀況，那些影片不可能全都不同。由於各區大小都是有限的，也各自包含了為數龐大卻仍屬有限的能量，結果就只能上演有限數量的互異歷史。直覺上你可能有不同想法。或許你會料想，變異形式應該為數無窮，因為就任意歷史，你始終都可以朝這方輕推這顆粒子，或者朝那方輕推那顆粒子，來做點修飾改變。不過重點在這裡：倘若你推得太輕，它們就會落在量子不確定性的靈敏度極限之下，結果也就毫無意義；倘若你推得太重，粒子就不會逗留在那處範圍裡，或者它們的能量就會逾越可用最大值。基於小尺度和最大值限制，結果就只能出現有限數量的變異形式，所以也只能拍出有限數量的不同影片。

現在有了為數無窮的區域和有限數量的影片，結果在四處播放的影片種類就完全不夠了。我們有理由擔保，影片會重複；沒錯，我們有理由擔保，它們會重複無數多次。我們也有理由擔保，每部影片都會派上用場。導致一部歷史有別於其他歷史的量子顫動是隨機的，也因此它們會從所有可能組態當中採樣。沒有任何歷史被拋棄。因此，為數無窮的宇宙集群，實現了所有的可能歷史，而且每部這樣的歷史，也都實現了為數無窮的次數。

這造就了一個奇特的結論：你和我和其他所有人所體驗的現實，也都在外界其他區域上演——出現在其他宇宙——而且一再重複。採用任意方式來修飾改變那種現實，只要做法不隸屬物理定律嚴格禁止的項目（好比，你不能違反能量守恆或電荷守恆），這樣生成的現實，也同樣一次又一次地反覆出現在外界那裡。它誘引心智投入探測上演另類現實的國度——李・哈維・奧斯華（Lee Harvey Oswald）沒打中甘迺迪；克勞斯・馮・史陶芬堡（Claus von Stauffenberg）引爆炸死希特勒；詹姆斯・厄爾・雷（James Earl Ray）暗殺金恩失敗。量子狂熱人士會認出這與量子物理學所謂多世界詮釋（Many Worlds interpretation）的雷同之處。該詮釋設想，量子定律容許的所有可能結果，全都在它本身各自獨立的宇宙中實現。半個多世紀以來，物理學家不斷爭辯這門量子力學途徑是否具有數學合理性，還有若是合理的話，是否其他宇宙全都是真的，或者僅只是有用的數學虛擬成果。我們現在重述的宇宙論，根本差別就在於，其他世界——其他區域——並不是關乎如何詮釋。倘若空間是無限的，其他區域也就全都在那裡。

根據我們在本章和前面幾章篇幅所討論的所有內容，可以合理歸結認定，在我們這處區域裡，在我們的這處宇宙，我們的這段日子，還有更廣泛來講，隸屬所有能思想的生命的一切，全都加總在一起。這個數字或許很大，不過在攀登帝國大廈來到某處時，或者說不定當攀爬更高時，生命和心智就大有可能來到盡頭。在這種背景下，加里加和維倫金表達出一種古怪的樂觀態度。他們指出，由於每部歷史都在無窮無盡的宇宙群集上演，有些必然能交上罕見好運，遇上熵減少情況，讓某些恆星和行星完好無損，或者產生出包含高品質能源的新環境，或者遇上了不大可能成真卻能容許生命和思想長久延續，遠超過原先預想的形形色色發展樣式當中的任何一種。沒錯，就如加里加和維倫金所提論述，倘若你選定了任意有限期間，不論那是多麼久遠，則在無限群集當中，總有些宇宙會出現不大可能成真的歷程，沿著熵溪流逆向游動，讓生命存活起碼那個期間。因此，在為數無窮的宇宙當中，總有些會承載生命和心智並延續到任意悠遠的未來。

我們很難知道，在這些區域棲息的居民會如何解釋，他們是怎麼交上這等好運，勉力生存了下來。甚至他們是否察覺自己鴻運當頭。或許他們已經得出了像我們所求得的物理知識，而且體認到隨機波動會導致罕見的幸運結果。不過那種知識同時也會清楚顯現，他們所經歷的事項，儘管有可能發生，機率卻依然十分渺茫。根據這項體認，他們或許還會繼續歸結認定，他們有必要修訂他們對物理學的認識。想想看。儘管量子物理學的機率定律容許我有可能行走穿越實心牆壁，不過倘若我做到了，而且反覆這樣做了，這時我們就會想要翻新我們對量子物理學的認識。並不是由於我這樣做違反了量子定律。我並沒有。原因完全在於，果真發生了照講不太可能發生的事件，而且還頻繁發生，那麼我們就會想要尋求更好的解釋，據此來說明，那些事件畢竟也不是那麼不可能。當然了，棲身這種好運地帶的居民，也可能完全不會著眼尋求解釋，而只是順其自然，幸福生活直到永遠。

倘若我們無緣棲居這種區域，或者我們的住處並不是十分貼近，幾乎完全不可能逃進那裡面，或許當我們眼看自己的末日逼近，我們就會收拾自己學得的、發現的，還有創造的，打包封進一個膠囊，接著就可以發射並期盼有一天它能抵達某個比較幸運的領域。倘若我們並不隸屬某個能永恆存續的世系，或許我們可以把我們所獲致成果的精髓，轉移給永生的那群。或許，不論如何拐彎抹角，我們能夠在永恆留下蛛絲馬跡。加里加和維倫金研究了這種情節的一個版本，加上哲學家大衛．德意志（David Deutsch）提出的真知灼見，歸結認定這項計畫毫無指望。跨越無盡宇宙和浩渺時間尺度，隨機量子起伏所產生的假偽膠囊，會遠比我們的後裔所能製造出的真正膠囊數量更多，這樣一來，有關我們是誰，還有我們達成哪些成就的一切可靠印痕，也都肯定要散佚在量子噪音裡面。

我們的宇宙，我們長久設想為**唯一**宇宙的這處地方的生命和思維，大有可能就此終結。或許在浩瀚無垠空間的某個地方，在遠遠超出我們這個國度的疆界之外，生命和思維有可能延續下去，而且相信是可以無止境存續，得知這點，或許可以令人感到慰藉吧。即便我們能思索永恆，甚至我們還能追求永恆，顯然我們仍舊無法觸及永恆。

第11章

生命之崇高

The Nobility of Being

心智、物質和意義
Mind, Matter, and Meaning

匹蘭斯堡國家公園（Pilanesberg National Park）嚮導低低斜背步槍，再次查問陪同徒步的人士，知不知道當大象、河馬或獅子前來尋求安慰時，該如何妥善反應。「你……站著……不動，」他逐字強調說出，一邊慢慢環顧全團。「看到獅子你想逃跑？那你這輩子都得努力跑贏這場比賽。」團員輕聲發笑，我們全都喃喃自語，「是的」、「當然囉」還有「肯定是的」。就在那時，我瞥了一眼我身上寬鬆襯衫的衣袖。儘管準確認出爬在我袖口上的事物並沒有什麼好擔心的。然而在我心中，那就是隻狼蛛。而且牠正向上爬。我嚇壞了。我前後揮舞手臂，把早餐桌上的玻璃杯給撞飛了。我從椅子上跳起來，先前沒被我碰落的盤子現在也跌落地面。在這場騷亂中，那隻狼蛛，或者不論那實際上是什麼驚悚的東西，脫落了。等到我重新平靜下來，那隻硬幣般大小的小生物已落到地面，慢慢地爬走。「啊，」等一切都安頓下來，導遊面帶笑容說了，「宇宙已替我們的物理學家朋友發言了。這趟路你搭吉普車。」我照做了。

宇宙並沒有替我發言。那次攻擊是隨機發起的，而且時間是隨機選定。在一個覺得事不關己的群體中，我也就會用我巧妙的標準應對來帶過。倘若沒有發生這事件，這種巧合就不會發生也就不足為奇了。不過事實是，在那短暫瞬間，那起令人難堪的插曲，感覺上是很重要的。當時我對於徒步在非洲看動物早就感到不安，也納悶自己該不該退出，接著我就收到一則量身訂作的警示，提醒我對一個迷失在思維裡的人來講，這個風險恐怕不是最好的安排，因為到時恐怕會有意料之外的問候把他嚇到半死。理性上來講，我知道這種對話很蠢。宇宙不會跟蹤我的所作所為，或者注意我面對哪些風險。不過，儘管狼蛛攻擊事件激發的返祖本能已逐漸褪去，理性思維卻得落後一兩步才能重新全面掌權。

對模式的敏感性，是人類取得成功的部分因素。我們尋找關聯。我們注意巧合。我們標記規律性。我們賦予重要意義。不過這當中只有部分是經過深思熟慮、用來勾勒現實可驗證特徵的分析。許多則浮現自一種情感偏好，期望為混沌經驗強加上一種表觀秩序。

秩序與意義

我討論事情時往往表現出一種語氣，彷彿數學方程式就在外面世界那裡，堅持不懈地掌控從夸克到宇宙等所有物理歷程。這或許是真的。或許我們有一天就能確立，數學基本上也就縫綴納入了現實掛毯。當你日復一日地使用方程式，對它肯定會湧現這樣的感受。但是，我可以更自信地堅決表示，自然依循定律來運作——宇宙的構成元件，行為舉止都依循合法進程——我們在本書走過旅程的根本基礎。現代物理學核心的方程式，代表我們對那些定律的最精確陳述。藉由勤奮實驗和觀察，我們已然確立，這些方程式能為這個世界提供一種極準確的論述。不過這並不能擔保，方程式組能以自然的固有語彙來表達。儘管我想底下這種情況不太可能發生，不過我也接受這種可能性，那就是未來當我們自豪地向外星訪客炫耀我們的方程式時，說不定他們會禮貌地露出微笑，並告訴我們，他們一開始也使用數學，不過接著他們發現了現實的**真正**語言。

從歷史觀之，我們祖先的物理直覺是經由觀察從落石、斷枝到溪河奔流等日常熟悉遭遇的明顯模式得來的。對日常力學具有先天感受這件事，帶有明顯的生存價值。隨著時間流逝，我們運用自己的認知能力，凌駕了這種促進生存的直覺，闡明並編纂大千世界種種不同模式，含括範疇從個別粒子之微觀世界到群集星系團之宏觀世界，而且其中許多都幾乎沒有或者根本沒有絲毫適應價值。演化藉由塑造我們的直覺，開發我們的認知技能，來為我們的物理學教育啟蒙，不過我們的更全面認識則是產生自人類好奇心的力量，而這是以數學語言來表達。這樣產生的，以這種語言詳述的方程式，在探索現實深層結構時，具有深遠的實用性。不過，它們仍有可能是人類心智的建構。

等我們轉移焦點，改著眼討論指導我們對人類經驗如何評估的品質之時，我仍會堅守這種觀點的一個版本。不論是非與善惡、命運與目的，還有價值與意義，全都是十分有用的概念，不過我並不像其他人那樣認為，道德判斷和重要意義的分派能凌駕人類的心智。我們發明了這些品質。這並不是種全新創作。我們經由達爾文自然選擇出來的心智，先天就受到種種不同理念和行為的吸引、排拒或驚嚇。在全世界，看顧幼小的評價很高，亂倫則令人憎惡。日常往來公平公正廣獲重視，對家庭和同胞忠誠也同樣如此。如同我們的祖先群聚成團體，這些傾向以及其他眾多素質，與日常實際遭遇的交互作用，共同產生出一些反饋迴路：個別行為影響了團體生活的效能，也促使社群行為準則的逐漸形成。接著這些行為準則，又反過來為奉守遵行者帶來不等程度的生存價值。[1] 如同自然選擇塑造影響我們對基本物理學的直覺，它也介入塑造了我們內在固有的倫理道德與價值觀念。

有些人認為，道德規範並不是由崇高的或虛無飄渺的抽象真理國度所強行制定，就連在那些人士之間依然有種健康的爭辯，討論人類認知在判定這些早期感受性的發展上，扮演什麼樣的角色。

有些人主張，就如同物理學的發展模式，演化也銘印下一種粗淺的道德觀，不過我們的認知能力，也已容許我們跳躍凌駕那種內在根基，從而得以打造出獨立的態度和信念。[2]另有些人主張，我們都擅長使用我們的認知敏捷性來解釋我們的道德承諾，然而這些記述都只是「本該如此的故事」，反正就是奠基於我們演化過往的合理化判斷。[3]

有一點值得再多強調一次，這些立場沒有一項取決於自由意志的傳統觀點。描述人類行為時，我們動用了種種不同因素，從本能和記憶到知覺和社會期許。然而，如同前面所提論點，這類高層級論述——位於我們人類如何理解世界的核心位置——是出自一種複雜的連鎖歷程，而且追根究底，這個系列過程最終取決於自然基本組成的動態。我們全都是一群群粒子，而且是無數演化戰役的受益者，這些戰役業已解放我們的行為，並賦予我們延緩熵衰變之能力。不過這種勝利，並不能賦予我們對物理進程擁有自由意志的決斷能力；事項開展並不等待我們的期望、判斷和道德評鑑。或者說得更明確一點，我們期望、下判斷並做道德評鑑，不過就是世界的物理進程之一部分，而這同樣也受到自然無情定律的支配。

我們對那個進程的描述動用了不帶個人色彩的數學規則，這些規則以符號來鋪陳出，宇宙會如何從一個片刻演變到下一個片刻的發展歷程。在過往大部分時期，在一批批能夠反思現實的群集粒子出現之前，這段故事就是故事的全貌。秉持我們如今對基本細節的熟悉程度，我們已能講述出我們對那段故事的（或許仍是暫時性的）最精鍊版本——簡潔明瞭，而且為了方便語言表達，還帶了一點擬人化色彩。

約一百三十八億年前，在猛烈鼓脹的空間裡面，一團纖小有序的暴脹場雲霧所含能量瓦解了，封閉了互斥重力，並在空間填滿了大批粒子，也孕育促成了最簡單原子核的合成作用。就在量子不確定性導致那批粒子密度略為提增，重力拉力也稍微增強的地方，粒子受誘匯集成不斷增長的團塊，從而形成恆星、行星、衛星以及其他天體。恆星內部的融合作用，還有威力強大的罕見星際互撞事件，把簡單原子核融成較為複雜的原子種類，接著星球形成時，原子也紛紛灑落，其中至少一顆星球上的原子，受到分子達爾文進程引動組成能自我複製的佈局配置。這當中有些佈局恰好能支持分子繁殖力，而其隨機變異形式也就此廣泛擴散。其中有些成為提取、貯存並散發資訊和能量的分子路徑——生命的初步歷程——經歷達爾文演化漫長進程，變得越來越精緻。隨著時間演進，產生出複雜且能自我引導的生物。

粒子和場。物理定律和初始狀況。以我們迄今對現實的深入探究，還沒有證據顯示，此外存有其他任何事項。粒子和場是基本成分。初始狀況催生出的物理定律支配整段進程。由於現實是量子力學式的，定律也就以機率來表示，不過即便如此，機率依然必須以數學來嚴格判定。粒子和場做它們該做的事，而不去顧慮意義或價值或重要性。即便當它們以無動於衷的數學進程產生出生命，物理定律依然能完全掌控。生命沒有能力介入裁處或推翻或者影響定律。

生命所能做的就是促進粒子群協同行動，並表現出與無生命世界相比顯得很新穎的集體行為。構成金盞花和大理石的粒子都完全遵守自然定律，然而金盞花會成長變大，還會隨著陽光轉向，而大理石並不會。藉由自然選擇的力量，演化插手塑造生命的行為曲目，偏好能促進生存和繁衍的活動。這些事項探究到最後就是思維。形成記憶、分析情況和從經驗推斷的能力，為生存軍備競賽提供了強大火力。在盈千累萬個世代期間，思維不斷推動連串勝利，本身也逐漸完善，產生出各具高低自我意識的能思考物種。這種生物的意志，依傳統意義而論並不是自由的，它們不能跨出物理定律所支配的演變範圍之外，不過它們所具有的高度組織結構，容許豐富的反應方式——從內在感情到外在行為——而就這點來講，起碼依當前而論，欠缺生命或心智的粒子集群，仍然是辦不到的。

添加了語言，這種具有自覺的物種，也就超脫必須身處當下的約束，可以將自己視為從過去到未來的開展歷程之一部分。這樣一來，贏得戰役就不再是唯一考量。我們不再滿足於僅只生存。我們希望知道，為什麼生存很重要。我們尋覓背景脈絡。我們搜尋相關性。我們賦予價值。我們判斷行為。我們追求意義。

因此我們發展出種種解釋，來說明宇宙是怎麼形成，還有它有可能如何終結。我們講故事述說心智如何在真實和虛構的世界之間穿梭。我們想像出住了已故祖先或半全能或全能高人的國度，就這樣把死亡降格為後續存活的墊腳石。我們繪畫、雕刻、蝕刻、歌唱、跳舞來接觸這其他國度，或者單純就以某種見證我們如何在陽光下短暫存續的事物來銘印未來。或許這些愛好根深蒂固，而且由於它們能提高生存能力，也就納入成為定義人類的一種屬性。故事讓心智做好準備來應付突發事件；藝術能開發想像力和創造力；音樂砥礪對模式的敏感度；宗教將信徒凝聚為堅強的聯盟。或者，說不定解釋也不是那麼高尚：部分活動或者所有活動之所以出現並長久延續，或許是由於它們影響其他行為和反應，或者跟隨連帶發生，而這些行為和反應在促進生存上，發揮了更直接的影響作用。不過就算演化的起源依然引發爭議，人類行為的這些層面仍然展現出一種廣泛需求，超越了單純期盼延長短暫生存時期的目的。它們披露了一種普遍存在的嚮往，期盼成為某種更大、更持久的事物的一部分。絕對不存在於現實礎石上的價值和意義，成為一種躁動衝動的固有本質，也讓我們提升超越了冷漠的本質。

死亡率和重要性

萊布尼茲曾感納悶，為什麼有東西存在，卻不是什麼都沒有，不過關係最密切的私人困境則是：自我察覺到某些事物，好比我們自己，隨後卻化為烏有。採行時間視角，我們就能意識到，讓一個人的心智充滿蓬勃生機的活動，有一天會停頓。

前面幾章以那種自覺意識為背景布幕，探索了時間的全方位範圍，從我們所認識的時間開端，直到我們的數學理論能帶領我們抵達最貼近時光盡頭的地方。我們的認識會不會繼續發展？當然了。箇中細節（有些無關緊要，有些就很重要）會不會被強化或被替換掉？毫無疑問。不過我們所見識到在時間軸線展現的種種節律，包括生與死、出現和瓦解，還有創造和破壞等，依然會延續下去。熵的兩步法則和自然選擇演化力量，以巨大的結構讓從有序到無序的路徑變得多采多姿。不過，不論是恆星或黑洞、行星或人、分子或原子，萬物終究要分崩離析。事物壽限長短落差很大。然而我們注定全都會死，還有人類終究要全部滅亡。生命和心智，起碼在這處宇宙來講，基本上也肯定都要死亡，這是預料得到的，平淡無奇的，物理定律的長期結果。唯一新鮮的是我們注意到了。

有種經常出現，甚或帶點焦躁的預期，許多人都輕描淡寫，另有些人則熱切追求，那就是倘若死亡完全撤出人類的活動範圍，對我們就再好不過了。從遠古神話到現代小說，思想家尋思推敲這種可能性。或許這是在說明，在這些進程當中，事情結果不見得都那麼好。強納森．史威夫特（Jonathan Swift）小說中拉格那格（Luggnagg）之地的不朽居民，年齡會繼續增長，到了八十歲，就會被宣告為法定死亡，因為他們已逐漸趨向無關緊要的狀態。熬過了三百多年時光，卡雷爾．恰佩克（Karel Čapek）劇中女主角埃琳娜．馬克羅普洛斯（Elina Makropulos）不想繼續處在深遠厭煩狀態，於是她讓長生藥方在火焰中化為灰燼。生活在沒有死亡、沒有終點的世界中，豪爾赫．波赫士（Jorge Luis Borges）短篇小說〈永生〉（The Immortal）的主人翁寫道，「沒有人是任何人，單獨一個永生的人是所有人……我是神，我是英雄，我是哲學家，我是惡魔，而且我是世界，這是表示我不存在的乏味說法。」[4]

哲學家也涉足這些領域，對沒有死亡的世界中的生命，條理進行評估。有些人也歸出了同樣陰沉的結論，好比伯納德．威廉士（Bernard Williams）就是一例。[5]威廉士是看了卡爾．雅納切克（Karl Janacek）參酌恰佩克劇作所改編的歌劇，才滋生出這種想法。威廉士論稱，有了無盡時間，我們每個人對於驅使我們前進的所有目標都要感到煩膩，於是我們只能百無聊賴，面對令心靈麻木的單調永恆。另有些人，好比亞倫．斯穆茲（Aaron Smuts）則堅稱，不朽會把塑造一個人生命的決定——如何度過一個人的時間，還有與誰共度——也就是原本對他們重視事項不可或缺的結果，變得雲淡風輕。他的這個想法，也部分受了波赫士所寫故事的啟迪。做錯了決定？沒問題。你有永恆的時間來改正。成就的滿足感也會成為不朽的受害者。能力有限的人會達到他們的潛能極限，接著就會永恆感受挫折；本身本領能無止境深化的人士，就能擔保得以持續強化，從而減弱了表現超乎預期所帶來的成就感。[6]

儘管存有這些顧慮，我猜想我們都擁有充分的聰明才智——只要上天賦予無盡時間，我們便越益如是——能發展成全方位良好調適的永生人物。我們的需求和能力很可能改變得無從辨認，導致以促使我們在此時此刻投注心神積極進取的事項為本的評估，變得無足掛齒或者根本不值一提。倘若永恆存續的生存之道，需要有不同的生活風味，那麼我們就會發現它、發明它或者開發它。當然了，這不過就是種預感，但是既然歸結認定我們必然會心生厭煩，也就顯示我們對不朽心智的看法過於狹隘。

儘管科學會持續延長壽命，我們朝遙遠未來跋涉的經歷，仍顯示不朽永遠不是我們所能企及。即便如此，思索永無盡頭的生命，闡明了有終點的生命的關聯性。在不朽世界中想像價值與重要意義的命運，結果便清楚顯現，在必死世界中，要理解我們的眾多決定、選擇、經驗和反應，就必須從有限機會和有限期間的背景脈絡來予以審視。這可不是說我們每天早上都要迅速起身大呼「把握今天！」，不過根深蒂固的知識告訴我們，我們能起身的早晨就只有那麼多，而這也灌輸薰陶出一種直覺的價值計算法，而且和在重做次數無限的世界中的價值算法非常不同。我們針對我們研究的課題、學習的專業、投注的工作、承擔的風險、結交的合作夥伴、建立的家庭、制定的目標，還有關注的問題所提出的解釋，全都反映出一種體認，那就是時間有限，因此我們的機會很寶貴。

我們每個人分別以自己的方法來對那項體認做出反應，不過仍有一些共通的特質貫穿人類的價值觀。其中有一項是種出奇強烈，卻往往沒有明講的對未來的高度需求，那個未來住的是在我們走後還會繼續生存下去的後裔。

後裔

多年以前，我曾獲邀參與一場「外百老匯」（off-Broadway）音樂劇的演出後觀眾對談。那齣戲描述一群人得知地球很快就會被一顆小行星摧毀。我的對談討論夥伴是我哥哥；製作小組期盼，由生命道路各自不同但仍相關的兩兄弟——其中一位浸淫科學，另一位潛心宗教——來針對世界終點發表評論，肯定叫座又叫好。老實講，臨場之前我並沒有深入思考那些議題，而且在那段時日，我還遠比現在更容易受到觀眾能量的影響。我哥哥越偏向虛無縹緲的國度，我就越加直率。「地球是顆行星，在一座普通星系的邊緣地帶，圍著一顆平庸的恆星繞軌運行。就算我們被一顆小行星毀掉，宇宙連眼睛都不會眨一下。在萬物的宏大架構當中，那根本無足掛齒。」這番質樸的說明受到一些人的歡迎，我猜想那群自許直言不諱的懷疑論者，已勇敢起身面對存在的現實。然而在其他人看來，令人遺憾的是，我的說法只是自以為是。喔，觀眾群裡起碼有個人是那樣想：那是位年長女士，她指責我粗暴對待她所說的，我們全都具有的，而且是物種存續不可或缺的一種基本需求。

「哪種新聞對你影響比較大，」她問道，「得知你有一年可以活，或者地球在一年之內就會被摧毀？」

當時我做了膚淺的回答，表示這要看哪種結果會帶來實質的痛苦，不過後來我再好好思索這個問題時，發現它具有出奇高的啟發性。預知末世會以不同方式影響人們——集中注意力、提供觀點、引發遺憾、加劇恐慌、沉著冷靜，還有激發頓悟。我料想，我自己的反應也會落在這當中。不過地球和人類全體都被抹除的前景，卻觸發了另一種反應。這種新聞會讓所有事情看來毫無意義。我自己終點將至，會強化力度，為原本有可能平淡乏味的短暫片刻賦予重要意義，然而思忖整個物種瀕臨滅絕盡頭，似乎會造成反效果，產生一種徒勞感受。早上我起床時，還會想要從事物理學研究嗎？也許做熟悉的事情會令人安心，不過再沒有人秉持今天的發現繼續求知，那麼推動知識前進的吸引力就會減弱。我會不會把手頭這本書寫完？或許吧，因為完成未竟事項會帶來滿足感，不過完成的作品沒有人閱讀，動機就會變得薄弱。我還會送小孩去上學嗎？或許為了規律生活帶來的平靜感受，不過沒有了未來，他們要為哪些事情預做準備呢？

我發現，這與我得知自己死亡日期時，會做出的反應有令人訝異的反差。一種體認似乎會強化對生命價值的察覺，另一種卻似乎會把它消耗掉。從那幾年以來，這項體認幫我塑造出有關未來的思考方向。從那以後，我的青春頓悟讓我體認數學和物理學能超越時間；我已確信未來的存在意義。不過我有關那種未來的想像是抽象的。那裡是方程式、公理和定律之地，不是滿布岩石、樹木和民眾的地方。我不是個柏拉圖學派的信徒，不過我依然隱隱設想，數學物理學能夠超越的不只時間而已，還包括物質現實的尋常局限。世界末日情節完善了我的思想，讓情況變得條理清楚，就算能運用上基本真理，我們的方程式、公理和定律，卻不具有內在價值。畢竟，它們只是畫在黑板上、印在期刊和教科書上的一批線條和塗鴉。它們的價值來自於理解它們、賞識它們的人。它們的意義來自於它們所棲居的心智。

這種思維上的改進，遠遠超出方程式的作用。末日情節引領我想像一種未來，在那裡不再有任何人來承接我們所珍視的一切，也沒有任何人來增添他們本身的標誌印痕，接著又傳承給未來世代，那種情節披露了未來會是多麼的空虛。儘管個人永生有可能折損重要性，物種的永生，卻似乎是確保存續的要件。

我不確定，會有多少人對於末日即將到來的消息做出這種反應，不過我猜想這很常見。哲學家塞繆爾·舍弗勒（Samuel Scheffler）最近開始對那項議題進行學術研究，探究我在幾十年前所面對的那道問題的另一形式。舍弗勒問道，倘若你得知，在你死後三十天，還在世的所有人全都會被消滅，這時你會怎麼反應？這是種比較有啟發性的版本，因為這種情節把我們的早死因素去除，讓我們更能著眼聚焦於後裔錨定價值的作用。舍弗勒嚴謹推理得出的結論，與我自己的非正式構想不謀而合：

> 我們的關注和承諾，我們的對於重要性的價值觀和判斷，我們對於什麼事情重要，還有什麼事情值得去做的感受——所有這些事情，都是在人類生命本身理所當然會不斷蓬勃發展、持

續下去的體認背景下形成、維繫的……我們需要人類整體，這是我們擁有未來的要件，道理就在於，事物能在我們的概念庫中保有一席之地是很重要的。[7]

另有些哲學家也參與討論，提供意見並勾勒出種種更寬廣的視角。蘇珊·沃爾夫（Susan Wolf）表示，有關我們是命運共同體的體認，有可能提升對其他人的關懷，達到新的高度。不過即便如此，她也認同，我們對於有人類棲居之未來的願景，是我們為進行之事項賦予價值所不可或缺的要件。[8]哈里·富蘭克福（Harry Frankfurt）提出另一種看法，表示我們重視的許多事情，都不受世界末日情節的影響，最明顯的是藝術事務和科學研究。他相信，這類活動的內在滿足感，就足夠讓許多人持續做下去。我已經就科學研究方面提出了相反觀點，而這就能強化另一個相關看法，平淡無奇，卻也顯而易見：民眾對這種消息會有不同反應。[9]我們能做的，充其量就是設想主流趨勢。依我所見，還有許多人也都認為，參與從事創造性事務和學術活動，令人覺得自己隸屬悠久、豐富並綿延持續的人類對話的一部分。就算我寫的某篇物理學論文沒有一鳴驚人，它依然能讓我感到自己是對話的一部分。然而，倘若我知道，我是最後開口的人，而且倘若我還知道，未來不會有人細思我所說的內容，那麼我就會懷疑，為什麼我還要這麼費心。

就舍弗勒的情節，還有就我在多年之前面對的那道問題，世界末日是假設性的，不過世界毀滅的時間尺度是很容易掌握的。本書探討的世界末日是真實的，不過那樣的時間尺度卻讓它們顯得異常遙遠。這種尺度的改變，那麼龐大的變化，會影響結論嗎？這個問題舍弗勒和沃爾夫都投入考量，化為《安妮霍爾》（*Annie Hall*）片中一段有趣鏡頭和一個奇妙場景。影片中九歲的艾維．辛格（Alvy Singer）歸結認定，既然膨脹宇宙不到幾十億年內就會分崩離析毀掉一切事物，那麼家庭作業根本就沒必要做。艾維的精神科醫師認為，艾維這是庸人自擾，他的母親更是這樣想。觀眾笑了，因為他們認為艾維這樣操心太可笑了。舍弗勒同樣直覺地這樣認為，不過他也指出，他沒辦法自圓其說，為什麼我們會認為毀滅迫在眉睫之時，湧現存在危機感是合理的，然而當這種毀滅到遙遠未來才會出現時，我們卻又覺得湧現那種危機感十分愚蠢。他認為問題癥結在於，我們難以掌握遠超出人類經驗範疇的時間尺度。沃爾夫同意這種觀點，並指出，倘若人類馬上消滅，會導致生命變得毫無意義，那麼就算盡頭遠在天邊，情況也應該相同。確實，正如她所稱，就宇宙時間尺度來看，延遲個幾十億年，根本不算很久。

我同意。強烈地認同。

如同我們一再見識的情況，延續時間長短的理念並沒有絕對意義。是長是短關乎你怎麼看。依循日常標準，帝國大廈八十六樓觀景台所代表的時間浩瀚無窮，不過和一百樓所代表的時間段落相比，那就像是拿眨眼瞬間和一萬個世紀相比。我們熟悉的人類視角，引領我們做出雖然切題卻也很狹隘的評斷。因此在我看來，瀕臨消滅的情節不過就是種工具，目的在利用人為的急迫感受，來激發出真正反應。我們點滴蒐集的直覺，依然切合一種設想，那就是我們活在遙遠未來的後裔所要面對的終局；從比較寬廣的脈絡來看，那種未來就在眼前。

儘管要想將大幅踰越我們一切經歷的時間尺度內化，確實相當棘手，我們在本書所走過的旅程，到處是可將抽象化為具體的里程碑，滿布在宇宙時間軸線上頭。我不能說，我對帝國大廈隱喻所標示出的時間尺度具有與生俱來的感受，就像我對日常生活或者對我這一代或者甚至於好幾個世代的時間尺度會有的那種感受。不過，我們所探索的系列變革事件，倒是為把握未來提供了方便掌握的條件。沒有必要唸咒，也不強制盤腿端坐，不過倘若你找到安靜的地方，讓你的心思慢慢沿著宇宙時間軸線自由飄盪，移動穿行並越過我們這個紀元，越過遙遠後退星系的時代，越過一座座宏偉堂皇太陽系的時代，越過優雅迴旋星系的時代，越過燒盡恆星和流浪行星的時代，越過發光的和瓦解的黑洞的時代，接著又繼續朝向寒冷、黑暗、幾近虛無，卻仍具有潛在無限寬廣的領域前進——在那裡面，我們一度存在的證據，化為一顆孤立的粒子，它位於此處，而不是在他處，或者另一顆孤立的粒子，它朝這個方向移動，卻不朝其他方向運行——還有，倘若你和我有絲毫相像，而且讓那種現實完全安頓下來，雖然我們已經旅行進入遠得令人不敢相信的未來，卻也很難消除從內心深處湧現的那種大受震撼又滿心敬畏的感受。沒錯，橫掃千軍的浩瀚時間，只會以一種不可或缺的方式，讓幾乎無法承擔的事物之輕增添重量；與我們所企及的時間尺度相比，生命和心智的時代是無限短暫的。依循今天的尺度，它的整個跨度，從最早期的微生物到最終的思維，比起光線穿越一顆原子核所需時段還更短。人類活動的整個時期甚至還更短暫——不論我們是在往後幾個世紀期間把自己給消滅掉了，或是在往後幾千年間被自然災害給抹除了，或者找到某種方法延續下去直到太陽死亡、銀河系踏上盡頭，或者甚至於直到複雜物質的終結。

我們如浮游般短命。我們正逐漸消失。

然而，我們這個片刻是很稀罕、非比尋常的，這項體認讓我們得以讓生命的無常和內省意識的匱乏化為價值的根本和感恩的基礎。儘管我們或許渴求持久的遺產，不過藉由探索宇宙時間軸線帶來的明晰認識，也表明了這是遙不可及的。不過那種明晰認識，也彰顯出這種事有多神奇，宇宙間一小群粒子，竟可以起身檢視自己和它們所棲居的現實，判定它們的存續是多麼短暫，接著伴隨一批霎那間爆發的連串活動，創造出美，建立起關聯性，並闡明了奧秘。

意義

我們多數人都靜靜地應付自我提升超越日常俗務的需求。我們多數人都允許文明發揮屏蔽作用，不使我們意識到，我們所隸屬的那個世界，在我們離開世間之後，依然會繼續運作，而且幾乎完全不受影響。我們把能量專注於我們能控制的部分。我們組織社群。我們參與。我們關照。我們笑。我們珍視。我們撫慰。我們哀悼。我們愛。我們慶賀。我們奉獻。我們後悔。我們為成就感到激動，有時是我們自己的，有時是我們尊敬的或者崇拜的人所開創的成果。

經歷這一切，我們逐漸習慣了放眼世界，尋找事物來激勵或撫慰人心，來吸引我們的注意力，或者指點我們前往某處新的地方。然而我們走過的這趟科學旅程卻強烈表明，宇宙並不是為了提供舞台來促成生命、心智繁衍才出現的。生命和心智只不過是湊巧出現的幾件事項。萬象總歸要終結。我曾想像只要投入研究宇宙，抽絲剝繭拆解分析，我們就能解答夠多有關如何的問題，還得以隱約窺見有關為什麼的解答。然而我們學得越多，那種立場似乎也就越顯得轉錯了方向。期盼宇宙來擁抱我們這群顯現意識的短期住民，這種期盼是可以理解的，不過這完全不是宇宙要做的事情。

即便如此，只要映襯背景脈絡來檢視我們這個片刻，各位就能意識到，我們的存在是相當驚人的。重新啟動大霹靂，但稍微移動這顆粒子的位置或那個場的數值，或者進行幾乎一切調校，新的宇宙開展演變，就不會包括你或我或人類物種或地球行星或者我們所深切珍視的一切事項。倘若有某種超級智慧生命全面檢視那整個新的宇宙，就好像我們全面檢視完整一批擲出的硬幣，或者我們現在呼吸的整團空氣，他們就會歸結認定，新的宇宙和原來的那個，看來都差不多相同。對我們來講，結果就如天壤之別。不會有某個「我們」來引人注意。只要轉移我們的注意力偏離細節，熵就構成一種不可或缺的組織原則，藉此我們就能掌握事物如何轉變的大尺度趨勢。不過儘管我們一般並不在意這枚硬幣是正面的或者那枚是反面的，或者某顆氧分子是否恰好出現在這裡或那裡，有些細節確實是我們在意的。而且深深關切。我們之所以存在，是由於我們的特定的粒子佈局，勝過了形形色色出奇繁多的其他佈局，種種相互競逐力求實現。藉由隨機機運的恩賜，依循自然定律，我們才出現在這裡。

這項領悟迴響跨越人類與宇宙的每個發展階段。想想理查・道金斯（Richard Dawkins）描述為數幾近無窮的潛在人類個體集群，為數幾近無窮的ＤＮＡ鹼基對序列集群的潛在載體，這些人都永遠不會誕生。或者想想構成宇宙歷史的每個片刻，從大霹靂到你出生再到今天，期間滿是種種量子歷程，它們的無情機率進程，在為數幾近無窮的一批批連接點當中，每一點都可能產生出這種結果卻不是另一種，造就出同等合情合理的宇宙，然而那裡面卻不會有你，也不會有我。[10] 基於這種天文數值的可能性，因應那種引人詫異的機率，結果現在竟然有你的和我的鹼基序列，還有你的和我的分子組合。這是多麼出奇地不可能。多麼驚人的壯麗景象。

這份禮贈其實還要更大：我們的特殊分子組合、我們的特定化學和生物學和神經學佈局，賜予我們令人羨慕的力量，這些課題在前面幾章吸引我們撥出眾多篇幅專注討論。生命本身就很神奇，而儘管多數生命都被綁縛在當下，不過我們可以踏出時間之外。我們可以思考過去，可以想像未來。我們可以把宇宙納入考量，我們處理它，我們能以身心，以推理和情感來探索它。從我們在宇宙間的孤獨角落，我們使用創造力和想像力，來塑造文字和影像和結構和聲音，來表達我們的期盼和挫折，我們的困惑和醒悟，我們的失敗和勝利。我們使用聰明才智和堅忍毅力來碰觸外太空和內太空的極限，確立支配萬象的基本定律，包括恆星如何發光，光線如何傳播，時間如何流逝，還有空間如何膨脹——這些定律讓我們得以回顧瞥見宇宙開端的最短暫片刻，接著還能轉移目光，構思它的盡頭。

隨著這些令人讚歎的洞見，同時也出現了一些持續未解的深刻問題。為什麼有東西存在，卻不是什麼都沒有？是什麼引燃了生命之火？有自覺的意識是如何出現的？我們探索了種種不同的推測，卻依然找不出明確的解答。或許我們的腦儘管非常適合在地球上生存，就結構上或許並不擅長解答這些謎團。也或許當我們的智力繼續演化，我們對現實的介入與互動，也就會取得完全不同的特質。這樣一來，如今仰之彌高的問題，也就會變得無足輕重。儘管兩種假定都有可能成立，然而由於我們如今所認識的世界，即便依然處處神祕難解，它卻與數學和邏輯結合成這般緊密的連貫性，還有我們竟然有辦法破譯這麼多那樣的連貫性，這些事實在在向我表明，兩種可能性都不成立。我們並不缺乏腦力。我們並沒有盯著柏拉圖的穴壁，沒有意識到還有個完全不同的真理，那是我們無法企及的，卻有辦法瞬間提供驚人的嶄新明晰度。

隨著我們朝向寒冷、貧瘠的宇宙飛奔，我們必須接受，沒有所謂的宏偉設計。粒子並沒有什麼天賦的目的。沒有在飄盪深空懸而未決的最後解答。事實上，某些特殊的粒子群集是能思考、感覺並反思的，而且在這些主觀世界裡，它們就能創造目的。因此，在我們探測人類處境的求知過程，唯一檢視的方向就是朝內。這是高貴的檢視方向。這是拋棄現成答案，轉而尋求建構我們本身意義的高度個人化旅程。這是通往創造性表達中央核心的方向，也是我們最能引發共鳴的敘事根源之所在。科學是適合用來掌握外部現實的強大精緻工具。在那個範疇之內，在那種理解之下，其他一切都是人類在思考自我，掌握它有必要進行哪些事情，並講述一段在黑暗中迴盪的故事，那是一段以聲音來雕琢，蝕刻在寂靜中的故事，一段發揮到最高點就能激盪靈魂的故事。

致謝詞

Acknowledgments

我提筆撰述《眺望時間的盡頭》期間，許多人都提出了寶貴的回饋，在此深摯謝忱。我還要謝謝眾多人士撥冗細讀手稿（有時不只一次）並提出了種種見識、批評和建議，大大強化了展現出的成果，就此在這裡深深感謝以下人士：Raphael Gunner、Ken Vineberg、Tracy Day、Michael Douglas、Saakshi Dulani、Richard Easther、Joshua Greene、Wendy Greene、Raphael Kasper、Eric Lupfer、Markus Pössel、Bob Shaye以及Doron Weber。此外，我還曾針對某些段落或章節，敦請專人閱讀並就教高見，以及／或者針對特定篇幅向專家諮詢請教，就此我要謝謝David Albert, Andreas Albrecht、Barry Barish、Michael Bassett、Jesse Bering、Brian Boyd、Pascal Boyer、Vicki Carstens、David Chalmers、Judith Cox、Dean Eliott、Jeremy England、Stuart Firestein、Michael Graziano、Sandra Kaufmann、Will Kinney、Andrei Linde、Avi Loeb、Samir Mathur、Peter de Menocal、Brian Metzger、Ali Mousami、Phil Nelson、Maulik Parikh、Steven Pinker、Adam Riess、Benjamin Smith、Sheldon Solomon、Paul Steinhardt、Giulio Tononi、John Valley以及Alex Vilenkin。我要感謝克諾夫出版社（Knopf）團隊全體人員，包括文字加工編輯Amy Ryan、助理編輯Andrew Weber、書籍設計Chip Kidd、生產編輯Rita Madrigal以及我的責任編輯Edward Kastenmeier，他們提供了許多真知灼見與高明建議，而且連同我的代理Eric Simonoff一起，在計畫的所有階段都提供了完全的支持。最後我要對我家人堅定的愛與支持表達衷心感激：我的母親Rita Greene；我的手足Wendy Greene、Susan Greene與Joshua Greene；我的孩子Alec Day Greene和Sophia Day Greene；以及我美妙的妻子暨最親愛的朋友，Tracy Day。

2. T. Nagel, Mortal Questions (Cambridge: Cambridge University Press, 1979), 142–46.
3. 相關論述可參見：J. Haidt, "The Emotional Dog and Its Rational Tail: A Social Intuitionist Approach to Moral Judgment," *Psychological Review* 108, no. 4 (2001): 814–34, 以及Jonathan Haidt, *The Righteous Mind: Why Good People Are Divided by Politics and Religion* (New York: Pantheon Books, 2012)。
4. Jorge Luis Borges, "The Immortal," in *Labyrinths: Selected Stories and Other Writings* (New York: New Directions Paperbook, 2017), 115。本段落參照的其他書籍為：Jonathan Swift, *Gulliver's Travels* (New York: W. W. Norton, 1997); Karel Čapek, *The Makropulos Case,* in *Four Plays: R. U. R.; The Insect Play; The Makropulos Case; The White Plague* (London: Bloomsbury, 2014).
5. Bernard Williams, Problems of the Self (Cambridge: Cambridge University Press, 1973).
6. Aaron Smuts, "Immortality and Significance," Philosophy and Literature 35, no. 1 (2011): 134–49.
7. Samuel Scheffler, Death and the Afterlife (New York: Oxford University Press, 2016), 59–60.
8. 沃爾夫便曾寫道，「我們對人類物種存續的信心，扮演一個至關重要（儘管大半保持沉默）的角色，深切影響了我們如何構思我們的活動，以及如何認識它們的價值。」Samuel Scheffler, "The Significance of Doomsday," *Death and the Afterlife* (New York: Oxford University Press, 2016), 113。
9. Harry Frankfurt, "How the Afterlife Matters," in Samuel Scheffler, Death and the Afterlife (New York: Oxford University Press, 2016), 136.
10. 抱持量子力學多世界觀點的人士，有可能從不同視角來勾勒這種描述。倘若所有可能的結果全都發生在一個或另一個世界，那麼這世界就是先天注定的。然而事實是，自我覺察的集群也隸屬可能的結果，這點也同樣毫不遜色。

35. 既然暴脹膨脹是從纖小的空間區域啟動，在排斥重力作用下迅速脹大，或許你會認為，這樣產生的範圍，尺寸必然是有限的。畢竟，當你拉伸某種有限的事物，不論展延到什麼程度，它依然是有限的。然而現實還要更加複雜。在暴脹的標準表達式中，空間和時間的混合，會導致位於空間暴脹區「範圍內」的觀測者，棲身在一處「無限大」的廣袤範圍中。我在《隱遁的現實》第二章詳述了這點，也推薦感興趣的讀者閱讀其中的較完整解釋。這裡也要指出，暴脹宇宙論還會產生出一種不同但連帶有關的多重宇宙：許多暴脹情節都有個共通特徵，那就是暴脹膨脹並不是樁單一事件。事實上，一陣陣互異暴脹膨脹，有可能產生出許多——通常是無限多——膨脹宇宙，而我們的宇宙只是這浩繁集群當中的一個。這種宇宙集群稱為暴脹多重宇宙，並根源自我們所稱的永恆暴脹。我在本章提出的多重宇宙描述的各方層面，同樣也適用於暴脹多重宇宙。相關細節請參見《隱遁的現實》第三章。

36. 為免它們在接壤處交互作用，你可以在這每處區域周圍安置夠大的緩衝區，確保沒有任何區域能與其他任何區域做任何接觸。

37. Jaume Garriga and Alexander Vilenkin, "Many Worlds in One," *Physical Review D* 64, no. 4 (2001): 043511. See also J. Garriga, V. F. Mukhanov, K. D. Olum, and A. Vilenkin, "Eternal Inflation, Black Holes, and the Future of Civilizations," *International Journal of Theoretical Physics* 39, no. 7 (2000): 1887–1900, 還有一本普通程度的書籍，Alex Vilenkin, *Many Worlds in One* (New York: Hill and Wang, 2006)。

第11章：從崇高道存在

1. 有關演化在倫理形塑上扮演的角色，在威爾遜底下這本書中已有討論，E. O. Wilson, *Sociobiology: The New Synthesis* (Cambridge, MA: Harvard University Press, 1975)，並開創出一個新的範式，用來分析人類的普遍行為，特別是道德相關課題。就這方面有一項細部提案，鋪陳出人類道德演化的潛在階段，參見：P. Kitcher, "Biology and Ethics," in *The Oxford Handbook of Ethical Theory* (Oxford: Oxford University Press, 2006), 163–85，以及P. Kitcher, "Between Fragile Altruism and Morality: Evolution and the Emergence of Normative Guidance," *Evolutionary Ethics and Contemporary Biology* (2006): 159–77。

有限的尺寸之內，這就讓龐加萊的定理變得適用。因此，就像容器裡的蒸氣經過了極端漫長的時期，就會回返並任意貼近任意給定組態，我們的宇宙學視界裡的狀況也是這樣：粒子和場的任意給定組態，也都會一再反覆實現，並達到任意給定精確度。這是一種永恆重返的字面版本。根據我們宇宙學視界尺寸，我們可以計算出復現所需時間尺度，結果求得了我們目前所曾遭遇的最長時間尺度——約$10^{10^{120}}$年。我們不禁要著眼思索塵世間的這種復現。歷經生滅的數千億眾生，各個都是粒子的組態。倘若這些組態會一再實現，嗯，各位看得出，這條思路通往科學一般都幸災樂禍、規避不談的地方。不過可先別偏離主題，請注意，如同我們前面所見，熵自發下降有可能危及理性認識的根基。倘若粒子和場的某種隨機配置，點燃了一場嶄新的宇宙開展——新的大霹靂——最終並生成了恆星、行星和人，這是一回事。然而，倘若結果證實，自發重建出類似當今宇宙環境的概率還要更高——而且沒有大霹靂，也沒有宇宙開展，那麼我們就會發現自己深陷泥淖，就像我們遇上波茲曼大腦時所碰到的困境。就算我們的宇宙確實是以我們在前面幾章所描述的宇宙學方式出現，眺望遙遠未來，我們依然會歸結認定，絕大多數像我們這樣的觀測者（其中有些會擁有與我們相同的記憶，也因此會自稱為我們），並不是依循那樣的宇宙學序列產生出來。然而他們各個都會自認為是這樣。就如同波茲曼大腦的情況，我們也將會陷入認識論的泥淖。你或許會主張，這並不會減損我們對現實的掌握——你和我和熟見的萬物，都可能是從一次貨真價實的宇宙論開展中浮現。不過有一項見解卻令人不安，那就是未來所有人都可能緊守著一模一樣且撫慰人心的故事，然而其中大多數卻都是錯的。有鑑於時間軸線上絕大多數的觀測者，都不是產生自標準宇宙演化，我們也就需要一種令人信服的論述來告訴我們，我們並不是受到欺瞞的那些人。而那也就是物理學家試圖研擬闡述的論據，不過到現在為止，還沒有那樣的論據能廣泛為人採信。部分問題出在我們還沒有完全認識量子力學和重力的融合結果，因此我們的計算體系都是暫定的。面對這種處境，有些物理學家（其中最著名的是色斯金）指出，或許宇宙常數並不真的是個常數。畢竟，倘若到了遙遠未來，宇宙常數耗散消逝，加速膨脹時期就要結束，而宇宙學視界也就要消失。這樣一來，龐加萊和他的復現都要失去生機。陪審團等待觀測結果，樂觀期盼由此提供卓見來洞察這種潛在未來。

宙論版本，或許也同樣產生自比較標準的宇宙學情節。儘管與剛才描述的循環途徑大不相同，這種宇宙論依然牽涉到連串接續事件，不過時間尺度要極度漫長得多，而且是經由一種完全不同的機制生成。它的基礎物理學是將近19世紀尾聲才出現，由數學家亨利・龐加萊（Henri Poincaré）推導出來，如今便稱之為龐加萊復現定理（Poincaré Recurrence Theorem）。讀者若想理解定理主旨，請設想洗牌動作。由於撲克牌排列順序的類別數是有限的（沒錯，是個很龐大的數，不過肯定有限），倘若你繼續洗牌，遲早整疊牌的順序就得重覆出現。龐加萊意識到，倘若你有一批，比方說，蒸氣分子在一個容器內四處隨機反彈，這時擔保會發生類似的重複現象。舉個例子，想像我把一團緻密的蒸氣分子擺在容器一處角落，接著讓它們分散開來。它們會很快填滿容器，並且在一段十分漫長的時期當中，就會在可使用的空間裡隨機四處運動，同時也會維持一種均勻的外觀。不過倘若我們等待夠長時間，分子就會機緣湊巧轉移化為比較有序的低熵組態。龐加萊還更進一步推導。他論稱，分子藉由隨機運動，最後就會任意地接近它們起初所呈現的組態：位於容器一角的緻密群集氣團。箇中推理儘管帶了技術性，仍與前面我們推定撲克牌結論的方式相仿，那就是洗牌無數次之後，那疊牌的順序肯定會重複出現。而且無窮無盡的隨機粒子位置和速度集群，也必然會重複出現。現在，你對這項主張或許會表示懷疑——畢竟這並不像洗牌的情況，容器裡的蒸氣分子可以有無限多種不同組態。不過龐加萊解決了這種糾葛亂象，他不主張對先前某種組態精準重建，而是主張任意貼切地進行近似重建。想要的重建要求越精準，你必須等待的時間就越長，不過若能依你喜愛，任意選個容忍度，粒子就會在那個特定規格範圍內，重建出先前的組態。儘管龐加萊的推理是古典形式，到了1950年代，他的定理就被推展到了量子力學。倘若你從一個封閉系統開始，並指定所含粒子在特定位置找到的概率，接著就容許它演化一段夠長時期，則概率就會任意接近它們的初始值，而這樣的循環也會無止境重複下去。龐加萊的論述有個重點，不論他的學理是古典的或量子形式的，蒸氣都被約束在容器內部。否則那批分子就會繼續向外分散，再也不會回來。既然宇宙並不是個密閉的容器，你或許會認為，他的定理並不具有宇宙學意義。然而，就如我們在本章【注22】的討論內容，色斯金便曾論稱，宇宙學視界確實就像容器的圍牆：它把我們能夠與之互動的宇宙，約束在一個

學家（相關論述可參見R. Bousso and B. Freivogel, "A Paradox in the Global Description of the Multiverse," *Journal of High Energy Physics* 6 [2007]: 018; A. Linde, "Sinks in the Landscape, Boltzmann brains, and the Cosmological Constant Problem," *Journal of Cosmology and Astroparticle Physics* 0701 [2007]: 022; A. Vilenkin, "Predictions from Quantum Cosmology," *Physical Review Letters* 74 [1995]: 846）則提出其他幾種迴避波茲曼大腦問題的方式，並使用不同的數學表述形式，來計算它們會形成的概率。簡而言之，有關如何計算這類歷程的概率方面，依然存有眾多分歧，這無疑是推動進一步研究的豐富爭議根源。

29. Kimberly K. Boddy and Sean M. Carroll, "Can the Higgs Boson Save Us from the Menace of the Boltzmann Brains?" 2013, arXiv:1308.468.

30. 起碼那是愛因斯坦的方程式所講述的故事。要判定那種強勁的大崩墜是不是真的盡頭，或者是不是到了最後片刻會冒出某種奇異的歷程，這就必須對重力做個全方位的量子處理。當前的普遍共識是，穿隧化為某個負數會產生一種終結狀態——到了那個範疇，那就是時間的真正盡頭。

31. Paul J. Steinhardt and Neil Turok, "The cyclic model simplified," *New Astronomy Reviews* 49 (2005): 43–57; Anna Ijjas and Paul Steinhardt, "A New Kind of Cyclic Universe" (2019): arXiv:1904.0822[gr-qc].

32. Alexander Friedmann, trans. Brian Doyle, "On the Curvature of Space," *Zeitschrift für Physik* 10 (1922): 377–386; Richard C. Tolman, "On the problem of the entropy of the universe as a whole," *Physical Review* 37(1931): 1639–60; Richard C. Tolman, "On the theoretical requirements for a periodic behavior of the universe," *Physical Review* 38 (1931): 1758–71.]

33. 然而，情況很可能並不是那麼清楚分明。理由在於，暴脹範式也可以包容沒有初始重力波的情況：若是採用減小暴脹能量尺度的模型，所生成的波就會太弱，觀測不到。於是部分研究人員吵嚷表示，這樣的模型很不自然，比不上循環模型那麼令人信服。不過，那是種定性評價，而且不同研究人員對此會有不同見解。我參照的潛在資料（或者老實講是欠缺資料）肯定會在物理學界掀起一場火熱激辯，讓分擁不同宇宙學理論的雙邊陣營爭論不休，不過暴脹情節也不大可能就此遭人棄置。

34. 儘管有可能讓本章內容偏離到太遙遠的場景，這裡我仍要指出，有個循環宇在我們來到那個極限之前，依然會生成數量十分龐大的那種腦。

25. 特別勤奮的讀者應該看得出，我們是間接援引了第三章【注8】描述的無差別原理。也就是說，當我設想我的腦的起源時，就具有相同實體組態的每個化身，我也都賦予相等的可能性。由於所有這一切幾乎全都以波茲曼形式生成，我用來講述我的大腦如何產生的尋常故事，也就相當不可能是真的。然而，誠如第三章【注8】所述，我們可以挑戰反對在這裡使用無差別原理，因為這時的情況和該原理的實證確認條件（拋擲硬幣、骰子，還有我們在日常生活中遇上的形形色色機率情況）並沒有相似之處。不過，宇宙學界許多領導學者對於這門途徑並不感滿意，因此他們認為，我在本章描述的波茲曼大腦謎題，是個必須認真關注的問題。

26. See David Albert, *Time and Chance* (Cambridge, MA: Harvard University Press, 2000), 116; Brian Greene, *The Fabric of the Cosmos* (New York: Vintage, 2005), 168.

27. 讓我再提出另兩個相關的解題途徑，其中一個是想像隨著時間流逝，自然「常數」都會朝向不利於形成波茲曼大腦的方向飄移，導致必要的物理歷程受了壓抑。相關論述可參見：Steven Carlip, "Transient Observers and Variable Constants, or Repelling the Invasion of the Boltzmann's Brains," *Journal of Cosmology and Astroparticle Physics* 06 (2007): 001。另一個是蕭恩．卡羅爾和同事提出討論的途徑，他們認為在量子力學審慎處置情況下，並不會出現形成波茲曼大腦所需起伏變動（K. K. Boddy, S. M. Carroll, and J. Pollack, "De Sitter Space Without Dynamical Quantum Fluctuations," *Foundations of Physics* 46, no. 6 [2016]: 702）。

28. 相關論述可參見A. Ceresole, G. Dall'Agata, A. Giryavets, et al., "Domain walls, near-BPS bubbles, and probabilities in the landscape," *Physical Review* D 74 (2006): 086010。物理學家佩吉採另一種處理途徑來構思表述波茲曼大腦問題，他指出，凡是經歷加速膨脹的任意有限容積空間，好比我們的這處空間，在無限時間之後，都會出現為數無窮的自發創生的大腦。為避免我們的大腦成為這個不斷擴大的數量裡面的反常成員，佩吉指出，我們這處範圍並沒有無窮的時間，而是逐漸走向某種毀滅終局。他的計算表明（參見Don N. Page, "Is our universe decaying at an astronomical rate?" *Physics Letters* B 669 [2008]: 197–200），我們宇宙的壽命上限，可能只有短短的兩百億年。其他幾位物理從恆星到人類等品項的）世界之可能性，這是由於這種組態具有較高的熵，成真的機率也就比較高。另一種計算可能性的門路由阿爾布雷克特和索博提出，參見：A. Albrecht and L. Sorbo, "Can the Universe Afford Inflation?" *Physical Review* D 70 (2004): 063528，這是根據從一次局域量子穿隧事件的暴脹為本所擬出的途徑。這門途徑得出十分不同的概率。阿爾布雷克特和索博設想，起伏變動是在本身具高熵之背景環境中的較低熵區——後續會出現暴脹的區域；這能擔保完整組態依然具有高熵，也因此能強化可能性。色斯金和同事只在起伏變動本身範圍內考量熵，他們的理由是那處區域到後來就會暴漲，區域外部的一切全都位於它的宇宙學視界之外，也因此可予以忽略。色斯金和同事指派給波動的總熵越低，結果就會大幅降低發生的可能性。

23. 我在第二章【注9】解釋了一個系統的熵的較妥善定義，最好把它看成可達成量子態之數量的自然對數。所以倘若某系統的熵為S，這種狀態的數量便為e^S。若我們假定，某系統分別處於與它的宏觀狀態相容之任意微觀狀態的時間彼此都幾乎相等，那麼從熵初始態S_1波動轉換為最終熵態S_2之概率，便可由與各自連帶有關之微觀態的數量比求得，因此$P = e^{S_2}/e^{S_1} = e^{(S_2 - S_1)}$。為求清楚，可以寫成$S_2 = S_1 - D$，其中D代表熵從初始數值$S_1$「下降」。接著$P = e^{(S_1 - D - S_1)} = e^{-D}$，這裡我們看到，可能性依循熵下降函數呈指數減少。那麼形成波茲曼大腦的概率為何？嗯，在溫度T時，我們的熱浴裡的粒子擁有的能量非常貼近T（以$k_B=1$為單位），因此要製造出質量為M的腦，我們必須抽取出約M/T的這種粒子（以c=1為單位）。由於熱浴的熵追蹤粒子數量，下降D基本上也就等於M/T，於是概率就約為$e^{-M/T}$。舉個特別切題的例子，我們可著眼於非常遙遠的未來，並令T等於從宇宙學視界浮現的熱浴之溫度，約等於10^{-30}凱氏度，也就是約為10^{-41} GeV（其中一個GeV，即一個千兆電子伏特，約等於一顆質子質量之等價能量）。由於一個腦子約包含10^{27}顆質子，M/T也就約為$10^{27}/10^{-41} = 10^{68}$。因此，腦自發形成的概率，約等於$10^{-10^{68}}$。這種稀罕事件要讓它有合理的發生機會，所需時間與$1/(e^{-10^{68}})$成正比，或就是與$e^{10^{68}}$成正比，為求簡易，本章採近似值，寫成$10^{10^{68}}$。

24. 儘管時間很有可能無窮無盡，不過相關時間尺度仍有個自然存在的有限範圍，稱為「復現時間」（recurrence time）。這點我會在尾注34中著眼討論，因此這裡只要說明，復現時間十分漫長，即便波茲曼大腦的形成率十分低微，熵降低結果——只促成了觀測者的審慎思維成分，稱之為「波茲曼大腦」（就我所知，最早明確使用這個詞彙的著述是《物理評論》的這篇文章：A. Albrecht and L. Sorbo, "Can the Universe Afford Inflation?" *Physical Review D* 70 [2004]: 063528）。

21. 根據本章所彰顯的理由，我的焦點專注討論能思考的結構——波茲曼大腦——之自發創造，不過整座全新宇宙的自發創生，或者啟動暴脹宇宙膨脹之條件的自發重新創造，也都很值得注意。為免章節篇幅負荷過重，我還會在【注22】及【注34】中推敲這種可能性。

22. 學有專精的讀者當能看出，我這是在細微妙處與矛盾爭議之間游移沉吟。有關我所指稱的種種不同自發宇宙起伏的概率計算方法而論，目前還沒有達成普遍共識。色斯金和同事著述倡議採行一種門路，見L. Dyson, M. Kleban, and L. Susskind, "Disturbing Impli¬cations of a Cosmological Constant," *Journal of High Energy Physics* 0210 (2002): 011，其論述基礎是色斯金的一項較早期構想，稱為「視界互補性」（horizon complementarity）。請回顧，由於空間膨脹正加速進行，我們周圍環繞了一面遙遠的宇宙學視界。宇宙學視界之外更遠方位置都以高於光速遠離我們，因此我們不可能受到位於那個距離或在那之外的任何事物的影響。色斯金在這種孤立處境激勵下，還有受了他較早期鑽研本身具視界之黑洞的研究成果激使，主張只設想發生在我們「因果區塊」（causal patch）——各位可把它想成位於我們宇宙學視界內部的空間區域——裡面的物理歷程，有效排除了區塊之外很可能永無止境膨脹下去的空間裡的所有物理學。更精確而言，色斯金論稱，我們因果區塊範圍內已有物理學，區塊範圍之外的物理學則是種冗餘，這就很像是量子力學的波、粒描述，雙方原本就是討論相同物理學的兩種互補說法，而內區塊和外區塊物理學，也可以是討論相同物理學的兩種說法）。秉持這項假設，現實就可以看成是一片有限的空間區塊，裡面有個固定的宇宙常數Λ，產生出一個溫度T ~ $\sqrt{\Lambda}$—有點像是基礎統計力學的箱內熱氣體正則案例。於是當我們計算兩種不同宏觀狀態的相對概率，結果就相當於求出彼此連帶有關之微觀狀態數量之比。這就是說，給定組態與其熵（之指數）成正比的可能程度。依循這門途徑，色斯金及同事指出，粒子在我們區塊內聚攏並產生出暴脹大霹靂所需條件的可能性（由於它的熵很低，因此）遠低於粒子聚攏並直接產生出我們所知的（具有

13. 前一章我們指出，空間加速膨脹會產生約10^{-30}凱氏度的極低恆定背景溫度。質量大於10^{23}倍左右太陽質量的黑洞，溫度會低於遙遠未來的周遭空間溫度。不過這種黑洞會比宇宙視界本身還大。

14. 根據數學，當光子通過希格斯場，它們完全不會感受到絲毫阻力，因此它們是沒有質量的，而希格斯場也是不可見的。

15. 希格斯在〈空間是什麼？〉（What Is Space?）片中所述。這是NOVA紀錄片《宇宙的結構》（*The Fabric of the Cosmos*）的第一集，影片內容以同名書籍為本。同時代另有些物理學家也發展出了與希格斯所見相仿的構想，包括：羅伯特．布繞特（Robert Brout）和弗朗索瓦．恩格勒（François Englert），與傑拉德．古拉尼（Gerald Guralnik）、C.哈根（C. Richard Hagen），以及湯姆．基博爾（Tom Kibble）。希格斯和恩格勒共同獲頒諾貝爾獎以表彰他們得出的成果。

16. 這個數值並不如表面看來那麼重要。數值246（或者更精確而言是246.22 GeV，其中GeV代表千兆電子伏特傳統單位）取決於數學家經常援引的數學常規。不過較不標準的常規，會產生出具有不等數值的等效物理學。

17. Sidney Coleman, "Fate of the False Vacuum," *Physical Review D* 15 (1977): 2929; Erratum, *Physical Review D* 16 (1977): 1248.

18. 更精確而言，球體首先會緩慢擴展，接著迅速朝光速提增速度。

19. A. Andreassen, W. Frost, and M. D. Schwartz, "Scale Invariant Instantons and the Complete Lifetime of the Standard Model," *Physical Review D* 97 (2018): 056006.

20. 我們的宇宙說不定是產生自一種在虛無空洞中碰撞、翻騰的高熵均勻粒子浴，在那裡發生稀罕的熵減少自發下降，催生出我們眼中所見的有序結構，這種可能性由波茲曼在兩篇論文中提出（Ludwig Boltzmann, "On Certain Questions of the Theory of Gases," *Nature* 51 [1895]: 1322, 413–15; Ludwig Boltzmann, *"Entgegnung auf die wärmetheoretischen Betrachtungen des Hrn. E. Zermelo," Annalen der Physik* 57 [1896]: 773–84）。後來愛丁頓指出，由於熵減少現象以幅度較小的事例比較可能發生，因此這種起伏波動，應該比較不會產生出完整一座充滿恆星、行星和人的宇宙——因為這就代表熵大幅減少——而是只會在原本雜亂無章的環境中，產生出一群「數學物理學家」（投入他目前著眼探討之臆想實驗的觀測者），參見：A. Eddington, "The End of the World: From the Standpoint of Mathematical Physics," *Nature* 127, no. 1931 [3203]: 447–53。更晚近以來，「數學物理學家」概念又進一步簡化為還更簡略的

輻射是直接發自構成木炭的材料的燃燒作用；因此，輻射帶有木炭特有組成的印記。相較而言，構成黑洞的材料全都被壓碎成黑洞的奇異點——而且黑洞質量越大，奇異點和黑洞的事件視界之間的區隔也就越大，於是從事件視界發出的輻射，顯然也就並不帶有黑洞材料組成的印記。這種差別是理解我們所說的「黑洞資訊悖論」（*black hole information paradox*）根源所在的一種方式。倘若黑洞發出的輻射，對於形成黑洞的特定成分反應遲鈍，那麼等到黑洞完全變換成輻射時，那些成分所含資訊也就完全流失了。這種資訊流失會破壞宇宙的量子力學進展，因此物理學家投入數十年光陰，嘗試確立資訊並沒有流失。如今多數物理學家都能同意，我們有確鑿論據來支持有關資訊確實保存下來的主張，不過仍有許多重要細節依然在研究最前線懸而未決。

9. 霍金的公式表明，質量為M的史瓦西黑洞（Schwarzschild black hole，即靜止且不旋轉的黑洞）發出的輻射可由以下公式求得：$T_{霍金} = hc^3/16\pi^2 GMk_b$（$h$為普朗克常數，$c$為光速，$G$為牛頓常數，且$k_b$為波茲曼常數）。參見S. W. Hawking, "Particle Creation by Black Holes," *Communications in Mathematical Physics* 43 (1975): 199–220。

10. Don N. Page, "Particle emission rates from a black hole: Massless particles from an uncharged, nonrotating hole," *Physical Review D* 13 no. 2 (1976), 198–206。這裡引述的數字已根據較為晚近的粒子特質評估，更新了佩吉的計算結果，特別是微中子質量非零的主張。

11. 更精確而言，那是半徑不大於所謂史瓦西半徑的球體，其數學形式是以質量M構成，寫成$R_{史瓦西}=2GM/c^2$。

12. 請注意，我這裡提出的，也可以稱為黑洞的有效平均密度（*effective average density*）：它的總質量除以半徑相當於事件視界半徑的球體所含容積。這項理念直覺上就很有用，不過學有專精的讀者都會承認，這頂多就是具有啟發性。黑洞成形時，它的事件視界放射方向就變成「類時間型」，於是黑洞內部空間容積的觀點，也就變成一種比較微妙的理念（事實上也變得更為分歧）。此外，黑洞的質量並不是均勻地填補這任意容積，因此我們計算得出的平均密度，並不是實際由黑洞本身來實現。不過，根據我們所下定義，黑洞的平均密度可以產生一種直觀感受，瞭解為什麼較大黑洞會產生出較不極端的外部環境，並且在較低溫度下產生霍金輻射。

我還曾就另一項重要的一般性事例強調指出，熱力學第二定律並不是個傳統意義上的定律，實際上那是種統計趨勢。熵的減少極其少見，不過只要你等待足夠長久，就連最不可能的事情也會發生。

2. Freeman Dyson in Jon Else, dir., *The Day After Trinity* (Houston: KETH, 1981).
3. 出自與惠勒的私人交流。Personal communication with John Wheeler, Princeton University, 27 January 1998。
4. W. Israel, "Event Horizons in Static Vacuum Space-Times," *Physical Review* 164 (1967): 1776; W. Israel, "Event Horizons in Static Electrovac Space-Times," *Communications in Mathematical Physics* 8 (1968): 245; B. Carter, "Axisymmetric Black Hole Has Only Two Degrees of Freedom," *Physical Review Letters* 26 (1971): 331
5. Jacob D. Bekenstein, "Black Holes and Entropy," *Physical Review D* 7 (15 April 1973): 2333. 針對貝肯斯坦的計算有一篇寫得漂亮又平易近人的數學摘要，參見：Leonard Susskind, *The Black Hole War: My Battle with Stephen Hawking to Make the World Safe for Quantum Mechanics* (New York: Little, Brown and Co., 2008), 151–54。
6. 更精確而言，若是面積單位精選定為一普朗克長度平方的四分之一，則面積增加一平方單位。
7. 電子的磁性特質對於虛無空間的量子起伏十分敏感，還能帶來在觀測和數學預測之間最令人讚歎的一致結果。數學計算絕對不乏英勇壯舉。1940年代晚期，費曼引入了一種圖解架構，用來組織這種量子計算，使用的就是現在我們所稱的費曼圖（*Feynman diagrams*）。每幅圖都代表一種必須審慎評估的數學貢獻，而且到了計算尾聲，這所有數項全都必須加總起來。研究人員判定對電子磁性特質（電子偶極矩）投入的量子貢獻時，必須評估超過一萬兩千幅費曼圖。這類計算以及實驗測量結果之間的驚人一致性，在我們從量子物理學的認識中產生的成就當中，列名最偉大勝利之一（參見Tatsumi Aoyama, Masashi Hayakawa, Toichiro Kinoshita, and Makiko Nio, "Tenth-order electron anomalous magnetic moment: Contribution of diagrams without closed lepton loops," *Physical Review D* 91 [2015]: 033006）。
8. 儘管我使用木炭來做比喻，這裡仍有必要指出，在我們熟見的燃燒所發出的輻射，以及黑洞所發出的輻射之間，存有一種根本上的差異。當木炭發光，

行的。

39. 好幾位作者都曾設想，宇宙常數對於未來的生命與心智，會帶來什麼樣的衝擊。早在觀察發現暗能量之前，約翰．巴羅（John Barrow）以及法蘭克．蒂普勒（Frank Tipler）便曾分析在具有宇宙常數的宇宙裡面的計算物理學，並論稱資訊處理總有一天踏入尾聲，從而為生命和心智劃下終點（John D. Barrow and Frank J. Tipler, *The Anthropic Cosmological Principle* [Oxford: Oxford University Press, 1988], 668–69)。勞倫斯．克勞斯（Lawrence Krauss）和格連．史塔克曼（Glenn Starkman）重新探究戴森有關於具有宇宙常數之宇宙的分析成果，並得出了相仿的結論（Lawrence M. Krauss and Glenn D. Starkman, "Life, the Universe, and Nothing: Life and Death in an Ever-Expanding Universe," *Astrophysical Journal* 531 [2000]: 22–30)。克勞斯和史塔克曼還就廣義角度論稱，在任意膨脹時空中，有限尺寸的量子系統所處狀態之分離本質，同樣也會危及無限思維，就算沒有宇宙常數也同樣如此。然而，巴羅和西格比昂．赫維克（Sigbjørn Hervik）論稱，事實上，只要使用了重力波所造成的溫度梯度，資訊處理也就能在沒有宇宙常數的宇宙間永無止境地延續下去（John D. Barrow and Sigbjørn Hervik, "Indefinite information processing in ever-expanding universes," *Physics Letters B* 566, nos. 1–2 [24 July 2003]: 1–7）。弗里斯和堅尼也獲致雷同結論，並論稱在視界尺寸隨時間增長的時空中（不像具有宇宙常數的宇宙的情況，因為那裡的視界尺寸是固定的），位相空間會持續獲得新的模態（波長縮減到比增長的視界尺寸更短的模態），而這就會不斷為系統提供新的自由度，藉此就能將廢棄物轉移到環境中，從而得以讓計算永無止境持續到遙遠的未來（K. Freese and W. Kinney, "The ultimate fate of life in an accelerating universe," *Physics Letters B* 558, nos. 1–2 [10 April 2003}: 1–8)。

40. K. Freese and W. Kinney, "The ultimate fate of life in an accelerating universe," *Physics Letters* B 558, nos. 1–2 [10 April 2003]: 1–8.

第10章：時間的曙光

1. 由於具有微小概率的進程，可以運用較長期間來闖進現實，這樣的事實我們在先前幾章已經遇見過。我在有關大霹靂有可能如何引燃的一項解釋當中指出，宇宙的開展，有可能早就等著一種極不可能的組態成真，產生出一個統一暴脹場，充滿一個細小範圍，並在那裡催生出排斥重力，啟動空間膨脹。

Reviews of Modern Physics 51 (1979): 447–60.

33. 戴森計算了「複雜度」為Q之思想機在溫度T下運作時的能量必要耗散率D，結果發現$D \propto QT^2$。

34. 更精確而言，依我所使用的語言，戴森假定，若我們有一組思想機，全都調校在不同溫度下運作，那麼各個思想機的代謝歷程的速率——不論那會是什麼樣的歷程——也就分別與溫度構成線性尺度關係。採用技術性說法，戴森提出了他所稱的生物尺度分析假設（*biological scaling hypothesis*），含括以下主張：假使你有某給定環境的一個複製品，就量子力學方面與原來那個一模一樣，唯一差別是新環境的溫度是$T_{新版}$，而原版環境的溫度則為$T_{原版}$，接著倘若你造出了一種生命系統的一個複製品，讓它的量子力學漢彌爾頓函數——在么正變換（unitary transformation）之前——都能以$H_{新版} = (T_{新版} / T_{原版})\ H_{原版}$求解，則該副本事實上也就是活的，而且具有與原始版本一模一樣的主觀經驗，唯一差別就是，它的內部運作全都以一個$T_{新版} / T_{原版}$倍率降低。

35. 就具有高度數學性向的讀者，請注意，倘若溫度T是時間t的函數，那麼根據$T(t) \sim t^{-p}$，【注33】所述積分表達式QT^2，也就會收斂並使$p > ½$，於是思維總數（$T(t)$積分）就會發散並使$p < 1$。所以，由於$½ < p < 1$，思想機能執行無限數量思維，而且只需要有限的能量供應。

36. 就具有高度數學性向的讀者，這裡的關鍵問題在於，廢棄物處理的最大速率（假定思想機是藉由一種以電子為本的偶極輻射來排除廢棄物）和T^3成正比，而能量耗散則與T^2成正比。這就意味著T有個下限，這樣才能防止廢熱的累積速度超過它能排除的速度。

37. 許多電腦科學家都投入促成了這些深具影響力的成果，好比查爾斯・本內特（Charles Bennett）、愛德華・弗雷德金（Edward Fredkin）、羅爾夫・蘭道爾（Rolf Landauer）和托馬索・妥弗利（Tommaso Toffoli）等人。相關淺顯易懂的高明見識可參見：Charles H. Bennett and Rolf Landauer, "The Fundamental Physical Limits of Computation," *Scientific American* 253, no. 1 (July 1985): 48–56。

38. 更精確而言，要想取消運算，實際上是不可能的。就如同刪除動作本身就是種物理歷程，原則上我們是可以採行讓破鏡重圓的相同程序，來取消那個動作：反轉任何地方所有粒子的運動。不過從一切務實觀點來看，這都是不可

31. 倘若質子並不依循理論（好比超越了粒子物理學標準模型，踏出了粒子物理學既定定律之外的大一統理論或弦論等理論）所設想的方式解體，則我所描述的朝未來發展的進程，就必須再做種種不同修改。舉例來說，我們一般都認為，固體（好比鐵）是形狀保持固定的物體，至於液體的形狀就會流動。不過只要時間綿延足夠長久，就連鐵也會表現得像是流體，它的組成原子會穿隧越過物理和化學歷程在一般情況下建立起的所有障壁。在10^{65}年內，在太空中飄盪的鐵塊，就會重組它的原子，「熔融」成一團球體——連同其他依然存在的物質也都會如此。除了形狀重塑之外，經過漫長時期，物質本體也會改變：比鐵輕的原子會逐漸融合在一起，而比鐵重的原子則會分裂開來。鐵是所有原子組態當中最安定的一種，因此它是所有這類核反應過程的最終產物。這種過程終結的時間尺度約為$10^{1,500}$年。時間尺度再拉得更長，物質就會量子穿隧形成黑洞，依循這樣的時間幅員，黑洞就會因為霍金輻射立刻蒸發消失。不過仍請注意，就算依循粒子物理學的標準模型——不是什麼奇異的或假設性的推論——只要時間綿延超過我們在本章假定的10^{38}年尺度，據信連質子都會衰變。例如，有種完全隸屬標準模型範疇之內的奇異的量子歷程，稱為瞬子（instanton），就這方面，物理學家也已經做了理論研究，動用了電弱場方程式的所謂的「鞍點」，接著還發現，結果會導致質子瓦解。這個歷程取決於一種量子穿隧事件，因此其發生時間尺度綿延十分長久，估計會發生在距今約10^{150}年之後的未來，所以比起前面指出的$10^{1,500}$年內還要短上許多。物理學家也研究了其他一些同樣會導致質子衰變的奇異歷程，它們的時間尺度長短不等，不過多半都約發生在10^{200}年之內。所以到了未來時期，任何殘存的複雜物質，很可能都已經分崩離析。參見Freeman Dyson, "Time without end: Physics and biology in an open universe," *Reviews of Modern Physics* 51 (1979): 451–52，文中談到有關固體物質流動性的估計，以及物質變換成鐵的轉化作用。有關量子穿隧促使質子衰變的技術性文獻，參見：G. 't Hooft, "Computation of the quantum effects due to a four-dimensional pseudoparticle," *Physical Review D* 14 (1976): 3432, and F. R. Klinkhamer and N. S. Manton, "A saddle-point solution in the Weinberg-Salam theory," *Physical Review D* 30 (1984): 2212.

32. Freeman Dyson, "Time without end: Physics and biology in an open universe,"

50–51。

21. 有關橡膠薄片隱喻（實際用的是氨綸彈性纖維）的影片示範，以及一段簡短討論——內容針對底下段落有關重力波與行星軌道衰減之相關要點，參見：https://www.youtube.com/watch?v=uRijc-AN-F0。
22. R. A. Hulse and J. H. Taylor, "Discovery of a pulsar in a binary system," *Astrophysical Journal* 195 (1975): L51.
23. 當軌道緩慢衰減，或許就顯示重力輻射作用導致能量喪失，這種可能性已經由R. V.瓦格納（R. V. Wagoner）提出，參見R. V. Wagoner, "Test for the existence of gravitational radiation," *Astrophysical Journal* 196 (1975): L63。
24. J. H. Taylor, L. A. Fowler, and P. M. McCulloch, "Measurements of general relativistic effects in the binary pulsar PSR 1913+16," *Nature* 277 (1979): 437.
25. Freeman Dyson, "Time without end: Physics and biology in an open universe," *Reviews of Modern Physics* 51 (1979): 451; Fred C. Adams and Gregory Laughlin, "A dying universe: The long-term fate and evolution of astrophysical objects," *Reviews of Modern Physics* 69 (1997): 344–47.
26. Fred C. Adams and Gregory Laughlin, "A dying universe: The long-term fate and evolution of astrophysical objects," *Reviews of Modern Physics* 69 (1997): 347–49.
27. 中子在分離狀況下的壽命很短，約為十五分鐘。然而，由於中子比質子重，它們的衰變歷程就牽涉到生成一顆質子（還有一顆電子和一顆反微中子）。一顆中子要在原子內部衰變，原子核就必須能容納所生成的質子，然而這項要件往往是沒辦法達成的。原子核裡原有的質子，已經占滿了可用的量子空缺，而根據包立和他的不相容原理，那是不能共用的，於是這就強化了中子在這種情況下的安定性。若是質子衰變，由於質量低於中子，因此它們就不能生成中子，於是類似的安定性也不會在這裡起作用。
28. Howard Georgi and Sheldon Glashow, "Unity of All Elementary-Particle Forces," *Physical Review Letters* 32, no. 8 (1974): 438.
29. 在10^{30}年間有50%的衰變率便意味著，就一批10^{30}顆質子而言，在一年內它們當中有一顆會瓦解的機率為50%。
30. 出自與喬吉的私人交流，Howard Georgi, *personal communication*, Harvard University, 28 December 1997。

16. Abraham Loeb, "Cosmology with hypervelocity stars," *Journal of Cosmology and Astroparticle Physics* 04 (2011): 023.

17. 地球所含能量，也是重力拉力擠壓塵埃和氣體雲霧，形成初生行星時所產生的熱的殘存遺跡。除此之外，當地球自轉時，地底深處層層岩石會需要一股恆定力量來跟上旋轉速度，於是運動就會壓擠岩層並產生熱。

18. Fred C. Adams and Gregory Laughlin, "A dying universe: The long-term fate and evolution of astrophysical objects," *Reviews of Modern Physics* 69 (1997): 337–72; Fred C. Adams and Greg Laughlin, *The Five Ages of the Universe: Inside the Physics of Eternity* (New York: Free Press, 1999), 50–52。類似的考量因素也適用於和主星相隔太過遙遠的行星或衛星，長期處於這種狀況，導致它們的表面條件不容生命萌生。這類星體的內部歷程，以它們的天體地質狀況，得以在地下深處生成能好好維繫生命的能量。土星的衛星土衛二，就是個首要候選星體。由於它和太陽相隔這般遙遠，冰封表面恐怕不宜生命棲居。不過施加於土星和它的其他各個衛星的種種重力拉力，會稍微拉動土衛二，或朝這方伸展或朝那方擠壓，產生應力和張力來為它的內部加熱、融化寒冰，還可能在各處維繫液態水庫藏。說不定有一天我們會在土衛二的冰凍外殼鑽掘出一個小洞，降下一件探測器，並與一位住在海洋中的土衛二原住民面對面接觸，這可不是完全不切實際的想像。

19. 相關示範可參見《荷伯報到》（*The Late Show with Stephen Colbert*）脫口秀節目中有關我的段落，節目安排一落五顆球下墜，最輕的那顆反彈到空中三十英尺（肯定是我這輩子能保持的唯一一項金氏世界紀錄）https://www.youtube.com/watch?v=75szwX09pg8。

20. 戴森簡單估算出行星從太陽系拋射飛離的速率，還有恆星從星系拋射飛離的速率：Freeman Dyson, "Time without end: Physics and biology in an open universe," *Reviews of Modern Physics* 51 (1979): 450。亞當斯和勞夫林提出了更完備的解釋和計算，以及有關這當中部份歷程的原始研究貢獻（舉例來說，小型恆星徘徊穿越我們太陽系的連帶影響）。F. C. Adams and G. Laughlin, "A dying universe: The long-term fate and evolution of astrophysical objects," *Reviews of Modern Physics* 69 (1997): 343–47; Fred C. Adams and Greg Laughlin, *The Five Ages of the Universe: Inside the Physics of Eternity* (New York: Free Press, 1999),

Curvature of the Universe Using Type IA Supernovae," *Astrophysical Journal* 507 (1998): 46.

12. 為求完整起見，請注意，對於空間加速膨脹的所有嚴肅解釋，全都認定責任在於重力。然而就廣義而論，它們具有兩種不同的作用方式。要嘛就是重力作用力對宇宙距離表現的行為，和我們以愛因斯坦的以及以牛頓的描述為本所提出的預期有別，不然就是茲生出重力的根源，和我們以我們對物質和能量的傳統認識為本所提出的預期不同。儘管兩種方法都是可行的，第二種則已得到更充分的發展和更廣泛的應用（不只投入解釋為什麼空間加速膨脹，還能說明針對宇宙微波背景輻射之細部觀測結果），因此這也就是我們所依循的門路。
13. 暗能量的密度約為每立方公尺5×10^{-10}焦耳，或者約為每立方公尺5×10^{-10}瓦特秒。要推動100瓦特的燈泡運作一秒鐘需要2×10^{11}乘以包含在單獨一立方公分裡面的暗能量。因此這種能量能推動一枚100瓦燈泡運作5×10^{-12}秒，或者兆分之五秒。
14. 倘若暗物質的數值並不隨時間改變，那麼它也就完全等同於愛因斯坦的宇宙常數——這是他在1917年添加納入公式計算的「萬福瑪麗亞」數項，原因是他發現，廣義相對論方程式沒辦法解釋當時的一項共識觀點，那就是從大尺度來看，宇宙是靜態的。愛因斯坦面對的挑戰是，靜態的要件是均衡，然而重力似乎只朝一個方向牽引。沒有相對抗的平衡力量，靜態宇宙看來是不可能的。所幸，接著愛因斯坦意識到，只要在他的方程式中添入一個新的數項——宇宙常數，則廣義相對論也容許出現能與尋常吸引式重力相抗衡的排斥重力，讓靜態宇宙有可能成真（愛因斯坦並不知道，那種平衡作用並不安定——靜態宇宙的尺寸，不論是大是小，出現一個小小改變，就會顛覆均勢，導致宇宙膨脹或收縮）。然而，在略超過十年期間，愛因斯坦就得知宇宙正不斷膨脹。領悟了這點之後，愛因斯坦做出了著名的舉動，把宇宙常數從他的方程式拿掉。然而，愛因斯坦已把排斥重力精靈，從廣義相對論瓶子放了出來。一段時間之後，排斥重力就會在宇宙學發揮重大影響，賦予大霹靂的向外推力，還有在那之後的空間加速膨脹提供一項解釋。如同許多人都說過的，這也全都表明了，就連愛因斯坦的糟糕點子也是好的。
15. Robert R. Caldwell, Marc Kamionkowski, and Nevin N. Weinberg, "Phantom Energy and Cosmic Doomsday," *Physical Review Letters* 91 (2003): 071301.

6. I.-J. Sackmann, A. I. Boothroyd, and K. E. Kraemer, "Our Sun. III. Present and Future," *Astrophysical Journal* 418 (1993): 457; Klaus-Peter Schroder and Robert C. Smith, "Distant future of the Sun and Earth revisited," *Monthly Notices of the Royal Astronomical Society* 386, no. 1 (2008): 155–63.
7. 學有專精的讀者會注意到，包立不相容原理在太陽演化進程應該已扮演了一個角色。在太陽核心氦融合點燃之前，那裡的密度應該已經夠高，足以讓不相容原理的電子簡併壓力（electron degeneracy pressure）產生連帶影響。沒錯，前面我提到「瞬間綻放壯麗噴發」，來說明向氦融合過渡的歷程，起因在於位居核心的簡併電子氣體的特殊性質（那種氣體並不會隨著氦融合啟動生熱並因應膨脹或冷卻。氦融合會促成劇烈的核反應，作用和氦彈沒什麼兩樣）。
8. Alan Lindsay Mackay, *The Harvest of a Quiet Eye: A Selection of Scientific Quotations* (Bristol, UK: Institute of Physics, 1977): 117.
9. 有關包立不相容原理在白矮星結構組成中所扮演的重要作用，最早是由福勒在他的這篇文章中確認：R. H. Fowler, "On Dense Matter," *Monthly Notices of the Royal Astronomical Society* 87, no. 2 (1926): 114–22。有關相對性效應之重要內涵，乃是在蘇布拉馬尼安・錢德拉塞卡（Subrahmanyan Chandrasekhar）的這篇文章中確認：Subrahmanyan Chandrasekhar, "The Maximum Mass of Ideal White Dwarfs," *Astrophysical Journal* 74 (1931): 81–82。這項成果稱為錢德拉塞卡極限（Chandrasekhar limit），結果表明，質量小於太陽1.4倍的任意恆星，由於包立不相容原理的作用，收縮時同樣都會受阻停頓。後續研究披露，若是質量更大的恆星，星體的收縮力量就會驅使電子與質子融合並形成中子。這種歷程讓恆星得以進一步收縮，然而到了某個時候，中子就會壓縮得十分緻密，致使包立不相容原理重新變得連帶有關，也重又遏阻進一步收縮。最後結果便產生出中子星。
10. 平均而言，星系間相隔距離都不斷增長，不過有些星系的間距十分窄小，相互間的重力引力便驅動它們彼此接近。底下我們就會談到，舉例來說，銀河系和仙女座星系之間就有這種情況。
11. S. Perlmutter et al., "Measurements of Ω and Λ from 42 High-Redshift Supernovae," *Astrophysical Journal* 517, no. 2 (1999): 565; B. P. Schmidt et al., "The High-Z Supernova Search: Measuring Cosmic Deceleration and Global

ings of the Royal Society B 282, no. 1806 (7 May 2015): 20150211（也請參見前面【注1】）。

3. 史蒂芬・卡利普（Steven Carlip）曾就這項假設審慎推敲，見Steven Carlip, "Transient Observers and Variable Constants, or Repelling the Invasion of the Boltzmann's Brains," *Journal of Cosmology and Astroparticle Physics* 06 (2007): 001。請注意，我們得考量的一項可能變化是，暗能量的數值說不定曾有改變。如同我們在本章的討論內容，直到1990年代晚期，天文學觀測才說服物理學界，愛因斯坦在1931年摒棄宇宙常數（「就把宇宙學數項拋掉吧！」）是個草率的決定。另有一點也太草率，那就是把宇宙常數冠上「常數」稱號。愛因斯坦的宇宙學數項的數值，相當有可能隨時間改變——而且我們會看到，這種可能性對於未來具有深遠的連帶影響。
4. 有關智慧之未來的另一項觀點，參見：David Deutsch, *The Beginning of Infinity* (New York: Viking, 2011)。
5. 物理末世論，研究遙遠未來物理現象的學問受到的關切，遠不如研究遙遠過去的物理學門，不過仍有眾多相關研究。收納了一份包羅廣泛的技術參考文獻列表，參見米蘭・西爾科維奇（Milan M. Ćirković）的 "Resource Letter: PEs-1, Physical Eschatology," *American Journal of Physics* 71 (2003): 122。在後續的討論中，戴森的開創性論文特別具有影響力，參見Freeman Dyson, "Time without end: Physics and biology in an open universe," *Reviews of Modern Physics* 51 (1979): 447–60，還有一篇論文也產生了深遠影響，參見：Fred C. Adams and Gregory Laughlin, "A dying universe: The long-term fate and evolution of astrophysical objects," *Reviews of Modern Physics* 69 (1997): 337–72，兩人就這項題材進一步開展，納入了行星、恆星和星系動力學的新成果，而且他們還在兩人合著的出色科普書中著眼討論，參見：Fred C. Adams and Gregory Laughlin, *The Five Ages of the Universe: Inside the Physics of Eternity* (New York: Free Press, 1999)。這項題材的現代根源出自M. J.里斯（M. J. Rees）的論文，參見：M. J. Rees, "The collapse of the universe: An eschatological study," *Observatory* 89 (1969): 193–98，以及伊斯蘭的論文，參見：Jamal N. Islam, "Possible Ultimate Fate of the Universe," *Quarterly Journal of the Royal Astronomical Society* 18 (March 1977): 3–8。

1992), 255.
36. Douglas Adams, *Life, the Universe and Everything* (New York: Del Rey, 2005), 4–5.
37. Pablo Casals, from Bach Festival: Prades 1950, as quoted in Paul Elie, *Reinventing Bach* (New York: Farrar, Straus and Giroux, 2012), 447.
38. Joseph Conrad, *The Nigger of the "Narcissus"* (Mineola, NY: Dover Publications, Inc., 1999), vi.
39. Helen Keller, Letter to New York Symphony Orchestra, 2 February 1924, digital archives of American Foundation for the Blind, filename HK01-07_B114_F08_015_002.tif.

第09章：時間長短和無常

1. 有些著名的思想家都曾聲稱，人類演化已抵達終點。舉例來說，古爾德便曾指出，從生物學視角來看，今日人類基本上和生存時期遠溯達五萬年前的人類是一樣的（Stephen Jay Gould, "The spice of life," *Leader to Leader* 15 [2000]: 14–19）。其他研究人類基因組的研究人員則提出相反論據，並主張，人類的演化速率正在加速（相關論述可參見：John Hawks, Eric T. Wang, Gregory M. Cochran, et al., "Recent acceleration of human adaptive evolution," *Proceedings of the National Academy of Sciences* 104, no. 52 [December 2007]: 20753–58; Wenqing Fu, Timothy D. O'Connor, Goo Jun, et al., "Analysis of 6,515 exomes reveals the recent origin of most human protein-coding variants," *Nature* 493 [10 January 2013]: 216–20)。針對不同人口群進行的研究，得出了比較晚近的遺傳演化證據。相關實例包括荷蘭男子的身高，他們的出奇平均增高幅度，或許就反映出性擇與自然選擇的作用（Gert Stulp, Louise Barrett, Felix C. Tropf, and Melinda Mill, "Does natural selection favour taller stature among the tallest people on earth?" *Proceedings of the Royal Society B* 282, no. 1806 [7 May 2015]: 20150211）以及對高海拔環境的適應結果（Abigail Bigham et al., "Identifying signatures of natural selection in Tibetan and Andean populations using dense genome scan data," *PLoS Genetics* 6, no. 9 [9 September 2010]: e1001116）。
2. Choongwon Jeong and Anna Di Rienzo, "Adaptations to local environments in modern human populations," *Current Opinion in Genetics & Development* 29 (2014), 1–8; Gert Stulp, Louise Barrett, Felix C. Tropf, and Melinda Mill, "Does natural selection favour taller stature among the tallest people on earth?" *Proceed-*

23. Yip Harburg, "E. Y. Harburg, Lecture at UCLA on *Lyric Writing*, February 3, 1977," transcript, pp. 5–7, tape 7-3-10.

24. Marcel Proust, *Remembrance of Things Past,* vol. 3: The Captive, The Fugitive, Time Regained (New York: Vintage, 1982), 260, 931.

25. 同上，260.

26. George Bernard Shaw, *Back to Methuselah* (Scotts Valley, CA: Create SpaceIndependent Publishing Platform, 2012), 278.

27. Ellen Greene, "Sappho 58: Philosophical Reflections on Death and Aging," in *The New Sappho on Old Age: Textual and Philosophical Issues*, ed. Ellen Greene and Marilyn B. Skinner, *Hellenic Studies Series 38* (Washington, DC: Center for Hellenic Studies, 2009); Ellen Greene, ed., Reading Sappho: Contemporary Approaches (Berkeley: University of California Press, 1996).

28. Joseph Wood Krutch, "Art, Magic, and Eternity," *Virginia Quarterly Review* 8, no. 4, (Autumn 1932); https://www.vqronline.org/essay/art-magic-and-eternity.

29. 從另一個角度來看（好比第一章【注5】所述），有些作者便曾建議，必死性焦慮以及伴隨（如貝克爾所述之）對死亡之否認而出現的衝擊，是種現代的影響作用，而這在很大程度上是受了長壽的興起以及宗教的式微所激發。相關論點可參見Philippe Ariès, *The Hour of Our Death*, trans. Helen Weaver (New York: Alfred A. Knopf, 1981)。

30. W. B. Yeats, *Collected Poems* (New York: Macmillan Collector's Library Books, 2016), 267.

31. Herman Melville, *Moby-Dick* (Hertfordshire, UK: Wordsworth Classics, 1993) 235.

32. Edgar Allan Poe as quoted in J. Gerald Kennedy, Poe, *Death, and the Life of Writing* (New Haven: Yale University Press, 1987), 48.

33. Tennessee Williams, *Cat on a Hot Tin Roof* (New York: New American Library, 1955), 67–68.

34. Fyodor Dostoevsky, *Crime and Punishment*, trans. Michael R. Katz (New York: Liveright, 2017), 318.

35. Sylvia Plath, *The Collected Poems*, ed. Ted Hughes (New York: Harper Perennial,

IL: Northwestern University Press, 2005), 147.

關於以性擇作為人類藝術活動之解釋，本段落提到了一些批評，分別在好幾項作品當中闡明。這裡舉個例子：若是能以性擇來解釋藝術，難道我們就不會料想，藝術是種男性主導的事業，經調校來爭取性接觸，也就是說，藝術是男性最熱烈從事的活動，而其最高峰就是他們的生殖驅力，而且唯一針對潛在女性伴侶？（Brian Boyd, *On the Origin of Stories* [Cambridge: Belknap Press, 2010], 76; Ellen Dissanayake, *Art and Intimacy* [Seattle: University of Washington Press, 2000], 136）智慧和創造力不必然是身體適存度的可信賴指標——虛弱的身體加上旺盛創造力的組合並不少見（James R. Roney, "Likeable but Unlikely, a Review of the Mating Mind by Geoffrey Miller," *Psycoloquy* 13, no. 10 (2002), article 5）。有沒有證據顯示，男性的藝術嘗試，是宣揚適存度的更高明手段，效果超過誇示社會關係、炫耀財富、贏得運動競技等其他活動？（Stephen Davies, *The Artful Species: Aesthetics, Art, and Evolution* [Oxford: Oxford University Press, 2012], 125。）

14. Steven Pinker, *How the Mind Works* (New York: W. W. Norton, 1997), 525.
15. Ellen Dissanayake, *Art and Intimacy: How the Arts Began* (Seattle: University of Washington Press, 2000), 94.
16. Noël Carroll, "The Arts, Emotion, and Evolution," in *Aesthetics and the Sciences of Mind*, ed. Greg Currie, Matthew Kieran, Aaron Meskin, and Jon Robson (Oxford: Oxford University Press, 2014).
17. *Glenn Gould in The Glenn Gould Reader*, ed. Tim Page (New York: Vintage Books, 1984), 240.
18. Brian Boyd, *On the Origin of Stories* (Cambridge, MA: Belknap Press, 2010), 125.
19. Jane Hirshfield, *Nine Gates: Entering the Mind of Poetry* (New York: Harper Perennial, 1998), 18.
20. Saul Bellow, *Nobel lecture*, 12 December 1976, from Nobel Lectures, Literature 1968–1980, ed. Sture Allén (Singapore: World Scientific Publishing Co., 1993).
21. Joseph Conrad, *The Nigger of the "Narcissus"* (Mineola, NY: Dover Publications, Inc., 1999), vi.
22. Yip Harburg, "Yip at the 92nd Street YM-YWHA, December 13, 1970," transcript 1-10-3, p. 3, tapes 7-2-10 and 7-2-20.

York: D. Appleton and Company, 1871), 59.

10. 華萊士針對雄性的身體裝飾提出了另一種解釋，認為這類雄性擁有額外「精力」，卻沒有其他發洩管道，於是促使生成鮮艷的色彩、很長的尾羽，還有綿長的呼叫聲等。他還論稱，有吸引力的身體裝飾，必然與健康和力量有關，因此能展現出外顯的適存度指標，於是性擇也完全就是自然選擇的一種特定實例。參見：Alfred Russel Wallace, *Natural Selection and Tropical Nature* (London: Macmillan and Co., 1891)。鳥類學家理查・普魯姆（Richard Prum）論據表示，研究人員毫無道理地輕忽內在審美敏感性，來彰顯適應性解釋，這項爭議立場在他的書中已有鋪陳，參見：Richard Prum, *The Evolution of Beauty: How Darwin's Forgotten Theory on Mate Choice Shapes the Animal World and Us* (New York: Doubleday, 2017)。

11. 有關生殖策略競技場的雌雄不對等現象之研究與圖示，請參見：羅伯特・泰弗士（Robert Trivers）的文章："Parental Investment and Sexual Selection," in *Sexual Selection and the Descent of Man: The Darwinian Pivot,* ed. Bernard G. Campbell (Chicago: Aldine Publishing Company, 1972), 136–79。

12. Geoffrey Miller, *The Mating Mind: How Sexual Choice Shaped the Evolution of Human Nature* (New York: Anchor, 2000); Denis Dutton, *The Art Instinct* (New York: Bloomsbury Press, 2010). 這項觀點和早期阿莫茲・扎哈維（Amotz Zahavi）的「缺陷原則」（*handicap principle*）早期提案有很密切的關係。這項原則設想，某些動物會藉由類似炫耀性消費的展示來宣揚牠們的適存度，這類展示形式可以是奢華的身體部位或行為。一隻有能耐帶著雖然華美卻也笨拙的尾羽四處行動的孔雀，藉此就能向潛在伴侶展現牠的力量和適存度，因為比較虛弱的同道教友，長了這種額外部位，具有這類挑戰生存的性狀，恐怕就沒辦法生存。那麼想法就是，早期人類藝術家或許動用了他們的藝術的適應無關屬性，把它化為類似力量和適存度的公開炫耀，以此來推廣生殖機會，從而得以把藝術傾向傳遞下去，並運用來當成吸引配偶的手段。參見：Amotz Zahavi, "Mate selection—A selection for a handicap," *Journal of Theoretical Biology* 53, no. 1 (1975): 205–14。

13. Brian Boyd, "Evolutionary Theories of Art," in *The Literary Animal: Evolution and the Nature of Narrative,* ed. Jonathan Gottschall and David Sloan Wilson (Evanston,

第08章：本能和創造力

1. Howard Chandler Robbins Landon, *Beethoven: A Documentary Study* (New York: Macmillan Publishing Co., Inc., 1970), 181.
2. Friedrich Nietzsche, *Twilight of the Idols*, trans. Duncan Large (Oxford: Oxford University Press, 1998, reissue 2008), 9.
3. George Bernard Shaw, *Back to Methuselah* (Scotts Valley, CA: CreateSpace Independent Publishing Platform, 2012), 277.
4. David Sheff, "Keith Haring, An Intimate Conversation," *Rolling Stone* 589 (August 1989): 47.
5. Josephine C. A. Joordens et al., "Homo erectus at Trinil on Java used shells for tool production and engraving," *Nature* 518 (12 February 2015): 228–31.
6. 更確切地說，重點在於一個人的基因能傳遞給下一代，為達成這項目標，一種做法是生養後裔子代，或者就確保擁有相當比例共通基因的其他個體能生養後裔子代。
7. 有關白鬍侏儒鳥（White-bearded manakin）求偶儀式的精彩描述，參見：Richard Prum, *The Evolution of Beauty: How Darwin's Forgotten Theory on Mate Choice Shapes the Animal World and Us* (New York: Doubleday, 2017), 1544–45, Kindle。有關螢火蟲發光和配偶選擇的評論，請參見：S. M. Lewis and C. K. Cratsley, "Flash signal evolution, mate choice, and predation in fireflies," *Annual Review of Entomology* 53 (2008): 293–321。有關園丁鳥營造舉止的描述和插圖，請參見：Peter Rowland, *Bowerbirds* (Collingwood, Australia: CSIRO Publishing, 2008), especially pages 40–47。
8. 對性擇觀點的抗拒，部分也是肇因於選擇權全都讓渡給挑剔的雌性，這項提案惹來維多利亞時代幾乎全為男性的生物學家滿心嫌惡。相關論述或可參見：H. Cronin, *The Ant and the Peacock: Altruism and Sexual Selection from Darwin to Today* (Cambridge: Cambridge University Press, 1991)。此外，也請注意，就某些物種實例，牠們是以雄性扮演選擇角色，另有些物種則是雌雄兩性都投入扮演這個角色。
9. Charles Darwin, *The Descent of Man and Selection in Relation to Sex*, ill. ed. (New

個簡略的草圖。

32. David Buss, *Evolutionary Psychology: The New Science of Mind* (Boston: Allyn & Bacon, 2012), 90–95, 205–206, 405–409.

33. 邁克爾・舍默（Michael Shermer）寫了一本談人類信念的專書，針對信念以及影響信念的種種不同因素做了深入探討，而且易讀易懂，論述生動，參見：Michael Shermer, *The Believing Brain: From Ghosts and Gods to Politics and Conspiracies* (New York: St. Martin's Griffin, 2011)。儘管情感對信仰的可能影響看似清楚分明，然而學術研究的焦點，卻往往傾向於強調信念對情感的影響，就這方面，直到最近情況方才改觀，有關這項要點的討論，參見：N. Frijda, A. S. R. Manstead, and S. Bem, "The influence of emotions on belief," in *Emotions and Beliefs: How Feelings Influence Thoughts* (Studies in Emotion and Social Interaction), ed. N. Frijda, A. Manstead, and S. Bem (Cambridge: Cambridge University Press, 2000), 1–9。有一項研究探究了在先前不曾有人經歷過的背景脈絡下，情感如何影響信念之養成，以及情感對改變信念之意願的影響，相關描述參見：N. Frijda and B. Mesquita, "Beliefs through emotions," in *Emotions and Beliefs: How Feelings Influence Thoughts* (Studies in Emotion and Social Interaction), ed. N. Frijda, A. Manstead, and S. Bem (Cambridge: Cambridge University Press, 2000), 45–77。

34. Pascal Boyer, *Religion Explained: The Evolutionary Origins of Religious Thought* (New York: Basic Books, 2007), 303.

35. Karen Armstrong, *A Short History of Myth* (Melbourne: The Text Publishing Company, 2005), 57.

36. 同上。

37. Guy Deutscher, *The Unfolding of Language: An Evolutionary Tour of Mankind's Greatest Invention* (New York: Henry Holt and Company, 2005).

38. William James, *The Varieties of Religious Experience: A Study in Human Nature* (New York: Longmans, Green and Co., 1905), 498.

39. 同上，506–507.

20. Jesse Bering, *The Belief Instinct* (New York: W. W. Norton, 2011).
21. Sheldon Solomon, Jeff Greenberg, and Tom Pyszczynski, *The Worm at the Core: On the Role of Death in Life* (New York: Random House Publishing Group, 2015), 122.
22. Abram Rosenblatt, Jeff Greenberg, Sheldon Solomon, et al., "Evidence for Terror Management Theory I: The Effects of Mortality Salience on Reactions to Those Who Violate or Uphold Cultural Values," *Journal of Personality and Social Psychology* 57 (1989): 681–90. 相關評論請參見：Sheldon Solomon, Jeff Greenberg, and Tom Pyszczynski, "Tales from the Crypt: On the Role of Death in Life," *Zygon* 33, no. 1 (1998): 9–43.
23. Tom Pyszczynski, Sheldon Solomon, and Jeff Greenberg, "Thirty Years of Terror Management Theory," *Advances in Experimental Social Psychology* 52 (2015): 1–70.
24. Pascal Boyer, *Religion Explained: The Evolutionary Origins of Religious Thought* (New York: Basic Books, 2007), 20.
25. William James, *The Varieties of Religious Experience: A Study in Human Nature* (New York: Longmans, Green, and Co., 1905), 485.
26. Stephen Jay Gould, *The Richness of Life: The Essential Stephen Jay Gould* (New York: W. W. Norton, 2006), 232–33.
27. Stephen J. Gould, in *Conversations About the End of Time* (New York: Fromm International, 1999)。有關必死性意識對超自然實體信仰之影響的研究，可參見：A. Norenzayan and I. G. Hansen, "Belief in supernatural agents in the face of death," *Personality and Social Psychology Bulletin* 32 (2006): 174–87。
28. Karl Jaspers, *The Origin and Goal of History* (Abingdon, UK: Routledge, 2010), 2.
29. Wendy Doniger, trans., *The Rig Veda* (New York: Penguin Classics, 2005), 25–26.29.
30. His Holiness the Dalai Lama, Houston, Texas, 21 September 2005. 我找不到那次對話的文字紀錄，不過起碼這段轉述已經最能貼近他的反應。
31. 如同所有主要宗教的歷史根源，學界對於種種不同文本究竟是什麼時候寫成的，還有權威形式何時成形等事項，始終存有爭議。我引述的時期和學界某些意見相符，不過由於目前還沒有達成一致共識，它們應該被視為只提供了

www.worldsciencefestival.com/videos/believing-brain-evolution-neuroscience-spiritual-instinct/46:50-49:16。

17. Charles Darwin, *The Descent of Man and Selection in Relation to Sex* (New York: D. Appleton and Company, 1871), 84. Kindle. 達爾文的評論主要涉及演化論中有關族群選擇（*group selection*）歷程方面一項醞釀久遠的爭議。標準演化論是以在有機生物個體層級運作的自然選擇為本：生存和生殖能力較為高強的有機生物個體，也較能成功把他們的遺傳物質傳遞給後續個體。族群選擇是種相仿的選擇形式，不過是作用於整個族群：任何族群只要是比較能（以整群個體）生存下來並生育繁殖（意指產生更大數量並開枝散葉產生出新族群），就較能成功把優勢性狀傳遞給後續族群（達爾文所述專注討論相互合作並對族群成功做出貢獻的個體，他所說的族群成功，表現在族群人口數增長，相對於族群產生出更多相似族群，不過也同樣取決於有益於個體的行為和有益於族群的行為之間的基本相互作用）。有關族群選擇在原則上會不會發生，這方面並沒有爭議。有爭議的是它是否實際發生。這是時間尺度的問題：通常大家都預期，個體或生殖或死亡的典型時間尺度，遠遠短於一個族群或開枝散葉或解體消亡的對應時間尺度。倘若情況是這樣，如同批評族群選擇的人士所述，那麼族群選擇就太慢了，不會帶來重大影響。因應及此，長期倡言族群選擇的大衛·威爾遜論據表示（他支持的是一種還更廣泛的形式，稱為多層級選擇〔*multilevel selection*〕），大半爭議追根究底只是核算方式有別（以不同方法來分割族群的個體總數），最後結果是相同的，因此爭議性要小於長年分歧所顯現的程度（參見David Sloan Wilson, *Does Altruism Exist? Culture, Genes and the Welfare of Others* [New Haven: Yale University Press, 2015], 31–46)。

18. 情感基礎對宗教承諾的重要性，已由R.索希斯（R. Sosis）等人審視論述，參見：R. Sosis, "Religion and intra-group cooperation: Preliminary results of a comparative analysis of utopian communities," *Cross-Cultural Research* 34 (2000): 70–87; R. Sosis and C. Alcorta, "Signaling, solidarity, and the sacred: The evolution of religious behavior," *Evolutionary Anthropology* 12 (2003): 264–74。

19. Robert Axelrod and William D. Hamilton, "The Evolution of Cooperation," Science 211 (March 1981): 1390–96; Robert Axelrod, *The Evolution of Cooperation,* rev. ed. (New York: Perseus Books Group, 2006).

11. 相關細部討論可參見：*The Adapted Mind: Evolutionary Psychology and the Generation of Culture,* Jerome H. Barkow, Leda Cosmides, and John Tooby, eds. (Oxford: Oxford University Press, 1992); David Buss, *Evolutionary Psychology: The New Science of Mind* (Boston: Allyn & Bacon, 2012)。
12. 有關宗教認知科學的其他易解論述，可參見：Justin L. Barrett, *Why Would Anyone Believe in God?* (Lanham, MD: AltaMira Press, 2004); Scott Atran, *In Gods We Trust: The Evolutionary Landscape of Religion* (Oxford: Oxford University Press, 2002); Todd Tremlin, *Minds and Gods: The Cognitive Foundations of Religion* (Oxford: Oxford University Press, 2006)。
13. Pascal Boyer, *Religion Explained: The Evolutionary Origins of Religious Thought* (New York: Basic Books, 2007), 46–47; Daniel Dennett, *Breaking the Spell: Religion as a Natural Phenomenon* (New York: Penguin Books, 2006), 122–23; Richard Dawkins, *The God Delusion* (New York: Houghton Mifflin Harcourt, 2006), 230–33.
14. 親屬選擇（或就是「總括適存度」）觀點最早是由達爾文描述，隨後才由費雪等人接續發展，參見：R. A. Fisher, *The Genetical Theory of Natural Selection* (Oxford: Clarendon Press, 1930); J. B. S. Haldane, *The Causes of Evolution* (London: Longmans, Green & Co., 1932); 和W. D. Hamilton, "The Genetical Evolution of Social Behaviour," *Journal of Theoretical Biology* 7, no. 1 (1964): 1–16。更晚近以來，總括適存度在理解演化發展上的作用受到挑戰，參見：M. A. Nowak, C. E. Tarnita, and E. O. Wilson, "The evolution of eusociality," *Nature* 466 (2010): 1057–62，並有一百三十六位研究人員署名提出批判反應：P. Abbot, J. Abe, J. Alcock, et al., "Inclusive fitness theory and eusociality," *Nature* 471 (2010): E1–E4。
15. David Sloan Wilson, *Does Altruism Exist? Culture, Genes and the Welfare of Others* (New Haven: Yale University Press, 2015); David Sloan Wilson, Darwin's *Cathedral: Evolution, Religion and the Nature of Society* (Chicago: University of Chicago Press, 2002).
16. 這裡舉平克著述為例：Steven Pinker in "The Believing Brain," *World Science Festival public program*, New York City, Gerald Lynch Theatre, 2 June 2018, https://

11號的墓葬安排「驗證了這是一次喪葬獻祭，並不是隨意拼湊的佈局。所有這些觀察結果，強烈支持那是一次精心佈置葬禮儀式的詮釋。」參見Hélène Coqueugniot et al., "Earliest cranio-encephalic trauma from the Levantine Middle Palaeolithic: 3D reappraisal of the Qafzeh 11 skull, consequences of pediatric brain damage on individual life condition and social care," *PloS One* 9 (23 July 2014): 7 e102822。

2. Erik Trinkaus, Alexandra Buzhilova, Maria Mednikova, and Maria Dobrovolskaya, *The People of Sunghir: Burials, Bodies and Behavior in the Earlier Upper Paleolithic* (New York: Oxford University Press, 2014).
3. Edward Burnett Tylor, *Primitive Culture*, vol. 2 (London: John Murray 1873; Dover Reprint Edition, 2016), 24.
4. Mathias Georg Guenther, *Tricksters and Trancers: Bushman Religion and Society* (Bloomington, IN: Indiana University Press, 1999), 180–98.
5. Peter J. Ucko and Andrée Rosenfeld, *Paleolithic Cave Art* (New York: McGraw-Hill, 1967), 117–23, 165–74.
6. David Lewis-Williams, *The Mind in the Cave: Consciousness and the Origins of Art* (New York: Thames & Hudson, 2002), 11. 儘管許多作品都是在比較容易接近的表面創作的，由於同時存有大批具有高度執行困難度的品項，也就讓這項觀點顯得相當中肯。
7. Salomon Reinach, *Cults, Myths and Religions*, trans. Elizabeth Frost (London: David Nutt, 1912), 124–38.
8. 該提案獲得廣泛認可，後續卻發現，從附近各處洞窟挖出的骨頭所隸屬的動物，和那些洞窟穴壁上描畫的種類並不相符，這就引發質疑。倘若你想祈求多點運氣來幫忙獵捕野牛，那麼你就該畫隻野牛才對。或者你就應該會這樣想。然而資料卻不能證實這項預期。參見：Jean Clottes, *What Is Paleolithic Art? Cave Paintings and the Dawn of Human Creativity* (Chicago: University of Chicago Press, 2016)。
9. Benjamin Smith, *personal communication*, 13 March 2019.
10. Pascal Boyer, *Religion Explained: The Evolutionary Origins of Religious Thought* (New York: Basic Books, 2007), 2.

Higher Education, 2004), 283–301.

47. Michael Witzel, *The Origins of the World's Mythologies* (New York: Oxford University Press, 2012), 79.

48. Dan Sperber, *Rethinking Symbolism* (Cambridge: Cambridge University Press, 1975); Dan Sperber, *Explaining Culture: A Naturalistic Approach* (Oxford: Blackwell Publishers Ltd., 1996).

49. Pascal Boyer, "Functional Origins of Religious Concepts: Ontological and Strategic Selection in Evolved Minds," *Journal of the Royal Anthropological Institute* 6, no. 2 (June 2000): 195–214. See also M. Zuckerman, "Sensation seeking: A comparative approach to a human trait," *Behavioral and Brain Sciences* 7 (1984): 413–71.

50. 伯特蘭・羅素強調語言在促進思維方面的角色，並指出「語言不只用來傳達思想，還催生出思想，沒有語言，思想是不可能存在的」（Bertrand Russell, *Human Knowledge* [New York: Routledge, 2009], 58）。他描述某些「相當精妙的思想」非得有文字不可，還舉例指出，沒有了語言，顯然就不可能產生出任何「能與『一圓之周長及其直徑之比約為3.14159』語句所述密切相符的思想」。不是那麼精確，但超出了經驗範疇的構思，好比會講話的樹或哭泣的雲朵，或者快樂的小卵石，都順服於人類心智無言的化身，不過由於語言具有組合性與層級性本質，因此特別適合用來創造它們。丹尼特便強調，語言在人類發明種種聯合品質的能力上所扮演的角色，這些品質個別來看都存在於真實世界，然而結合起來就能帶領我們進入幻想國度（Daniel Dennett, *Breaking the Spell: Religion as a Natural Phenomenon* [New York: Penguin Publishing Group, 2006], 121）。到第八章，我們就會討論，某些類型的藝術都特別擅長促進理念朝另一個方向流動：從以言語表達的思想，流向沒有語言的經驗感受。

51. Justin L. Barrett, *Why Would Anyone Believe in God?* (Lanham, MD: AltaMira, 2004); Stewart Guthrie, Faces in the Clouds: A New Theory of Religion (New York: Oxford University Press, 1993).

第07章：腦子和信念

1. 卡夫澤遺址的發掘作業從1934年開始，起初由法國考古學家雷內・諾伊維爾（René Neuville）負責執行，隨後再由人類學家伯納德・范德米爾施（Bernard Vandermeersch）領導的團隊接手進行。依范德米爾施和他的團隊所述，卡夫澤

貫性的情節——或許便暗示作夢和在真實世界的遭遇沒什麼關係。不過，這類怪誕夢境的盛行率，或許還遠低於我們的軼事評估所示。真正來講，我們夢的相當部分，或許都有現實的基礎。Antti Revonsuo, Jarno Tuominen, and Katja Valli, "The Avatars in the Machine—Dreaming as a Simulation of Social Reality," *Open MIND* (2015): 1–28; Serena Scarpelli, Chiara Bartolacci, Aurora D'Atri, et al., "The Functional Role of Dreaming in Emotional Processes," *Frontiers in Psychology* 10 (March 2019): 459。

35. Alfred North Whitehead, *Science and the Modern World* (New York: Free Press, 1953), 10.
36. Joyce Carol Oates, "Literature as Pleasure, Pleasure as Literature," Narrative. https:// www .narrativemagazine .com/ issues/ stories -week -2015 -2016/ story -week/ literature -pleasure -pleasure -literature -joyce -carol -oates.
37. Jerome Bruner, "The Narrative Construction of Reality," *Critical Inquiry* 18, no. 1 (Autumn 1991): 1–21.
38. Jerome Bruner, *Making Stories: Law, Literature, Life* (New York: Farrar, Straus and Giroux, 2002), 16.
39. Brian Boyd, "The evolution of stories: from mimesis to language, from fact to fiction," *WIREs Cognitive Science* 9 (2018): 7–8, e1444.
40. John Tooby and Leda Cosmides, "Does Beauty Build Adapted Minds? Toward an Evolutionary Theory of Aesthetics, Fiction and the Arts," *SubStance* 30, no. 1/2, issue 94/95 (2001): 6–27.
41. Ernest Becker, *The Denial of Death* (New York: Free Press, 1973), 97.
42. Joseph Campbell, *The Hero with a Thousand Faces* (Novato, CA: New World Library, 2008), 23.
43. Michael Witzel, *The Origins of the World's Mythologies* (New York: Oxford University Press, 2012).
44. Karen Armstrong, *A Short History of Myth* (Melbourne: The Text Publishing Company, 2005), 3.
45. Marguerite Yourcenar, *Oriental Tales* (New York: Farrar, Straus and Giroux, 1985).
46. Scott Leonard and Michael McClure, *Myth and Knowing* (New York: McGraw-Hill

25. Andrew George, trans., *The Epic of Gilgamesh: The Babylonian Epic Poem and Other Texts in Akkadian and Sumerian* (London: Penguin Classics, 2003).
26. 有關演化心理學之觀點與原則的介紹，參見：John Tooby and Leda Cosmides, "The Psychological Foundations of Culture," in *The Adapted Mind: Evolutionary Psychology and the Generation of Culture,* ed. Jerome H. Barkow, Leda Cosmides, and John Tooby (Oxford: Oxford University Press, 1992), 19–136; David Buss, *Evolutionary Psychology: The New Science of the Mind* (Boston: Allyn & Bacon, 2012).
27. S. J. Gould and R. C. Lewontin, "The Spandrels of San Marco and the Panglossian Paradigm: A Critique of the Adaptationist Programme," *Proceedings of the Royal Society B* 205, no. 1161 (21 September 1979): 581–98.
28. Steven Pinker, *How the Mind Works* (New York: W. W. Norton, 1997), 530; Brian Boyd, *On the Origin of Stories* (Cambridge, MA: Belknap Press, 2010); Brian Boyd, "The evolution of stories: from mimesis to language, from fact to fiction," *WIREs Cognitive Science 9* (2018): e1444.
29. Patrick Colm Hogan, *The Mind and Its Stories* (Cambridge: Cambridge University Press, 2003); Lisa Zunshine, Why We Read Fiction: Theory of Mind and the Novel (Columbus: Ohio State University Press,2006).
30. Jonathan Gottschall, *The Storytelling Animal* (Boston and New York: Mariner Books, Houghton Mifflin Harcourt, 2013), 63.
31. Keith Oatley, "Why fiction may be twice as true as fact," *Review of General Psychology 3* (1999): 101–17.
32. 有關朱維特的實驗成果的精彩記載，參見：Barbara E. Jones, "The mysteries of sleep and waking unveiled by Michel Jouvet," *Sleep Medicine* 49 (2018): 14–19; Isabelle Arnulf, Colette Buda, and Jean-Pierre Sastre, "Michel Jouvet: An explorer of dreams and a great storyteller," *Sleep Medicine* 49 (2018): 4–9.
33. Kenway Louie and Matthew A. Wilson, "Temporally Structured Replay of Awake Hippocampal Ensemble Activity During Rapid Eye Movement Sleep," *Neuron* 29 (2001): 145–56.
34. 我們經常和夢連結在一起的奇異敘事——違背物理定律、邏輯推展和內部連

novel forkhead-domain gene is mutated in a severe speech and language disorder," Nature 413 (2001): 519–23.

15. Johannes Krause, Carles Lalueza-Fox, Ludovic Orlando, et al., "The Derived FOXP2 Variant of Modern Humans Was Shared with Neandertals," *Current Biology* 17 (2007): 1908–12.
16. Fernando L. Mendez et al. "The Divergence of Neandertal and Modern Human Y Chromosomes," *American Journal of Human Genetics* 98, no. 4 (2016): 728–34.
17. Guy Deutscher, *The Unfolding of Language: An Evolutionary Tour of Mankind's Greatest Invention* (New York: Henry Holt and Company, 2005), 15.
18. Dean Falk, "Prelinguistic evolution in early hominins: Whence motherese?" *Behavioral and Brain Sciences* 27 (2004): 491–541; Dean Falk, *Finding Our Tongues: Mothers, Infants and the Origins of Language* (New York: Basic Books, 2009).
19. R. I. M. Dunbar, "Gossip in Evolutionary Perspective," *Review of General Psychology* 8, no. 2 (2004): 100–10; Robin Dunbar, *Grooming, Gossip, and the Evolution of Language* (Cambridge, MA: Harvard University Press, 1997).
20. N. Emler, "The Truth About Gossip," *Social Psychology Section Newsletter* 27 (1992): 23–37; R. I. M. Dunbar, N. D. C. Duncan, and A. Marriott, "Human Conversational Behavior," *Human Nature* 8, no. 3 (1997): 231–46.
21. Daniel Dor, *The Instruction of Imagination* (Oxford: Oxford University Press, 2015).
22. 有關升火和烹調的角色，參見Richard Wrangha, *Catching Fire: How Cooking Made Us Human* (New York: Basic Books; 2009)；就群體育幼方面，參見：Sarah Hrdy, *Mothers and Others: The Evolutionary Origins of Mutual Understanding* (Cambridge, MA: Belknap Press, 2009)；有關學習和合作方面，參見Kim Sterelny, *The Evolved Apprentice: How Evolution Made Humans Unique* (Cambridge, MA: MIT Press, 2012).
23. R. Berwick and N. Chomsky, *Why Only Us?* (Cambridge, MA: MIT Press, 2015), chapter 2.
24. David Damrosch, *The Buried Book: The Loss and Rediscovery of the Great Epic of Gilgamesh* (New York: Henry Holt and Company, 2007).

這些法則，來達成更高尚的目標。」Alfred Russel Wallace, "Sir Charles Lyell on geological climates and the origin of species," *Quarterly Review* 126 (1869): 359–94.

7. Joel S. Schwartz, "Darwin, Wallace, and the *Descent of Man,*" *Journal of the History of Biology* 17, no. 2 (1984): 271–89.
8. 達爾文致華萊士信函，Charles Darwin, letter to Alfred Russel Wallace, 27 March 1869. https://www.darwinproject.ac.uk/letter/?docId=letters/DCP-LETT-6684.xml;query=child;brand=default。
9. Dorothy L. Cheney and Robert M. Seyfarth, *How Monkeys See the World: Inside the Mind of Another Species* (Chicago: University of Chicago Press, 1992)。BBC網頁收錄了一段這類警示叫聲：https://www.bbc.co.uk/sounds/play/p016dgw1。
10. Bertrand Russell, *Human Knowledge* (New York: Routledge, 2009), 57–58.
11. R. Berwick and N. Chomsky, *Why Only Us?* (Cambridge, MA: MIT Press, 2015). 儘管有人質疑，該提議對相對快速生物變化的需求，是否產生對演化認識的張力。杭士基曾論稱，它完全吻合現代新達爾文主義所提觀點，涵蓋了諸如眼睛之形成等生物事件，也偏離了萬象演化都採緩慢漸進步調的傳統觀點。
12. S. Pinker and P. Bloom, "Natural language and natural selection," Behavioral and Brain Sciences 13, no. 4 (1990): 707–84; Steven Pinker, *The Language Instinct* (New York: W. Morrow and Co., 1994); Steven Pinker, "Language as an adaptation to the cognitive niche," in *Language Evolution: States of the Art*, ed. S. Kirby and M. Christiansen (New York: Oxford University Press, 2003), 16–37.
13. 例如，語言學家暨發展心理學家邁克爾・托馬塞洛（Michael Tomasello）便曾指出，「當然了，世界上所有語言都有共通之處……不過這些共性並不是來自任何普遍文法，而是產生自人類認知、社會互動和資訊處理的普遍層面——其中大多數都在現代語言等事項出現之前，早已存在於人類當中。」Michael Tomasello, "Universal Grammar Is Dead," *Behavioral and Brain Sciences* 32, no. 5 (October 2009): 470–71.
14. Simon E. Fisher, Faraneh Vargha-Khadem, Kate E. Watkins, Anthony P. Monaco, and Marcus E. Pembrey, "Localisation of a gene implicated in a severe speech and language disorder," *Nature Genetics* 18 (1998): 168–70. C. S. L. Lai, et al., "A

會朝向比較令人滿意的結果發展。其他還有幾項相仿的考量，則是與「測試案例」（test cases）連帶有關，而且經常在這些討論中提及，其中不可接受的行為肯定能緩解情勢（腦腫瘤、強迫症、思覺失調、惡毒外星人控制的神經植入等等），也似乎會讓肇事者逃脫罪嫌。根據上述見解以及本章討論內容看來，這些人士確實都得為他們的行為負責。他們的粒子做了不可接受的事情。而且他們就是他們的粒子。然而，基於任意給定情況的確切細部情況，由於情勢逐漸緩解，說不定懲罰也就沒機會產生任何效益。倘若你的不可接受的行為是肇因於腦瘤，就算懲罰你，很可能也完全不能發揮嚇阻作用，抑制未來在類似情況下再出現這相仿行為。倘若我們能移除那顆腫瘤，你也就不會再帶來任何威脅，所以懲罰並不會對社會發揮額外保障作用。簡而言之，懲罰必須能達到務實的目的。

第06章：語言和故事

1. Alice Calaprice, ed., *The New Quotable Einstein* (Princeton: Princeton University Press, 2005), 149.
2. Max Wertheimer, *Productive Thinking,* enlarged ed. (New York: Harper and Brothers, 1959), 228.
3. Ludwig Wittgenstein, *Tractatus Logico-Philosophicus* (New York: Harcourt, Brace & Company, 1922), 149.
4. Toni Morrison, Nobel Prize lecture, 7 December 1993. https://www.nobelprize.org/prizes/literature/1993/morrison/lecture/.
5. 達爾文便曾寫道，「原始人，或更確切說是人類的某位早期後裔子代，最早有可能是使用他的聲音來發出真正的音樂節奏，也就是在唱歌時發出」，接著還補充說道，「這種能力特別在性愛求偶時使用—— 想必傳達了種種不同情感，好比愛、妒忌、勝利—— 而且想必也發揮了挑戰敵手的作用。」Charles Darwin, *The Descent of Man* (New York: D. Appleton and Company, 1871), 56。
6. 見《評論季刊》1869年4月號，華萊士在文中提到了推動進化的力量——「變異、繁殖和生存的法則」—— 並論稱，如同本章內容所述，「因此我們必須承認這樣的可能性，在人類種族發展進程，曾有某種高等智慧引導同樣

45. 這裡的問題是，倘若「我」就是我的粒子組態，那麼當那種組態轉換了，包括佈局安排以及組成，這時我還是我嗎？這是哲學諸般高峻問題的一種版本——探究個人身分在時光中的改變——也因此激發了形形色色的觀點和反應。我偏愛諾齊克的門路，秉持這種方式，使用帶點技術性的說法，我們確認我的未來自我所採取的手法是，把各候選項目與該角色之空間距離函數取最小值，找出能「最緊密延續」我在這個片刻之前的存在樣式的人物。確立距離函數當然是個關鍵要項，諾齊克也指出，對於個人特質定義層面之重視項目互異的人，有可能做出不同選擇。就許多情況，有關誰能「最緊密延續」我的直覺想法是合宜的，不過我們也可以建構出人為卻也令人費解的例子。舉例來說，想像有一台傳輸器故障，在目的地形成兩個一模一樣的我的副本，哪群粒子是「真正」的我？就這種狀況，諾齊克主張，若是沒有獨一無二的最緊密延續者，我或許就不再存在。然而，由於我能安然接受這種非獨一無二的最小化函數距離，我的看法是，那兩個副本都是我。就本章使用的「我」的見解而論，個人身分的直覺見解是與諾齊克的見解一致相符的，這是由於，我在我一生當中會直覺冠上，好比，「布萊恩・葛林」稱號的種種不同的粒子集群，確實都是最緊密延續的個體。參見Robert Nozick, *Philosophical Explanations* (Cambridge, MA: Belknap Press, 1983), 29–70。

46. 這段討論引出的一項問題是，當你表現的行為，在國民同胞看來，或者經社會認定為不可接受，這時你該不該承擔行為帶來的後果。有關於自由意志、道德責任和懲罰角色之間的交集問題，哲學家長期以來始終爭論不休。這類問題很複雜又很棘手。簡而言之，我的看法是：根據本章內容所提理由，你的行動——不論好壞——就算並不是在自由意志下表現的，仍都是你的責任。你是你的粒子，假使你的粒子做錯事，你也就做錯了事情。那麼真正的問題就在於，結果應該是怎樣？行動後果也不是自由意志決斷的，把這項事實擺在一旁，問題就是你該不該承受懲罰。我覺得唯一能連貫一氣的答案，或者真正來講，我覺得能連貫一氣的唯一答案之開端就是，懲罰應該以它保障社會利益的能力為本，包括威嚇未來不可接受之行為事例。再講一遍，自由意志和學習是相容的；Roomba掃地機器人能學習，人類也能。今天的經驗與明天的行動是因果關聯的。所以，倘若懲罰能防範或勸阻你和／或其他人往後不再表現出不能接受的行為，那麼我們就能借助懲罰，來引導社物體完整物理狀態的一種簡略說法。傳統上來講，這種狀態是該物體基本組成要素的位置和速度所帶來的，就量子力學角度來看，那種狀態是描述該物體組成要素的波函數帶來的。現在，我這樣強調粒子，有可能讓你質疑場的角色。受過相關技術訓練的讀者或許知道，就量子場論，我們得知，場的影響是由粒子傳遞的（例如電磁場的影響是由光子傳遞的）；此外，量子場論還表明，一個宏觀的場，可採數學描述為粒子的一種特殊組態——所謂的粒子的同調態（*coherent state*，亦稱為相干態）。所以當我提到「粒子」時，同時也把場含括在內。學識淵博的讀者也會注意到，某些量子的特質，好比量子纏結，都可能讓物體的狀態在量子層級成為一種微妙勝過經典設置的概念。就底下要討論的內容範圍，我們大體都可忽略這種細微之處；基本上，我們所需要的一切，就是物理界的合法統一進程。

42. 更準確地說，岩石的粒子共謀推進讓石頭跌落長凳的可能性微乎其微，以我們感興趣的時間尺度來考量，岩石拯救我們性命的統計可能性，是可以忽略的。

43. 哲學文獻包含許多相容提案。這當中特別是以我所描述的途徑，最貼近丹尼特提出、發展的理念，參見：Daniel Dennett, *Freedom Evolves* (New York: Penguin Books, 2003)，以及*Elbow Room* (Cambridge, MA: MIT Press, 1984)，推薦讀者閱讀裡面較深入討論內容。自從幾十年前，對我影響力最大的老師之一，露易絲・沃斯格琴（Luise Vosgerchian）指點我動腦筋琢磨這些議題開始，我就一直尋思至今。沃斯格琴是哈佛大學音樂教授，她對於科學發現如何與審美感受連帶有關非常感興趣，她要我從現代物理學視角，來寫點有關人類自由與創造力的論述。

44. 人工智慧和機器學習，更有力地展現這個觀點。研究人員為Chess或Go等遊戲軟體開發出種種演算法，而這些規則體系都能自行分析先前行動步數，並根據成敗來自行更新。檢視操作這種演算法的電腦內部，我們只能見到在物理定律掌控下四處運轉的粒子。然而，演算法卻能改進。演算法會學習。演算法的動作變得具有創造力。事實上，箇中創意十分高強，動用最精妙的系統，只須幾個小時的這種內部更新，它們就能從初學者層級，進步到勝過世界級大師。參見：David Silver, Thomas Hubert, Julian Schrittwieser, et al., "A general reinforcement learning algorithm that masters chess, shogi, and Go through self-play," *Science* 362 (2018): 1140–44.

學與馬克士威的電磁理論融合在一起。

36. 另一種表述方法是，根據量子力學，電子在被測量之前，並不具備依循傳統定義所理解的位置。

37. 如同第三章【注5】所指出的觀點，量子力學有個版本認為粒子確實保有清楚分明的軌跡，因此能提供量子測量問題的潛在解法。時至今日，這種途徑（號稱玻姆力學或者德布羅意—玻姆力學）正由全世界一小群研究人員著手探究。儘管這是一匹黑馬候選理論，我也不會注銷玻姆力學的競爭資格，未來它仍有機會發展成優勢觀點。有關量子測量問題的另一門途徑是多世界詮釋（Many Worlds interpretation），依循此說，量子力學演化所容許的所有潛在結果，全都會在測量時實現。還有第三項提案則是吉拉迪—里米尼—韋伯理論（Ghirardi–Rimini–Weber theory, GRW theory），該理論導入了一種新的基本物理歷程，而且在罕見情況下，該歷程會促使個別粒子的機率波隨機塌縮。就小群粒子而言，這個歷程的發生頻率太低，對於成功量子實驗得出的結果不會造成衝擊。然而若是粒子集群很大，這個歷程就會發生得遠遠更為頻繁，促成一種類似骨牌效應的系列反應，從而明確選定一種結果，在宏觀世界實現。其他相關細節請參閱《宇宙的構造》第七章。

38. Fritz London and Edmond Bauer, *La théorie de l'observation en mécanique quantique,* No. 775 of *Actualités scientifiques et industrielles; Exposés de physique générale, publiés sous la direction de Paul Langevin* (Paris: Hermann, 1939)，英譯見John Archibald Wheeler and Wojciech Zurek, *Quantum Theory and Measurement* (Princeton: Princeton University Press, 1983), 220。

39. Eugene Wigner, *Symmetries and Reflections* (Cambridge, MA: MIT Press, 1970).

40. 依亞里士多德所述，一項行動若是始自某給定原動力，並源出該原動力本身意願，則該行動便可稱為「自願的」—— 這項觀點後來又經過大幅修正，如今業已帶來深遠的影響。參見Aristotle, *Nicomachean Ethics,* trans. C. D. C. Reeve (Indianapolis, IN: Hackett Publishing, 2014), 35–41。亞里士多德並沒有把外力決定並促成非自願行動的物理定律納入，不過有些人（包括我在內）確實把這種基本的（儘管是非關個人的）影響納入考量，並發現他的「自願」理念，和他們有關於自由意志的直覺並不一致。

41. 誠如本章【注17】所示，當我指稱構成宏觀物體的粒子時，那只是描述該

28. Scott Aaronson, "Why I Am Not an Integrated Information Theorist (or, The Unconscious Expander)," *Shtetl-Optimized.* https://www.scottaaronson.com/blog/?p=1799.

29. Michael Graziano, *Consciousness and the Social Brain* (New York: Oxford University Press, 2013); Taylor Webb and Michael Graziano, "The attention schema theory: A mechanistic account of subjective awareness," *Frontiers in Psychology* 6 (2015): 500.

30. 人類色彩知覺的複雜程度，超過我那段簡短敘述所示。我們的眼睛有種種不同接受器，各對高低不等的光頻率具有敏銳反應。有些對最高可見光頻率反應敏銳，有些則是對最低頻率，另有些則是對介於兩端之間的頻率反應敏銳。我們的腦所感知的色彩，出自種種不同接受器所表現的混雜反應。

31. 就如同前一則尾注所述，這是一段簡化的敘述，因為「紅」是腦對它的視覺感受器接收種種不同頻率並產生混雜綜合反應所做的詮釋。不過，簡化描述也能傳達根本要點：我們的顏色感受是種有用的簡略代表圖像，它展現的是經由電磁波傳輸到我們雙眼之物理資料。

32. David Premack and Guy Woodruff, "Does the chimpanzee have a theory of mind?" *Cognition and Consciousness in Nonhuman Species,* special issue of *Behavioral and Brain Sciences* 1, no. 4 (1978): 515–26.

33. Daniel Dennett, *The Intentional Stance* (Cambridge, MA: MIT Press, 1989).

34. 好比丹尼特的多重草稿模型（multiple drafts model），參見Daniel Dennett, *Consciousness Explained* (Boston: Little, Brown & Co., 1991)，還有伯納德．巴爾（Bernard J. Baars）的全局工作空間理論（global workspace theory），參見：Bernard J. Baars, *In the Theater of Consciousness* (New York: Oxford University Press, 1997)，此外就是史都華．哈默洛夫（Stuart Hameroff）和羅傑．潘洛斯（Roger Penrose）的「諧（客觀）化歸理論」（orchestrated reduction theory），參見Stuart Hameroff and Roger Penrose, "Consciousness in the universe: A review of the 'Orch OR' theory." *Physics of Life Reviews* 11 (2014): 39–78。

35. 儘管整門量子力學完全可以追溯至薛丁格的方程式，自從理論導入那幾十年間，許多物理家都更進一步發展出了種種數學表述。我提到的成功預測，產生自一個量子力學領域的計算結果，那領域稱為量子電動力學，它把量子力很有用，那就是以略微不同的方式來架構問題，並以科學能解答的開放式問題——起碼就原則上，使用它的最新確立的典範（有關我們所知的現實，是在哪個範圍內落實之定義範式）是可以求解的——來與這種典範有可能經證實並不合宜的開放式問題做個對比。採這種架構方式，倘若為解答某道問題，我們就必須從根本上轉移現有的描述世界的方式（就以電和磁學為例，科學家必須導入根本上嶄新的性質——填補空間的電場、磁場以及電荷），則那就是道困難問題。就此查爾莫斯論稱，僅只使用我們對現實的根本物理描述之核心的有形成分，是沒辦法解決困難問題的，我導入的架構方式儘管不同，卻仍能捕捉那個問題的一個關鍵部分。此外也請注意，根據查爾莫斯所見，生機論逐漸消失的原因乃在於，它所彰顯的問題，是有關一種客觀機能的問題：實體成分如何攜帶生命的客觀機能？隨著科學越益能認識肉體成分（生化分子等）的機能能力，謎樣的生機論所著眼解決的範圍也逐漸縮減。根據查爾莫斯所見，這種進展並不會由於困難問題而重行出現。物理 主義派人士並不認同這項直覺，因此他們料想對腦功能的認識加深了，也就會對主觀經驗帶來一些真知灼見。其他細節部分可參見：David Chalmers, "Facing Up to the Problem of Consciousness," *Journal of Consciousness Studies* 2, no. 3 (1995): 200–19，以及 David Chalmers, *The Conscious Mind: In Search of a Fundamental Theory* (Oxford: Oxford University Press, 1997), 125.

26. 臨床文獻中有無數相關案例，分別論述切除特定腦區，會導致喪失標的腦功能。其中一個病例尤其切中要旨。我太太崔希曾接受腦手術切除惡性腫瘤，術後她暫時喪失以常用名詞指稱種種不同事物的能力。依她所述，那次手術彷彿是把她的一個資料庫給切除了，而那裡面，就貯存了她有關種種事物名稱的知識。她依然能設想那名詞所代表的心理圖像，好比一雙紅鞋，然而她卻說不出她心中那幅圖像的名稱。

27. Giulio Tononi, *Phi: A Voyage from the Brain to the Soul* (New York: Pantheon, 2012); Christof Koch, *Consciousness: Confessions of a Romantic Reductionist* (Cambridge, MA: MIT Press, 2012); Masafumi Oizumi, Larissa Albantakis, and Giulio Tononi, "From the Phenomenology to the Mechanisms of Consciousness: Integrated Information Theory 3.0," *PLoS Computational Biology* 10, no. 5 (May 2014).

是什麼，那就沒有關係了。

18. Thomas Nagel, "What Is It Like to Be a Bat?" *Philosophical Review* 83, no. 4 (1974): 435–50.

19. 當我談到秉持基本粒子角度來認識颱風或者火山——或者任何宏觀物體——這時我是從「根據原則」的視角來討論。長久以來，混沌理論不斷強調，一群粒子在初始狀況的微小差異，會在粒子的未來組態產生出龐大的差異。這種理念連細小集群也同樣成立。就實際而言，這項事實會大幅衝擊我們所能提出的預測類型，不過這並不構成任何奧祕。混沌理論提供一組很深刻又重要的真知灼見，不過理論發展並不能把我們就底層物理定律所察覺的落差填補起來。然而談到意識時，本章所提出的問題——沒有心智的粒子，怎麼會產生出有心智的感受？——便對某些研究人員提出了一種識見，認為其實還有遠更根本的落差存在。他們論稱，心智感知是不能從大群粒子浮現的，不論這些粒子有可能遵循哪種調和的運動都不行。

20. Frank Jackson, "Epiphenomenal Qualia," *Philosophical Quarterly* 32 (1982): 127–36.

21. Daniel Dennett, *Consciousness Explained* (Boston: Little, Brown and Co., 1991), 399–401.

22. David Lewis, "What Experience Teaches," *Proceedings of the Russellian Society* 13 (1988): 29–57. 收入路易斯的彙編：David Lewis, *Papers in Metaphysics and Epistemology* (Cambridge: Cambridge University Press, 1999): 262–90，文章論述秉持較早期內米羅的洞見繼續發展：Laurence Nemirow, "Review of Nagel's Mortal Questions," *Philosophical Review* 89 (1980): 473–77.

23. Laurence Nemirow, "Physicalism and the cognitive role of acquaintance," in *Mind and Cognition,* ed. W. Lycan (Oxford: Blackwell, 1990), 490–99.

24. Frank Jackson, "Postscript on Qualia," in *Mind, Method, and Conditionals, Selected Essays* (London: Routledge, 1998), 76–79.

25. 查爾莫斯在他的1995年論文中討論了生機論以及電磁學，作為思考困難問題的有用參照。根據查爾莫斯的定義，困難問題的關鍵區辨特徵是，它所解答的課題，必然是屬於主觀的經驗性質，因此他論稱，這問題沒辦法藉由獲得有關腦客觀功能方面比較精細的認識來解決。在本節中，我發現有種方式會

11. Peter Halligan and John Marshall, "Blindsight and insight in visuo-spatial neglect," *Nature* 336, no. 6201 (December 22–29, 1988): 766–67.

12. 罪魁禍首是詹姆斯・維卡里（James Vicary），他在1957年宣稱，潛意識鏡頭閃現能慫恿觀眾吃爆玉米花，喝可口可樂，從而大幅提高了兩種品項的銷售量。後來維卡里坦承，他這些說法都毫無根據。

13. 研究人員已驗證確立，形形色色的不同潛意識刺激都有辦法影響意識活動。這個段落我提到一個實例，描述潛意識如何影響簡單的數值判定作業。不過，這相仿的潛意識影響，也經證實及於文字辨識—— 參見，好比：Anthony J. Marcel, "Conscious and Unconscious Perception: Experiments on Visual Masking and Word Recognition," *Cognitive Psychology* 15 (1983): 197–237——還有範圍廣泛的影像和物品之知覺和評價。

14. L. Naccache and S. Dehaene, "The Priming Method: Imaging Unconscious Repetition Priming Reveals an Abstract Representation of Number in the Parietal Lobes," *Cerebral Cortex* 11, no. 10 (2001): 966–74; L. Naccache and S. Dehaene, "Unconscious Semantic Priming Extends to Novel Unseen Stimuli," *Cognition* 80, no. 3 (2001): 215–29。請注意，就這些實驗，初始刺激是經由一種遮蔽（*masking*）程序轉為潛意識，進行時在刺激前後閃現幾何圖形。相關評論請參見：Stanislas Dehaene and Jean-Pierre Changeux, "Experimental and Theoretical Approaches to Conscious Processing," *Neuron* 70, no. 2 (2011): 200–27, and Stanislas Dehaene, *Consciousness and the Brain* (New York: Penguin Books, 2014)。

15. 引自牛頓致奧爾登堡信函內容：Isaac Newton, letter to Henry Oldenburg, 6 February 1671. http://www.newtonproject.ox.ac.uk/view/texts/normalized/NATP00003。

16. 哲學家、心理學家神祕主義者和其他眾多領域的思想家，分別奉守意識的各種不同定義。其中有些很可能比我們這裡採行的途徑更具效用，另有些則比較無用，實際就取決於各自的背景脈絡。這裡我們的焦點擺在「困難問題」，而就這項目的，本章提出的描述，已可以滿足我們的需求。

17. 我在這裡提到質子、中子和電子，只是種概略的描述，試行以自然最精緻的成分，來闡釋我的腦子的狀態，至於到最後發現那些成分（粒子、場、弦等）

能量（重力場的根源）。這則表達式（以及接下來的各式）裡的希臘文指數從0到3，代表四個時空座標。

馬克士威的電磁學方程組為$\partial^{\alpha} F_{\alpha\beta} = \mu_0 J_\beta$和$\partial_{[\alpha} F_{\rho\sigma]} = 0$，式中左側描述電場和磁場，第一式右側描述誘發這些場的電荷。強核力和弱核力的方程式是馬克士威方程組的類推結果。這裡的必要新特徵是，就馬克士威的理論，我們可以用A_α來寫出「場強度」的算式為$F_{\alpha\beta} = \partial_\alpha A_\beta - \partial_\beta A_\alpha$。$A_\alpha$就是「向量勢」（vector potential），至於核力則有一群場強度$F^a_{\alpha\beta}$以及一批向量勢A^a_α，雙方具有如下關係：$F^a_{\alpha\beta} = \partial_\alpha A^a_\beta - \partial_\beta A^a_\alpha + gf^{abc} A^b_\alpha A^c_\beta$。拉丁指數各自代表李代數（Lie algebras）的各個生成元，包括弱核力su(2)，以及強核力su(3)，至於f^{abc}則為這些代數的結構常數。

薛丁格的量子力學方程式寫成$i\hbar\frac{\partial\psi}{\partial\tau} = H\psi$，其中H是漢彌爾頓函數（Hamiltonian），且Ψ為波函數，他的（真正規化的）範數平方能提供量子力學機率。量子力學和電磁、弱核力與強核力的融合，再把已知物質粒子以及希格斯粒子都含括在內，這就構成了粒子物理學的標準模型。標準模型通常都以一種等價的不同形式來表述，這是由物理學家理查・費曼（Richard Feynman）開創的方法，稱為路徑積分（path integral）。量子力學和廣義相對論的融合，是個不斷進行的高等研究課題。

5. Augustine, *Confessions,* trans. F. J. Sheed (Indianapolis, IN: Hackett Publishing, 2006), 197.
6. Thomas Aquinas, *Questiones Disputatae de Veritate,* questions 10–20, trans. James V. McGlynn, S.J. (Chicago: Henry Regnery Company, 1953). https://dhspriory.org/thomas/QDdeVer10.htm#8.
7. William Shakespeare, *Measure for Measure,* ed. J. M. Nosworthy (London: Penguin Books, 1995), 84.
8. Gottfried Leibniz, letter to Christian Goldbach, 17 April 1712.
9. Otto Loewi, "An Autobiographical Sketch," *Perspectives in Biology and Medicine* 4, no. 1 (Autumn 1960): 3–25. 奧托・勒維（Otto Loewi）錯誤指出，作那個夢的日期是1920年復活節日，實際上那是在1921年。
10. 相關歷史淵源，請參見Henri Ellenberger, *The Discovery of the Unconscious* (New York: Basic Books, 1970)。

England, "Statistical Physics of Adaptation," *Physical Review X* 6 (June 2016): 021036-1; Tal Kachman, Jeremy A. Owen, and Jeremy L. England, "Self-Organized Resonance During Search of a Diverse Chemical Space," *Physical Review Letters* 119, no. 3 (2017): 038001–1. 亦見G. E. Crooks, "Entropy production fluctuation theorem and the nonequilibrium work relation for free energy differences," *Physical Review E* 60 (1999): 2721; 以及C. Jarzynski, "Nonequilibrium equality for free energy differences," *Physical Review Letters* 78 (1997): 2690.

42. 英格蘭還指出，由於生命實體的物理結構，不只是暫時保持有序狀態，還能長時期維持其秩序——甚至在它死後還延續一段時期——生命所生成的廢棄能量，或許有很大部分就是建造這種安定結構的一種副產品。因此，對於生命來講，除了延續保持恆定狀態外，或許熵的兩步法則的主要貢獻，還與結構的形成連帶有關。此外仍請注意，生命系統確實需要攝取高品質能量，不過另一項要件則是，那種能量的形式，不得破壞系統的內部組織。舉個力學的例子來說明，酒杯可以在正確頻率音調的驅使下開始振動，不過倘若傳送太多能量，玻璃杯就有可能振碎。為避免類似這種後果，可以在組態中把一些自由度匯入耗散系統，從而避免與環境衝擊能量產生共振。生命關乎如何在這些極端狀況之間妥善保持平衡。

第05章：粒子和意識

1. Albert Camus, *The Myth of Sisyphus,* trans. Justin O'Brien (London: Hamish Hamilton, 1955), 18.
2. Ambrose Bierce, *The Devil's Dictionary* (Mount Vernon, NY: The Peter Pauper Press, 1958), 14.
3. Will Durant, *The Life of Greece,* vol. 2 of *The Story of Civilization* (New York: Simon & Schuster, 2011), 8181–82, Kindle.
4. 闡述物理定律時，我經常會提到數學方程式，這裡有必要針對這些方程式簡短寫出當中我們最高明的版本。就算你不能看懂那些符號，或許看看那些數學式的一般「外觀」，也會很有趣。

　　愛因斯坦廣義相對論的場方程式為：$R_{\mu\nu} - \frac{1}{2} g_{\mu\nu} R + \Lambda g_{\mu\nu} = \frac{8\pi G}{c^4} T_{\mu\nu}$式中左側描述時空曲率，還有宇宙學常數Λ，右側則描述造成曲率的根源，質量和

這只是把問題轉移到了種子的起源上頭。

34. David Deamer, *Assembling Life: How Can Life Begin on Earth and Other Habitable Planets?* (Oxford: Oxford University Press, 2018).
35. A. G. Cairns-Smith, *Seven Clues to the Origin of Life* (Cambridge: Cambridge University Press, 1990).
36. W. Martin and M. J. Russell, "On the origin of biochemistry at an alkaline hydrothermal vent," *Philosophical Transactions of the Royal Society B* 367 (2007): 1187.
37. Erwin Schrödinger, *What Is Life?* (Cambridge: Cambridge University Press, 2012), 67.
38. 入射光子攜帶的能量比較集中（它們的波長較短，位於頻譜可見光段落，而且數量比較稀少）也因此品質較好；外射光子攜帶的能量比較薄弱（它們的波長較長，位於頻譜的紅外線波段，而且數量較多）也因此品質較差。所以太陽動力的用途，不只是出自太陽為我們供應大量能量，還肇因於太陽能的品質很高，攜帶的熵遠低於地球釋出射回太空的熱所含熵。誠如本章所指出的要點，地球從太陽每接收一顆光子，都會釋出好幾十顆射回太空。估計這個數字時，首先請注意，太陽射出的光子，都是發自溫度約為6000凱氏度的環境（太陽的表面溫度），而地球釋出的光子，則是發自溫度約為285凱氏度的環境（地球的表面溫度）。光子的能量和這種溫度成正比（把光子設想成粒子的理想氣體），也因此地球從太陽吸收，接著又重新釋出的光子數比率，可由兩個溫度之比率求得，結果便為6000K/285 K，約等於21顆光子，或就是約兩打。
39. Erwin Schrödinger, *What Is Life?* (Cambridge: Cambridge University Press, 2012), 1.
40. Albert Einstein, *Autobiographical Notes* (La Salle, IL: Open Court Publishing, 1979), 3。就我們這裡所援引的眾多基本概念，熱力學原理有一種漂亮的現代處理手法，依循生命系統背景脈絡，提供深具啟示性的實例來予闡明，相關說明請參見：Philip Nelson, *Biological Physics: Energy, Information, Life* (New York: W. H. Freeman and Co., 2014)。
41. J. L. England, "Statistical physics of self-replication," *Journal of Chemical Physics* 139 (2013): 121923. Nikolay Perunov, Robert A. Marsland, and Jeremy L.

讀者當會注意到，這個歷程得以普及，有個必要條件：能量是經由發酵作用來提取（不使用氧氣的能量提取歷程）。

29. Charles Darwin, *The Origin of Species* (New York: Pocket Books, 2008).

30. 打個比方，我想像有一家企業採嘗試錯誤隨機方式來逐步修正他們的產品。不過，嘗試錯誤還另有些手法能予以整合，並產生更有效的方式。舉例來說，開發種種不同演算規則體系時，電腦科學家會從一種演算法入手，隨機修飾改變，並把會降低演算速率的改動棄置不用，接著針對剩下的方式（改動後能提高速率的演算法）做進一步更動。反覆執行這個程序，我們就得到一種自然選擇激發的手法，並能抽樣遴選種種不同可能性，從而促成更快速的計算程序。當然了，在電腦上研究改動的演算法，成本遠低於隨機修飾改動產品並在市場上試銷售。因此就種種不同事項，盲目嘗試錯誤，都是個有用的策略。不過條件是，重複進行一輪又一輪的隨機修飾改變，所需投入的時間和資源成本都得很低（或者修飾改變測試必須可以大規模同步進行）。

31. Eric T. Parker, Henderson J. Cleaves, Jason P. Dworkin, et al., "Primordial synthesis of amines and amino acids in a 1958 Miller H2S-rich spark discharge experiment," *Proceedings of the National Academy of Sciences* 108, no. 14 (April 2011): 5526.

32. 細胞壁能以常見化學物質自然形成，好比脂肪酸就是一例，這種成分的一端會去找水，另一端則會避開水。與水的這種關係，可以勸誘這類分子形成雙倍障壁，其中分子的親水端位於外側，並由規避水的那端把兩壁夾在一起——構成細胞壁。有關依循RNA世界情節背景脈絡的討論內容，請參見：G. F. Joyce and J. W. Szostak, "Protocells and RNA Self-Replication," *Cold Spring Harbor Perspectives in Biology* 10, no. 9 (2018)。

33. 不同領域的各方研究人員都曾提出主張，認為天空落石說不定有些本身就搭載了特別強韌的生命種子，這些人包括了化學家斯萬特・阿瑞尼斯（Svante Arrhenius），天文學家佛萊德・霍伊爾（Fred Hoyle）、天體生物學家錢德拉・魏克拉馬辛格（Chandra Wickramasinghe）和物理學家保羅・戴維斯（Paul Davies）等，而他們所說的生命種子，也就是能複製並催化反應的現成的分子。像這般有趣的理念，提高了一種可能性，說不定太空岩石攜帶生命降落在宇宙各處許許多多行星上頭，這項提案並沒有推展我們對於生命起源的認識，因為修飾改變，也全都具有與本章內容所述的相同基本編碼結構。

26. 採三字母編碼和四個不同的字母，總共得到六十四種可能的組合。不過由於這些序列都只編寫成區區二十種胺基酸代碼，因此說不定有好幾種不同的序列，編寫出了相同的胺基酸，實際上也真有這種情況。從歷史來看，最早幾篇披露這種遺傳編碼的論文為：F. H. C. Crick, Leslie Barnett, S. Brenner, and R. J. Watts-Tobin, "General nature of the genetic code for proteins," *Nature* 192 (1961): 1227–32; J. Heinrich Matthaei, Oliver W. Jones, Robert G. Martin, and Marshall W. Nirenberg, "Characteristics and Composition of Coding Units," *Proceedings of the National Academy of Sciences* 48, no. 4 (1962): 666–77。到了1960年代中期，藉著好幾位研究人員的努力，其中最著名的是馬歇爾．尼倫伯格（Marshall Nirenberg）、羅伯特．霍利（Robert Holley）和哈爾．科拉納（Har Gobind Khorana），代碼終於完備，而這三位領導投入的人士，也共同獲頒1968年諾貝爾獎，來表彰這項成就。

27. 基因的確切定義仍有爭議。除了蛋白質的編碼資訊之外，基因還包含輔助序列（而且不必然都與編碼區鄰接），而且它們會影響細胞使用編碼資料的實際方式（舉例來說，除了其他一些調節功能之外，它們還能強化或者抑制某給定蛋白質的生產比率）。

28. 關鍵要點由英國生化學家彼得．米切爾（Peter Mitchell）提出，他認為ATP合成乃是由質子基電流推動，這項成就為他贏得1978年諾貝爾獎（P. Mitchell, "Coupling of phosphorylation to electron and hydrogen transfer by a chemiosmotic type of mechanism," *Nature* 191 [1961]: 144–48.）。儘管米切爾的提案還有諸般細節後續必須做些修正，諾貝爾獎依然頒授給他，來表彰他有關「生物能量傳輸」的真知灼見。米切爾是位不可多得的科學家。他受夠了學術界高蹈虛妄、不切實際的種種特質（我感同身受），於是建立了一家獨立慈善公司，叫做格林研究機構（Glynn Research），由他和幾位同事，加上多達十位員工共同執行生化研究。他的精彩生活都收錄在普雷布爾和韋伯合寫的一本書中：John Prebble and Bruce Weber, *Wandering in the Gardens of the Mind: Peter Mitchell and the Making of Glynn* (Oxford: Oxford University Press, 2003)。有關細胞內能量提取和傳輸的現代知識細節，可參考Bruce Alberts et al., *Molecular Biology of the Cell,* 5th ed. (New York: Garland Science, 2007)一書的第十四章。知識淵博的任兩電子（或者更廣泛而言，任兩顆同類別的物質粒子）不能處於相同的量子態。因此，依循薛丁格的方程式斷定，個別量子軌道最多各能容納一顆電子（或者，若是把自旋自由度也納入，那就是兩顆電子）。這許多軌道都有相等能量，依循我們的類比，這也就相當於座落在量子劇院同一樓層的不同席位。不過一旦這些席位被占用了——各個量子軌道都分別被占用之後——那個樓層就不再能容納其他任何電子。

19. 假使你還記得國中化學，那麼你就會明白，我已稍做了些簡化。若是描述得更精確一些，那麼我就會指出（基於量子力學）原子把它們的席位層級，組織成種種不同的次層級，各自具有不同的角動量值。有些時候，具有較小角動量的較高席位層級，擁有的能量低於具有較大角動量的較低席位層級。果真如此，電子就會先填滿較高席位層級的次層級，隨後才完成較低席位層級。

20. 更精確而言，當原子的外側次殼層（它的原子價殼層）填滿了，它也就趨向穩定。各位或許還記得高中時學過的「八電子規則」，意指原子通常會需要八顆電子來填入原子價殼層，因此它們會捐出、接受電子，或者與其他原子共享電子，來達到那個數字。

21. Albert Szent-Györgyi, "Biology and Pathology of Water," *Perspectives in Biology and Medicine* 14, no. 2 (1971): 239.

22. 本章的專注焦點是動植物，而它們全都是由真核細胞（含有細胞核的細胞）構組而成。因此研究人員說，這些世系上溯匯聚於「最近真核共同祖先」（last eukaryotic common ancestor, LECA）。更廣泛而論，倘若我們也設想細菌和古細菌，則這些世系還要進一步回溯並匯聚於「最近普適共同祖先」（last universal common ancestor, LUCA）。

23. A. Auton, L. Brooks, R. Durbin, et al., "A global reference for human genetic variation," *Nature* 526, no. 7571 (October 2015): 68.

24. 科學家發展出了種種不同的量度法來比較物種間DNA重疊。一種做法是比較鹼基對，找出不同物種共有的基因（這就是人類與黑猩猩只有1%遺傳差異引述內容的原始出處），另一種則比較整個基因組（這樣得出的人類——黑猩猩遺傳差異就稍微大一些）。

25. 更精確而言，研究人員描述下段篇幅所解釋的編碼為「幾乎」舉世通用，反映出在某些個案變異特殊情況下所發現的事實。不論如何，就算是這類些微

(February 2014): 3。克拉格便曾指稱，儘管霍伊爾偏好他自己的宇宙論（穩態模型，據此宇宙永遠存在），他使用「大霹靂」一詞或許並沒有嘲笑的意思。事實上，霍伊爾使用「大霹靂」，說不定只是想要以一種精彩的手法，來把他自己的理論和這項競爭理論區分開來。

13. S. E. Woosley, A. Heger, and T. A. Weaver, "The evolution and explosion of massive stars," *Reviews of Modern Physics* 74 (2002): 1015.
14. 有一項研究分析了幾十萬種可能的軌跡，並歸結認定，幾乎所有軌跡都要求太陽必須被逐出並以極高速遠離，導致它失去它的原行星盤，或者倘若行星已經形成，它們就會遭驅散，參見Bárbara Pichardo, Edmundo Moreno, Christine Allen, et al., "The Sun was not born in M67," *The Astronomical Journal* 143, no. 3 [2012]: 73)。另有一項研究就梅西耶67本身的形成位置提出了不同假設，並歸結認定，較低射出速率，或許可以讓太陽妥當啟程上路，而且以這個較低速率，行星或原行星盤也都能保存下來。參見Timmi G. Jørgensen and Ross P. Church, "Stellar escapers from M67 can reach solar-like Galactic orbits," arxiv.org, arXiv:1905.09586。
15. A. J. Cavosie, J. W. Valley, S. A. Wilde, "The Oldest Terrestrial Mineral Record: Thirty Years of Research on Hadean Zircon from Jack Hills, Western Australia," in *Earth's Oldest Rocks*, ed. M. J. Van Kranendonk (New York: Elsevier, 2018), 255–78。最新資料和最早那項研究（見底下文獻）所述內容相符。參見：John W. Valley, William H. Peck, Elizabeth M. King, and Simon A. Wilde, "A Cool Early Earth," *Geology* 30 (2002): 351–54；以及2019年7月30日與約翰．凡利（John Valley）的私下交流內容。
16. Werner Heisenberg, *Physics and Philosophy: The Revolution in Modern Science* (London: Penguin Books, 1958), 16.
17. Max Born, *"Zur Quantenmechanik der Stoßvorgänge," Zeitschrift für Physik* 37, no. 12 (1926): 863。玻恩在這篇論文的初始版本把量子波函數和機率直接連結在一起，不過在一則隨後添加的腳注裡，他修正了這層關係，並將波函數的範數平方（norm squared）納入考量。
18. 包立的不相容原理（稍後到第九章我們就會討論）也是不可或缺的要件，據此才得以判定，繞核電子依循哪種可容許之量子軌道運行。不相容原理確立，

The Big Picture [New York: Dutton, 2016])。還有，第一章【注4】也已指出，E. O. 威爾遜使用「契合」一詞，來陳述範圍遼闊之殊異學識如何聚攏融合，從而得以加深原本無從企及的認識。

我不是愛使用行話的人，不過倘若我要為我的觀點起個名字，冠上個引導我們貫串本書所討論篇幅的稱號，那麼我會稱之為「嵌套自然主義」（nested naturalism）。嵌套自然主義致力於化約主義的價值以及其普適應用，這點在本章以及到後續幾章就會闡釋清楚。世界運作存有一種基本的統一性，我們視之為固有屬性，並假定，這種統一性，可以在依循化約論規劃探究達到某個深度之時覓得。世界上發生的一切事情，都可以依循自然基本定律，針對自然的基本成分做個描述。不過，嵌套自然主義還強調，這種描述的解釋能力有限。化約論記述的外圍還包繞著其他眾多層次的認識，就很像是嵌套外層部分包繞它的最內部結構。而且其他這些解釋故事，還能帶來遠比化約論所提供的洞見更為深刻精妙的記述，不過實際就取決於探究的是哪些問題而定。所有這些記述都必須彼此相符，不過有用的新概念，也能從不容許較低層級相關事項的較高層級出現。試舉水波概念為例，當研究許多水分子時，它是合情合理又有用處的。當研究單一水分子時，它就不是了。相同道理，探究豐富多樣化的人類經驗故事之時，嵌套自然主義就能自由援引種種記述，不論它們出自哪個結構層級，只要最能闡明道理就行，在此同時，並確保記述都能一以貫之，構成調和的描述。

9. 從頭到尾，每提到「生命」時，全都隱含「生活在地球上，就我們所知的生命」的意思，因此我並不提出這項條件限制。
10. 要形成大原子量的原子，有個重大的障礙，那就是不存在具有五顆或八顆核子的安定原子核。由於原子核是藉由循序增添質子和中子來建構成形（氫和氦核），當第五和第八步驟不安定時，就會產生一個瓶頸，並妨礙大霹靂的核合成作用。
11. 我給定的比率提供質量的相對豐度。由於每顆氦核的質量，都約四倍於每顆氫核，清點氫原子個數與氦原子個數的相對量，便得出了不同比率，約為92%的氫和8%的氦。
12. 相關完整歷史可參見赫爾格・克拉格的〈大霹靂的命名淵源〉Helge Kragh, "Naming the Big Bang," *Historical Studies in the Natural Sciences* 44, no. 1

子和樹木四平八穩地位於這個範圍以內，不過數字5或者費馬最後定理呢？歡欣情緒或者紅色感受呢？還有，關於不可奪取的自由和人類尊嚴之理念呢？

過去多年以來，諸如此類的問題，激發出了自然主義課題的眾多變化形式。一個極端的立場認為，有關於世界的唯一正統知識，出自科學的概念和分析——這種立場有時也號稱「科學主義」（scientism）。就這方面，支持這項觀點的人同樣必須明確定義這些詞彙：是什麼元件構成科學？顯然，倘若科學就是指稱，以觀察、經驗和理性思維為本所得出的結論，則科學的疆界就會大幅擴充，遠超過我們通常可以在大學科學系所找到的代表學門。各位可以想像，這就會促成大幅逾越科學所及範圍的主張。

另有些較不極端的立場，則是藉由種種不同的組織原理，來體現自然主義承諾。哲學家巴里．斯特勞德（Barry Stroud）提倡主張他所稱的「擴張的或開明的自然主義」（expansive or open-minded naturalism），依此理念，解釋的疆界並不是從一開始就確立下來。就實際而言，擴張的自然主義保留建構學識層理的自由，從這些學識才能導出用來解釋觀測、經驗和分析的萬象萬物，包括從自然的物質成分到心理特質，乃至於抽象數學陳述（Barry Stroud, "The Charm of Naturalism," *Proceedings and Addresses of the American Philosophical Association* 70, no. 2 [November 1996], 43–55）。哲學家約翰．杜普雷（John Dupré）提倡主張「多元自然主義」（pluralistic naturalism），據此論稱追求科學統一的夢想是個危險的迷思，其實我們的解釋必須萌生自涵蓋、超越傳統科學並涉入其他領域，包括歷史、哲學和藝術學科的「多樣化且重疊的求知項目」（diverse and overlapping projects of inquiry）（John Dupré, "The Miracle of Monism," in *Naturalism in Question,* ed. Mario de Caro and David Macarthur [Cambridge, MA: Harvard University Press, 2004], 36–58)。霍金和倫納德．姆沃迪瑙（Leonard Mlodinow）導入了「模型相關的現實主義」（model dependent realism），循此以相左故事集群來描述現實，而每則故事都是以不同模型或者理論框架為本來解釋觀測結果，不論那是在粒子微觀世界或者日常事件宏觀世界中執行（Stephen Hawking and Leonard Mlodinow, *The Grand Design* [New York: Bantam Books, 2010])。物理學家蕭恩．卡羅爾（Sean Carroll）援引「詩性自然主義」（poetic naturalism）一詞，來指稱擴充科學自然主義來把為迎合不同興趣領域而打造之語言和概念予以納入的解釋（Sean Carroll,

August 1953。

2. J. D. Watson and F. H. C. Crick, "Molecular Structure of Nucleic Acids: A Structure for Deoxyribose Nucleic Acid," *Nature* 171 (1953): 737–38。這項發現的核心人物是化學家暨晶體學家羅莎琳・富蘭克林（Rosalind Franklin），她的「照片51號」由威爾金斯提供給華生和克里克，卻沒讓她知道。正是這幀照片幫助華生和克里克完成DNA的雙螺旋模型。富蘭克林死於1958年，破解DNA結構的諾貝爾獎在四年後頒發，然而諾貝爾獎並不能在死後頒發。假使富蘭克林依然活著，不知道諾貝爾委員會會如何因應處置。相關資料可參見：Brenda Maddox, *Rosalind Franklin: The Dark Lady of DNA* (New York: Harper Perennial, 2003)。
3. Maurice Wilkins, *The Third Man of the Double Helix* (Oxford: Oxford University Press, 2003), 84.
4. Erwin Schrödinger, *What Is Life?* (Cambridge: Cambridge University Press, 2012), 3.
5. *Time* magazine, Vol. 41, Issue 14 (5 April 1943): 42.
6. Erwin Schrödinger, *What Is Life?* (Cambridge: Cambridge University Press, 2012), 87.
7. K. G. Wilson, "Critical phenomena in 3.99 dimensions," *Physica* 73 (1974): 119。參見威爾遜的諾貝爾演講，內容包括半技術性討論以及參考文獻：https://www.nobelprize.org。
8. 嵌套故事的概念有種種不同形式，有時被形容為「理解層次」或「解釋層次」，形形色色科學領域各方學者都曾動用這個理念。心理學家論述解釋行為時，有時會從生物學層級入手（動用生理化學起因），或者從認知層級（動用較高層級腦功能），還有文化層級（動用社會影響）；有些認知科學家（追溯至神經科學家大衛・馬爾〔David Marr〕）從計算層級、演算規則層級以及物理層級，來組織我們對資訊處理系統的認識，哲學家和物理學家所支持的多種層級式基模，往往都奉守自然主義（*naturalism*）——這是個經常使用，卻很難明確定義的用詞。使用它的人都能認同，自然主義排斥動用超自然實體的解釋，只仰賴自然界所屬特質。當然了，要精確闡明這個立場，我們就必須對構成自然界的事物制訂出可辨識的限制，這項使命說來容易，做起來可不簡單。桌藉由修飾改變重力定律來解釋觀測結果。由於試圖直接偵測暗物質粒子的眾多實驗一項項都失敗了，其他替代性理論便引發越來越多關注。

12. 熱流方向，從較高溫的物質或環境，導向較低溫的情況，正是熱力學第二定律促成的直接結果。當熱咖啡冷卻到室溫，它的部分熱量也轉移給房間裡的空氣分子，空氣略為升溫，於是它的熵增加。空氣的熵增加超過咖啡冷卻時的熵減少量，於是這就擔保整體熵會增加。從數學考量，一個系統的熵的改變，可由其熱量改變除以其溫度來求得，數學式寫成：$\Delta S = \Delta Q/T$，其中S代表熵，Q代表熱，T則代表溫度。當熱量從較高溫系統流向較低溫系統，各系統的熱改變幅度是相等的，不過就如方程式所示，較高溫系統的熵減少量，少於較低溫系統的溫度提增數（肇因於分母的T因子所致），因此淨改變會導致整體熵增加。

13. 從能量守恆觀點來看，當分子向外移動時，它們的重力位能也隨著增加，於是它們的動能就會減少。

14. 對於數學根基深厚和受過物理學訓練的讀者，可使用古典統計力學做個粗略計算就能瞭解，這其中的熵和位相空間容積（phase space volume）成正比。假定收縮的氣體雲霧能滿足（著名的）維里定理（virial theorem，又稱為均功定理），這則定理以這則公式$K = -U/2$，把粒子平均動量K與它們的平均位能U連貫在一起。接著，由於重力位能和$1/R$成正比，其中R是雲霧的半徑，於是我們知道K也和$1/R$成正比。此外，由於動能與粒子速度平方成正比，我們得知粒子均速便與$1/\sqrt{R}$成正比。於是雲霧粒子所能占用的位相空間容積，便與$R3(1/\sqrt{R})3$成正比，其中第一個因子表示粒子所能占用的空間容量，第二個因子則表示粒子所能占用的動量空間容積（momentum space volume）。我們知道，空間容量的減少，支配了動量空間容積的增加，也導致雲霧收縮時整體熵隨之減少。另外還請注意，維里定理擔保當雲霧收縮，位能的減少會超過動能的增加（這是由於定理裡K與U之關係裡的「2」因子），所以不只是雲霧收縮部分的熵減少，它的能量也減少了。那份能量經輻射散入周遭殼層，於是殼層的能量會增加，而且它的熵也會增加。

第04章：資訊和生命力

1. 參見克里克致薛丁格信函。Letter from F. H. C. Crick to E. Schrödinger, 12

種「非平坦的」測量，藉此把某些類別的組態挑揀出來，並認定它們是比較有可能出現的。

物理學家對這種手法一般都不表滿意。為某種組態空間導入一種測量，好確保它能為促成我們所知世界的組態賦予最高權重，物理學家對此都深感「很不自然」。物理學家追尋的是某種基本的第一原理，那種數學結構能產出那種測量，把它當成一種輸出，而非把它納為輸入的一部分。重要課題在於，這會不會要求得太多了，還有成功是否只會讓問題向後轉移一步，改針對任意第一原理途徑底下的內隱假設。這些顧慮並不是雞蛋裡挑骨頭。過去三十年大半期間，粒子物理學界的理論研究，一直著眼處理有關我們最精緻理論的細膩調校課題（粒子物理學標準模型希格斯場的調校作業；為解答標準大霹靂宇宙論的視界問題和平坦性問題所需進行的調校）。可以肯定的是，這類研究已促使粒子物理學和宇宙學產生出一些深刻洞見，但是，是否到了某個時刻，我們就只能接受世界有某些特徵就是先天如此，無須更深入地解釋呢？我常想，答案是否定的，而且我的許多同事也都這樣認為。不過也沒辦法擔保事實就是如此。

9. 出自與林德的私人交流。2019年7月15日。依循林德偏好的途徑，暴脹階段乃是由量子穿隧事件觸發，而那起事件是出自一個所有幾何和所有場，全都有可能出現的領域，在那裡面，時間和溫度概念或許都還不具有意義。林德明智審慎地運用量子體系各方層面，論稱從量子創造生成從而促成暴脹的條件情境，或許正是早期宇宙不受量子抑制情況下的普遍歷程。

10. 我們很自然會認為，望遠鏡的威力越強（天線碟越大、鏡面尺寸越大等），就能分辨越遠距離外的物體。不過這是有限制的。倘若某物體相隔十分遙遠，於是自它誕生以來，它所發出的任何光都還沒有充分時間傳到我們這裡，那麼不論使用的是什麼樣的設備，我們依然沒辦法看到它。我們就說，這種物體位於超越我們宇宙視界的範圍之外。到了第九和第十章，我們討論遙遠未來時，這個概念就會扮演一個相當重要的角色。根據暴脹宇宙論，空間膨脹十分迅速，周遭區域也確實被驅動超出了我們的宇宙視界。

11. 根據間接證據（恆星和星系的運動），大家普遍認為，空間充斥暗物質粒子——能施加重力卻不吸收或發出光的粒子。不過由於搜尋暗物質粒子的努力迄今全都一無所獲，有些研究人員便針對暗物質提出了種種修正觀點，並們通常就把各個組態視為與其他任意組態同樣可能出現。不過這種假設取決於哲學家所稱的「無差別原理」（*principle of indifference*）。沒有先驗證據來區辨不同的微觀組態，我們便指定它們各具相等的實現機率。當我們把我們的焦點轉移到宏觀世界，不同宏觀狀態之間的可能性，便由產生出各別狀態的微觀狀態數量比率來決定。倘若會產生出某宏觀狀態的微觀狀態數量，兩倍於會產生出第二種宏觀狀態的種類數量，則第一種宏觀狀態就具有兩倍的發生機率。

不過仍請注意，基本上，印證無差別原理的合理性必須有實證基礎。沒錯，日常經驗確認了無差別原理各式各樣用途的有效性，儘管或許是內隱含蓄的。舉我們拋擲的硬幣為例。我們假定硬幣的各種「微觀狀態」（把個別硬幣的屬性列舉出來，好比硬幣一是正面，硬幣二是反面，硬幣三是正面，等等）與其他任一狀態都同樣可能出現，於是結論就是，能以許多微觀狀態實現的那些「宏觀的」佈局安排（只能以整體正反數量來指定，而不取決於個別硬幣屬性的狀態）是比較可能出現的。當我們拋擲硬幣，這項假設也經過實證確認，我們會見到，只能由少數微觀狀態來實現的結果（好比全部正面）很稀罕，至於能由大量微觀狀態落實的結果（好比半數為正面，半數為反面）則隨處可見。

這裡有一點牽連到我們的宇宙論討論，當我們說，「很不可能」出現一片均一的暴脹場時，我們同時也用上了無差別原理。我們內隱假定，各種可能的微觀場組態（場在每一處位置的精確數值）和其他任何組態都同樣可能出現，因此某一給定宏觀組態的可能性，也同樣與實現它的微觀狀態的數量成正比。然而，相較於拋擲硬幣的情況，我們並沒有實證證據來支持這項假設。它之所以顯得合理，是基於我們的日常宏觀世界經驗，因為在那裡，觀察結果支持無差別原理。不過就宇宙開展方面，我們只私下參與了一輪實驗。採行冷冰冰的實證途徑所得結論會是，不論某些組態依照無差別原理看來多麼特別，倘若它們造就出我們所觀測的宇宙，那麼它們事先就已被挑揀出來了，而且歸類時賦予的名稱也不能只是「可能的」，而是應該稱為「確定的」（遵守所有科學解釋的常態暫時屬性）。就數學而論，在我們所稱「可能的」和「不可能的」之間進行的這種轉移，稱為組態空間（configuration space，也稱為「位形空間」）之測量的改變（見第二章【注14】）。賦予各種可能組態相等機率的初始測量結果稱為「平坦的」測量。因此觀測結果可以激勵導入一

段，期間協同移動的視界尺寸縮小了。我們比較不清楚的一點是，那個階段能不能以暴脹宇宙論來正確描述，那種動力學是否由遍布空間，由純量場（見本章【注3】）提供的統一能量來驅動，這點前已描述，或者這樣的階段，是否產生自另一種機制（好比彈振宇宙論〔bouncing cosmology〕、膜暴脹、碰撞膜視界、變動光速理論，以及物理學家所提出的其他種種學理構件）。到了第十章，我們就會短暫討論斯泰恩哈特、圖洛克以及他們的形形色色同儕所發展出的彈振宇宙論的可能性，依循他們所見，宇宙會歷經多次的宇宙演化循環。

7. 對於特別勤奮的讀者，這裡我就談談一個讓討論相形見絀的要點。倘若你對於某給定物理系統只知道它的熵低於最高可得熵值，那麼熱力學第二定律就容許你歸結出不只一項，而是兩項結論：該系統朝向未來的最可能演變就是增加它的熵，而且該系統朝向過去的最可能演變也是增加它的熵。這就是時間對稱律的負擔。時間對稱律所指稱的是一類方程組，它們不論朝向未來或者朝向過去演變出現今狀態，都是以完全相同的方式運作。箇中挑戰在於，這種設想所引導出的較高熵之過往，以及記憶和紀錄所驗證的較低熵過往是不相容的（我們記憶中局部融解的冰塊，是先前沒有融解得那麼多的冰塊，而不是融解得較多的冰塊，因為那種情況具有較多的熵）。更明確地說，高熵過往會減損我們對物理定律的信心，因為這種過往並不會包含支持那些定律本身的實驗和觀測結果。為了避免喪失對我們知識的信心，我們必須堅決主張低熵的過往。通常我們為此就導入一種新假設，也就是哲學家大衛．阿爾伯特（David Albert）所稱的過去假設（*past hypothesis*），該假設主張，熵錨定於一個位於大霹靂近處的低量值，接著平均而言，自此不斷增加迄今。這就是我們在本章隱含採行的門路。到了第十章，我們就會明確地分析，從先前高熵組態如何萌生出一種低熵狀態，而且那種情況雖然不大可能出現，卻仍有合理的可能性。相關背景和其他細節請參見《宇宙的構造》第七章。

8. 熵的數學描述確切說明了這點：在任何區域中，一個場的值，還有其他多種變動方式（這裡變得較高，那裡變得較低，到那裡又變得更低，依此類推），種類超過統一類別（所有位置數值相等）的數量，也因此所須條件具有低熵。然而，這裡藏了個很重要的技術性假設，有必要提出來談。為求簡便，底下我就使用古典語言，不過這些考量項目，可直接翻譯成量子物理學。在微觀世界，並沒有哪種粒子組態或者場組態，是基本上特立獨行且與眾不同的，因此我

Alan Guth, *The Inflationary Universe* (New York: Basic Books, 1998)。繼古斯之後，我要提出一項比較直覺的問題，探究如何辨識驅動大霹靂空間膨脹的向外推力，從而推動暴脹現象。

4. 這裡所指降溫發生在暴脹爆發結束之後，那時宇宙也進入了空間膨脹沒那麼迅速卻依然劇烈進展的階段。為簡化起見，我略過宇宙開展的一些中間步驟。早期宇宙之所以冷卻，起因在於它所含能量大半都由電磁波荷載傳遞，而這種波也隨空間膨脹而拉伸。這種電磁波的延伸拉長作用——所謂的輻射紅移——會減少它們的能量並降低它們的整體溫度。不過仍請注意，儘管溫度持續下降，由於空間容積膨脹，整體熵值依然是增加的。

5. 的確有個次要觀點認為，雲霧是肇因於測量精度的一種固有量子局限，而不是產生自某種根本的模糊現實。這門途徑一般稱為「玻姆力學」（Bohmian mechanics），名稱得自物理學家大衛・玻姆（David Bohm）的姓氏，不過有時也歸功於諾貝爾獎得主路易・德布羅意（Louis de Broglie）的貢獻，並稱之為「德布羅意—玻姆理論」（de Broglie–Bohm theory）。依循玻姆力學觀點，粒子保留清晰明確的軌跡。這些軌跡不同於古典物理學的預測結果（粒子移動時，另有種附加的量子力作用於它們身上），不過在章節篇幅使用那種稱法，這樣的軌跡就可以用尖銳的鵝毛筆來描畫。較為傳統的量子力學公式表述所呈現的不確定性和模糊特性，是以有關於任意給定粒子的初始狀況之統計不確定性顯現出來。兩種觀點的不同之處，雖然對於個別理論所描畫的現實圖像都至關緊要，但實際上對於定量預測並沒有絲毫影響。

6. 暴脹宇宙論是種理論框架——對比於某一特定理論——而且是以一項假設前提為本，那就是在宇宙發展的早期階段，一度經歷了短暫的快速加速膨脹時期。這個階段究竟是怎麼出現的，還有它的細部開展歷程，各套數學公式表述各有不同說法。最簡單的版本和越見精確的觀測資料處於對立衝突狀態，而觀測數據的焦點則逐漸朝向較複雜的暴脹論版本轉移。批評者論稱，較為複雜的版本比較令人信服；此外，這類版本還顯現出暴脹範式的變通彈性實在太高，觀測資料永遠不能把它剔除。支持者論稱，我們眼前所見，不過就是科學的一種自然進步歷程：我們不斷調整我們的理論，來讓學理能與觀察測量以及數學要項所提供的最精確資訊兩相契合。更普遍而言，而且就比較技術性的用詞而論，宇宙學家廣泛採信的一種陳述是，宇宙曾經歷一個階裡，或是被推動後位於和這裡相隔短距離之外，對於它的內在秩序或無序狀態，都不造成絲毫影響；它的熵是不變的。既然沒有任何熵轉移給活塞，熵也就完全存留在蒸氣本身裡面。這就表示，隨著活塞重設回到它的初始位置，為下一次推進預做準備時，蒸氣也必須以某種方式來排除它所貯藏的所有過量的熵。正如本章所指出的，這是藉由蒸汽機把熱排放到周遭環境來達成的。

17. Bertrand Russell, *Why I Am Not a Christian* (New York: Simon & Schuster, 1957), 107.

第03章：起源和熵

1. Georges Lemaître, *"Recontres avec Einstein," Revue des questions scientifiques* 129 (1958): 129–32.
2. 愛因斯坦朝向膨脹宇宙轉變的完整故事牽涉到兩個因素。首先，愛丁頓以數學表明愛因斯坦早先提出的靜態宇宙觀點有個技術性缺陷：它的解並不穩定，意思是以空間膨脹現象而言，只要稍微推波助瀾，它就會繼續膨脹下去；倘若換成收縮現象，稍微推波助瀾，它就會持續收縮下去。其次，就像本章所討論的，從觀測得知的情況也越見明朗，空間顯然不是靜態的。兩項認識結合起來，讓愛因斯坦心服口服，決議放棄靜態宇宙的理念（不過有些人則論稱，或許理論上的考量才發揮了最大影響力）。就這段歷史的相關細節，可參見Harry Nussbaumer, "Einstein's conversion from his static to an expanding universe," *European Physics Journal—History* 39 (2014): 37–62。
3. 見古斯的〈暴脹宇宙：視界問題和平坦性問題的一個可能解〉（Inflationary universe: A possible solution to the horizon and flatness problems," *Physical Review D* 23 (1981): 347）。「宇宙燃料」的術語稱為「純量場」（*scalar* field），我們比較熟見的電場和磁場，都為每個空間位置設定一個向量（該位置的電場或磁場的強度和方向），純量場就不是這樣，它為空間各處位置只分別提供一個數值（該場的能量和壓力就由這些數值來判定）。請注意，古斯的論文以及後續許多處理手法，都在投入解答一批宇宙論議題時，強調暴脹扮演的角色，這些先前讓研究人員束手無策的課題當中，最引人矚目的是單極子問題（monopole problem）、視界問題和平坦性問題。就這些議題可以參閱古斯一本論述明晰易懂的書籍：

「稀罕」——也就是測得很小的數值。然而，依循一種經選定會在這種減熵初始組態達到高峰值的度量方式，則那些組態依設計就不可能是稀罕的。據我們所知，度量的選定是種實證經驗結果；就我們在日常生活所遇見的種種不同系統，統一的度量會得出能與觀測結果相符的預測，而我們所採用的度量也是如此。不過很重要的一點是，度量的選擇必須能以實驗和觀測來合理驗證。當我們設想奇異的狀況（好比早期宇宙），而我們並沒有可以類比的資料供依循來遴選某種度量，這時我們就必須體認到，我們有關「稀罕」或「普遍」的直覺，並不具備這相同的實證基礎。

15. 這方面有好幾種相關要點，本段落也已略做闡釋，運用來解釋宇宙時，這些都會影響「最高熵」狀態的意義。首先，本章我們並不把重力的角色納入考量。我們到第三章就會著墨論述。到時我們就會見到，重力深切影響了高熵粒子組態的本質。事實上，儘管這並非我們的專注焦點，就某給定有限容積的空間而論，最高熵組態是完全填滿那處空間容量的黑洞，而黑洞就是種高度取決於重力的物體。相關細節可以參見我的書，《宇宙的構造》的第六章和第十六章。其次，若我們設想任意大範圍空間區域——甚至無限大的空域——則某給定數量的物質和能量的最高熵組態，也就是其組成粒子（物質和／或輻射）在愈來愈大容積內均勻分佈的那些樣式。的確，黑洞（我們在第十章就會著眼討論）最終仍會蒸發（經由霍金所發現的一種歷程），構成粒子不斷向外散布開來的更高熵組態。第三，依本段討論目的，我們所需知道的唯一事實就是，目前出現在任意給定空間容積的熵，並不是它的最大值。倘若那處容積包含（好比，）你現在待著的那個房間，而且假使那裡的所有實體粒子（含括構成你、你的家具，以及房裡其他一切有形結構的所有粒子）全都塌縮成為一顆小型黑洞，接著那顆黑洞就會蒸發生成粒子，並向外擴散到還要更大的容積空間，則那處容積的總熵就會增加。因此，有趣的有形結構得以存在，包括恆星、行星、生命等，便意味著熵低於它所能達到的潛值。正是這麼特別的、相對較低的熵組態，才令人感到有必要解釋，它們是怎麼出現的。我們到下一章就會挺身面對這項挑戰。

16. 就特別勤奮的讀者，另有一項細節也值得清楚說分明。當蒸氣推動活塞時，也消耗了從燃料吸收的部分能量，不過在這個過程中，蒸氣並不會把它的任何熵讓渡給活塞（假定活塞的溫度與蒸氣的溫度相等）。畢竟，不論活塞是在這也忽略水分子的內在結構，把它們當成沒有結構的點狀粒子。當我們提到蒸氣的溫度，切記液態水是在攝氏一百度時轉化成蒸氣，不過一旦形成後，蒸氣的溫度就可以繼續提高。

11. 就物理學而論，溫度與粒子的平均動能成正比，因此其數學計算方式便為，求個別粒子速度平方之平均值。就我們的目的，我們可以把溫度設想成平均速度，也就是速度的量值。

12. 更精確而言，熱動力學第一定律是能量守恆定律的一種版本，而且它(i)認定熱是種能量，而且(ii)考慮到某特定系統所完成的或者所具有的功。因此能量守恆論稱，一系統內部能量的改變，產生自它所吸收的淨熱以及它所作的淨功。學識特別淵博的讀者有可能注意到，當我們從整體配置（從宇宙全體）來設想能量和能量守恆，這時就會出現微妙現象。我們不需探索這些事例，所以我們可以很保險地假定，能量確實守恆這句簡潔陳述是成立的。

13. 就像瀰漫你浴室的蒸氣事例，那時我並不考量空氣分子，就這個情況，為求簡單起見，我並不明確地考量（烤麵包釋出的）高熱分子以及（飄盪在你廚房和你家其他範圍的）較低溫空氣分子的互撞現象。就平均而言，這種互撞會提高空氣分子的速度，並減慢烤麵包所釋出分子的速度，最後就會導致兩類分子達到相等溫度。麵包分子的溫度降低，會導致它們的熵減少，然而空氣分子的溫度提增，所產生的結果卻會超過補償熵增加所需程度，因此兩個群組結合起來所得的熵值，確實是會增加的。依循我所描述的簡化版本來考量，你可以把烤麵包釋出的分子的平均速度，設想成在它們四散開來之後所殘留的常數；因此，它們的溫度會保持固定，也因此它們的熵增加現象，便是肇因於它們所填充的容積加大所致。

14. 通曉數學的讀者可以進一步探究，這段討論（以及教科書和研究文獻所採用的大多數統計力學處理方式）底層的一項至關重要的技術性假設。就任意給定的宏觀狀態，始終都存有會朝向低熵組態演進的相容微觀狀態。舉例來說，設想某種會從早期低熵組態開展，產生出某一給定微觀狀態的任意演變進程，並考量它的時間反轉版本。這種「時間反轉」的微觀狀態，就會朝向低熵演變。通常我們會把這種微觀狀態歸入「稀罕的」或「經過高度調校的」類別。從數學角度來看，做這種分類，首先必須對配置空間的度量進行規範。依我們熟悉的情況，對這樣的空間使用統一的度量，確實會讓減熵初始條件變得於我們以數學分析的那種理論機型——這些步驟或者與之相容的步驟，都取決於工程和實務因素，並分別以種種不同方式完成。

4. Sadi Carnot, *Reflections on the Motive Power of Fire* (Mineola, NY: Dover Publications, Inc., 1960).

5. 把棒球模塑為不具內部結構的單一大質量粒子，只是那顆棒球本身的一種簡略近似模擬。然而，把牛頓定律運用在棒球的這種近似模型，仍能產生出棒球質量中心的精確古典運動。就質量中心的運動，牛頓第三定律能確保內部作用力全都彼此抵銷，於是質量中心的運動，便只取決於所施加的外力。

6. 有一項研究（B. Hansen, N. Mygind, "How often do normal persons sneeze and blow the nose?" *Rhinology* 40, no. 1 [Mar. 2002]: 10–12）結論認為，每個人每天平均打一次噴嚏。由於地球上有七十億人，全世界人類每天都打七十億次噴嚏。既然每天約有86,000秒鐘，我們每秒鐘在全球可以發現約八萬次噴嚏。

7. 我這裡提出的描述，做為一種簡略摘要還算合宜，不過此外還另有其他比較奇異的物理系統，在那當中，為了確保物理定律可容序列反轉運行，我們就必須讓系統接受，除了時間反轉之外的另兩種操控：我們也必須反轉所有粒子的電荷，這就是所謂的電荷共軛（*charge conjugation*），以及反轉左、右利手的角色，而這就是所謂的宇稱反轉（*parity reversal*）。依現有認識，物理定律必然遵守所有這三種共軛反轉，這三種反轉有時也稱為CPT定理（*CPT theorem*），其中C代表電荷共軛、P代表宇稱反轉，T則代表時間反轉）。

8. 拋得兩枚反面的計算方式為(100×99)/2=4,950；得三枚反面的算法為(100×99×98)/3!=161,700；得四枚反面的算法(100×99×98×97)/4!=3,921,225；得五枚反面的算法(100×99×98×97×96)/5!=75,287,520；得五十枚反面的算法則為(100!/(50!)2)=100,891,344,545,564,193,334,812,497,256。

9. 更明確來講，熵是某給定群組之組合種類數量的對數，根據一種很根本的數學差異性，熵絕對具有合理的物理特質（好比當兩種系統聚攏在一起，它們的熵就會增加），不過就我們的質化討論目的，那種差異性是可以安全忽略的。到了第十章，我們在部分篇幅會內隱使用較為精確的定義，不過就眼前來看，這樣就可以了。

10. 就這個例子來講，為方便教學起見，我們只考量蒸氣，也就是在你浴室裡飄盪的H2O分子，而忽略空氣和其他任何在場物質的角色。為簡化起見，我們

才有的痛苦，相關論述可參見：Philippe Ariès, *The Hour of Our Death,* trans. Helen Weaver (New York: Alfred A. Knopf, 1981)。貝克爾的觀點是以蘭克的洞見為本，他認為死亡焦慮深深烙印在物種裡面。

6. Vladimir Nabokov, *Speak, Memory: An Autobiography Revisited* (New York: Alfred A. Knopf, 1999), 9.
7. Robert Nozick, "Philosophy and the Meaning of Life," in *Life, Death, and Meaning: Key Philosophical Readings on the Big Questions,* ed. David Benatar (Lanham, MD: The Rowman & Littlefield Publishing Group, 2010), 73–74.
8. Emily Dickinson, *The Poems of Emily Dickinson,* reading ed., ed. R. W. Franklin (Cambridge, MA: The Belknap Press of Harvard University Press, 1999), 307.
9. Henry David Thoreau, *The Journal, 1837–1861* (New York: New York Review Books Classics, 2009), 563.
10. Franz Kafka, *The Blue Octavo Notebooks,* trans. Ernst Kaiser and Eithne Wilkens, ed. Max Brod (Cambridge, MA: Exact Change, 1991), 91.

第02章：時間的語言

1. 這段廣播是由BBC的第三節目網（Third Programme）放送，播放時間為1948年1月28日晚上9:45起，內容為前一年進行的一場辯論。https://genome.ch.bbc.co.uk/35b8e9bdcf60458c976b882d80d9937f
2. Bertrand Russell, *Why I Am Not a Christian* (New York: Simon & Schuster, 1957), 32–33.
3. 這段蒸汽機相關描述當然是經過高度簡化，並以所謂的卡諾循環（*Carnot cycle*）為模型，其中涉及四道步驟：(1)汽缸裡的蒸氣推動活塞時也從一種源頭（通常都描述為貯熱庫）吸收熱量，作功時保持恆溫。(2)汽缸與熱源斷開連接，並得以繼續推動活塞，這時它是在蒸氣溫度下降情況下作功（不過由於沒有熱流，它的熵仍保持恆定）。(3)接下來汽缸與第二個貯熱庫相連，其溫度低於第一個貯熱庫，接著就在這個較低恆定溫度下完成工作，推動活塞滑回原始位置，進行期間並將廢熱排除。(4)最後，汽缸與較低溫貯熱庫斷開連接，同時繼續對活塞施力作功，完成恢復原始位置的進程，在此同時，蒸氣的溫度也加熱到原始數值。接著這個循環再次反覆。就實際的蒸汽機而言——相對

序

1. 這句引言出自我早年的一位良師益友，他名叫尼爾・貝林森（Neil Bellinson），1970年代就讀哥倫比亞大學數學研究所。承蒙貝林森百忙中撥冗，發揮他獨一無二的才華來指導我這位年輕學生研習數學，而我除了學習的熱忱之外，也就無以為報。當時我們是在討論我正在撰寫的一篇人類動機論文，那是哈佛一門心理學課程的作業，授課老師是戴維・巴斯（David Buss），目前他任職於德州大學奧斯汀分校（University of Texas at Austin）。
2. Oswald Spengler, *Decline of the West* (New York: Alfred A. Knopf, 1986), 7.
3. 同上，166。
4. Otto Rank, *Art and Artist: Creative Urge and Personality Development,* trans. Charles Francis Atkinson (New York: Alfred A. Knopf, 1932), 39.
5. 沙特是藉由犯罪受責角色巴勃羅・伊比塔（Pablo Ibbieta）之反思來闡明這項觀點，引自他的精彩短篇故事〈牆〉（The Wall）。出處：Jean-Paul Sartre, *The Wall and Other Stories,* trans. Lloyd Alexander (New York: New Directions Publishing, 1975), 12。

第01章：永恆的誘惑

1. William James, *The Varieties of Religious Experience: A Study in Human Nature* (New York: Longmans, Green, and Co., 1905), 140.
2. Ernest Becker, *The Denial of Death* (New York: Free Press, 1973), 31. 貝克爾稱許蘭克是對他影響最深遠的人。
3. Ralph Waldo Emerson, *The Conduct of Life* (Boston and New York: Houghton Mifflin Company, 1922),【注38】, 424.
4. E.O.威爾遜引用「契合」（consilience）一詞來描述他有關不同知識匯總產生更深厚認識的識見。E. O. Wilson, *Consilience: The Unity of Knowledge* (New York: Vintage Books, 1999)。
5. 到後續幾個章節，我還會討論能顯示人類對必死性之新興意識具普遍影響的相關證據，然而由於幾乎沒有確鑿無誤的資料可驗證古代人類的心態，這個結論並沒有完全為人採信。就這方面，另一種觀點則論稱，死亡焦慮是現代

注釋

Notes

Yeats, W. B. *Collected Poems.* New York: Macmillan Collector's Library Books, 2016.

Yourcenar, Marguerite. *Oriental Tales.* New York: Farrar, Straus and Giroux, 1985.

Zahavi, Amotz. "Mate selection—a selection for a handicap." *Journal of Theoretical Biology* 53, no. 1 (1975): 205–14.

Zuckerman, M. "Sensation seeking: A comparative approach to a human trait." *Behavioral and Brain Sciences* 7 (1984): 413–71.

Zunshine, Lisa. *Why We Read Fiction: Theory of Mind and the Novel.* Columbus: Ohio State University Press, 2006.

Co., 1891.
——. "Sir Charles Lyell on geological climates and the origin of species." *Quarterly Review* 126 (1869): 359–94.
Watson, J. D., and F. H. C. Crick. "Molecular Structure of Nucleic Acids: A Structure for Deoxyribose Nucleic Acid." *Nature* 171 (1953): 737–38.
Webb, Taylor, and M. Graziano. "The attention schema theory: A mechanistic account of subjective awareness." *Frontiers in Psychology* 6 (2015): 500.
Wertheimer, Max. *Productive Thinking,* enlarged ed. New York: Harper and Brothers, 1959.
Wheeler, John Archibald, and Wojciech Zurek. *Quantum Theory and Measurement.* Princeton: Princeton University Press, 1983.
Whitehead, Alfred North. *Science and the Modern World.* New York: The Free Press, 1953.
Wigner, Eugene. *Symmetries and Reflections.* Cambridge, MA: MIT Press, 1970.
Wilkins, Maurice. *The Third Man of the Double Helix.* Oxford: Oxford University Press, 2003.
Williams, Bernard. *Problems of the Self.* Cambridge: Cambridge University Press, 1973.
Williams, Tennessee. *Cat on a Hot Tin Roof.* New York: New American Library, 1955.
Wilson, David Sloan. *Darwin's Cathedral: Evolution, Religion and the Nature of Society.* Chicago: University of Chicago Press, 2002.
——. *Does Altruism Exist? Culture, Genes and the Welfare of Others.* New Haven: Yale University Press, 2015.
Wilson, E. O. *Sociobiology: The New Synthesis.* Cambridge, MA: Harvard University Press, 1975.
Wilson, K. G. "Critical phenomena in 3.99 dimensions." *Physica* 73 (1974): 119.
Wittgenstein, Ludwig. *Tractatus Logico-Philosophicus.* New York: Harcourt, Brace & Company, 1922.
Witzel, Michael. *The Origins of the World's Mythologies.* New York: Oxford University Press, 2012.
Woosley, S. E., A. Heger, and T. A. Weaver. "The evolution and explosion of massive stars." *Reviews of Modern Physics* 74 (2002): 1015–71.
Wrangha, Richard. *Catching Fire: How Cooking Made Us Human.* New York: Basic Books, 2009.

Tolman, Richard C. "On the problem of the entropy of the universe as a whole." *Physical Review* 37 (1931): 1639–60.

——. "On the theoretical requirements for a periodic behavior of the universe." *Physical Review* 38 (1931): 1758–71.

Tomasello, Michael. "Universal Grammar Is Dead." *Behavioral and Brain Sciences* 32, no. 5 (October 2009): 470–71.

Tononi, Giulio. *Phi: A Voyage from the Brain to the Soul.* New York: Pantheon, 2012.

Tooby, John, and Leda Cosmides. "Does Beauty Build Adapted Minds? Toward an Evolutionary Theory of Aesthetics, Fiction and the Arts." *SubStance* 30, no. 1/2, issue 94/95 (2001): 6–27.

——. "The Psychological Foundations of Culture." In *The Adapted Mind: Evolutionary Psychology and the Generation of Culture,* ed. Jerome H. Barkow, Leda Cosmides, and John Tooby. Oxford: Oxford University Press, 1992, 19–136.

Tremlin, Todd. *Minds and Gods: The Cognitive Foundations of Religion.* Oxford: Oxford University Press, 2006.

Trinkaus, Erik, Alexandra Buzhilova, Maria Mednikova, and Maria Dobrovolskaya. *The People of Sunghir: Burials, Bodies and Behavior in the Earlier Upper Paleolithic.* New York: Oxford University Press, 2014.

Trivers, Robert. "Parental Investment and Sexual Selection." In *Sexual Selection and the Descent of Man: The Darwinian Pivot,* ed. Bernard G. Campbell. Chicago: Aldine Publishing Company, 1972.

Tylor, Edward Burnett. *Primitive Culture,* vol. 2. London: John Murray, 1873; Dover Reprint Edition, 2016, 24.

Ucko, Peter J., and Andrée Rosenfeld. *Paleolithic Cave Art.* New York: McGraw-Hill, 1967, 117–23, 165–74.

Valley, John W., William H. Peck, Elizabeth M. King, and Simon A. Wilde. "A Cool Early Earth." *Geology* 30 (2002): 351–54.

Vilenkin, A. "Predictions from Quantum Cosmology." *Physical Review Letters* 74 (1995): 846.

Vilenkin, Alex. *Many Worlds in One.* New York: Hill and Wang, 2006.

Wagoner, R. V. "Test for the existence of gravitational radiation." *Astrophysical Journal* 196 (1975): L63.

Wallace, Alfred Russel. *Natural Selection and Tropical Nature.* London: Macmillan and

(2011): 134–49.

Solomon, Sheldon, Jeff Greenberg, and Tom Pyszczynski. "Tales from the Crypt: On the Role of Death in Life." *Zygon* 33, no. 1 (1998): 9–43.

——. *The Worm at the Core: On the Role of Death in Life.* New York: Random House Publishing Group, 2015.

Sosis, R. "Religion and intra-group cooperation: Preliminary results of a comparative analysis of utopian communities." *Cross-Cultural Research* 34 (2000): 70–87.

Sosis, R., and C. Alcorta. "Signaling, solidarity, and the sacred: The evolution of religious behavior." *Evolutionary Anthropology* 12 (2003): 264–74.

Spengler, Oswald. *Decline of the West.* New York: Alfred A. Knopf, 1986.

Sperber, Dan. *Explaining Culture: A Naturalistic Approach.* Oxford: Blackwell Publishers Ltd., 1996.

——. *Rethinking Symbolism.* Cambridge: Cambridge University Press, 1975.

Stapledon, Olaf. *Star Maker.* Mineola, NY: Dover Publications, 2008.

Steinhardt, Paul J., and Neil Turok. "The cyclic model simplified." *New Astronomy Reviews* 49 (2005): 43–57.

Sterelny, Kim. *The Evolved Apprentice: How Evolution Made Humans Unique.* Cambridge, MA: MIT Press, 2012.

Stroud, Barry. "The Charm of Naturalism," *Proceedings and Addresses of the American Philosophical Association* 70, no. 2 (November 1996).

Stulp, G., L. Barrett, F. C. Tropf, and M. Mills. "Does natural selection favour taller stature among the tallest people on earth?" *Proceedings of the Royal Society B* 282: 20150211.

Susskind, Leonard. *The Black Hole War: My Battle with Stephen Hawking to Make the World Safe for Quantum Mechanics.* New York: Little, Brown and Co., 2008.

Swift, Jonathan. *Gulliver's Travels.* New York: W. W. Norton, 1997.

Szent-Györgyi, Albert. "Biology and Pathology of Water." *Perspectives in Biology and Medicine* 14, no. 2 (1971): 239–49.

't Hooft, G. "Computation of the quantum effects due to a four-dimensional pseudoparticle." *Physical Review D* 14 (1976): 3432.

Thoreau, Henry David. *The Journal 1837–1861.* New York: New York Review Books Classics, 2009.

Time 41, no. 14 (April 5, 1943): 42.

——. *Human Knowledge*. New York: Routledge, 2009.

Ryan, Michael. *A Taste for the Beautiful.* Princeton: Princeton University Press, 2018.

Sackmann I.-J., A. I. Boothroyd, and K. E. Kraemer. "Our Sun. III. Present and Future." *Astrophysical Journal* 418 (1993): 457.

Sartre, Jean-Paul. *The Wall and Other Stories.* Translated by Lloyd Alexander. New York: New Directions Publishing, 1975.

Scarpelli, Serena, Chiara Bartolacci, Aurora D'Atri, et al. "The Functional Role of Dreaming in Emotional Processes." *Frontiers in Psychology* 10 (Mar. 2019): 459.

Scheffler, Samuel. *Death and the Afterlife.* New York: Oxford University Press, 2016.

Schmidt, B. P., et al. "The High-Z Supernova Search: Measuring Cosmic Deceleration and Global Curvature of the Universe Using Type IA Supernovae." *Astrophysical Journal* 507 (1998): 46.

Schrödinger, Erwin. *What Is Life?* Cambridge: Cambridge University Press, 2012.

Schroder, Klaus-Peter, and Robert C. Smith, "Distant future of the Sun and Earth revisited." *Monthly Notices of the Royal Astronomical Society* 386, no. 1 (2008): 155–63.

Schvaneveldt, R. W., D. E. Meyer, and C. A. Becker. "Lexical ambiguity, semantic context, and visual word recognition." *Journal of Experimental Psychology: Human Perception and Performance* 2, no. 2 (1976): 243–56.

Schwartz, Joel S. "Darwin, Wallace, and the *Descent of Man.*" *Journal of the History of Biology* 17, no. 2 (1984): 271–89.

Shakespeare, William. *Measure for Measure.* Edited by J. M. Nosworthy. London: Penguin Books, 1995.

Shaw, George Bernard. *Back to Methuselah.* Scotts Valley, CA: CreateSpace Independent Publishing Platform, 2012.

Sheff, David. "Keith Haring, An Intimate Conversation." *Rolling Stone* 589 (August 1989): 47.

Shermer, Michael. *The Believing Brain: From Ghosts and Gods to Politics and Conspiracies*. New York: St. Martin's Griffin, 2011.

Silver, David, Thomas Hubert, Julian Schrittwieser, et al. "A general reinforcement learning algorithm that masters chess, shogi, and Go through self-play." *Science* 362 (2018): 1140–44.

Smuts, Aaron. "Immortality and Significance." *Philosophy and Literature* 35, no. 1

1992.

Prebble, John, and Bruce Weber. *Wandering in the Gardens of the Mind: Peter Mitchell and the Making of Glynn.* Oxford: Oxford University Press, 2003.

Premack, David, and Guy Woodruff. "Does the chimpanzee have a theory of mind?" *Cognition and Consciousness in Nonhuman Species,* special issue of *Behavioral and Brain Sciences* 1, no. 4 (1978): 515–26.

Proust, Marcel. *Remembrance of Things Past.* Vol. 3: *The Captive, The Fugitive, Time Regained.* New York: Vintage, 1982.

Prum, Richard. *The Evolution of Beauty: How Darwin's Forgotten Theory on Mate Choice Shapes the Animal World and Us.* New York: Doubleday, 2017.

Pyszczynski, Tom, Sheldon Solomon, and Jeff Greenberg. "Thirty Years of Terror Management Theory." *Advances in Experimental Social Psychology* 52 (2015): 1–70.

Rank, Otto. *Art and Artist: Creative Urge and Personality Development.* Translated by Charles Francis Atkinson. New York: Alfred A. Knopf, 1932.

——. *Psychology and the Soul.* Translated by William D. Turner. Philadelphia: University of Pennsylvania Press, 1950.

Rees, M. J. "The collapse of the universe: An eschatological study." *Observatory* 89 (1969): 193–98.

Reinach, Salomon. *Cults, Myths and Religions.* Translated by Elizabeth Frost. London: David Nutt, 1912.

Revonsuo, Antti, Jarno Tuominen, and Katja Valli. "The Avatars in the Machine—Dreaming as a Simulation of Social Reality." *Open MIND* (2015): 1–28.

Rodd, F. Helen, Kimberly A. Hughes, Gregory F. Grether, and Colette T. Baril. "A possible non-sexual origin of mate preference: Are male guppies mimicking fruit?" *Proceedings of the Royal Society B* 269 (2002): 475–81.

Roney, James R. "Likeable but Unlikely, a Review of the Mating Mind by Geoffrey Miller." *Psycoloquy* 13, no. 10 (2002): article 5.

Rosenblatt, Abram, Jeff Greenberg, Sheldon Solomon, et al. "Evidence for Terror Management Theory I: The Effects of Mortality Salience on Reactions to Those Who Violate or Uphold Cultural Values." *Journal of Personality and Social Psychology* 57 (1989): 681–90.

Rowland, Peter. *Bowerbirds.* Collingwood, Australia: CSIRO Publishing, 2008.

Russell, Bertrand. *Why I Am Not a Christian.* New York: Simon and Schuster, 1957.

European Physics Journal—History 39 (2014): 37–62.

Oates, Joyce Carol. "Literature as Pleasure, Pleasure as Literature." *Narrative.* https://www .narrativemagazine .com/ issues/ stories -week -2015 -2016/ story -week/ literature -pleasure -pleasure -literature -joyce -carol -oates.

Oatley, K. "Why fiction may be twice as true as fact." *Review of General Psychology* 3 (1999): 101–17.

Oizumi, Masafumi, Larissa Albantakis, and Giulio Tononi. "From the Phenomenology to the Mechanisms of Consciousness: Integrated Information Theory 3.0." *PLoS Computational Biology* 10, no. 5 (May 2014).

Page, Don N. "Is our universe decaying at an astronomical rate?" *Physics Letters B* 669 (2008): 197–200.

——. "The Lifetime of the Universe." *Journal of the Korean Physical Society* 49 (2006): 711–14.

——. "Particle emission rates from a black hole: Massless particles from an uncharged, nonrotating hole." *Physical Review D* 13, no. 2 (1976): 198–206.

Page, Tim, ed. *The Glenn Gould Reader.* New York: Vintage, 1984.

Parker, Eric, Henderson J. Cleaves, Jason P. Dworkin, et al. "Primordial synthesis of amines and amino acids in a 1958 Miller H2S-rich spark discharge experiment." *Proceedings of the National Academy of Sciences* 108, no. 14 (April 2011): 5526–31.

Perlmutter, Saul, et al. "Measurements of Ω and Λ from 42 High-Redshift Supernovae." *Astrophysical Journal* 517, no. 2 (1999): 565.

Perunov, Nikolay, Robert A. Marsland, and Jeremy L. England. "Statistical Physics of Adaptation." *Physical Review X* (June 2016): 021036-1.

Pichardo, Bárbara, Edmundo Moreno, Christine Allen, et al. "The Sun was not born in M67." *The Astronomical Journal* 143, no. 3 (2012): 73–84.

Pinker, Steven. *How the Mind Works.* New York: W. W. Norton, 1997.

——. "Language as an adaptation to the cognitive niche." In *Language Evolution: States of the Art,* ed. S. Kirby and M. Christiansen. New York: Oxford University Press, 2003.

——. *The Language Instinct.* New York: W. Morrow and Co., 1994.

Pinker, S., and P. Bloom. "Natural language and natural selection." *Behavioral and Brain Sciences* 13, no. 4 (1990): 707–84.

Plath, Sylvia. *The Collected Poems.* Edited by Ted Hughes. New York: Harper Perennial,

Nature. New York: Anchor, 2000.

Mitchell, P. "Coupling of phosphorylation to electron and hydrogen transfer by a chemi-osmotic type of mechanism." *Nature* 191 (1961): 144–48.

Morrison, Toni. Nobel Prize lecture, 7 December 1993. https:// www .nobelprize .org/ prizes/ literature/ 1993/ morrison/ lecture/.

Müller, Max, trans. *The Upanishads.* Oxford: The Clarendon Press, 1879.

Nabokov, Vladimir. *Speak, Memory: An Autobiography Revisited.* New York: Alfred A. Knopf, 1999.

Naccache, L., and S. Dehaene. "The Priming Method: Imaging Unconscious Repetition Priming Reveals an Abstract Representation of Number in the Parietal Lobes." *Cerebral Cortex* 11, no. 10 (2001): 966–74.

——. "Unconscious Semantic Priming Extends to Novel Unseen Stimuli." *Cognition* 80, no. 3 (2001): 215–29.

Nagel, Thomas. *Mortal Questions.* Cambridge: Cambridge University Press, 1979.

——. "What Is It Like to Be a Bat?" *Philosophical Review* 83, no. 4 (1974): 435–50.

Nelson, Philip. *Biological Physics: Energy, Information, Life*. New York: W. H. Freeman and Co., 2014.

Nemirow, Laurence. "Physicalism and the cognitive role of acquaintance." In *Mind and Cognition,* ed. W. Lycan. Oxford: Blackwell, 1990, 490–99.

——. "Review of Nagel's Mortal Questions." *Philosophical Review* 89 (1980): 473–77.

Newton, Isaac. Letter to Henry Oldenburg, 6 February 1671. http:// www .newtonproject .ox .ac .uk/ view/ texts/ normalized/ NATP00003.

Nietzsche, Friedrich. *Twilight of the Idols.* Translated by Duncan Large. Oxford: Oxford University Press, 1998.

Norenzayan, A., and I. G. Hansen. "Belief in supernatural agents in the face of death." *Personality and Social Psychology Bulletin* 32 (2006): 174–87.

Nowak, M. A., C. E. Tarnita, and E. O. Wilson. "The evolution of eusociality." *Nature* 466, no. 7310 (2010): 1057–62.

Nozick, Robert. *Philosophical Explanations.* Cambridge, MA: Belknap Press, 1983.

——. "Philosophy and the Meaning of Life." In *Life, Death, and Meaning: Key Philosophical Readings on the Big Questions,* ed. David Benatar. Lanham, MD: The Rowman & Littlefield Publishing Group, 2010, 65–92.

Nussbaumer, Harry. "Einstein's conversion from his static to an expanding universe."

29–57.
Lewis, S. M., and C. K. Cratsley. "Flash signal evolution, mate choice, and predation in fireflies." *Annual Review of Entomology* 53 (2008): 293–321.
Lewis-Williams, David. *The Mind in the Cave: Consciousness and the Origins of Art.* New York: Thames & Hudson, 2002.
Linde, A. "A new inflationary universe scenario: A possible solution of the horizon, flatness, homogeneity, isotropy and primordial monopole problems." *Physics Letters B* 108 (1982): 389.
——. "Sinks in the Landscape, Boltzmann Brains, and the Cosmological Constant Problem." *Journal of Cosmology and Astroparticle Physics* 0701 (2007): 022.
Loeb, Abraham. "Cosmology with hypervelocity stars." *Journal of Cosmology and Astroparticle Physics* 04 (2011): 023.
Loewi, Otto. "An Autobiographical Sketch." *Perspectives in Biology and Medicine* 4, no. 1 (Autumn 1960): 3–25.
Louie, Kenway, and Matthew A. Wilson. "Temporally Structured Replay of Awake Hippocampal Ensemble Activity during Rapid Eye Movement Sleep." *Neuron* 29 (2001): 145–56.
Mackay, Alan Lindsay. *The Harvest of a Quiet Eye: A Selection of Scientific Quotations.* Bristol: Institute of Physics, 1977.
Maddox, Brenda. *Rosalind Franklin: The Dark Lady of DNA.* New York: Harper Perennial, 2003.
Marcel, Anthony J. "Conscious and Unconscious Perception: Experiments on Visual Masking and Word Recognition." *Cognitive Psychology* 15 (1983): 197–237.
Martin, W., and M. J. Russell. "On the origin of biochemistry at an alkaline hydrothermal vent." *Philosophical Transactions of the Royal Society B* 367 (2007): 1887–925.
Matthaei, J. Heinrich, Oliver W. Jones, Robert G. Martin, and Marshall W. Nirenberg. "Characteristics and Composition of RNA Coding Units." *Proceedings of the National Academy of Sciences* 48, no. 4 (1962): 666–77.
Melville, Herman. *Moby-Dick.* Hertfordshire, U.K.: Wordsworth Classics, 1993.
Mendez, Fernando L., et al. "The Divergence of Neandertal and Modern Human Y Chromosomes." *American Journal of Human Genetics* 98, no. 4 (2016): 728–34.
Miller, Geoffrey. *The Mating Mind: How Sexual Choice Shaped the Evolution of Human*

by Walter Lowrie. Princeton: Princeton University Press, 1957.

Kitcher, P. "Between Fragile Altruism and Morality: Evolution and the Emergence of Normative Guidance." *Evolutionary Ethics and Contemporary Biology* (2006): 159–77.

——. "Biology and Ethics." In *The Oxford Handbook of Ethical Theory.* Oxford: Oxford University Press, 2006.

Klinkhamer, F. R., and N. S. Manton. "A saddle-point solution in the Weinberg-Salam theory." *Physical Review D* 30 (1984): 2212.

Koch, Christof. *Consciousness: Confessions of a Romantic Reductionist.* Cambridge, MA: MIT Press, 2012.

Kragh, Helge. "Naming the Big Bang." *Historical Studies in the Natural Sciences* 44, no. 1 (February 2014): 3–36.

Krause, Johannes, Carles Lalueza-Fox, Ludovic Orlando, et al. "The Derived FOXP2 Variant of Modern Humans Was Shared with Neandertals." *Current Biology* 17 (2007): 1908–12.

Krauss, Lawrence M., and Glenn D. Starkman. "Life, the Universe, and Nothing: Life and Death in an Ever-Expanding Universe." *Astrophysical Journal* 531 (2000): 22–30.

Krutch, Joseph Wood. "Art, Magic, and Eternity." *Virginia Quarterly Review* 8, no. 4 (Autumn 1932).

Lai, C. S. L., et al. "A novel forkhead-domain gene is mutated in a severe speech and language disorder." *Nature* 413 (2001): 519–23.

Landon, H. C. Robbins. *Beethoven: A Documentary Study.* New York: Macmillan Publishing Co., Inc., 1970.

Laurent, John. "A Note on the Origin of 'Memes'/'Mnemes.' " *Journal of Memetics* 3 (1999): 14–19.

Lemaître, Georges. *"Rencontres avec Einstein." Revue des questions scientifiques* 129 (1958): 129–32.

Leonard, Scott, and Michael McClure. *Myth and Knowing.* New York: McGraw-Hill Higher Education, 2004.

Lewis, David. *Papers in Metaphysics and Epistemology,* vol. 2. Cambridge: Cambridge University Press, 1999.

——. "What Experience Teaches." *Proceedings of the Russellian Society* 13 (1988):

Jackson, Frank. "Epiphenomenal Qualia." *Philosophical Quarterly* 32 (1982): 127–36.

——. "Postscript on Qualia." In *Mind, Method, and Conditionals: Selected Essays.* London: Routledge, 1998, 76–79.

James, William. *The Varieties of Religious Experience: A Study in Human Nature.* New York: Longmans, Green, and Co., 1905.

Jarzynski, C. "Nonequilibrium equality for free energy differences." *Physical Review Letters* 78 (1997): 2690–93.

Jaspers, Karl. *The Origin and Goal of History.* Abingdon, UK: Routledge, 2010.

Jeong, Choongwon, and Anna Di Rienzo. "Adaptations to local environments in modern human populations." *Current Opinion in Genetics & Development* 29 (2014): 1–8.

Jones, Barbara E. "The mysteries of sleep and waking unveiled by Michel Jouvet." *Sleep Medicine* 49 (2018): 14–19.

Joordens, Josephine C. A., et al. "*Homo erectus* at Trinil on Java used shells for tool production and engraving." *Nature* 518 (12 February 2015): 228–31.

Jørgensen, Timmi G., and Ross P. Church. "Stellar escapers from M67 can reach solar-like Galactic orbits." arxiv .org: arXiv:1905.09586.

Joyce, G. F., and J. W. Szostak. "Protocells and RNA Self-Replication." *Cold Spring Harbor Perspectives in Biology* 10, no. 9 (2018).

Jung, Carl. "The Soul and Death." In *Complete Works of C. G. Jung,* ed.

Gerald Adler and R. F. C. Hull. Princeton: Princeton University Press, 1983.

Kachman, Tal, Jeremy A. Owen, and Jeremy L. England. "Self-Organized Resonance During Search of a Diverse Chemical Space." *Physical Review Letters* 119, no. 3 (2017): 038001–1.

Kafka, Franz. *The Blue Octavo Notebooks.* Translated by Ernst Kaiser and Eithne Wilkens, edited by Max Brod. Cambridge, MA: Exact Change, 1991.

Keller, Helen. Letter to New York Symphony Orchestra, 2 February 1924. Digital archives of American Foundation for the Blind, filename HK01-07_B114_F08_015_002.tif.

Kennedy, J. Gerald. *Poe, Death, and the Life of Writing.* New Haven: Yale University Press, 1987.

Kierkegaard, Søren. *The Concept of Dread.* Translated and with introduction and notes

Hameroff, S., and R. Penrose. "Consciousness in the universe: A review of the 'Orch OR' theory." *Physics of Life Reviews* 11 (2014): 39–78.

Hamilton, W. D. "The Genetical Evolution of Social Behaviour." *Journal of Theoretical Biology* 7, no. 1 (1964): 1–16.

Harburg, Yip. "E. Y. Harburg, Lecture at UCLA on Lyric Writing, February 3, 1977." Transcript, pp. 5–7, tape 7-3-10.

——. "Yip at the 92nd Street YM-YWHA, December 13, 1970." Transcript #1-10-3, p. 3, tapes 7-2-10 and 7-2-20.

Hawking, S. W. "Particle Creation by Black Holes." *Communications in Mathematical Physics* 43 (1975): 199–220.

Hawking, Stephen, and Leonard Mlodinow. *The Grand Design*. New York: Bantam Books, 2010.

Hawks, John, Eric T. Wang, Gregory M. Cochran, et al. "Recent acceleration of human adaptive evolution." *Proceedings of the National Academy of Sciences* 104, no. 52 (December 2007): 20753–58.

Heisenberg, Werner. *Physics and Philosophy: The Revolution in Modern Science.* London: Penguin Books, 1958.

Hirshfield, Jane. *Nine Gates: Entering the Mind of Poetry.* New York: Harper Perennial, 1998.

Hogan, Patrick Colm. *The Mind and Its Stories.* Cambridge: Cambridge University Press, 2003.

Hrdy, Sarah. *Mothers and Others: The Evolutionary Origins of Mutual Understanding.* Cambridge, MA: Belknap Press, 2009.

Hulse, R. A., and J. H. Taylor. "Discovery of a pulsar in a binary system." *Astrophysical Journal* 195 (1975): L51.

Ijjas, Anna, and Paul Steinhardt. "A New Kind of Cyclic Universe" (2019). arXiv:1904.0822[gr-qc].

Islam, Jamal N. "Possible Ultimate Fate of the Universe." *Quarterly Journal of the Royal Astronomical Society* 18 (March 1977): 3–8.

Israel, W. "Event Horizons in Static Electrovac Space-Times." *Communications in Mathematical Physics* 8 (1968): 245.

——. "Event Horizons in Static Vacuum Space-Times." *Physical Review* 164 (1967): 1776.

International, 1999.
——. “The spice of life.” *Leader to Leader* 15 (2000): 14–19.
——. *The Richness of Life: The Essential Stephen Jay Gould.* New York: W. W. Norton, 2006.
Gould, S. J., and R. C. Lewontin. “The Spandrels of San Marco and the Panglossian Paradigm: A Critique of the Adaptationist Programme.” *Proceedings of the Royal Society B,* 205, no. 1161 (21 September 1979): 581–98.
Graziano, M. *Consciousness and the Social Brain.* New York: Oxford University Press, 2013.
Greene, Brian. *The Elegant Universe.* New York: Vintage, 2000.
——. *The Fabric of the Cosmos.* New York: Alfred A. Knopf, 2005.
——. *The Hidden Reality.* New York: Alfred A. Knopf, 2011.
Greene, Ellen. “Sappho 58: Philosophical Reflections on Death and Aging.” In *The New Sappho on Old Age: Textual and Philosophical Issues,* ed. Ellen Greene and Marilyn B. Skinner. Hellenic Studies Series 38. Washington, DC: Center for Hellenic Studies, 2009. https:// chs .harvard .edu/ CHS/ article/ display/ 6036 .11 -ellen -greene -sappho -58 -philosophical -reflections -on -death -and -aging #n .1.
Greene, Ellen, ed. *Reading Sappho: Contemporary Approaches.* Berkeley: University of California Press, 1996.
Guenther, Mathias Georg. *Tricksters and Trancers: Bushman Religion and Society.* Bloomington, IN: Indiana University Press, 1999.
Guth, Alan H. “Inflationary universe: A possible solution to the horizon and flatness problems.” *Physical Review D* 23 (1981): 347.
——. *The Inflationary Universe*. New York: Basic Books, 1998.
Guthrie, Stewart. *Faces in the Clouds: A New Theory of Religion.* New York: Oxford University Press, 1993.
Haidt, Jonathan. “The Emotional Dog and Its Rational Tail: A Social Intuitionist Approach to Moral Judgment.” *Psychological Review* 108, no. 4 (2001): 814–34.
——. *The Righteous Mind: Why Good People Are Divided by Politics and Religion.* New York: Pantheon Books, 2012.
Haldane, J. B. S. *The Causes of Evolution.* London: Longmans, Green & Co., 1932.
Halligan, Peter, and John Marshall. “Blindsight and insight in visuo-spatial neglect.” *Nature* 336, no. 6201 (December 22–29, 1988): 766–67.

Fisher, R. A. *The Genetical Theory of Natural Selection.* Oxford: Clarendon Press, 1930.

Fisher, Simon E., Faraneh Vargha-Khadem, Kate E. Watkins, Anthony P. Monaco, and Marcus E. Pembrey. "Localisation of a gene implicated in a severe speech and language disorder." *Nature Genetics* 18 (1998): 168–70.

Fowler, R. H. "On Dense Matter." *Monthly Notices of the Royal Astronomical Society* 87, no. 2 (1926): 114–22.

Freese, K., and W. Kinney. "The ultimate fate of life in an accelerating universe." *Physics Letters B* 558, nos. 1–2 (10 April 2003): 1–8.

Friedmann, Alexander. Translated by Brian Doyle. "On the Curvature of Space." *Zeitschrift für Physik* 10 (1922): 377–86.

Frijda, N., A. S. R. Manstead, and S. Bem. "The influence of emotions on belief," in *Emotions and Beliefs: How Feelings Influence Thoughts* (Studies in Emotion and Social Interaction), ed. N. Frijda, A. Manstead, and S. Bem. Cambridge: Cambridge University Press, 2000, 1–9.

Frijda, N., and B. Mesquita. "Beliefs through emotions," in *Emotions and Beliefs: How Feelings Influence Thoughts* (Studies in Emotion and Social Interaction), ed. N. Frijda, A. Manstead, and S. Bem. Cambridge: Cambridge University Press, 2000, 45–77.

Fu, Wenqing, Timothy D. O'Connor, Goo Jun, et al. "Analysis of 6,515 exomes reveals the recent origin of most human protein-coding variants." *Nature* 493 (10 January 2013): 216–20.

Garriga, Jaume, and Alexander Vilenkin. "Many Worlds in One." *Physical Review D* 64, no. 4 (2001): 043511.

Garriga, J., V. F. Mukhanov, K. D. Olum, and A. Vilenkin. "Eternal Inflation, Black Holes, and the Future of Civilizations." *International Journal of Theoretical Physics* 39, no. 7 (2000): 1887–1900.

George, Andrew, trans. *The Epic of Gilgamesh: The Babylonian Epic Poem and Other Texts in Akkadian and Sumerian.* London: Penguin Classics, 2003.

Georgi, Howard, and Sheldon Glashow. "Unity of All Elementary-Particle Forces." *Physical Review Letters* 32, no. 8 (1974): 438.

Gottschall, Jonathan. *The Storytelling Animal.* Boston and New York: Mariner Books, Houghton Mifflin Harcourt, 2013.

Gould, Stephen J. *Conversations About the End of Time.* New York: Fromm no. 2 (2004): 100–110.

——. *Grooming, Gossip, and the Evolution of Language.* Cambridge, MA: Harvard University Press, 1997.

Dunbar, R. I. M., N. D. C. Duncan, and A. Marriott. "Human Conversational Behavior." *Human Nature* 8, no. 3 (1997): 231–46.

Dupré, John. "The Miracle of Monism," in *Naturalism in Question,* ed. Mario de Caro and David Macarthur. Cambridge, MA: Harvard University Press, 2004.

Durant, Will. *The Life of Greece.* Vol. 2 of *The Story of Civilization.* New York: Simon & Schuster, 2011. Kindle, 8181–82.

Dutton, Denis. *The Art Instinct.* New York: Bloomsbury Press, 2010.

Dyson, Freeman. "Time without end: Physics and biology in an open universe." *Reviews of Modern Physics* 51 (1979): 447–60.

Dyson, L., M. Kleban, and L. Susskind. "Disturbing Implications of a Cosmological Constant." *Journal of High Energy Physics* 0210 (2002): 011.

Eddington, A. "The End of the World: From the Standpoint of Mathematical Physics." *Nature* 127, no. 3203 (1931): 447–53.

Einstein, Albert. *Autobiographical Notes.* La Salle, IL: Open Court Publishing, 1979.

Elgendi, Mohamed, et al. "Subliminal Priming-State of the Art and Future Perspectives." *Behavioral Sciences* (Basel, Switzerland) 8, no. 6 (30 May 2018): 54.

Ellenberger, Henri. *The Discovery of the Unconscious.* New York: Basic Books, 1970.

Else, Jon, dir. *The Day After Trinity.* Houston: KETH, 1981.

Emerson, Ralph Waldo. *The Conduct of Life.* Boston and New York: Houghton Mifflin Company, 1922.

Emler, N. "The Truth About Gossip." *Social Psychology Section Newsletter* 27 (1992): 23–37.

England, J. L. "Statistical physics of self-replication." *Journal of Chemical Physics* 139 (2013): 121923.

Epicurus. *The Essential Epicurus.* Translated by Eugene O'Connor. Amherst, NY: Prometheus Books, 1993.

Falk, Dean. *Finding Our Tongues: Mothers, Infants and the Origins of Language.* New York: Basic Books, 2009.

——. "Prelinguistic evolution in early hominins: Whence motherese?" *Behavioral and Brain Sciences* 27 (2004): 491–541.

——. *The Origin of Species.* New York: Pocket Books, 2008.

Davies, Stephen. *The Artful Species: Aesthetics, Art, and Evolution.* Oxford: Oxford University Press, 2012.

Dawkins, Richard. *The God Delusion.* New York: Houghton Mifflin Harcourt, 2006.

——. *The Selfish Gene.* Oxford: Oxford University Press, 1976.

De Caro, M., and D. Macarthur. *Naturalism in Question.* Cambridge, MA: Harvard University Press, 2004.

Deamer, David. *Assembling Life: How Can Life Begin on Earth and Other Habitable Planets?* Oxford: Oxford University Press, 2018.

Dehaene, Stanislas. *Consciousness and the Brain.* New York: Penguin Books, 2014.

Dehaene, Stanislas, and Jean-Pierre Changeux. "Experimental and Theoretical Approaches to Conscious Processing." *Neuron* 70, no. 2 (2011): 200–227.

Dennett, Daniel. *Breaking the Spell: Religion as a Natural Phenomenon.* New York: Penguin Books, 2006.

——. *Consciousness Explained.* Boston: Little, Brown and Co., 1991.

——. *Elbow Room.* Cambridge, MA: MIT Press, 1984.

——. *Freedom Evolves.* New York: Penguin Books, 2003.

——. *The Intentional Stance.* Cambridge, MA: MIT Press, 1989.

Deutsch, David. *The Beginning of Infinity: Explanations That Transform the World.* New York: Viking, 2011.

Deutscher, Guy. *The Unfolding of Language: An Evolutionary Tour of Mankind's Greatest Invention.* New York: Henry Holt and Company, 2005.

Dickinson, Emily. *The Poems of Emily Dickinson,* reading ed., ed. R. W. Franklin. Cambridge, MA: The Belknap Press of Harvard University Press, 1999.

Dissanayake, Ellen. *Art and Intimacy: How the Arts Began.* Seattle: University of Washington Press, 2000.

Distin, Kate. *The Selfish Meme: A Critical Reassessment.* Cambridge: Cambridge University Press, 2005.

Doniger, Wendy, trans. *The Rig Veda.* New York: Penguin Classics, 2005.

Dor, Daniel. *The Instruction of Imagination.* Oxford: Oxford University Press, 2015.

Dostoevsky, Fyodor. *Crime and Punishment.* Translated by Michael R. Katz. New York: Liveright, 2017.

Dunbar, R. I. M. "Gossip in Evolutionary Perspective." *Review of General Psychology* 8,

Chandrasekhar, Subrahmanyan. "The Maximum Mass of Ideal White Dwarfs." *Astrophysical Journal* 74 (1931): 81–82.

Cheney, Dorothy L., and Robert M. Seyfarth. *How Monkeys See the World: Inside the Mind of Another Species.* Chicago: University of Chicago Press, 1992.

Ćirković, Milan M. "Resource Letter: PEs-1: Physical Eschatology." *American Journal of Physics* 71 (2003): 122.

Cloak, F. T., Jr. "Cultural Microevolution." *Research Previews* 13 (November 1966): 7–10.

Clottes, Jean. *What Is Paleolithic Art? Cave Paintings and the Dawn of Human Creativity.* Chicago: University of Chicago Press, 2016.

Coleman, Sidney. "Fate of the False Vacuum." *Physical Review D* 15 (1977): 2929; erratum, *Physical Review D* 16 (1977): 1248.

Conrad, Joseph. *The Nigger of the "Narcissus."* Mineola, NY: Dover Publications, Inc., 1999.

Coqueugniot, Hélène, et al. "Earliest cranio-encephalic trauma from the Levantine Middle Palaeolithic: 3D reappraisal of the Qafzeh 11 skull, consequences of pediatric brain damage on individual life condition and social care." *PloS One* 9 (23 July 2014): 7 e102822.

Crick, F. H. C., Leslie Barnett, S. Brenner, and R. J. Watts-Tobin. "General nature of the genetic code for proteins," *Nature* 192 (Dec. 1961): 1227–32.

Cronin, H. *The Ant and the Peacock: Altruism and Sexual Selection from Darwin to Today.* Cambridge: Cambridge University Press, 1991.

Crooks, G. E. "Entropy production fluctuation theorem and the nonequilibrium work relation for free energy differences." *Physical Review E* 60 (1999): 2721.

Damrosch, David. *The Buried Book: The Loss and Rediscovery of the Great Epic of Gilgamesh.* New York: Henry Holt and Company, 2007.

Darwin, Charles. *The Descent of Man and Selection in Relation to Sex.* New York: D. Appleton and Company, 1871.

——. *The Expression of the Emotions in Man and Animals.* Oxford: Oxford University Press, 1998.

——. Letter to Alfred Russel Wallace, 27 March 1869. https:// www .darwinproject .ac .uk/ letter/ ?docId = letters/ DCP -LETT - 6684 .xml ;query = child ;brand = default.

Caldwell, Robert R., Marc Kamionkowski, and Nevin N. Weinberg. "Phantom Energy and Cosmic Doomsday." *Physical Review Letters* 91 (2003): 071301.

Campbell, Joseph. *The Hero with a Thousand Faces.* Novato, CA: New World Library, 2008.

Camus, Albert. *Lyrical and Critical Essays.* Translated by Ellen Conroy Kennedy. New York: Vintage Books, 1970.

——. *The Myth of Sisyphus.* Translated by Justin O'Brien. London: Hamish Hamilton, 1955.

Čapek, Karel. *The Makropulos Case.* In *Four Plays: R. U. R.; The Insect Play; The Makropulos Case; The White Plague.* London: Bloomsbury, 2014.

Carlip, Steven. "Transient Observers and Variable Constants, or Repelling the Invasion of the Boltzmann's Brains." *Journal of Cosmology and Astroparticle Physics* 06 (2007): 001.

Carnot, Sadi. *Reflections on the Motive Power of Fire.* Mineola, NY: Dover Publications, Inc., 1960.

Carroll, Noël. "The Arts, Emotion, and Evolution." In *Aesthetics and the Sciences of Mind,* ed. Greg Currie, Matthew Kieran, Aaron Meskin, and Jon Robson. Oxford: Oxford University Press, 2014.

Carroll, Sean. *The Big Picture: On the Origins of Life, Meaning, and the Universe Itself.* New York: Dutton, 2016.

Carter, B. "Axisymmetric Black Hole Has Only Two Degrees of Freedom." *Physical Review Letters* 26 (1971): 331.

Casals, Pablo. Bach Festival: Prades 1950. As referenced by Paul Elie. *Reinventing Bach.* New York: Farrar, Straus and Giroux, 2012.

Cavosie, A. J., J. W. Valley, and S. A. Wilde. "The Oldest Terrestrial Mineral Record: Thirty Years of Research on Hadean Zircon from Jack Hills, Western Australia," in *Earth's Oldest Rocks,* ed. M. J. Van Kranendonk. New York: Elsevier, 2018, 255–78.

Ceresole, A., G. Dall'Agata, A. Giryavets, et al. "Domain walls, near-BPS bubbles, and probabilities in the landscape." *Physical Review D* 74 (2006): 086010.

Chalmers, David J. "Facing Up to the Problem of Consciousness." *Journal of Consciousness Studies* 2, no. 3 (1995): 200–19.

——. *The Conscious Mind: In Search of a Fundamental Theory.* Oxford: Oxford University Press, 1997.

Boddy, K. K., S. M. Carroll, and J. Pollack. “De Sitter Space Without Dynamical Quantum Fluctuations.” *Foundations of Physics* 46, no. 6 (2016): 702.

Boltzmann, Ludwig. “On Certain Questions of the Theory of Gases.” *Nature* 51, no. 1322 (1895): 413–15.

——. *“Entgegnung auf die wärmetheoretischen Betrachtungen des Hrn. E. Zermelo.” Annalen der Physik* 57 (1896): 773–84.

Borges, Jorge Luis. “The Immortal.” In *Labyrinths: Selected Stories and Other Writings.* New York: New Directions Paperbook, 2017.

Born, Max. *“Zur Quantenmechanik der Stoßvorgänge.” Zeitschrift für Physik* 37, no. 12 (1926): 863–67.

Bousso, R., and B. Freivogel. “A Paradox in the Global Description of the Multiverse.” *Journal of High Energy Physics* 6 (2007): 018.

Boyd, Brian. “The evolution of stories: from mimesis to language, from fact to fiction.” *WIREs Cognitive Science* 9, no. 1 (2018), e1444–46.

——. “Evolutionary Theories of Art,” in *The Literary Animal: Evolution and the Nature of Narrative.* Edited by Jonathan Gottschall and David Sloan Wilson. Evanston, IL: Northwestern University Press, 2005, 147.

——. *On the Origin of Stories.* Cambridge, MA: Belknap Press, 2010.

Boyer, Pascal. “Functional Origins of Religious Concepts: Ontological and Strategic Selection in Evolved Minds.” *Journal of the Royal Anthropological Institute* 6, no. 2 (June 2000): 195–214.

——. *Religion Explained: The Evolutionary Origins of Religious Thought.* New York: Basic Books, 2007.

Bruner, Jerome. *Making Stories: Law, Literature, Life.* New York: Farrar, Straus and Giroux, 2002.

——. “The Narrative Construction of Reality.” *Critical Inquiry* 18, no. 1 (Autumn 1991): 1–21.

Buss, David. *Evolutionary Psychology: The New Science of the Mind.* Boston: Allyn & Bacon, 2012.

Cairns-Smith, A. G. *Seven Clues to the Origin of Life.* Cambridge: Cambridge University Press, 1990.

Calaprice, Alice, ed. *The New Quotable Einstein.* Princeton, NJ: Princeton University Press, 2005.

University Press, 2002.

Augustine. *Confessions.* Translated by F. J. Sheed. Indianapolis, IN: Hackett Publishing, 2006.

Auton, A., L. Brooks, R. Durbin, et al. "A global reference for human genetic variation." *Nature* 526, no. 7571 (October 2015): 68–74.

Axelrod, Robert. *The Evolution of Cooperation,* rev. ed. New York: Perseus Books Group, 2006.

Axelrod, Robert, and William D. Hamilton. "The Evolution of Cooperation." *Science* 211 (March 1981): 1390–96.

Baars, Bernard J. *In the Theater of Consciousness.* New York: Oxford University Press, 1997.

Barrett, Justin L. *Why Would Anyone Believe in God?* Lanham, MD: AltaMira, 2004.

Barrow, John D., and Sigbjørn Hervik. "Indefinite information processing in ever-expanding universes." *Physics Letters B* 566, nos. 1–2 (24 July 2003): 1–7.

Barrow, John D., and Frank J. Tipler. *The Anthropic Cosmological Principle.* Oxford: Oxford University Press, 1988.

Becker, Ernest. *The Denial of Death.* New York: Free Press, 1973.

Bekenstein, Jacob D. "Black Holes and Entropy." *Physical Review D* 7 (15 April 1973): 2333.

Bellow, Saul. Nobel lecture, December 12, 1976. In *Nobel Lectures, Literature 1968–1980,* ed. Sture Allén. Singapore: World Scientific Publishing Co., 1993.

Bennett, Charles H., and Rolf Landauer. "The Fundamental Physical Limits of Computation." *Scientific American* 253, no. 1 (July 1985).

Bering, Jesse. *The Belief Instinct.* New York: W. W. Norton, 2011.

Berwick, R., and N. Chomsky. *Why Only Us?* Cambridge, MA: MIT Press, 2015.

Bierce, Ambrose. *The Devil's Dictionary.* Mount Vernon, NY: The Peter Pauper Press, 1958.

Bigham, Abigail, et al. "Identifying signatures of natural selection in Tibetan and Andean populations using dense genome scan data." *PLoS Genetics* 6, no. 9 (9 September 2010): e1001116.

Blackmore, Susan. *The Meme Machine.* Oxford: Oxford University Press, 1999.

Boddy, Kimberly K., and Sean M. Carroll. "Can the Higgs Boson Save Us from the Menace of the Boltzmann Brains?" 2013. arXiv:1308.468.

Aaronson, Scott. "Why I Am Not an Integrated Information Theorist (or, The Unconscious Expander)." *Shtetl-Optimized.* https:// www .scottaaronson .com/ blog/ ?p = 1799.

Abbot, P., J. Abe, J. Alcock, et al. "Inclusive fitness theory and eusociality." *Nature* 471 (2010): E1–E4.

Adams, Douglas. *Life, the Universe and Everything.* New York: Del Rey, 2005.

Adams, Fred C., and Gregory Laughlin. "A dying universe: The long-term fate and evolution of astrophysical objects." *Reviews of Modern Physics* 69 (1997): 337–72.

——. *The Five Ages of the Universe: Inside the Physics of Eternity.* New York: Free Press, 1999.

Albert, David. *Time and Chance.* Cambridge, MA: Harvard University Press, 2000.

Alberts, Bruce, et al. *Molecular Biology of the Cell,* 5th ed. New York: Garland Science, 2007.

Albrecht, A., and L. Sorbo. "Can the Universe Afford Inflation?" *Physical Review D* 70 (2004): 063528.

Albrecht, A., and P. Steinhardt. "Cosmology for Grand Unified Theories with Radiatively Induced Symmetry Breaking." *Physical Review Letters* 48 (1982): 1220.

Andreassen, A., W. Frost, and M. D. Schwartz. "Scale Invariant Instantons and the Complete Lifetime of the Standard Model." *Physical Review D* 97 (2018): 056006.

Aoyama, Tatsumi, Masashi Hayakawa, Toichiro Kinoshita, and Makiko Nio. "Tenth-order electron anomalous magnetic moment: Contribution of diagrams without closed lepton loops." *Physical Review D* 91 (2015): 033006.

Aquinas, T. *Truth*, volume II. Translated by James V. McGlynn, S.J. Chicago: Henry Regnery Company, 1953.

Ariès, Philippe. *The Hour of Our Death.* Translated by Helen Weaver. New York: Alfred A. Knopf, 1981.

Aristotle, *Nicomachean Ethics.* Translated by C. D. C. Reeve. Indianapolis, IN: Hackett Publishing, 2014.

Armstrong, Karen. *A Short History of Myth.* Melbourne: The Text Publishing Company, 2005.

Arnulf, Isabelle, Colette Buda, and Jean-Pierre Sastre. "Michel Jouvet: An explorer of dreams and a great storyteller." *Sleep Medicine* 49 (2018): 4–9.

Atran, Scott. *In Gods We Trust: The Evolutionary Landscape of Religion.* Oxford: Oxford

參考文獻

Bibliography

十八畫

十九畫

二十畫

二十三畫

十六畫

十七畫

十五畫

十四畫

玻姆力學　Bohmian mechanics
玻恩和　Born and
拋擲硬幣和　coin toss and
意識和　consciousness and
哥本哈根詮釋　Copenhagen interpretation
明確的現實和　definite reality and
愛因斯坦的說法　Einstein on
電子軌道和　electron orbit and
電子是概率雲霧　electrons as probability cloud
永恆，遙遠未來和　eternity, the far future and
解釋落差　explanatory gap
費曼圖　Feynman diagrams
吉拉迪—里米尼—韋伯理論　GRW theory
暴脹宇宙論和　inflationary cosmology and
多世界和　Many Worlds and
馬克士威的方程式　Maxwell's equations
包立不相容原理　Pauli exclusion principle
龐加萊復現定理和　Poincaré Recurrence Theorem and
概率和　probability and
量子場論　quantum field theory
量子霧氣　quantum fog
現實和　reality and
薛丁格的方程式　Schrödinger's equation
不確定性原理（又稱為「測不準原理」）　uncertainty principle
量子穿隧　quantum tunneling
事件　event
是什麼　what it is
量子測量問題　quantum measurement problem
量子電動力學　quantum electrodynamics
鈉　sodium
陽電子　positrons
雅納切克，卡爾　Janacek, Karl
雅斯佩斯，卡爾　Jaspers, Karl
黑洞　black holes
木炭隱喻 charcoal metaphor
的解體　disintegration of
事件視界　event horizon
霍金輻射　Hawking radiation
資訊悖論　information paradox
宏觀特徵　macroscopic features
的質量　mass of
建造配方　recipe for building
史瓦西的　Schwarzschild's
的溫度和發光　temperature and glow of

十三畫

園丁鳥　bowerbirds
塞凡提斯，米格爾．德　Cervantes, Miguel de
奧特利，凱思　Oatley, Keith
奧爾格，萊斯利　Orgel, Leslie
奧爾登堡，亨利　Oldenburg, Henry
微中子　neutrinos
微觀狀態　microstates
想像力。參見「創造力」　imagination. *See* creativity
意向立場　intentional stance
意識、心智　consciousness, mind
「察覺」和　"awareness" and
蝙蝠和　bats and
超越物理存在　beyond physical existence
佛教和　Buddhism and
卡謬的說法　Camus on
查爾莫斯的提案　Chalmer's proposal
笛卡兒的說法　Descartes on
決定論定律和　deterministic laws and
戴森和　Dyson and
取消論和　eliminativism and
的浮現　emergence of
熵和　entropy and

十二畫

宇宙視界和　cosmic horizon and
遠距的　distant
從星系拋射飛離 stars ejected from
流浪恆星和　wandering stars and
查爾莫斯，戴維　Chalmers, David
《具有意識的心智》　*Conscious Mind, The*
柯恩，李歐納　Cohen, Leonard
洛克，約翰　Locke, John
玻姆，大衛　Bohm, David
玻姆力學　Bohmian mechanics
玻恩　Born, Max
相容論哲學　compatibilist philosophy
祆教神話　Zoroastrian myth
科拉納，哈爾　Khorana, Har Gobind
科斯米德斯，勒達　Cosmides, Leda
科普斯頓，弗雷德里克　Copleston, Frederick
科爾曼，西德尼　Coleman, Sidney
科赫，克里斯托夫　Koch, Christof
科學　science
記事、故事和　accounts, story and
永恆和　eternity and
未來和　future and
宇宙的未來和　future of the universe and
目標　goal
的大問題　grand concerns of
數學和　mathematics and
牛頓和　Newton and
的存在理由　raison d'être of
化約論故事　reductionist story
科學主義　scientism
科諾創世神話　Kono creation myth
紅移　redshifting
英格蘭，傑里米　England, Jeremy
范德米爾施，伯納德　Vandermeersch, Bernard
迪沙納婭克，愛倫　Dissanayake, Ellen
重力 gravity
重力子　gravitons
重氫　deuterium
面積的量子單位　quantum unit of area
思維、思想、認知　thought, cognition

十畫

韋斯，雷　Weiss, Ray
韋爾切克，法蘭克　Wilczek, Frank
音樂，參見「藝術」　music. *See* art
原子　atoms
製造　building
燃燒圓木和　burning log and
互撞的中子星和　colliding neutron stars and
的解體　disintegration of
原子核　nucleus
週期表　periodic table
量子觀點　quantum perspective
的「量子劇場」 "quantum theatre" of
亦見「電子」；「元素」；「中子」；「質子」　*See also* electrons; elements; neutrons; protons
原核生物細胞　prokaryotic cells
埃及，古代的　Egypt, ancient
恩培多克勒，視覺理論　Empedocles, theory of vision
時空　spacetime
時間　time
宇宙時間軸線　cosmic timeline
永恆和　eternity and
遙遠未來和生命、思想以及宇宙的命運　far future and the fate of life, thought, universe
是無窮的　as infinite
之不可逆性　irreversibility of
的語言　language of
最長的時間尺度　longest timescale
過去與未來之對比　past vs. future

哈林，凱思　Haring, Keith
哈博格，葉　Harburg, Yip
威策爾，邁克爾　Witzel, Michael
《世界神話的起源》　*Origins of the World's Mythologies*
威廉士，伯納德　Williams, Bernard
威廉斯，田納西　Williams, Tennessee
威爾金斯，莫里斯　Wilkins, Maurice
威爾遜，E. O.　Wilson, E. O.
威爾遜，大衛　Wilson, David Sloan
威爾遜，肯　Wilson, Ken
威爾遜，羅伯特　Wilson, Robert
恆星　stars
雙星型中子星系　binary neutron-star system
的誕生　birth of
黑洞和　black holes and
錢德拉塞卡極限　Chandrasekhar limit
塌縮、爆炸　collapsing, exploding
互撞和宇宙接觸事例　collisions and cosmic encounters
核心溫度　core temperature
元素的創造和　creation of elements and
的死亡　death of
宇宙的密度和　density of the universe and
從星系拋射飛離　ejection from galaxies
生命的萌生和　emergence of life and
第一代的　first generation of
的未來　future of
重力、核力、高熵和　gravity, nuclear forces, high entropy and
的內部　interior of
中子星　neutron stars
毗鄰星　Proxima Centauri
紅矮星　red dwarf
熱力學第二定律和　second law of thermodynamics and
恆星速度　stellar velocities
白矮星　white dwarfs
恰佩克，卡雷爾　Čapek, Karel
《馬克羅普洛斯案例》　*Makropulos Case*
故事、講故事　story, storytelling
藝術真理和　artistic truth and
的情節衝突　conflict in
康拉德的說法　Conrad on
意識和　consciousness and
作夢和　dreaming and
嵌入數學裡面　embedded in mathematics
熵的　of entropy
演化的　of evolution
演化發展和　evolutionary development and
虛構角色，著名的　fictional characters, famous
飛行模擬器隱喻　flight simulation metaphor
是種人類特性　as human attribute
人類反思和　human reflection and
不朽的　of immortality
直覺的養成和　intuition building and
語言和　language and
神話傳說　mythic tales
發揮敘事指導功能　narrative guidance by
嵌套故事　nested stories
現存最古老的書寫故事　oldest extant written story
其他心智和　other minds and
目的　purpose
化約論和　reductionism and
我們提出的問題和　the questions we ask and
現實和　reality and
宗教和　religion and
的社會角色　social role of
星系　galaxies

九畫

八畫

七畫

熵和　entropy and
是短暫的　as ephemeral
演化和　volution and
的存在　existence of
的存在問題　existential questions
的延伸　extension of
是有限的　as finite
的未來　future of
的廣義理論　general theory of
重力作用力和　gravitational force and
的困難問題　the hard problem of
確認某事物是活的　identifying something alive
資訊和生機　information and vitality
和智慧生命的對比　intelligent life vs.
多重宇宙和　multiverse and
嵌套故事和　nested stories and
資訊物理學和　physics of information and
「量子」（細胞）　“quanta” (cells)
RNA世界提案　RNA World proposal
薛丁格的問題　Schrödinger's question
的單細胞遠祖物種　single-celled ancestral species for
從結構到生命　from structure to life
聖捷爾吉就生命的反思　Szent-Györgyi's reflections on
是地球的獨有產物或者是隨處可見的　as unique to earth or ubiquitous
的統一性　unity of
生機論和　vitalism and
生命通論　general theory of life
生物學　Biology
天體生物學　astrobiology
分子　molecular
生機論　vitalism
白令，傑西　Bering, Jesse
《信仰本能》　*Belief instinct, The*
白鬚嬌鶲（白鬚侏儒鳥）　white-bearded manakins

六畫

伊比鳩魯　Epicurus
伊利亞德，米爾恰　Eliade, Mircea
伊斯蘭　Islam
伊斯蘭，賈馬爾　Islam, Jamal N.
伊賈斯，安娜　Ijjas, Anna
休謨，大衛　Hume, David
光子　photons
黑洞臆想實驗　black hole thought experiment
光年、光速　light-years, light speed
列萬廷，理查　Lewontin, Richard
印度教　Hinduism
吠陀經和奧義書　Vedas and Upanishads
吉拉迪—里米尼—韋伯理論　Ghirardi–Rimini–Weber (GRW) theory
吉彭斯，蓋里　Gibbons, Gary
同調態（粒子的）　coherent state (of particles)
因坎德拉，喬　Incandela, Joe
地球　earth
拋擲蘋果和重力　apple toss and gravity
的誕生　birth of
與特亞碰撞　collision with Theia
的生命條件　conditions for life
宇宙接觸事例　cosmic encounters
世界末日情節　doomsday scenario
重力波和最後的清理　gravitational waves and the final sweep
冥古宙　Hadean period
的低熵燃料　low-entropy fuel for
受到流星轟擊　meteor strikes on
發出的光子　photons emitted from
薩根對地球的描述　Sagan's description of
表面溫度　surface temperature

五畫

早期電視的靜電和　static on early television and
零時　time zero
亦見「暴脹宇宙論」　*See also* inflationary cosmology

四畫

不朽　immortality
中子　neutrons
中部美洲的神話　Mesoamerican myths
丹尼特，丹尼爾　Dennett, Daniel
元素　elements
內格爾，湯瑪斯　Nagel, Thomas
分子　molecules
的解體　disintegration of
和物理定律　laws of physics and
有序分子，生命所需　orderly, necessary for life
的複製　replication of
亦見各特定類型　*See also specific types*
分子渦輪機　molecular turbines
分子達爾文主義　molecular Darwinism
化約論　reductionism
意識和　consciousness and
自由意志和　free will and
人類是粒子　humans as particles
故事和　story and
化學　chemistry
有機　organic
量子　quantum
化學反應　chemical reactions
反微中子　anti-neutrinos
反電子，又稱為陽電子）　anti-electron
天然瓦斯　natural gas
天體地質學　astrogeology
太陽　sun
的年齡和誕生地　age and birthplace
生命的萌生和　emergence of life and
熵的兩步法則和　entropic two-step and
的未來　future of
核融合　nuclear fusion
包立不相容原理　Pauli exclusion principle
光子和　photons and
以陽光維生的植物　plants feeding on sunlight
的溫度　temperatures of
太陽系　solar system
亦見「地球」；「行星」；「太陽」 *See also* earth; planets; sun
孔雀　peacocks
尤里，哈羅德　Urey, Harold
巴內特，萊斯利　Barnett, Leslie
巴利許，巴里　Barish, Barry
巴斯，戴維　Buss, David
巴雷特，賈斯汀　Barrett, Justin
巴赫，約翰　Bach, Johann Sebastian
巴羅，約翰　Barrow, John
心智。參見「意識」　mind. *See* consciousness
心智理論　theory of mind
戈特紹爾，喬納森　Gottschall, Jonathan
扎哈維，阿莫茲　Zahavi, Amotz
文化　culture
藝術和　art and
演化和　evolution and
法規　legal code
道德規範　moral codes
故事、神話和　stories, myths, and
月球（地球的衛星）　moon (of earth)
比爾斯，安布羅斯　Bierce, Ambrose
《魔鬼辭典》　*Devil's Dictionary, The*
水　water
燃燒圓木和　burning log and
細胞和　cells and
的溶解能力　dissolving power of

三畫

The (Prum)
《唐吉訶德》（塞凡提斯） *Don Quixote* (Cervantes)
《夏康舞曲》（巴赫） *Chaconne* (Bach)
《夏綠蒂的網》（懷特） *Charlotte's Web* (White)
《破解魔咒》（丹尼特） *Breaking the Spell* (Dennett)
《神話簡史》（阿姆斯壯） *Short History of Myth, A* (Armstrong)
《馬克羅普洛斯案例》（恰佩克） *Makropulos Case, The* (Čapek)
《彩虹之上》（歌曲） "Over the Rainbow" (song)
《探尋語言的根源》（福爾克） *Finding Our Tongues* (Falk)
《第九交響曲》（貝多芬） *Ninth Symphony* (Beethoven)
《第三號交響曲》（布拉姆斯） *Third Symphony* (Brahms)
《荷伯報到》（電視節目） *Late Show with Stephen Colbert, The* (TV show)
《創造故事》 *Making Stories*
《等待果陀》（貝克特） *Waiting for Godot* (Beckett)
《黑洞戰爭》（色斯金） *Black Hole War, The* (Susskind)
《想像》（藍儂） "Imagine" (Lennon)
《意識和社會頭腦》（格拉齊亞諾） *Consciousness and the Social Brain* (Graziano)
《聖經》 Bible
《夢的解析》（佛洛伊德） *Interpretation of Dreams, The* (Freud)
《演化心理學》 *Evolutionary Psychology*
《演化心理學》（巴斯） *Evolutionary Psychology* (Buss)
《綠野仙蹤》（鮑姆） *Wonderful Wizard of Oz* (Baum)
《審判》（卡夫卡） *Trial, The* (Kafka)
《暴脹宇宙》（古斯） *Inflationary Universe, The* (Guth)
《論火的動力》 *Reflections on the Motive Power of Fire*
《論故事的起源》 *On the Origin of Stories*
《閱讀莎芙》（葛林） *Reading Sappho* (Greene)
《優雅的宇宙》（葛林） *Elegant Universe, The* (Greene)
《隱遁的現實》（葛林） *Hidden Reality, The* (Greene)
《魔鬼辭典》（比爾斯） *Devil's Dictionary, The* (Bierce)
ADP（二磷酸腺苷） ADP (adenosine diphosphate)
ATP（三磷酸腺苷） ATP (adenosine triphosphate)
DNA DNA
  複製錯誤頻率 frequency of copying errors
  螺旋幾何 helix geometry
  人類序列 human sequence
  物理定律和 laws of physics and
  遺傳的分子基礎 molecular basis for heredity
  物種間重疊 overlap between species
  蛋白質合成 protein synthesis
  的複製 replication of
  A、T、G和C A, T, G, and C
  生命的統一性和 unity of life and
RNA（核醣核酸） RNA (ribonucleic acid)
RNA世界提案 RNA World proposal
π 介子 pion

二畫

二氧化碳 carbon dioxide

中英對照

Chinese-English Vocabularies List

鷹之眼 01

眺望時間的盡頭：
心靈、物質以及在演變不絕的宇宙中尋找意義

Until the End of Time: Mind, Matter, and Our Search for Meaning in an Evolving Universe

作　　者　布萊恩．葛林 Brian Greene
譯　　者　蔡承志

副總編輯　成怡夏
責任編輯　成怡夏
行銷企劃　蔡慧華
封面設計　莊謹銘
內頁排版　宸遠彩藝

社　　長　郭重興
發行人暨出版總監　曾大福
出　　版　鷹出版／遠足文化事業股份有限公司
發　　行　遠足文化事業股份有限公司
231 新北市新店區民權路 108 之 2 號 9 樓
電　　話　02-22181417
傳　　真　02-86611891
客服專線　0800-221029

法律顧問　華洋法律事務所 蘇文生律師
印　　刷　成陽印刷股份有限公司

初　　版　2021 年 4 月
定　　價　650 元

國家圖書館出版品預行編目 (CIP) 資料

眺望時間的盡頭 : 心靈、物質以及在演變不絕的宇宙中尋找意義 / 布萊恩 . 葛林 (Brian Greene) 作 ; 蔡承志譯 . -- 初版 . -- 新北市 : 遠足文化事業股份有限公司 鷹出版 : 遠足文化事業股份有限公司發行 , 2021.04
面；　公分
譯自 : Until the end of time : mind, matter, and our search for meaning in an evolving universe
ISBN 978-986-06328-0-4(平裝)

1. 宇宙　2. 物理學

323.9　　110003956